CCNP TSHOOT 300-135
学习指南

Troubleshooting and Maintaining Cisco IP Networks (TSHOOT)
Foundation Learning Guide
CCNP TSHOOT 300-135

〔加〕**Amir Ranjbar,** CCIE #8669　著
夏俊杰　译

人民邮电出版社
北京

图书在版编目（C I P）数据

CCNP TSHOOT 300-135学习指南 / （加）兰吉巴(Ranjbar, A.) 著 ; 夏俊杰译. -- 北京 : 人民邮电出版社, 2015.11（2022.1重印）
ISBN 978-7-115-40619-4

Ⅰ. ①C… Ⅱ. ①兰… ②夏… Ⅲ. ①计算机网络－工程技术人员－资格考核－自学参考资料 Ⅳ. ①TP393

中国版本图书馆CIP数据核字(2015)第243368号

版 权 声 明

◆ 著　　　　［加］Amir Ranjbar，CCIE #8669
　译　　　　夏俊杰
　责任编辑　傅道坤
　责任印制　张佳莹　焦志炜
◆ 人民邮电出版社出版发行　　北京市丰台区成寿寺路 11 号
　邮编　100164　　电子邮件　315@ptpress.com.cn
　网址　http://www.ptpress.com.cn
　北京七彩京通数码快印有限公司印刷
◆ 开本：800×1000　1/16
　印张：27.75　　　　2015 年 11 月第 1 版
　字数：652 千字　　　2022 年 1 月北京第 11 次印刷

著作权合同登记号　图字：01-2014-7501 号

定价：99.80 元

读者服务热线：(010)81055410　印装质量热线：(010)81055316
反盗版热线：(010)81055315

内容提要

本书是 Cisco CCNP TSHOOT 认证考试的学习指南，涵盖了与 TSHOOT 考试相关的 Cisco Catalyst 交换机和路由器的各种故障检测与排除技术，包括 STP、第一跳冗余性协议、EIGRP、OSPF、BGP、路由重分发、NAT、DHCP、IPv6 以及网络安全等故障检测与排除技术，为广大备考人员提供了丰富的学习资料。为了帮助广大读者更好地掌握各章所学的知识，作者以故障工单的形式提供了大量故障案例，便于读者掌握认证考试中可能遇到的各种复杂场景，并在每章结束时的“本章小结”中总结了本章的关键知识点，方便读者随时参考和复习。此外，每章末尾提供的复习题不仅能够帮助读者评估对各章知识的掌握程度，而且还为广大考生提供了非常好的备考复习提纲。

本书主要面向备考 CCNP TSHOOT 认证考试的考生，但本书相关内容实用性很强，有助于提高大家日常网络维护和排障工作的效率，保证网络的稳定运行，因而也非常适合从事企业网及复杂网络故障检测与排除工作的工程技术人员参考。

译者序

中国互联网产业经过近 20 年的快速发展，已拥有 6.3 亿网民、12 亿手机用户、5 亿微博和微信用户，每天信息发送量超过 200 亿条，全球互联网公司十强中，中国占了 4 家，这些都表明中国的互联网已经进入了一个崭新的发展天地，越来越多的人接触到了互联网，并从互联网世界中获益。特别是中国政府提出“互联网+”战略之后，各行各业都在拥抱互联网，互联网已经从消费型互联网向产业型互联网转移，在社会经济生活中的作用越来越大，人们对互联网的认识也越来越高。在此形势下，电信运营商、ISP 以及企业网的规模不断增大，网络应用的复杂性日新月异，企业对网络的依赖性也日益加大，保障网络的高可用性是所有网络用户共同的呼声，新形势下网络用户对新业务的发展需求推动了各类新业务的广泛部署，使得包括组播、VPN、BGP 等在内的各种复杂技术在企业网中得到大量应用。其次，IPv4 地址空间已经分配完毕，大家不得不正视 IPv4 向 IPv6 过渡的问题，再加上近年来互联网安全事故的增多，使得人们越来越关注互联网以及信息化的安全性。所有的这一切都对互联网从业人员提出了更高、更迫切的要求。全面掌握各类网络故障的检测与排除技术是技术人员保障企业网高效稳定运行、减少因网络宕机而造成损失的重要技能和责任，因而本书对广大 CCNP TSHOOT 考生以及从事企业网设计、优化、排障工作的网络管理员来说，都具有非常重要的参考价值。

本书作者是互联网通信领域的资深专家，对 STP、第一跳冗余性协议、EIGRP、OSPF、BGP、路由重分发、NAT、DHCP 以及 IPv6 和网络安全等各种交换和路由故障检测与排除技术做了深入剖析和延展，本书作为 CCNP TSHOOT 课程的官方学习教材，紧扣 TSHOOT 考试要求，提供了大量故障案例，不但便于读者学习和理解，而且也极具实用参考价值，完全可以应用于复杂企业网的日常维护，译者在翻译过程中更是收获良多，相信本书一定可以成为相关从业人员的案头参考书。

在本书翻译过程中，得到了家人和人民邮电出版社编辑及朋友们的无私支持与帮助，在此一并表示衷心的感谢。

本书内容涉及面广，虽然在翻译过程中为了尽量准确表达作者原意，特别是某些专有名词术语的译法，译者在多年网络通信工程经验的基础上，查阅了大量的相关书籍及标准规范，但由于时间仓促，加之译者水平有限，译文中仍难免有不当之处，敬请广大读者批评指正。

夏俊杰　xiajunjie@msn.com

2015 年 10 月于北京

关于作者

Amir Ranjbar，CCIE #8669，是Cisco认证讲师和高级网络咨询师，创办了AMIRACAN公司，为Global Knowledge Network公司提供培训服务，并为各类用户（主要是Internet服务提供商）提供咨询服务，同时还为Cisco Press（Pearson教育集团）编写技术图书。Amir出生在伊朗德黑兰，于1983年在其16岁时移民加拿大，于1991年获得知识系统（AI的一个分支）的硕士学位。日常主要从事培训、咨询及技术写作等工作，可以通过电子邮件aranjbar@amiracan.com与Amir Ranjbar取得联系。

关于技术审稿人

Ted Kim，CCIE #22769（RS与SP方向），拥有10年以上的IT从业经验，最近几年重点研究数据中心技术，拥有丰富的大型企业网设计、部署及排障经验。在Ted的网络职业生涯中，最初是Johns Hopkins的网络工程师，后来于2013年加入Cisco公司并成为一名网络咨询工程师。

献辞

谨将本书献给我的父亲 Kavos Ranjbar 先生，他于 2013 年 1 月 2 日离开了我们。希望我们能够像父亲那样，永远保持爱心、乐于助人、宽宏大量，而且始终谦逊、热爱和平、温文尔雅。

致谢

本书是大家共同努力的结晶，无论我们是否曾经共同工作过，都希望为所有参与人员奉上最诚挚的谢意。感谢 Mary Beth Ray、Ellie Bru、Tonya Simpson、Keith Cline、Vanessa Evans、Mark Shirar、Trina Wurst 和 Lisa Stumpf 为本书的最终完成付出的大量时间和精力，我渴望再次参加 Person 教育集团的社交聚会并向所有人员当面表达感激之情。感谢 Ted Kim 对本书做出了细致认真的审校工作并提出了大量有益反馈，同样希望有机会能够当面表达我的感激之情。

前言

本书基于 Cisco 公司最新发布的 CCNP 认证考试的 TSHOOT 课程，描述了 Cisco 路由和交换领域的排障及维护知识。本书假定读者已经了解并掌握了 Cisco ROUTE 和 SWITCH 课程所涉及的路由和交换知识。本书为读者提供了足够的 TSHOOT 考试信息。

讲授故障检测与排除技术实非易事，本书向读者展现了很多故障检测与排除方法，并深入分析了这些方法的优缺点。虽然本书扼要回顾了路由与交换的一些基本知识，但重点是讨论各种故障检测与排除命令的使用方法，特别是讲解大量故障检测与排除案例。每章最后的复习题不但能够帮助读者评估对各章知识的掌握程度，而且也可以为备考复习提供非常好的补充材料。

本书阅读对象

本书对任何希望学习现代网络故障检测与排除方法及技术，以及任何希望找到对自己有用的故障检测与排除案例的读者来说都非常有价值，对那些已经拥有一定的路由和交换基础知识，同时又希望进一步学习或增强故障检测与排除技巧的读者来说更为有用。正在备考 Cisco TSHOOT 考试的读者可以从本书找到成功通过认证考试所需的全部内容。Cisco 网络技术学院将本书作为 CCNP TSHOOT 课程的官方教材。

Cisco 认证和考试

Cisco 提供了 4 个级别的路由和交换认证，每个认证级别的专业能力都依次递增，它们分别为入门级、助理级、专业级和专家级。这些认证级别就是常说的 CCENT、CCNA、CCNP 和 CCIE，虽然 Cisco 还提供了其他认证，但本书关注的是与企业网络相关的认证。

对于 CCNP 路由和交换认证来说，必须通过 SWITCH、ROUTE 和 TSHOOT 三门考试。由于 Cisco 通常并不对外公布各种认证考试的合格成绩，因而大家只有在参加完考试之后才能知道是否通过了认证考试。

如果希望了解 CCNP 路由和交换认证的最新需求和最新动态，请访问 Cisco.com 并点击 **Training and Events**，以了解认证考试的细节信息，如考试主题以及注册考试的方式等。

对于备考 TSHOOT 的读者来说，使用本书的策略可能与其他读者有些不同，主要与读者的技巧、知识和经验有关。例如，参加了 TSHOOT 教育课程的读者与通过在职培训学习故障检测与排除技术的读者所采取的策略就有所不同。无论采取哪种策略或者知识背景如何，本书都能指导大家花费最少的时间去通过认证考试。

本书组织方式

虽然可以按部就班地逐页阅读本书，但本书也提供了更为灵活的阅读方式，读者可以根据需要以章节为基础进行跳跃式阅读。虽然某些章节之间具有一定的关联性，但大家完全可以根据自己的情况不按照这些章节顺序阅读本书；如果大家准备通读本书，那么按照本书编排顺序进行阅读应该是最佳方式。

本书每章都覆盖了 CCNP TSHOOT 考试主题的部分内容，以下是本书各章的内容简介。

- 第 1 章介绍了故障检测与排除原理，并讨论了最常见的故障检测与排除方法。
- 第 2 章解释了结构化故障检测与排除方法，并分析了结构化故障检测与排除方法包含的所有子进程。
- 第 3 章介绍了结构化网络维护模型并讨论了网络维护进程和流程，同时讨论了网络维护服务及网络维护工具，探讨了将故障检测与排除操作融入日常网络维护进程的方式与方法。
- 第 4 章回顾了二层交换进程和三层路由进程，并且讨论了利用 IOS **show** 命令、**debug** 命令，以及 ping、Telnet 等工具进行选择性地信息收集工作的方法。
- 第 5 章讨论了故障检测与排除工具，包括流量抓取特性及相关工具、利用 SNMP 收集信息、利用 NetFlow 收集信息以及基于 EEM 的网络事件通告机制。
- 第 6 章到第 10 章都是故障检测与排除案例，每章的示例网络及故障问题均不相同，每个故障都采用现实世界中的故障工单方式，按照结构化故障检测与排除方法，利用相应的排障技术解决故障问题，并且所有故障检测与排除阶段（包括收集信息阶段）都给出了详细的 Cisco IOS 路由器和交换机的输出结果。第 6 章到第 10 章的开头和结尾均提供了网络结构图，为便于参考，读者可以在线下载并打印这些网络结构图的 PDF 文件，也可以在电子设备上查看这些 PDF 文件。访问 ciscopress.com/title/9781587204555 并点击 **Downloads** 即可下载这些 PDF 文件。

此外，本书附录还提供了每章复习题的参考答案。

本书使用的图标

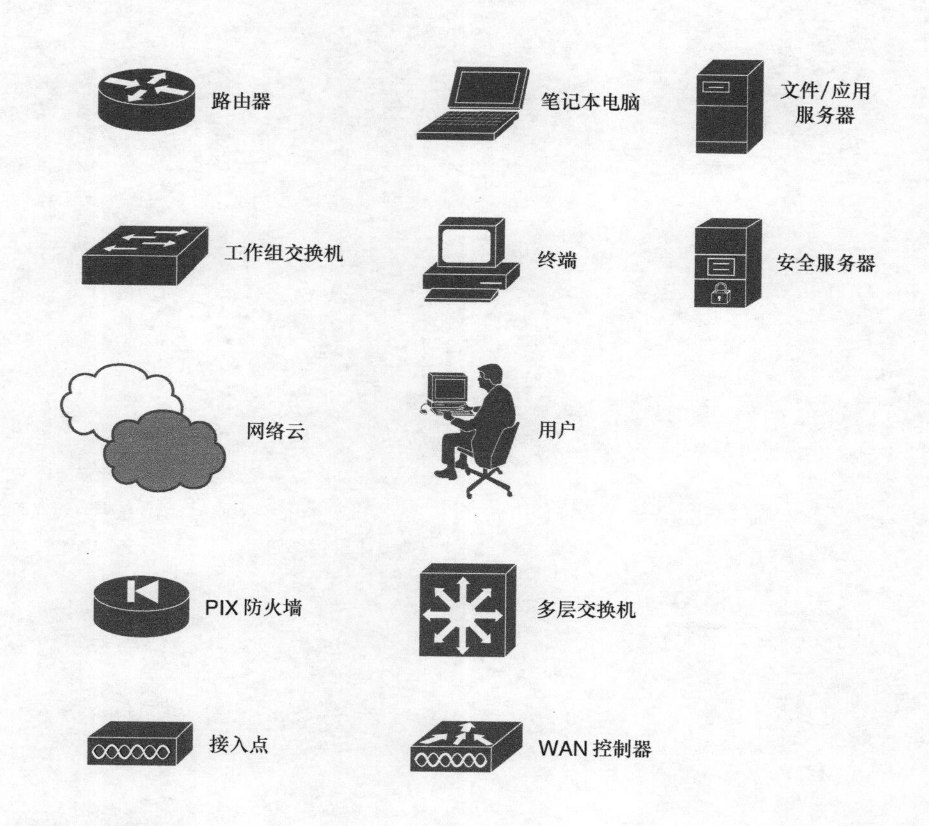

命令语法约定

本书在介绍命令语法时使用与 IOS 命令参考一致的约定，本书涉及的命令参考约定如下：

- 需要逐字输入的命令和关键字用粗体表示，在配置示例和输出结果（而不是命令语法）中，需要用户手工输入的命令用粗体表示（如 **show** 命令）；
- 必须提供实际值的参数用斜体表示；
- 互斥元素用竖线（|）隔开；
- 中括号[ ]表示可选项；
- 大括号表示{ }必选项；
- 中括号内的大括号[{ }]表示可选项中的必选项。

目录

第 1 章　故障检测与排除方法 ···· 1
1.1　故障检测与排除原理 ···· 1
1.2　结构化故障检测与排除方法 ···· 3
1.2.1　自顶而下法 ···· 5
1.2.2　自底而上法 ···· 6
1.2.3　分而治之法 ···· 7
1.2.4　跟踪流量路径法 ···· 8
1.2.5　对比配置法 ···· 9
1.2.6　组件替换法 ···· 9
1.3　利用 6 种故障检测与排除法排障的案例 ···· 10
1.4　本章小结 ···· 12
1.5　复习题 ···· 12
第 2 章　结构化故障检测与排除进程 ···· 15
2.1　故障检测与排除方法及流程 ···· 15
2.1.1　定义故障 ···· 16
2.1.2　收集信息 ···· 17
2.1.3　分析信息 ···· 19
2.1.4　排除潜在故障原因 ···· 20
2.1.5　提出推断（推断最可能的故障原因） ···· 20
2.1.6　测试和验证所推断故障原因的正确性 ···· 21
2.1.7　解决故障并记录排障过程 ···· 23
2.2　排障案例：基于结构化故障检测与排除方法和进程 ···· 23
2.3　本章小结 ···· 24
2.4　复习题 ···· 25
第 3 章　网络维护任务及最佳实践 ···· 27
3.1　结构化网络维护 ···· 27
3.2　网络维护进程和网络维护流程 ···· 28
3.2.1　常见网络维护任务 ···· 29
3.2.2　网络维护规划 ···· 30
3.3　网络维护服务和网络维护工具 ···· 33
3.3.1　网络时间服务 ···· 35
3.3.2　日志记录服务 ···· 36

3.3.3 实施备份和恢复服务······37
3.4 将故障检测与排除工作集成到网络维护进程中······42
3.4.1 网络文档和基线······43
3.4.2 沟通······45
3.4.3 变更控制······47
3.5 本章小结······48
3.6 复习题······50
第 4 章 基本的交换和路由进程及有效的 IOS 故障检测与排除命令······55
4.1 基本的二层交换进程······55
4.1.1 以太网帧转发进程（二层数据平面）······55
4.1.2 验证二层交换机制······60
4.2 基本的三层路由进程······62
4.2.1 IP 包转发进程（三层数据平面）······63
4.2.2 利用 IOS 命令验证 IP 包转发进程······65
4.3 利用 IOS show 命令、debug 命令以及 Ping 和 Telnet 选择性地收集信息······67
4.3.1 过滤和重定向 show 命令的输出结果······67
4.3.2 利用 ping 和 Telnet 测试网络连接性······72
4.3.3 利用 Cisco IOS debug 命令收集实时信息······76
4.3.4 利用 Cisco IOS 命令诊断硬件故障······77
4.4 本章小结······82
4.5 复习题······83
第 5 章 使用专用维护及故障检测与排除工具······89
5.1 故障检测与排除工具的种类······89
5.2 流量抓取功能及工具······90
5.2.1 SPAN······91
5.2.2 RSPAN······92
5.3 利用 SNMP 收集信息······94
5.4 利用 NetFlow 收集信息······96
5.5 网络事件通告······98
5.6 本章小结······101
5.7 复习题······101
第 6 章 故障检测与排除案例研究：SECHNIK 网络公司······107
6.1 SECHNIK 网络公司故障工单 1······107
6.1.1 检测与排除 PC1 的连接性故障······108
6.1.2 检测与排除 PC2 的连接性故障······113

6.1.3 检测与排除 PC3 的连接性故障 118
6.1.4 检测与排除 PC4 的连接性故障 120
6.2 SECHNIK 网络公司故障工单 2 123
6.2.1 检测与排除 PC1 的连接性故障 123
6.2.2 检测与排除 PC2 的 SSH 连接性故障 129
6.2.3 检测与排除 PC4 的 DHCP 地址故障 134
6.3 SECHNIK 网络公司故障工单 3 140
6.3.1 检测与排除 PC2 的连接性故障 140
6.3.2 检测与排除 PC3 的连接性故障 149
6.4 本章小结 154
6.5 复习题 156
第 7 章 故障检测与排除案例研究：TINC 垃圾处理公司 161
7.1 TINC 垃圾处理公司故障工单 1 162
7.1.1 检测与排除 GW2 的备用 Internet 连接故障 162
7.1.2 检测与排除 PC1 的连接性故障 169
7.1.3 检测与排除 PC2 的连接性故障 174
7.2 TINC 垃圾处理公司故障工单 2 180
7.2.1 检测与排除 GW1 与路由器 R1 的 OSPF 邻居关系故障 180
7.2.2 检测与排除 PC4 通过 SSHv2 接入路由器 R2 的故障 189
7.2.3 检测与排除通过 R1 和 R2 的日志消息发现的地址重复故障 193
7.3 TINC 垃圾处理公司故障工单 3 198
7.3.1 检测与排除 PC1 和 PC2 用户遇到的 Internet 连接时断时续故障 198
7.3.2 检测与排除 VRRP 中的主用路由器故障 205
7.3.3 检测与排除 ASW4 与 ASW3 之间的 EtherChannel 故障 209
7.4 TINC 垃圾处理公司故障工单 4 215
7.4.1 检测与排除 PC1 和 PC2 用户遇到的 Internet 连接时断时续故障 216
7.4.2 检测与排除 PC4 遇到的连接时断时续故障 226
7.4.3 检测与排除 PC4 到路由器 GW2 的 SSH 连接故障 233
7.5 本章小结 236
7.6 复习题 238
第 8 章 故障检测与排除案例研究：PILE 法务会计公司 243
8.1 PILE 法务会计公司故障工单 1 244
8.1.1 检测与排除 PILE 分支机构到公司总部及 Internet 的连接故障 244
8.1.2 检测与排除 PILE 经 ISP2 的备份 Internet 连接故障 252
8.2 PILE 法务会计公司故障工单 2 259
8.2.1 检测与排除 Telnet 故障：从 PC3 到 BR 259

8.2.2 检测与排除 PILE 网络的 Internet 访问故障 260
8.2.3 检测与排除 PILE 网络的 NTP 故障 267
8.3 PILE 法务会计公司故障工单 3 271
8.3.1 检测与排除灾难恢复后 PC3 无法访问 Internet 的故障 272
8.3.2 检测与排除 PC4 无法访问 Cisco.com 的故障 280
8.4 PILE 法务会计公司故障工单 4 285
8.4.1 检测与排除重新配置 EIGRP 后分支机构站点的 Internet 连接故障 285
8.4.2 检测与排除管理性访问 ASW2 的故障 292
8.5 PILE 法务会计公司故障工单 5 295
8.5.1 检测与排除由新的边缘路由器 HQ0 提供的冗余 Internet 接入故障 296
8.5.2 检测与排除非授权 Telnet 访问故障 304
8.6 本章小结 308
8.7 复习题 310
第 9 章 故障检测与排除案例研究：POLONA 银行 315
9.1 POLONA 银行故障工单 1 316
9.1.1 检测与排除 PC3 无法访问 SRV2 的故障 316
9.1.2 检测与排除部署了接口跟踪特性的 VRRP 故障 322
9.1.3 检测与排除 IP SLA 探针无法启动的故障 326
9.2 POLONA 银行故障工单 2 330
9.2.1 检测与排除 BR3 的路由汇总故障 331
9.2.2 检测与排除 PC0 的 IPv6 Internet 连接故障 334
9.2.3 检测与排除 BR3 的 IPv6 Internet 连接故障 339
9.3 POLONA 银行故障工单 3 344
9.3.1 检测与排除分支机构 1 与总部站点之间的 IP 连接性故障 344
9.3.2 检测与排除分支机构 3 的路由汇总故障 349
9.3.3 检测与排除路由器 BR1 的 AAA 认证故障 354
9.4 POLONA 银行故障工单 4 357
9.4.1 检测与排除 PC0 的 IPv6 Internet 连接性故障 357
9.4.2 检测与排除分支机构完全末梢区域的功能异常故障 364
9.5 本章小结 369
9.6 复习题 372
第 10 章 故障检测与排除案例研究：RADULKO 运输公司 375
10.1 RADULKO 运输公司故障工单 1 376
10.1.1 防止员工在未授权情况下添加交换机 376
10.1.2 检测与排除策略路由故障 381
10.1.3 检测与排除邻居发现故障 385

10.2 RADULKO 运输公司故障工单 2 ······ 388
10.2.1 检测与排除 VLAN 以及 PC 连接性故障 ······ 388
10.2.2 检测与排除分支路由器的 IPv6 故障 ······ 393
10.2.3 检测与排除 MP-BGP 会话故障 ······ 397
10.3 RADULKO 运输公司故障工单 3 ······ 400
10.3.1 检测与排除 PC1 无法访问分发中心服务器 SRV 的故障 ······ 400
10.3.2 检测与排除 OSPFv3 认证故障 ······ 406
10.4 RADULKO 运输公司故障工单 4 ······ 409
10.4.1 检测与排除 DST 路由表中出现非期望外部 OSPF 路由的故障 ······ 409
10.4.2 检测与排除 PC 的 IPv6 Internet 接入故障 ······ 415
10.5 本章小结 ······ 420
10.6 复习题 ······ 422
附录 A 复习题答案 ······ 427

本章主要讨论以下主题：

- 故障检测与排除原理
- 常见的故障检测与排除方法
- 利用 6 种故障检测与排除方法开展故障检测与排除工作

第1章

故障检测与排除方法

大多数现代企业都高度依赖网络基础设施的平稳运行。网络宕机时间常常意味着产能、利润和声誉的损失，因而网络故障检测与排除是企业网络支持团队的重要职能。网络支持团队的故障诊断与解决效率越高，企业遭受的损失就越少。对于复杂网络环境来说，故障检测与排除工作是一件令人头痛的事情，要想快速有效地诊断并解决故障，就必须遵循结构化的故障检测与排除方法。结构化的网络故障检测与排除方法需要定义完善的故障检测与排除流程并加以文档化、制度化。

本章将首先介绍故障检测与排除的概念及基本原理，然后讨论6种常见的故障检测与排除方法，最后将利用这6种故障检测与排除方法来解释相应的故障检测与排除案例。

1.1 故障检测与排除原理

故障检测与排除是一种诊断故障并解决故障（如果可能的话）的过程，故障检测与排除操作通常是由用户报告故障所触发的。对于部署了主动式网络监控工具和技术的现代复杂网络来说，完全可以在用户发现故障或者商业应用受到影响之前就发现故障/问题，甚至修正或解决故障/问题。

某些人直到发现问题并认为是故障且被报告为故障时才知道网络中出现了故障，这就意味着需要找出所报告故障（受限于用户的经验）与实际故障原因之间的差别。报告故障的时间不一定就是产生故障的事件发生时间，报告故障的用户有时会将故障等同于故障现象，而排障人员常常将故障等同于故障根源。例如，某小型企业的 Internet 连接在周六出现了故障，这通常并不是一个故障，但是如果 Internet 连接在周一上午上班时间仍未修复，那么就会演变为故障。虽然故障现象与故障原因之间的差异看起来似乎有些难以理解，但大家必须意识到两者的差异会产生潜在的沟通问题。

通常来说，故障报告会触发故障检测与排除流程。检测与排除故障时，首先要定义故障问题，其次在收集信息、重新定义故障、提出可能的故障原因期间诊断故障，最后就是推断故障的根本性原因。此时就可以提出可能的故障解决方案并加以评估，然后选出最佳解决方案并加以实施。图 1-1 给出了结构化故障检测与排除方法的主要步骤以及这些步骤之间存在的各种转移可能性。

> 注：值得注意的是，有时不一定能够实施网络故障解决方案，此时可能需要搭建一个临时工作环境。解决方案与临时工作环境之间的区别就在于解决方案能够解决故障根源，而临时工作环境只是缓解了故障现象。

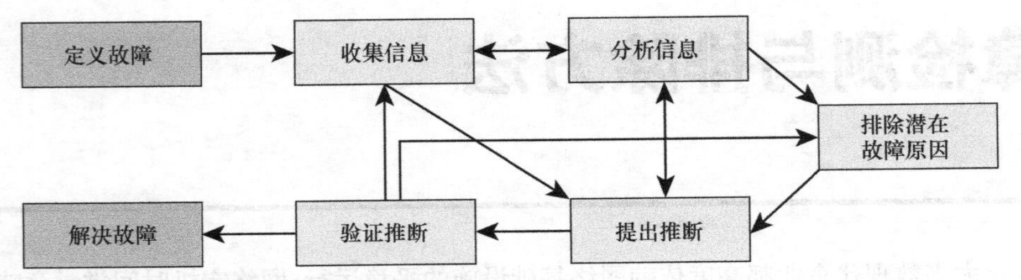

图 1-1 结构化故障检测与排除方法示意图

虽然报告故障和解决故障是故障检测与排除流程中的基本要素，但大部分时间都花在了故障诊断阶段，甚至有些人认为故障检测与排除过程就是故障诊断过程。但无论如何，在网络维护的概念中，报告故障和解决故障确实是故障检测与排除流程中的基本要素，而故障诊断则是发现故障本质以及故障原因的进程，该进程的主要步骤如下。

- **收集信息**：在接到用户（或其他任何人）报告的故障信息之后，就要开始收集信息，包括调研故障所涉及的所有人员（用户）以及采用各种可能的手段收集相关信息。通常来说，故障报告包含的信息都不足以让排障人员做出合理推断，因而所要做的第一件事情就是收集信息。既可以通过观测直接收集信息，也可以通过测试间接收集信息。
- **分析信息**：检查和分析完收集到的信息之后，排障人员就可以将故障现象与自己掌握的系统、进程和基线数据的信息进行分析比对，以便将正常状态从异常状态中分离出来。
- **排除潜在故障原因**：通过将观察到的网络运行状态与期望状态进行对比，就可以排除某些潜在的故障原因。
- **提出推断**：收集和分析信息并排除了潜在故障原因之后，将会剩下一个或若干个潜在故障原因。需要仔细评估每个潜在故障原因的可能性，并推断最可能的故障原因。
- **验证推断**：需要进一步测试推断出的根本性故障原因，以证实或否决该原因是否是故障根源。最简单的方式就是根据故障推断制定解决方案，并验证该解决方案是否有效。如果无效，那么就表明前面的推断有误，就需要进一步收集并分析更多信息。

所有的故障检测与排除方法都包括收集信息、分析信息、排除潜在故障原因、提出推断、验证推断等几个基本步骤，每个步骤都有其用意，需要花费一定的时间和精力，弄清楚如何以及何时从一个步骤过渡到下一个步骤是成功进行故障检测与排除工作的关键。在检测与排除复杂应用场景下的网络故障时，有时可能需要在故障检测与排除的不同阶段之间不断地进行反复操作：收集信息、分析信息、排除潜在故障原因、收集更多信息、再次分析这些信息、提出推断、验证推断、否决推断、排除更多潜在故障原因、收集更多信息，等等。

如果没有采取结构化故障检测与排除方法，而只是凭直觉在这些步骤之间来回反复，虽然最终也可能找出解决方案，但效率肯定很低。而且这种凭直觉的故障检测与排除方法还有一个非常明显的缺点，那就是很难将排障工作转交给其他人，已经实施过的排障结果都会丢失，甚至过了一段时间（可能因为有其他事情）之后，该排障人员再次检测与排除该故障时都有可能无法继续下去。无论采用哪种结构化故障检测与排除方法，从长期的角度来看都能取得预期成果，而且无论是自己过了一段时间之后再次进行排障还是将排障工作转交给他人也都会很容易，而且还能保留前期工作成果。

经验不足和经验丰富的排障人员通常都喜欢采用不假思索法，因为该方法在经过非常短的收集信息阶段之后，排障人员就能快速得出解决方案并验证是否能解决该故障。虽然该方法从表面上看似乎随机性很大，但实际并非如此，这是因为该方法建立在大量常规故障现象及相应故障原因的经验知识之上，只是将相关经验扩展到特定网络环境或特定应用上。因而这种方法对于经验丰富的排障人员来说是事半功倍，但是对缺乏经验的排障人员来说却是事倍功半。图 1-2 显示了利用不假思索法解决故障的流程，该方法几乎没有在收集信息和排除潜在故障原因阶段花费任何时间。

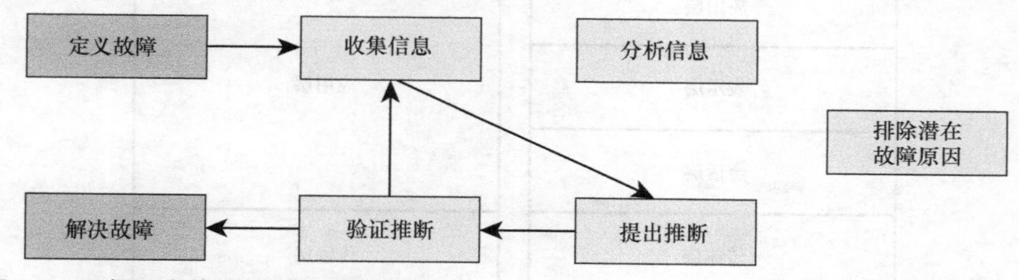

图 1-2 不假思索故障检测与排除法

如果用户报告了某个 LAN 性能故障，考虑到过去报告的故障案例中有 90%都拥有相似的故障现象，故障原因是用户工作站（PC 或笔记本电脑）与接入交换机端口之间的双工模式不匹配。解决方案是将交换机端口配置为 100Mbit/s 全双工模式。因而收到该故障报告之后，完全有理由相信仍然是该原因，因而很自然地快速验证用户所连交换机的端口的双工模式设置情况，并将其设置为 100Mbit/s 全双工模式。如果奏效，那么该故障检测与排除方法的效率将非常高，因为所花费的时间很少。但不幸的是，该方法的缺点是如果解决方案无效，由于没有其他更正确的解决方案，因而会浪费排障人员和用户的时间，而且还可能会导致一定的挫败感。因此，有效使用该方法的关键在于知道何时该停止使用该方法并转移到其他更有效的（结构化）故障检测与排除方法上。

1.2 结构化故障检测与排除方法

虽然故障检测与排除工作并不是一门精密科学，通常可以采用多种不同的方法来诊断和解决特定故障问题。但是如果按照结构化故障检测与排除方法来解决故障问题，那么每一步都能有所发现，能够比采用随意的故障检测与排除方法更快地解决故障问题。结构化故障检测与排除方法分为很多种，每种结构化故障检测与排除方法都适用于不同的故障场景。不存在普适的方法，因而排障人员必须全面掌握这些结构化故障检测与排除方法，并且能够为特定故障问题选择最佳方法或最佳方法组合。

结构化故障检测与排除方法是整个故障检测与排除进程的指南，所有结构化故障检测与排除方法的关键就是系统化排除潜在故障原因并不断缩小故障原因的范围。通过系统化地排除潜在故障原因，可以有效减小故障范围，直至成功隔离并解决故障。如果在某个阶段需要求助他人或者需要将工作转交给他人，那么将会发现，结构化故障检测与排除方法能够给他人提供有效帮助，而且不会白白浪费前期所作的排障工作。常用的结构化故障检测与排除方法如下。

- **自顶而下法（The top-down approach）**：该方法首先从 OSI（Open Systems Interconnection，开放系统互连）参考模型中的应用层入手，一直向下检查到物理层。为便于参考，图 1-3 给出了 OSI 七层网络模型与 TCP/IP 四层网络模型的对比情况。

OSI 七层参考模型	TCP/IP 四层网络模型
应用层	应用层
表示层	
会话层	
传输层	传输层
网络层	互连网络层
数据链路层	网络接口层
物理层	

图 1-3 OSI 与 TCP/IP 网络模型

- **自底而上法（The bottom-up approach）**：该方法与自顶而下法正好相反，首先从 OSI 参考模型中的物理层入手，一直向上检查到应用层。
- **分而治之法（The divide-and-conquer approach）**：该方法首先从 OSI 参考模型的中间层（通常是网络层）入手，根据发现的情况可以沿着 OSI 协议栈往下或往上进行依次检查。
- **跟踪流量路径法（The follow-the-path approach）**：该方法沿着数据包从源端到目的端所经过的网络路径进行检查。

- **对比配置法（The spot-the-differences approach）**：顾名思义，该方法就是将运行正常的网络设备或网络进程与运行异常的网络设备或网络进程进行对比，通过找出两者之间的差异来收集故障线索。如果对某台设备实施了变更操作之后出现了故障，那么对比配置法通过查找该设备故障前后的配置差异，即可快速找出故障原因。
- **组件替换法（The move-the-problem approach）**：该方法的策略就是从物理上替换不同的组件，并观察故障是否随着组件的替换而消失了。

下面将依次描述上述结构化故障检测与排除方法。

1.2.1 自顶而下法

自顶而下故障检测与排除法利用 OSI 参考模型作为理论基础。OSI 参考模型的一个最重要的特性就是每一层都依赖于以下各层的运行，这就意味着如果发现某层工作正常，那么就能确信该层的以下各层均运行正常。

假设正在调查某故障问题，此时用户无法浏览特定网站，但是发现主机能够在端口 80 上与远程服务器建立 TCP 连接，并且能够从服务器收到响应（如图 1-4 所示）。此时完全有理由推断客户端与服务器之间的传输层及以下各层完全正常，最可能的故障原因就是客户端或服务器本身（可能位于应用层、表示层或会话层），而不是一个网络问题。请注意，对于本例来说，虽然有理由相信第一层到第四层的工作均正常，但还不能确切证明这一点。例如，一种可能的情况就是虽然能够正确路由未分段数据包，但是却丢弃了分段数据包，此时到端口 80 的 TCP 连接就无法揭示该问题。

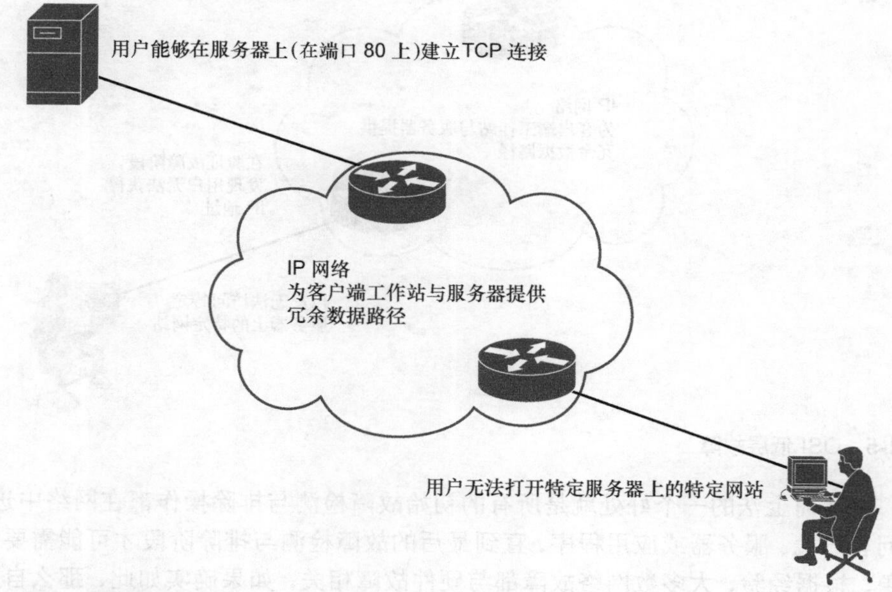

图 1-4 应用层故障

从本质上来说，自顶而下故障检测与排除法的目的是发现仍能正常工作的最高OSI层，这样就可以将位于该层及以下各层的所有设备及所有进程均排除在故障范围之外。很显然，如果故障出在了某个OSI高层，那么该方法将非常有效。此外，该方法也是一种最直接的故障检测与排除方法。因为用户报告故障时通常描述为应用层故障，因而从应用层入手检测与排除故障也是非常自然的。但是，该方法的缺点是需要访问客户端的应用层软件来开展故障检测与排除进程。如果该软件仅安装在少量机器上，那么将会大大限制排障人员的故障检测与排除工作。

1.2.2 自底而上法

自底而上故障检测与排除法也是以 OSI 参考模型为理论基础。该方法从物理层（即OSI七层网络模型中的最底层）开始入手，然后逐层向上依次检测网络组件是否正常，直至应用层。该方法需要排除尽可能多的潜在故障，从而不断缩小潜在的故障范围。

假设正在调查某故障问题，此时用户无法浏览特定网站，在故障验证阶段发现该用户的工作站无法通过DHCP进程获取IP地址（如图1-5所示）。此时完全有理由推断OSI参考模型的低层有问题，因而可以采用自底而上的故障检测与排除方法。

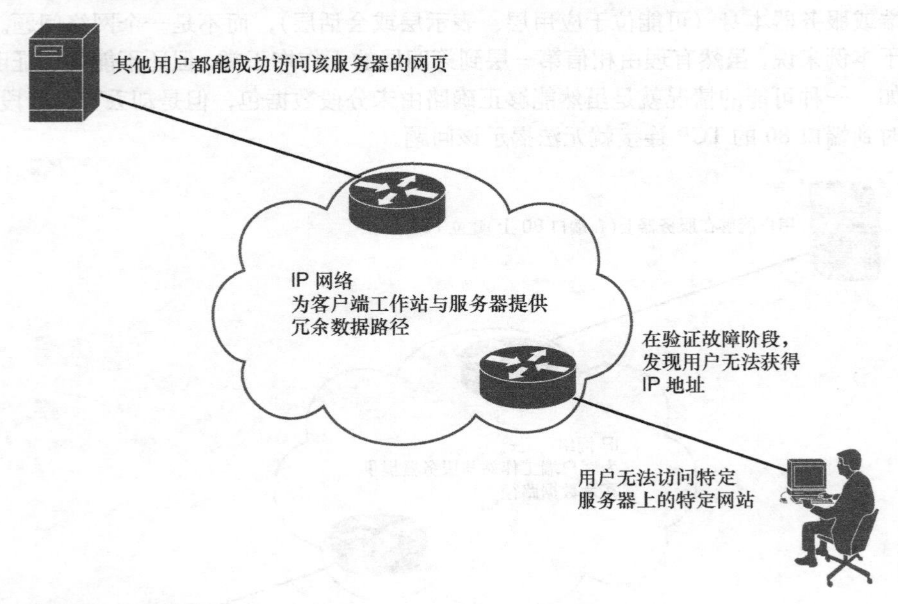

图1-5 OSI低层故障

自底而上法的一个好处就是所有的初始故障检测与排除操作都在网络中进行，无需访问客户端、服务器或应用程序，直到最后的故障检测与排除阶段才可能需要访问这些对象。根据经验，大多数网络故障都与硬件故障相关，如果确实如此，那么自底而上故障检测与排除法将非常有效。但是该方法的一个缺点是，在大型网络中按照此方法进行排障操作可能会耗费大量时间，因为需要花费很多时间和精力来收集和分析信息，而且每次都要从最低层入手。最好的自底而上法使用方式就是首先采用其他故障检测与排除法减小潜在的故障范围，然后再利用自底而上法对网络拓扑结构中较为明确的故障组件进行排查。

1.2.3 分而治之法

分而治之故障检测与排除法是自顶而下故障检测与排除法和自底而上故障检测与排除法的折中。如果刚开始不清楚自顶而下故障检测与排除法和自底而上故障检测与排除法哪个更优，那么就可以从 OSI 参考模型的中间层（通常是网络层）入手并执行某些测试操作（如 ping 操作）。ping 是一种非常好的连接性测试工具，如果 ping 测试成功，那么就可以确信网络层以下各层均正常，此时就可以从该层使用自底而上故障检测与排除法。如果 ping 测试失败，那么就可以从该层使用自顶而下故障检测与排除法。

假设正在调查某个故障问题，此时用户无法浏览特定网站，在故障验证阶段该用户的工作站能够 ping 通服务器的 IP 地址（如图 1-6 所示）。此时完全有理由推断 OSI 参考模型的物理层、数据链路层以及网络层运行正常，因而可以利用自底而上法从传输层开始排查 OSI 的高层故障。

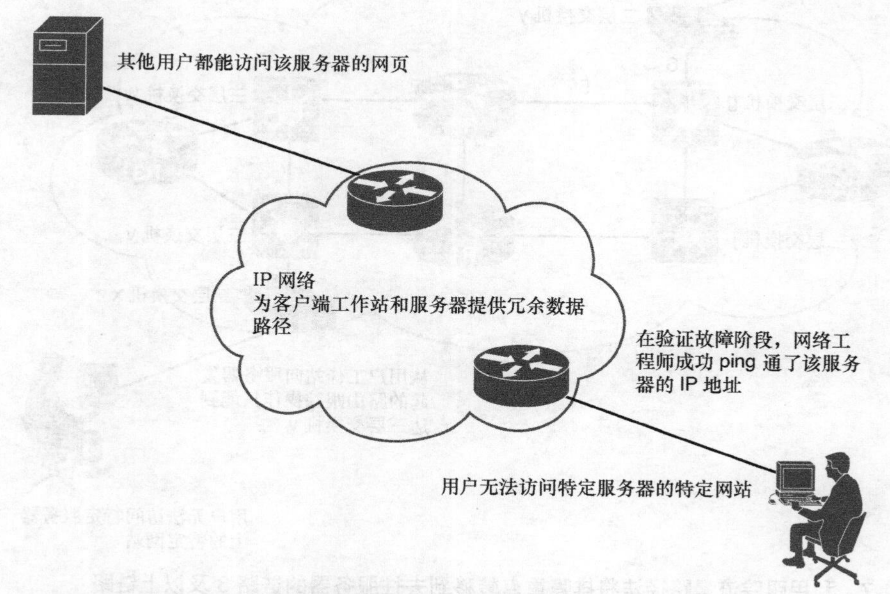

图 1-6　成功的 ping 测试可以将排障重点转移到 OSI 高层（分而治之法）

无论初始测试结果是否成功，该方法都能比完整执行自顶而下故障检测与排除法或自底而上故障检测与排除法更快地缩小故障范围，因而分而治之法被认为是最有效、也可能是最常用的故障检测与排除方法。

1.2.4 跟踪流量路径法

跟踪流量路径故障检测与排除法是一种最基本的故障检测与排除方法，通常作为其他故障检测与排除法（如自顶而下故障检测与排除法或自底而上故障检测与排除法）的补充手段。跟踪流量路径法首先要找出源端至目的端的实际流量路径，然后将故障范围缩小到流量路径所涉及的链路及网络设备。该方法的原理是排除所有与当前故障检测和排除工作无关的链路及网络设备。

假设正在调查某故障问题，此时用户无法浏览特定网站，在故障验证阶段发现，如果从用户 PC 向服务器的 IP 地址发起路由跟踪操作（tracert），那么只能到达第一跳，即图 1-7 中的三层交换机 v（三层或多层交换机 v）。根据网络的链路带宽以及所用的路由协议，可以在网络结构图上以数字 1～7 标示出从用户工作站到服务器的最佳路径（如图 1-7 所示）。

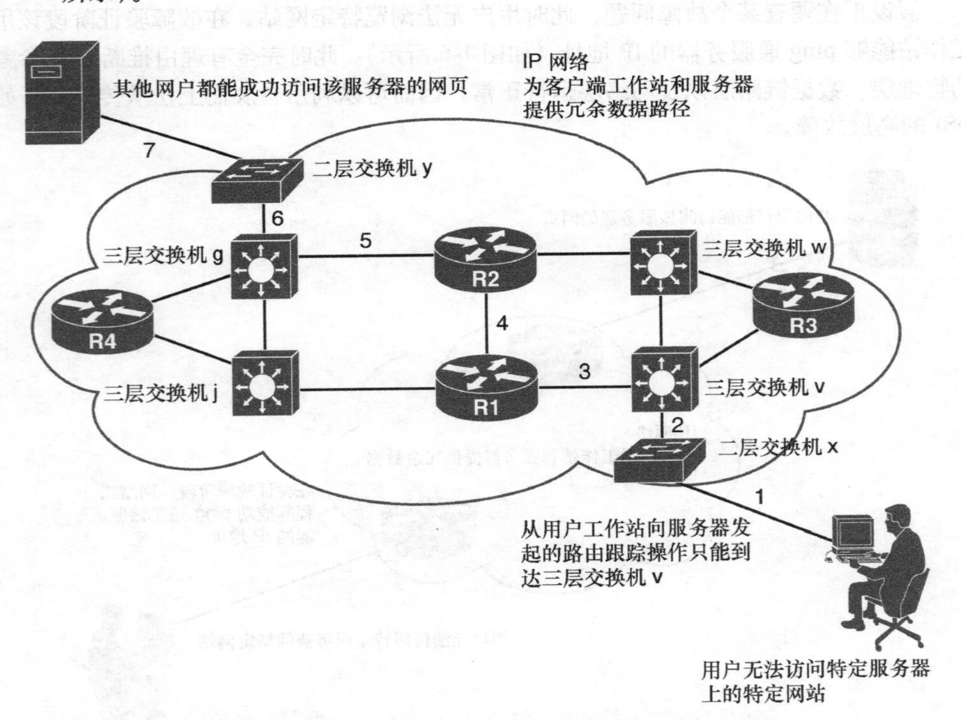

图 1-7 利用跟踪流量路径法将排障重点转移到去往服务器的链路 3 及以上链路

此时完全有理由将故障检测与排除重点转移到去往服务器的最佳路径上的三层交换机及其以上网段。跟踪流量路径法能够快速找出故障区域，并准确定位故障设备，最终找出出现中断、配置错误或者有故障的特定物理或逻辑组件。

1.2.5 对比配置法

另一种常见的故障检测与排除方法就是对比配置法，也称为寻找差异法。通过对比正常与异常状况下的配置、软件版本、硬件以及其他设备属性，可以快速发现两者之间的重要差异。该方法的出发点就是将工作异常的组件更改为与工作正常的组件一致，但该方法的缺点是虽然解决了故障，但仍然不知其所以然。在某些情况下，排障人员可能不确定是否已经实施了解决方案或建立了临时工作环境。

例 1-1 给出了两份路由表，其中一份属于分支机构 2 的边缘路由器（目前出现了故障），另一份属于分支结构 1 的边缘路由器（目前运行正常）。按照对比配置法（寻找差异法），通过对比这两份路由表可以很自然地发现，出现故障的分支机构缺少了静态路由表项，因而可以在分支机构 2 的路由表中增加静态路由表项，看看是否可以解决该故障。

例 1-1　对比配置法：工作异常与工作正常的路由器

```
------------- Branch1 is in good working order ----------
Branch1# show ip route
<...output omitted...>
10.0.0.0/24 is subnetted, 1 subnets
C   10.132.125.0 is directly connected, FastEthernet4
C   192.168.36.0/24 is directly connected, BVI1
S*  0.0.0.0/0 [254/0] via 10.132.125.1
------------- Branch2 has connectivity problems ----------
Branch2# show ip route
<...output omitted...>
10.0.0.0/24 is subnetted, 1 subnets
C 10.132.126.0 is directly connected, FastEthernet4
C 192.168.37.0/24 is directly connected, BVI1
```

虽然对比配置法（寻找差异法）并不是一种完整的故障检测与排除方法，但是对于其他故障检测与排除方法来说却是一种很好的辅助排障技术。该方法的好处之一就是易于缺乏经验的排障人员使用，至少可以让故障更加清晰。如果拥有实时更新且能够访问的基线配置、网络结构图等信息，那么将当前配置与这些基线信息进行对比，就能比其他方法更快地解决故障问题。

1.2.6 组件替换法

组件替换法（也称为移除故障法）是一种非常基础的可用于隔离故障范围的故障检测与排除方法。通过物理替换各个网络组件以确认故障是否是由该网络组件引起，如果是，那么替换了该故障组件之后，故障现象将完全消失。图 1-8 中的两台 PC 和三台笔记本电脑连接在一台 LAN 交换机上，其中笔记本电脑 B 出现了连接性故障。假设怀疑出现了硬件故障，那么就必须检查交换机、电缆或笔记本电脑是否有问题。一种方法就是首先检查出现故障的笔记本电脑的设置情况以及交换机的设置情况，然后对比所有笔记本电脑以及交换机端口的配置信息。但排障人员可能没有 PC、笔记本电脑或交换机的管理员密码，那么此时唯一能收集到的信息就是交换机、PC 以及笔记本电脑上的链路 LED 的状态，很明显所能做的工作非常有限。此时最常见的故障隔离方式（如果故障还没有完全解决）就是更换电缆或交换机端口，替换交换机与笔记本电脑 B（出现故障的笔记本电脑）之间的电缆，并用确认工作正常的电缆将笔记本电脑 B 连接到交换机的其他端口上。通过这些简单的替换工作，就可以有效地隔离故障范围，确定故障是在电缆、交换机还是笔记本电脑上。

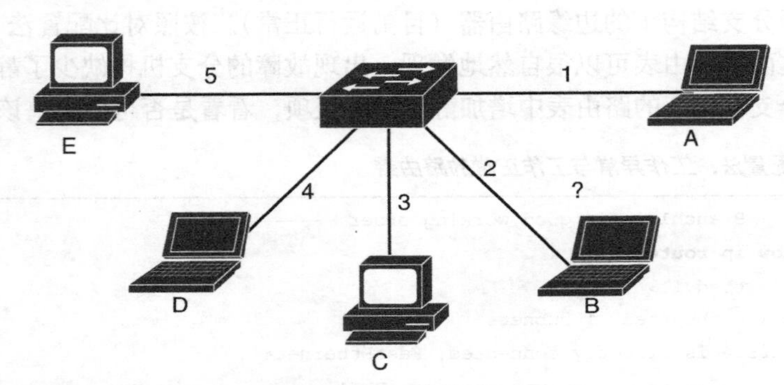

图 1-8 组件替换法：笔记本电脑 B 存在故障

通过执行简单的系统测试方法，组件替换法可以在只能收集有限信息的场合下隔离故障范围。即便没有解决故障，也能将故障范围隔离在单个网络组件上，接下来就可以集中精力检测与排除该组件的故障。请注意，在前面的案例中，如果确信故障出在了电缆上，那么完全不需要交换机、PC 或笔记本电脑的管理员密码就可以解决故障。但是组件替换法的缺点是只能将故障隔离到少数网络组件上，而无法真正认识故障本质。因为该方法只能收集非常有限的间接信息，而且该方法假定故障仅出在某个网络组件上，如果故障出在了多个网络组件上，那么就很难正确隔离网络故障了。

1.3 利用 6 种故障检测与排除法排障的案例

假设有一个外部金融顾问来公司帮助公司领导解决账务问题，该金融顾问需要访问金融服务器，为此你在金融服务器上为其创建了一个用户账号，并且在其笔记本电脑上安装了相应的客户端软件。路过公司领导的办公室时，公司领导说该金融顾问无法连接金融服务器，作为公司的网络支持工程师，拥有除金融服务器外的所有网络设备的访问权。请考虑如何解决该问题，有何故障检测与排除计划，准备采用哪种或哪些方法组合来解决该故障。

可以采用哪些故障检测与排除方法来解决该故障呢？虽然针对该案例的故障检测与排除方法可能很多，但其中的某些因素可以帮助排障人员选择更合适的故障检测与排除法。

- 能够访问其他所有网络设备，但无法访问金融服务器，这就意味着只能自行处理第一层到第四层故障，而必须将第五层至第七层故障转交给其他人员处理。
- 能够访问客户端设备，因而可以考虑从客户端入手开展故障检测与排除工作。
- 公司领导安装了相同的客户端软件并且拥有金融服务器的访问权限，因而可以考虑对比公司领导与金融顾问的客户端配置信息。

对本案例来说，每种可能的故障检测与排除方法的优缺点各是什么呢？

- **自顶而下法**：排障人员有机会从应用层开始检查故障，一个好的故障检测与排除实践就是首先确认所报告的故障问题，因而从应用层入手是一个很自然的选择。该方法的唯一缺点是只有到了排障过程的最后阶段才能发现实际有可能非常简单的故障原因（如电源线插在了没有电的插座上等）。
- **自底而上法**：对本案例来说，自底而上依次检查整个网络并不一个很好的方法，因为这样做会耗费很大的时间和精力。由于没有任何理由假设金融顾问接入的第一台接入交换机以上的网络是故障根源，因而在使用本方法时，可以首先检查金融顾问到接入交换机这一段的网络，以发现是否存在电缆布线故障。
- **分而治之法**：这是一种可行的故障检测与排除法，可以从金融顾问的笔记本电脑向金融服务器发起 ping 测试。如果 ping 测试成功，那么就可以知道故障很可能出在了应用程序（虽然也必须考虑潜在的防火墙问题）。如果 ping 测试失败，那么就可以开始检查网络问题，也就是说排障人员完全可以自行解决该故障。该方法的好处是能够快速确定故障范围并确定是否请求其他人员协助解决该故障。
- **跟踪流量路径法**：与自底而上法相似，完整地检查整个流量路径对本例来说也是非常低效的，但是如果发现金融顾问的笔记本电脑的链路 LED 不亮，那么首先检查金融顾问到第一台接入交换机之间的布线问题将是一个非常好的入手点。可以考虑在其他故障检测与排除方法已经缩小了故障范围之后再使用本方法。
- **对比配置法**：由于排障人员能够访问公司领导的 PC 和金融顾问的笔记本电脑，因而可以考虑对比两者之间的配置差异，不过由于这两台机器不是由同一个 IT 部门控制的，因而可能会发现很多差异，可能很难发现与故障相关的重要差异点。如果确认故障出在了客户端，那么该方法将非常有用。
- **组件替换法**：如果仅使用该方法，那么将很难解决本例的故障问题，但是如果利用其他方法确认了潜在的硬件故障范围是金融顾问的笔记本电脑到接入交换机，那么就可以使用该方法了。然而，但也仅仅是作为排障操作的第一步，可以考虑交换连接金融顾问笔记本电脑以及公司领导 PC 的电缆及插座，以查看故障是否出在了电缆、笔记本电脑或接入交换机上。

对本例来说，可以考虑组合使用多种故障检测与排除方法。最可行的方法就是自顶而下法或分而治之法。在正确缩小了故障范围之后可以考虑跟踪流量路径法和对比配置法。在使用任何故障检测与排除方法时，都可以首先利用替换组件法来快速确定该故障与客户端有关还是与网络有关。此外，还可以考虑使用自底而上法首先检查第一段布线是否有问题。

1.4 本章小结

故障检测与排除流程的基本要素包括：

- 收集信息；
- 分析信息；
- 排除潜在故障原因；
- 提出推断；
- 验证推断；
- 解决故障。

目前常用的结构化故障检测与排除方法主要有：

- 自顶而下法；
- 自底而上法；
- 分而治之法；
- 跟踪流量路径法；
- 对比配置法；
- 组件替换法。

1.5 复习题

1. 下面哪三个进程是故障检测与排除进程的子进程或阶段？
   a. 解决故障
   b. 排除潜在故障原因
   c. 编辑
   d. 报告故障
   e. 定义故障
2. 下面哪三种方法是有效的故障检测与排除方法？
   a. 组件替换法
   b. 临时法
   c. 对比配置法
   d. 跟踪流量路径法
   e. 分层法
3. 下面哪三种故障检测与排除方法将 OSI 参考模型作为理论基础？
   a. 自顶而下法
   b. 自底而上法
   c. 分而治之法
   d. 对比配置法
   e. 替换组件法

4. 如果将工作站连接到墙上 RJ-45 插座的以太网电缆出现了故障，那么下面哪种故障检测与排除法最有效？

   a. 自顶而下法

   b. 分而治之法

   c. 对比配置法

   d. 替换组件法

   e. 跟踪流量路径法

本章主要讨论以下主题：

- 结构化故障检测与排除方法和进程的含义
- 结构化故障检测与排除进程的子进程，每个子进程所采取的操作以及如何和何时从一个子进程进入另一个子进程
- 利用结构化故障检测与排除方法和进程进行排障的案例

第 2 章

结构化故障检测与排除进程

网络故障检测与排除并不是一门精密科学，不存在一套严格的流程、任务和步骤，能够在任何条件下成功诊断并解决所有网络故障问题。虽然结构化故障检测与排除方法是整个故障检测与排除进程的指南，但也不是一成不变的。结构化故障检测与排除步骤并不要求始终如一，也不需要每次都按部就班地进行依次操作。虽然每个网络的具体情况都不一样，故障现象也千差万别，而且每个排障人员的技能/经验也不完全相同，但是为了保障企业组织在诊断和解决故障时具有一定的一致性，非常有必要分析结构化故障检测与排除进程中的常见子进程，以及随着故障排查工作的深入，从一种子进程进入另一种子进程的方式。

本章将定义结构化故障检测与排除方法及流程，解释结构化故障检测与排除进程中的各个子进程以及这些子进程的建议执行顺序，并说明每种子进程所包含的特定任务。最后将以一个案例来说明利用本章所讨论的故障检测与排除子进程开展排障工作的方式，并按照本章的建议顺序依次执行这些子进程。

2.1 故障检测与排除方法及流程

常规的故障检测与排除进程通常都包括以下任务（子进程）。

1. 定义故障。
2. 收集信息。
3. 分析信息。
4. 排除潜在的故障原因。
5. 提出推断（推断最可能的故障原因）。
6. 测试和验证所推断故障的正确性。
7. 解决故障并记录排障过程。

可以将网络故障检测与排除进程归结为一些基本的子进程（如前面的步骤列表所示）。这些子进程在本质上并没有绝对的先后之分，很多时候需要反复执行这些子进程，直至最终解决故障为止。图 2-1 以流程图的方式解释了在结构化故障检测与排除进程中实施这些任务/子进程的次序。虽然故障检测与排除方法可以帮助大家以一种结构化方式来执行这些子进程，但世上并不存在任何故障检测与排除的良药秘方，每个故障都不一样，根本不可能创建一份能够解决所有故障问题的通用脚本。

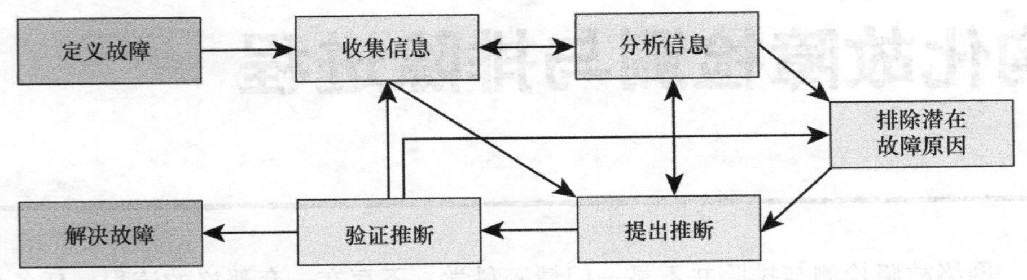

图 2-1 结构化故障检测与排除方法流程图

故障检测与排除是一门要求具备相关知识和经验的技巧。通过在实践中不断应用这些故障检测与排除方法，大家能够更有效地为特定故障选择正确的故障检测与排除方法、收集相关信息，并能更快更高效地分析故障。获得足够多的排障经验之后，就可以省略某些步骤，更多地采用不假思索法来更快更高效地解决故障。无论如何，为了成功实施故障检测与排除工作，必须弄清楚以下问题。

- 每个基本故障检测与排除子进程或阶段的实施计划是什么？
- 在每个基本子进程中具体需要做什么？
- 需要做出什么决策？
- 需要哪些支持或哪些资源？
- 需要进行哪些沟通？
- 如何正确分配职责？

虽然这些问题对每个企业组织来说各不相同，但是通过规划、文档化和实施故障检测与排除流程，就一定能改善故障检测与排除进程的一致性和有效性。

2.1.1 定义故障

虽然所有的故障检测与排除流程都起始于故障定义，但真正触发故障检测与排除流程的却是用户遇到故障并将故障报告给网络支持团队。从图 2-2 可以看出，故障报告（由用户完成）触发了故障检测与排除流程，接下来就要验证和定义故障（由网络支持团队完成）。除非企业拥有严格的故障报告制度，否则用户报告的故障大都含糊不清甚至让人误解。大家经常会接到类似的故障报告：“访问企业内联网的某个站点时，网页显示我无权访问”、“邮件服务器不工作了”或“无法归档我的费用报告”，等等。大家可能已经注意到了，第二个故障报告完全是用户自己的推断，故障现象可能仅仅是他无法收发电子邮件。为了防止排障人员在故障检测与排除阶段基于这类错误的假设或报告而浪费大量时间和精力，故障检测与排除流程的第一步就是要验证和定义故障。也就是说，首先要确认故障问题，然后再由排障人员（即网络支持工程师而不是用户）清晰地定义故障。一个好的故障定义必须包括故障发生时间、最近是否做了配置变更或者升级，以及故障的影响面等信息。知道故障仅影响单个用户（不影响其他用户）还是影响一组用户也是非常有价值的，因为这会影响你的分析（排除潜在故障原因并推断故障原因）以及对故障检测与排除方法的选择。

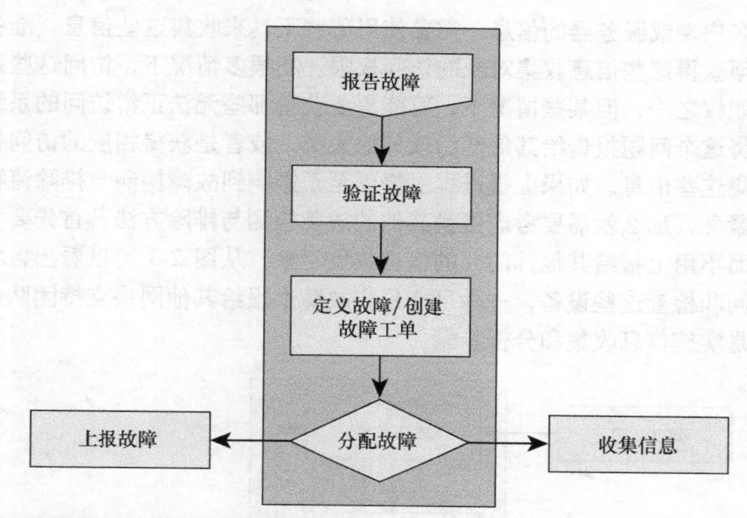

图 2-2 定义故障：网络支持人员必须首先验证并定义故障

好的故障报告必须包含准确的故障现象描述，而不是对故障的理解或结论。虽然从严格意义上来说，故障后果并不是故障描述的一个必要组成部分，但是能够帮助排障人员评估故障的紧急程度。当用户报告“邮件服务器不工作了”的时候，排障人员必须与该用户进行沟通，以确认该用户到底遇到了什么故障，进而有可能将该故障定义为“用户 X 启动电子邮件客户端后，收到一条错误消息，称客户端无法连接服务器，但该用户仍然可以访问他的网络硬盘并浏览 Internet”。

明确定义了故障问题并创建故障工单之后，在开始真正的故障检测与排除进程之前还有一些工作要做，那就是必须确认该故障是否属于自己的职责范围，是否需要上报给其他部门或其他人。例如，假设所报告的故障是“用户 Y 试图访问企业内联网上的公司通讯录时，收到一条拒绝访问的消息，但是该用户可以访问其他内网网页”。作为网络工程师，由于这些内联网服务器由公司内的其他部门负责管理，因而也无权访问这些服务器。此时必须知道收到用户报告的这类故障报告时该如何处理，必须知道是否需要为这类故障启动故障检测与排除流程或者是否要将这类故障上报给服务器管理部门，必须清楚自己的职责范围，知道将故障提交给其他部门之前自己需要做哪些操作以及如何上报故障。图 2-2 解释了定义故障之后所要做的故障任务分配工作：要么将故障上报给其他维护支持团队或其他部门，要么就属于网络支持工程师的职责。对于后一种情况来说，接下来的工作就是收集信息。

2.1.2 收集信息

收集信息之前，需要选择初始故障检测与排除方法并制定相应的信息收集计划。作为信息收集计划的一部分，需要确定信息收集进程的对象。换句话说，必须确定需要收集哪些设备、客户端或服务器的信息，需要使用哪些工具来收集这些信息（准备一个工具包）。接下来必须获得这些信息收集对象的访问权限。在很多情况下，访问这些系统是网络支持工程师的职权之一，但某些情况下，可能需要获得那些无法正常访问的系统的信息。此时可能需要将这个问题报告给其他部门或其他人员，或者是获得相应的访问权限，或者由他人负责收集这些信息。如果上报进程很慢以至于影响到故障检测与排除流程的进度，而且该故障很紧急，那么就需要考虑更换其他的故障检测与排除方法。首先要尝试使用那些有权访问（而不用上报给其他部门）的信息收集对象。从图 2-3 可以看出，根据排障人员是否能够访问和检查这些设备，一种可能是将故障上报给其他网络支持团队或其他部门，另一种可能是实施信息收集和分析步骤。

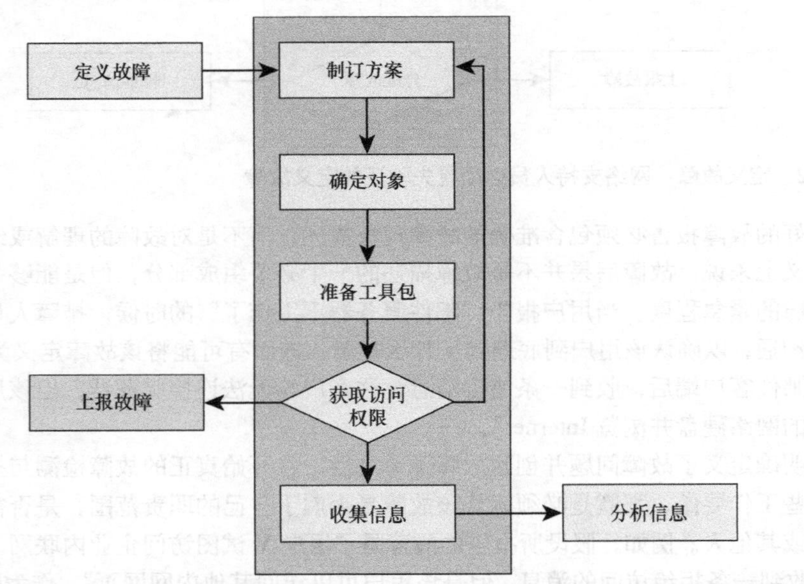

图 2-3 收集信息：缺乏设备访问权限的话，就可能需要将故障问题转交给其他网络支持团队

下面的案例将说明不受控因素对信息收集工作可能产生的影响，最终将迫使排障人员改用其他的故障检测与排除方法。假设当前时间是下午 1 点，企业的销售经理报告无法在其工作的分支机构办公室收发电子邮件。由于该销售经理必须在下午晚些时候向一个重要的 RFP（Request For Proposal，建议请求）发送响应邮件，因而该故障十分紧急。作为排障人员，第一反应可能是使用自顶而下故障检测与排除法，给该销售经理打电话并运行一系列测试操作，但由于该销售经理需要一直开会到下午 4:30，因而暂时联系不上。与该销售经理位于同一个分支机构的同事告诉排障人员，虽然销售经理正在开会，但是笔记本电脑在其办公桌上，而且客户需要在下午 5 点之前收到 RFP 响应。此时，即便自顶而下故障检测与排除法看起来是最佳选择，但是由于排障人员无法访问该销售经理的笔记本电脑，因而只能等到下午 4:30 以后才能开始检测与排除该故障。然而将整个故障检测与排除工作

集中在 30 分钟之内将存在很大风险，而且会给排障人员带来很大压力。针对这种情况，最好结合使用自底而上法和跟踪流量路径法来解决该故障。排障人员可以验证该销售经理的笔记本电脑与公司邮件服务器之间是否存在第一层至第三层故障。即使没有发现任何故障，那么也能排除很多潜在故障原因，这样就能大大提高下午 4:30 以后开始实施自顶而下故障检测与排除法的效率。

2.1.3 分析信息

从各种相关设备收集到足够的信息之后就要理解并分析这些信息。为了正确理解收集到的原始信息（如 **show** 命令和 **debug** 命令的输出结果，或者是抓取的数据包及设备日志），排障人员必须深入研究这些命令、协议及技术，有时还需要查阅相关网络文档，以正确理解实际网络部署过程中这些信息的真正含义。

在分析收集到的信息时，通常需要确定两件事：网络中发生了什么以及网络中应该发生什么。如果发现了这两者之间的差异，那么就能发现故障根源的相关线索或者至少知道了进一步收集信息的方向。从图 2-4 可以看出，在理解和分析收集到的各种信息以排除潜在故障原因并找出根本性故障原因时，需要将收集到的信息、网络文档、基线信息以及研究结果和过往经验都作为输入条件，从而排除潜在故障原因并找出真正的故障根源。

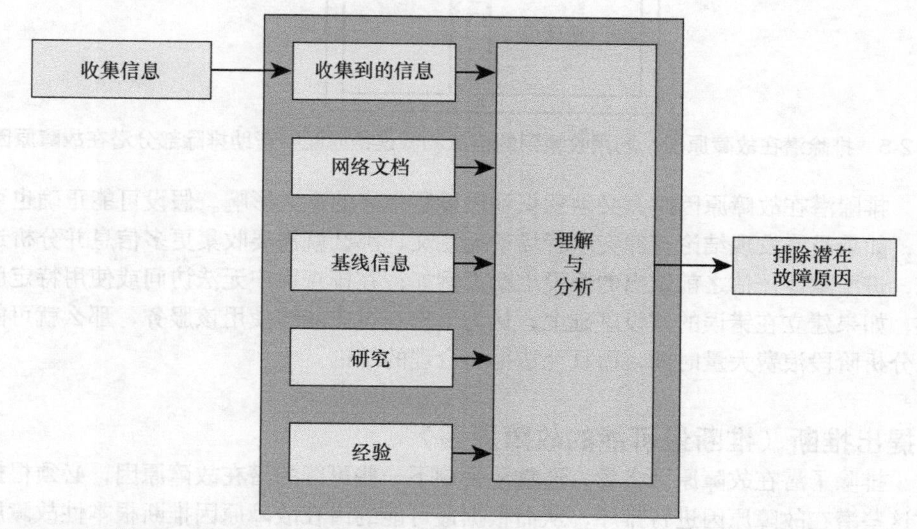

图 2-4　分析信息：需要综合考虑并融入收集到的信息与现有信息以及知识与经验

排障人员对网络中究竟发生了什么的认识通常建立在对原始数据的理解之上（借助于研究成果和网络文档），但是对底层协议及相关技术的理解程度对于正确认识网络行为来说至关重要。如果对相关故障的协议及技术不是很熟悉，那么建议大家花点时间去研究它们的工作原理。此外，好的网络基线行为数据对信息分析阶段来说也非常关键。如果排障人员知道网络的运行状况以及正常情况下的网络行为，那么就能更快地发现网络的异常状况并从中找出故障线索。当然，过往大量工作经验的重要性也不容小觑。与缺乏经验的网络工程师相比，经验丰富的网络工程师可以在技术研究阶段、理解原始数据阶段以及从大量原始数据中找出有价值的信息分析阶段节省大量时间。

2.1.4 排除潜在故障原因

在分析收集到的信息时，考虑并结合已有的各种信息（如网络基线和文档），能够帮助排除很多潜在故障原因。例如，如果用户能够 ping 通特定 Web 服务器，但是却无法浏览其主页，那么就能轻易排除很多潜在故障原因，如物理层、数据链路层和网络层故障或错误配置。从图 2-5 可以看出，根据收集到信息以及做出的各种假设，可以从所有的潜在故障原因中排除部分故障原因，然后在下一个步骤中评估并验证剩其余的潜在故障原因。

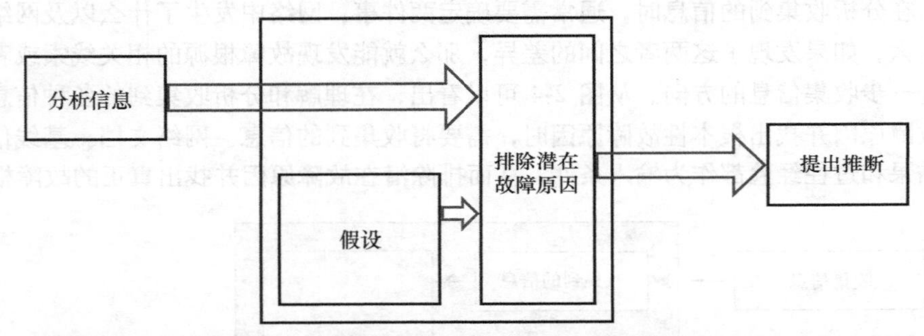

图 2-5 排除潜在故障原因：利用收集到的信息和假设推断能够帮助排除部分潜在故障原因

排除潜在故障原因时，必须意识到假设所带来的重大影响。假设可能正确也可能不正确，如果最终发现结论有冲突或者场景无意义，那么就需要收集更多信息并分析这些新信息，进而重新评估之前做出的假设推断。例如，在排查用户无法访问或使用特定服务的时候，如果建立在错误的假设基础上，认为用户在过去能够使用该服务，那么就可能会在信息分析阶段浪费大量时间，而且无法得出合理的结论。

2.1.5 提出推断（推断最可能的故障原因）

排除了潜在故障原因之后，通常还会剩下一些可能的潜在故障原因，必须根据可能性对这些潜在故障原因进行排序，从而根据最可能的潜在故障原因推断根本性故障原因。请注意，对潜在故障原因进行排序时，同样需要用到你的知识、过往经验以及假设。从图 2-6 可以看出，推断出的最可能的故障原因可能位于你的职权范围之内，也可能不在你的职权范围之内，此时就可能要将该故障工单转交给其他网络支持团队或其他部门。此外，从图 2-6 还可以看出，确定了最可能的故障原因之后，还可能需要进一步收集相关信息，从而触发新一轮的分析信息、排除潜在故障原因以及提出推断的处理过程。

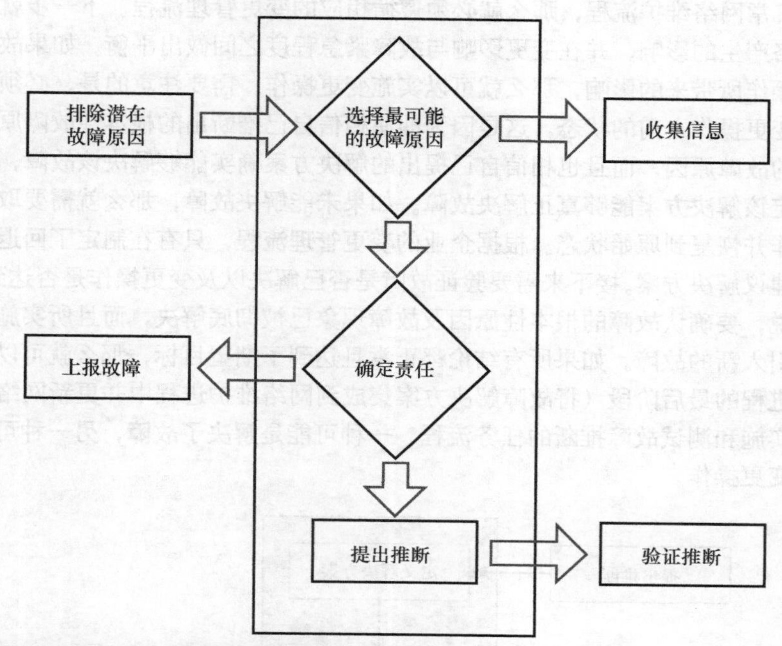

图 2-6　提出推断：选择最可能的故障原因

推断出根本性故障原因之后，就可以进入结构化故障检测与排除进程中的下一个步骤：验证推断。如果发现推断出来的最可能故障原因不是真正的故障原因，那么通常就要将第二最可能的潜在故障原因视为新的故障推断，并再次加以验证。该过程将一直持续下去，直至解决故障问题，或者在没有解决故障问题的情况下遍历了所有潜在故障原因。对于后一种情况来说，就需要收集更多信息，并开始新一轮的故障检测与排除过程。当然，也可以将故障问题上报给更有经验的支持团队，或者咨询外部资源，如咨询公司或 Cisco TAC（Technical Assistance Center，技术支持中心）。

如果决定上报故障，那么就需要确定自己是否仍要继续参加该故障的检测与排除进程。请注意，上报故障并不等同于解决故障，必须考虑其他部门或其他人可能需要多长时间才能解决故障以及该故障的紧急程度，遭受故障影响的用户可能无法忍受太长时间等待其他部门来解决该故障。如果自己无法解决故障，但该故障又紧急到无法等待上报流程来解决，那么就可能需要搭建一个临时工作环境，虽然这样并不能从根本上解决该故障，但是却可以缓解用户所遭受的故障影响。

2.1.6　测试和验证所推断故障原因的正确性

推断出根本性故障原因之后，接下来就要制定可能的故障解决方案（或临时工作环境）和具体的实施计划。由于实施故障解决方案时通常要对网络实施变更操作，因而如果企业定义了日常网络维护流程，那么就必须遵循相应的变更管理流程。下一步就是评估这些变更对网络产生的影响，并在变更影响与故障紧急程度之间做出平衡。如果故障紧急程度大于变更操作所带来的影响，那么就可以实施变更操作。需要注意的是，必须确保能够恢复到实施变更操作之前的状态，这是因为即使相信自己推断出的根本性故障原因极有可能就是真正的故障原因，而且也相信自己提出的解决方案确实能够解决该故障，但是毕竟无法完全确定该解决方案能够真正解决故障。如果未能解决故障，那么就需要取消所作的全部变更操作并恢复到原始状态。根据企业的变更管理流程，只有在制定了回退方案之后，才能实施建议解决方案。接下来需要验证故障是否已解决以及变更操作是否达到了预期目标。换句话说，要确认故障的根本性原因及故障现象已被彻底解决，而且所实施的故障解决方案没有引入新的故障。如果所有结论都正常且达到了期望目标，那么就可以进入故障检测与排除进程的最后阶段（将故障解决方案集成到网络维护进程中并更新网络文档）。图 2-7 显示了实施和测试故障推断的任务流程，一种可能是解决了故障，另一种可能则是回退所实施的变更操作。

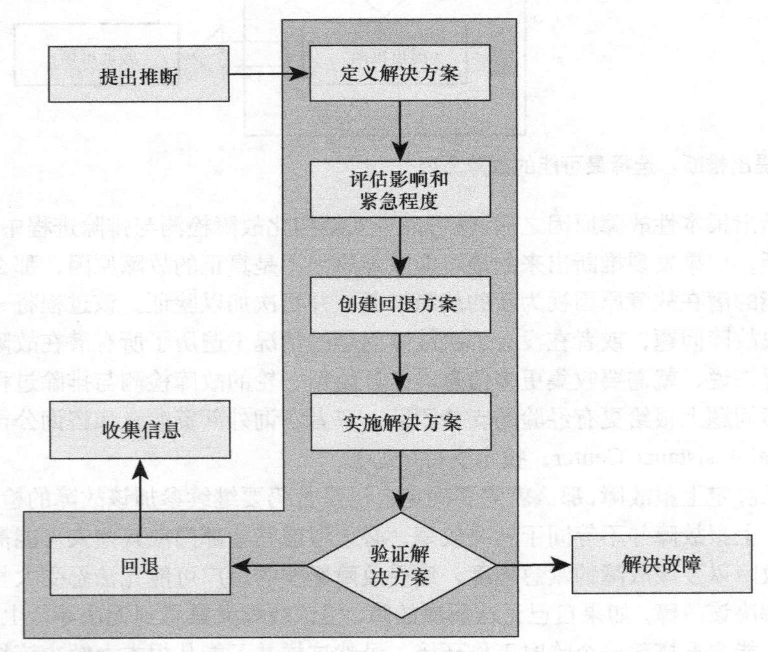

图 2-7 验证故障推断

排障人员必须做好故障未被修复、故障现象未消失或者因变更操作引入新故障等情况的紧急预案。此时需要执行回退方案，将网络恢复到原始状态，并重新开始故障检测与排除进程。在这种情况下，就要确定究竟是所推断的根本性故障原因不对还是所实施的故障解决方案未奏效。

2.1.7 解决故障并记录排障过程

证实了故障推断并确信故障现象已经消失之后，就表明已经完全解决了该故障，此时唯一要做的就是将变更操作集成到网络的日常实施流程中，并执行与这些变更操作有关的所有维护流程。需要对所有发生变更的配置或实施升级的软件进行备份，并将所有变更情况详细记录到网络文档中，以确保网络文档准确记录了网络的当前状态。此外，还要执行企业规定的所有变更控制流程。从图 2-8 可以看出，在故障推断验证成功之后、汇报故障已解决之前，需要将故障解决方案融入日常网络实施流程中，并执行备份、编制网络文档以及沟通等收尾工作。需要注意的是，故障检测与排除实践要求确定了故障原因并实施了故障解决方案之后，还要提出相应的建议措施，以便在未来避免再次出现类似故障或者减小类似故障的出现概率。

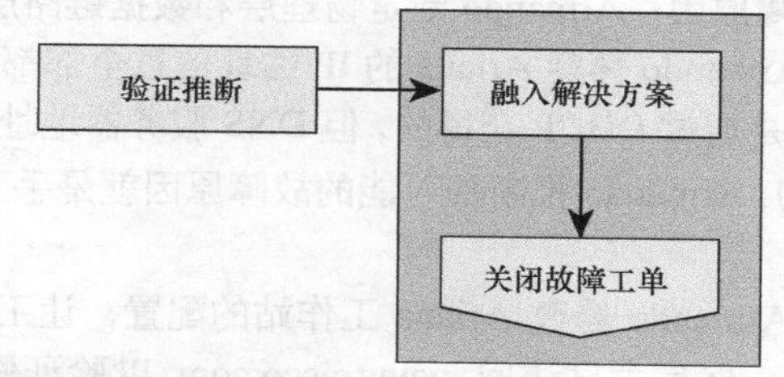

图 2-8 解决故障并记录排障过程

最后要做的就是向相关部门或人员汇报故障已解决。至少要与报告故障的用户进行沟通，如果在故障上报进程中涉及了其他部门或其他人员，那么还要与他们进行沟通。对于上述进程和流程来说，每个企业组织都必须确定应该描述、制度化或遵循哪些进程及流程。回顾这些故障检测与排除进程并与自己的排障习惯进行对比，对于每个排障人员来说都是有益的。

2.2 排障案例：基于结构化故障检测与排除方法和进程

Armando 是 AMIRACAN 公司的网络支持人员，有一天收到公司财会部门 Ariana 的故障报告。Ariana 抱怨其办公电脑无法访问 Internet，她正试图访问 www.cisco.com。此时虽然收到了故障报告，但是还没有真正开展故障检测与排除进程。Armando 将遵循结构化故障检测与排除流程，一步步地解决故障并记录整个排障过程。

- **定义故障**：Armando 决定前往 Ariana 的办公室验证故障问题，去了之后发现 Ariana 昨天还能访问 www.cisco.com。Armando 在系统中创建了一个故障工单，准确定义了 Ariana 上报的故障问题以及发生的时间，指出已经验证了故障问题，并且 24 小时之前还不存在该故障。
- **收集信息**：Armando 决定从自己办公室的工作站访问 www.cisco.com，发现完全正常。根据收集到的信息，Armando 决定采用自底而上法，在 Ariana 的办公室使用其工作站开始检测与排除故障。使用其工作站的过程中，Armando 发现工作站拥有 IP 地址、子网掩码、默认网关和 DNS 服务器地址，Armando 向已配置的 DNS 服务器地址发起 ping 测试，发现 ping 测试 100%成功。但是，由于无法从 Ariana 的工作站访问网页，因而 Armando 决定利用 nslookup 来查看 DNS 服务器是否能够为已知的 URL 返回正确的 IP 地址。发现已配置的 DNS 服务器地址无法完成域名解析任务，因而 Armando 将 Ariana 工作站配置的 DNS 地址与财会部门其他工作站进行对比，发现 Ariana 工作站的配置与其他工作站的配置均不相同。

- **分析信息**：目前已经知道 Ariana 的工作站是财会部门唯一一台无法通过域名访问网页的工作站，而且她的工作站的 DNS 服务器地址与其他同事均不相同，且该 DNS 服务器不响应 nslookup，因而 Armando 认为 Ariana 的故障问题与已配置的 DNS 服务器有关。查阅了与用户工作站相关的网络文档后，Armando 发现应该由 DHCP 服务器为用户工作站分配 DNS 服务器地址。
- **排除潜在故障原因**：Armando 断定物理层和数据链路层没有故障。
- **提出推断**：Armando 怀疑 Ariana 的 IP 编址信息全部都是手工配置的，或者基本的 IP 编址信息是通过 DHCP 获得的，但 DNS 服务器地址等信息则是手工输入的（而且输入有误）。Armando 推断最可能的故障原因就是手工输入的 DNS 地址无效（且错误）。
- **验证推断**：Armando 修改 Ariana 工作站的配置，让工作站通过 DHCP 获取 DNS 服务器地址，然后尝试访问 www.cisco.com 以验证修正结果，发现可以访问该网站。
- **解决故障并记录排障过程**：Armando 在系统中记录该故障工单的解决方案并关闭故障工单，然后向 Ariana 解释不能手工输入DNS 服务器的 IP 地址的原因，而且利用已知的第三方 DNS 服务器还会带来严重的安全威胁。最后，Armando 在故障工单的网络文档中建议，不应该授权用户账户更改系统设置。

2.3 本章小结

常规的故障检测与排除进程通常都包括以下任务（子进程）。

1. 定义故障
2. 收集信息
3. 分析信息
4. 排除潜在的故障原因
5. 提出推断（推断最可能的故障原因）
6. 测试和验证所推断故障原因的正确性
7. 解决故障并记录排障过程

从长期效果来看，结构化的故障检测与排除方法（无论是哪种方法）都能产生可预测的结果，并且能够更容易地在后期继续开展故障检测与排除工作，或者能够更容易地将故障检测与排除工作转交给他人。

对于结构化故障检测与排除进程来说，首先要定义故障，然后是收集信息，收集到的信息（包括网络文档、基线信息、排障人员的研究结果以及过往工作经验等）将作为下一阶段理解和分析信息以及排除潜在故障原因和提出推断的输入数据。经过前期的信息分析和故障原因假设，并从大量故障原因中排除了潜在故障原因之后，接下来将进入故障检测与排除进程的提出推断与验证推断阶段。在验证推断之前，要评估该故障是否属于自己的职责范围，一种可能是将故障上报给其他人员或其他部门，另一种可能则是自行验证推断。如果故障推断验证成功，那么接下来就要规划和实施故障解决方案。故障解决方案通常都要对网络实施变更操作，因而必须严格遵循企业组织的变更管理流程，将所有变更操作及操作结果都详细记录在网络文档中并及时与相关方面进行充分沟通。

2.4 复习题

1. 下面哪三个进程是故障检测与排除进程中的子进程或阶段？
   a．排除潜在故障原因
   b．验证推断
   c．结束
   d．定义故障
   e．计算
   f．编辑
2. 下面哪两种资源对故障检测与排除进程中的信息理解与信息分析有益？
   a．网络文档
   b．网络基线
   c．包嗅探器
   d．假设
3. 下面哪些步骤属于故障检测与排除进程中的验证推断阶段？（选择 4 项）
   a．定义故障解决方案
   b．创建回退计划
   c．实施故障解决方案
   d．定义故障
   e．评估故障的紧急程度与变更操作对网络的影响程度
4. 在下面哪三个故障检测与排除阶段可以将故障上报给其他部门？
   a．定义故障
   b．收集信息
   c．分析信息
   d．排除潜在故障原因
   e．提出推断
   f．解决故障

本章主要讨论以下主题：

- 结构化网络维护
- 网络维护进程和网络维护流程
- 网络维护服务和网络维护工具
- 将故障检测与排除工作集成到网络维护进程中

第 3 章

网络维护任务及最佳实践

当前的商业运作越来越依赖于企业的计算机网络和计算资源的高可用性能力。网络宕机会给企业的声誉或利润带来极大的影响，规划好网络维护步骤及维护流程有助于实现网络的高可用性以及成本控制。本章将首先讨论结构化网络维护方式及其好处，然后介绍各种常用的网络维护任务以及相应的规划与执行方式。第三部分将介绍与网络维护相关的关键服务和工具（如网络时间服务、日志服务），以及执行备份和恢复操作的方式。最后将描述包括文档、基线、沟通以及变更控制等在内的各种网络维护任务（能够支持和集成网络故障检测与排除进程）。

3.1 结构化网络维护

网络支持与网络维护是网络工程师的两大核心任务。网络维护的目的是保证网络的可用性，将服务中断时间降低到可接受的程度。网络维护工作包括日常的计划任务，如备份或升级网络设备或软件。结构化的网络维护方法可以为大家提供方法指南，以实现网络可用时间的最大化和计划外网络宕机时间的最小化，但具体选用何种技术则受到每个企业的维护策略和维护流程以及个人经验和喜好等因素的制约。网络支持工作主要是故障驱动型任务，如对网络设备或链路故障做出响应或者为有需求的用户提供帮助等。网络管理员必须评估各种常见的网络维护模型和网络维护方法，并了解这些模型能够给企业带来的好处，从而选择最适合本企业的网络维护模型和维护规划工具。

网络工程师的典型工作通常包括网络设备的安装、部署、维护和支持，但确切的工作内容则与各个企业组织的规定相关。对不同规模和不同类型的企业组织来说，网络工程师的工作可能包括以下部分或全部任务。

- **与网络设备安装和维护相关的任务：**包括安装网络设备和软件、创建设备配置备份及软件备份等任务。
- **与故障响应相关的任务：**包括为遇到网络故障的用户提供支持、检测与排除设备或链路故障、替换故障设备、恢复备份等任务。
- **与网络性能相关的任务：**包括容量规划、性能调整以及备份恢复等任务。
- **与商业流程相关的任务：**包括文档化、一致性审计以及 SLA（Service Level Agreement，服务等级协定）管理等任务。
- **与安全相关的任务：**包括遵循和实施安全流程及安全审计等任务。

网络工程师不仅要理解本企业组织规定的网络维护范畴及其相关任务，而且还必须掌握执行这些网络维护任务所需的策略及流程。对很多小型网络来说，网络维护工作通常都是故障驱动型的。例如，当用户遇到问题时网络工程师才开始帮助用户解决问题，或者当网络应用出现性能故障时，网络工程师才去升级中继链路或网络设备。另一个例子就是网络工程师接到安全故障或安全事故报告后，才去检查并改善网络的安全能力。虽然故障驱动型网络维护是一种最基本的网络维护方法，但是很明显具有以下缺点。

- 可能会忽视、推迟或遗忘那些对网络健康性很重要的长期维护任务。
- 可能不会按照维护任务的优先级或紧急程度来执行维护工作，而是按照接到网络故障的顺序来执行维护任务。
- 由于不能提前防患于未然，因而网络宕机时间可能更长。

虽然无法规避故障驱动型网络维护工作（因为故障的发生总是无法预先规划的），但是通过主动性监控和管理系统，完全可以减少故障驱动型工作的次数。

与故障驱动型维护模型相对应的是结构化网络维护模型。结构化网络维护模型的特点是预定义和规划网络维护步骤和维护流程，这种主动性的网络维护方法不仅可以降低用户、应用及商业故障的频率及数量，而且还能更有效地降低网络事件的响应时间。与故障驱动型网络维护方法相比，结构化网络维护方法的好处如下所示。

- **降低网络宕机时间**：在故障出现前发现并阻止故障的发生，从而能够阻止或降低网络宕机时间。网络工程师应该尽量提高网络的 MTBF（Mean Time Between Failures，平均故障时间），即便无法避免网络故障，也应该通过正确的流程和适当的工具来降低故障修复时间，努力降低 MTTR（Mean Time To Repair，平均故障修复时间）。最大化 MTBF 和最小化 MTTR 就意味着能够最大限度地减少经济损失，提高用户满意度。
- **性价比更高**：通过性能监控和容量规划，可以为当前及未来的网络需求做出足够的网络预算。选择正确的网络设备来满足容量需求也就意味着在设备的整个生命周期中拥有更高的性价比（投资回报率 ROI），而且较低的维护成本和网络宕机时间也能提高性价比。
- **更好地满足商业需求**：结构化网络维护框架并不根据网络事件来制定任务优先级并分配预算，而是基于这些任务对商业行为的重要性来分配时间和资源。例如，绝对不在关键的工作时间内进行网络升级或执行大量的维护工作。
- **更高的网络安全性**：关注网络安全性是结构化网络维护工作的一部分。如果攻击防范技术未能阻止攻击行为，那么攻击检测机制也能发现攻击行为。这样一来，网络支持人员就可以通过日志和告警知道该攻击行为。通过网络监控机制，可以发现网络中的脆弱性，从而做好增强网络安全性的规划工作。

3.2 网络维护进程和网络维护流程

网络维护包括很多任务，某些任务是通用性的，而其他任务则是与各个企业组织息息相关的特殊任务。像维护规划、变更管理、文档编制、灾难恢复和网络监控等任务都属于通用网络维护任务。为了制定符合企业组织需求的维护流程，网络工程师必须做到：

- 确定基本的网络维护任务；
- 了解并描述计划维护的好处；
- 评估影响变更管理流程的关键因素，以创建满足企业需求的流程；
- 描述网络文档的基本要素及其功能；
- 制定有效的灾难恢复计划；
- 描述网络监控和性能测量的重要性，并作为主动式网络维护策略的有机组成部分。

3.2.1 常见网络维护任务

无论选择了何种网络维护模型及维护方法，或者网络规模的大小如何，在制定网络维护计划时都必须包含某些必需的网络维护任务。只不过不同规模的网络以及不同的企业组织，在这些维护任务上花费的资源、时间和成本有所不同而已。所有的网络维护计划都应该包含以下基本维护任务。

- **适应增加、移动和变更操作**：网络通常总是处于经常性的变化之中。随着用户的移动和办公室的变更和重新调整，网络设备（如计算机、打印机和服务器）也可能需要进行移动，也就可能需要更改网络配置和系统布线。这些增加、移动和变更操作都是正常网络维护工作的一部分。
- **安装和配置新设备**：该维护任务包括增加设备端口、链路容量或网络设备等。请注意，在网络中实施新技术或安装、配置新设备时，可能由企业组织内部的其他部门来负责实施，也可能由第三方或内部员工来实施。
- **替换故障设备**：无论替换故障设备的工作是由专门的服务提供商来完成还是由支持工程师完成，都是网络维护任务中的一项重要内容。
- **备份设备配置和软件**：该维护任务与替换故障设备有关。如果没有做好软件和配置信息的备份工作，那么替换故障设备或解决严重设备故障将很麻烦，可能需要花费大量时间。
- **检测和排除链路及设备故障**：由于网络故障是不可避免的，因而与网络组件、链路或服务提供商中继连接有关的故障诊断与解决都属于网络工程师的基本工作内容。
- **软件升级或打补丁**：网络维护工作要求网络工程师必须时刻了解各种可用的软件升级程序或软件补丁，并在需要时使用它们。因为软件升级或打补丁常常解决的就是关键性的性能问题或安全漏洞问题。
- **网络监控**：监控网络中的设备以及用户操作行为也是网络维护计划的一部分。在实际应用中，既可以通过收集路由器和防火墙日志这样的简单方式来完成网络监控任务，也可以采用复杂的网络监控系统来完成该任务。
- **性能测量及容量规划**：由于网络的带宽需求是持续增加的，因而在网络维护任务中至少要包括基本的性能测量工作，以确定何时该升级中继链路或网络设备，从而保证相应的网络投资的合理性。这种主动性的网络维护方法可以在网络出现瓶颈、出现拥塞或出现故障之前做好相应的升级计划（容量规划）。

- **编制和更新网络文档**：对于大多数企业组织来说，编制正确的网络文档以描述当前网络状态，从而为网络实施、管理及故障检测与排除工作提供参考依据，是一项强制性的网络维护任务。要求必须保持网络文档的时效性。

3.2.2 网络维护规划

必须为网络维护任务制定相应的维护步骤和维护流程，该工作称为网络维护规划。网络维护规划工作通常包括以下内容：

- 制定维护计划；
- 制定变更控制流程；
- 建立网络文档编制流程；
- 建立有效沟通机制；
- 定义模板/流程/约定；
- 制定灾难恢复计划。

1. 制定维护计划

确定了网络维护任务及维护进程之后，需要分配相应的优先级，确定哪些任务属于故障驱动型任务（如硬件故障、失效等），哪些任务属于长期维护任务（如软件更新、备份等）。对于长期维护任务来说，需要制定相应的维护计划，以保证周期性地按时完成这些维护任务，而不至于被日常忙碌的工作所耽搁。对于某些迁移及变更操作来说，可以采取故障驱动（收到变更请求）型流程和计划流程相结合的维护方法：如果变更请求无需立即处理，那么就可以在下次维护计划执行时予以处理，这样不但可以正确处理维护工作的优先级问题，而且还可以让变更请求方知道何时可以执行变更操作。制定维护计划时，应该将可能引起网络中断的维护任务放到下班时间。可以将这些维护任务的执行时间选定为用户可接受的晚上或周末，这样就可以在上班时间内尽可能地减少不必要的网络中断，从而可以提升网络正常工作时间并降低计划外网络中断的次数及时长。总的说来，制定维护计划的好处有：

- 降低网络宕机时间；
- 避免忽视或遗忘长期维护任务；
- 可以预测变更请求的交付时间；
- 在指定的维护窗口内执行中断型网络维护任务，能够大大降低工作时间内的宕机时间。

2. 制定变更控制流程

在网络维护工作中，可能经常会碰到网络配置、软件或硬件的变更需求。由于对网络做出任何变更都可能会因为错误、冲突或程序缺陷而产生相应的网络故障风险，因而在执行任何变更操作之前，必须首先确定该变更请求可能会对网络产生的影响，并在该变更请求的影响程度与紧迫性之间做出平衡。如果预期风险较高，那么就得谨慎评估该变更请求的合理性并得到相应的执行授权。通常将风险较高的变更操作放在特定的维护窗口内执行。但是也必须制定紧急变更流程。例如，如果网络中出现了广播风暴，可能需要中断某些链路以切断网络环路，从而保证网络的稳定运行，那么此时就不能等待授权或等到下次维护窗口。对大多数企业组织来说，变更控制都要解决以下问题。

- 哪些类型的变更请求需要获得授权，由谁来批准执行这些变更操作？
- 哪些变更必须在维护窗口内执行，哪些变更必须立即执行？
- 在执行变更操作前需要做好哪些准备工作？
- 需要执行哪些验证操作以证实变更操作成功？
- 变更操作完成后还要执行哪些操作（如更新网络文档）？
- 变更操作出现非期望结果或出现问题时应采取哪些操作？
- 什么情况下可以跳过哪些正常的变更流程，哪些流程则是必须遵守的？

3. 建立网络文档编制流程

建立并保持网络文档的时效性是所有网络维护工作都必不可少的一项内容。如果不能保证网络文档的时效性，那么就很难正确规划和实施网络变更操作，故障检测与排除工作也将困难重重、费时费力。一般来说，编制网络文档属于网络设计和网络实施工作的一部分，而保持网络文档的时效性则是网络维护工作的一部分，因而任何好的变更控制流程中都会包括在执行变更操作后及时更新相关网络文档的要求。简单的文档可以仅包括网络拓扑结构图、设备和软件列表以及所用设备的当前配置数据等内容。但另一方面，网络文档也可以包含很多内容，包括描述所有已实施的功能特性、所做出的设计决策、服务合同号、变更流程等信息。典型的网络文档通常应包含以下内容。

- **网络拓扑结构图**：包括网络的物理和逻辑结构图。
- **连接文档**：列出所有相关的物理连接，包括临时性连接、去往服务提供商的中继链路以及电源连接情况等。
- **设备列表**：列出所有设备的部件编号、序列号、已安装的软件版本、软件许可（如果适用）、保修/服务信息等内容。
- **IP 地址管理**：列出 IP 子网编址方案以及所有在用的 IP 地址。
- **配置信息**：包括所有设备的当前配置，甚至可以包括设备先前所有的配置归档信息。
- **网络设计文档**：记录做出最终实施决策背后的动机。

4. 建立有效沟通机制

网络维护工作通常由一组人共同完成，很难细分为供每个人独立完成的任务集。即使企业拥有某方面技术或某些类型设备的专家，他们也必须与其他不同技术或其他不同设备的团队成员进行沟通。虽然好的沟通机制与具体的企业组织及环境有关，但是在选择沟通方式时必须考虑的一个重要因素就是如何简单地记录沟通情况并与网络维护团队进行共享。有效的沟通机制对故障检测与排除以及随后的技术支持来说至关重要，在检测和排除网络故障时，必须回答以下问题。

- 变更操作是由谁在何时执行的？
- 变更操作对其他方面的影响是什么？
- 测试结果是什么以及可以得出哪些结论？

如果网络维护团队的成员之间没有沟通上述变更操作、测试结果以及结论，那么某个成员负责的网络维护进程可能会对其他团队成员负责的维护进程造成破坏。没有人愿意在解决一个故障的同时又产生了另一个故障。

在很多情况下，故障诊断和故障解决通常是由很多人共同完成或者是在多个时间段内完成的，此时必须详细记录相应的操作、测试、沟通及结论，而且必须分发给所有参与到故障诊断和故障解决的人员手中。有了良好的沟通机制，团队中的其他成员才能轻松地承接其他成员离开后的工作。当然，解决完网络故障或实施完变更操作之后也必须进行相应的沟通。

5. 定义模板/流程/约定（标准化）

维护团队执行相同的维护任务或相关联的维护任务时，很重要的一点就是必须始终如一地执行这些任务，这是因为每个人都可能会有自己的工作方法、工作方式及工作背景，只有标准化才能保证不同的人在执行相同维护任务时的一致性。对于同一项维护任务来说，即使只有两种维护方法，也极可能会产生两种不同的结果。让维护过程标准化并确保维护人员按照统一的方式执行维护任务的一种方法就是定义并编制维护流程，我们将该过程称为标准化。定义并使用模板是一种有效的网络文档编制方法，有助于创建一致性的网络维护进程。下面列出了编制网络约定、模板及最佳实践（即标准化）等文档时必须回答的相关问题。

- 日志及调试时间戳是设置为本地时间还是 UTC（Universal Time Coordinated，世界协调时间）？
- 访问列表的末尾需要显式指定“**deny any**”吗？
- 在一个 IP 子网中，是将第一个还是最后一个有效 IP 地址分配给本地网关？

虽然很多时候可以采取多种配置方式让同一台设备实现相同的结果，但是对同一个网络来说，使用不同的方法来实现相同的结果可能会产生混乱，特别是在故障检测与排除进程中尤其如此。这是因为在排障压力下，排障人员的大量宝贵时间都被浪费在验证大量假设存在错误的配置数据上，而这一切仅仅是因为它们的配置方式不同。

6. 制定灾难恢复计划

虽然如今某些网络设备的 MTBF 已声称可以达到 5 年、7 年、10 年甚至更长时间，但网络工程师仍然必须考虑设备出现故障的可能性，并针对故障情况制定相应的实施计划，让大家知道该怎么做，从而大大降低网络宕机时间。降低故障影响程度的一种方式就是在网络的关键位置引入冗余机制以消除单点故障。单点故障意味着单台设备或单条链路没有任何备份，一旦出现故障将会给网络运行造成重大损害。不过在实际应用中，受预算限制，通常很难做到让每条链路、每个组件、每台设备都实现冗余化。此外，还要将自然灾害等因素考虑在内。例如，需要考虑服务器机房可能因火灾或洪水而引发的灾难。替换故障设备、恢复正常功能的速度越快，网络恢复运行的速度也就越快。替换故障设备时必须提前做好以下准备事项：

- 供替换的硬件；
- 设备的当前软件版本；
- 设备的当前配置；
- 将软件及配置安装到新设备上的工具；
- 软件许可（如果适用）；
- 了解软件、配置及软件许可的安装流程。

上述事项中的任何一项没有做到都会严重影响故障设备的替换时间。为了保证在需要时可以随时使用上述事项，建议遵循以下指南。

- **供替换的硬件**：可以提前准备好备件或者与供货商或厂商签订好替换故障硬件的服务合同。通常需要详细记录设备的零件编号、序列号以及服务合同号等信息。
- **设备的当前软件版本**：设备交货时通常都会运行特定版本的软件，但是该软件版本可能与设备上运行的软件版本并不一致，因而必须建立一个知识库，以存储网络中所有的当前软件版本。
- **设备的当前配置**：除了在执行变更操作之后创建配置备份之外，还要拥有一套清晰的版本控制系统，以明确什么配置才是最新配置。
- **将软件及配置安装到新设备上的工具**：需要拥有适当的工具将软件及配置安装到新设备上，要保证网络不可用时也能使用该工具。
- **软件许可**：如果所要安装的软件需要软件许可，那么就需要拥有该软件许可，或者知道该如何获取新的软件许可。
- **了解软件、配置及软件许可的安装流程**：由于平时很少用到这类流程，因而可能印象不深，但是随时准备好各种必需的网络文档，不但能够节省执行安装流程的时间，而且还能大大降低出错的风险。

简而言之，保证灾难恢复成功的关键因素就是要定义并记录灾难恢复流程，并保证在遇到灾难时各种必需事项的随时可用性。

3.3 网络维护服务和网络维护工具

确定并定义了企业的网络维护方法、维护进程以及维护流程之后，就需要选择相应的维护工具、应用程序和资源，以便有效执行这些网络维护任务。当然，选择的维护工具必须足够且能够买得起。在理想情况下，选择的维护工具和应用程序不但要能支持所有的维护任务，而且初始成本和运行成本也都在预算之内。为了确定网络维护工具包的适宜性，必须做到以下几点。

- 确定、评估和实施基本网络维护工具包的各个部件。
- 评估支持网络文档编制进程的维护工具并选择适合本企业的工具。
- 描述配置管理、软硬件资源管理改善灾难恢复流程的方式。
- 描述网络监控软件对维护进程的好处。
- 分析测量网络性能的各种度量以及性能测量进程的关键要素，以创建适合本企业的性能测量计划。

目前市面上可供选择的网络维护工具、应用程序及资源很多，这些工具及应用程序在价格、复杂性、功能性和可扩展性上差异很大。图 3-1 列出了属于网络维护工具包的基本工具及应用程序。

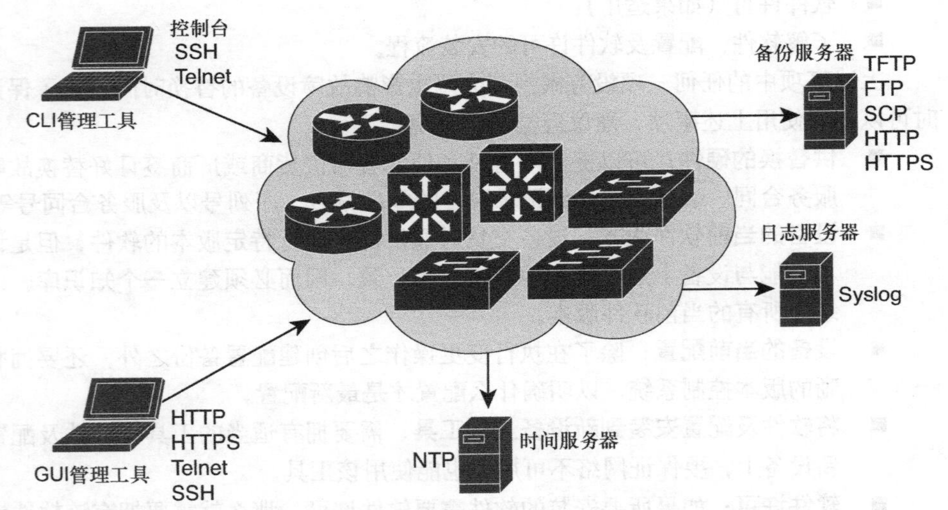

图 3-1 网络维护工具包中的基本维护工具及应用程序

网络维护工具包中的基本组件如下所示。

- **命令行设备管理工具**：Cisco IOS 软件提供了强大的 CLI（Command-Line Interface，命令行界面），可以用来配置并监控单独的路由器和交换机。包括 **show** 命令、**debug** 命令、EEM（Embedded Event Manager，内嵌式事件管理器）命令以及 IP SLA 命令。通过设备的串行控制台进行初始配置之后，可以利用 Telnet 或 SSH（Secure SHell，安全外壳）协议远程访问 CLI。为了保证在网络出现故障的情况下仍能管理网络设备，通常需要部署带外网管系统，从而可以在任何时候都能利用串行控制台访问 CLI。
- **基于 GUI（Graphical User Interface，图形用户界面）的设备管理工具**：Cisco 为大多数 Cisco 路由器和交换机都提供了免费的基于 GUI 的设备管理工具，如 CCP（Cisco Configuration Professional，Cisco 配置专家）、SDM（Cisco Security Device

Manager，Cisco 安全设备管理器）、CCA（Cisco Configuration Assistant，Cisco 配置助理）和 CNA（Cisco Network Assistant，Cisco 网络助理）。

- **备份服务器：**为了创建路由器和交换机的软件及配置备份，需要提供 TFTP、FTP、HTTP 或 SCP（Secure Copy Protocol，安全复制协议）服务器。许多操作系统都将这些服务作为可选附件，而且许多软件包也都提供这类服务。
- **日志服务器：**利用 syslog 协议将路由器和交换的日志消息发送到 syslog 服务器即可实现基本的日志功能。syslog 是大多数 UNIX 操作系统的标准服务，也可以在操作系统中安装额外软件来提供 syslog 服务。
- **时间服务器：**为了同步网络中所有设备的时钟，需要在网络中部署 NTP（Network Time Protocol，网络时间协议）服务器。也可以将网络中的路由器和交换机的时钟同步到 Internet 上众多公共时间服务器中的某一台时间服务器上。

3.3.1 网络时间服务

为了确保日志和调试输出结果中的时间戳的正确性，并支持基于时间的功能特性（如使用证书或基于时间的接入），非常重要的一点就是要正确设置网络设备的时钟并使其保持同步。可以使用 NTP 将网络设备的时钟同步到 NTP 服务器上，而 NTP 服务器则可以进一步同步到 NTP 层次结构中更高级的 NTP 服务器上。设备在 NTP 层次结构的位置取决于其层级（相当于 NTP 跳数）。层级 1 服务器是直连到权威时间源（如电波钟或原子钟）的服务器，将自己的时钟同步到层级 1 服务器的服务器被称为层级 2 服务器，以此类推。

通常核心网络都会配置冗余服务器，这些服务器的时钟同步到权威时间源或服务提供商的服务器，并配置其他网络设备将其时钟同步到这些集中部署的时间源上。对大型网络来说，这种层次结构可能会存在多个层级。可以使用 **ntp server** 命令来配置时间服务器。如果出于冗余性目的而配置了多台时间服务器，那么就由 NTP 协议来确定哪台时间服务器最可靠并同步到该服务器上。当然，也可以在 **ntp server** 命令中使用选项 **prefer** 来指定优选的时间服务器。除了可以定义时间服务器之外，还可以定义本地时区并让网络设备采用 DST（Daylight Savings Time，日光节约时间或夏令时）。最后，同步完设备的时间并正确配置了时区之后，就可以配置路由器或交换机在其日志和调试表项中打上时间戳。

例 3-1 给出了同步到单一时间服务器（IP 地址为 10.1.220.3）的设备时钟情况。该设备的时区被配置为 PST（Pacific Standard Time，太平洋标准时间），其中，PST 与 UTC 之间相差 8 个小时。并且配置该设备在 3 月的第二个星期日的凌晨 2 点更改为 DST。在 11 月第一个星期日的凌晨 2 点更改回标准时间。此外，对系统日志功能产生的日志来说，要求在时间戳中使用当地日期和时间，并在时间戳中包含时区信息。对调试产生的日志来说，配置基本相同，但是为了更加精确，要求在时间戳中体现毫秒级别的时间。

例3-1 NTP示例

```
service timestamps debug datetime msec localtime show-timezone
service timestamps log datetime localtime show-timezone
!
clock timezone PST -8
clock summer-time PDT recurring 2 Sun Mar 2:00 1 Sun Nov 2:00
!
ntp server 10.1.220.3
```

3.3.2 日志记录服务

网络在运行过程中，网络设备会根据发生的事件生成不同的日志消息。网络事件有很多类型，不同类型的事件都拥有不同的重要性或严重性等级。常见的网络事件包括接口 up 或 down、配置变更以及建立路由邻接关系等。在默认情况下，事件仅仅被记录到设备的控制台，但访问设备的控制台不是很方便，因而需要单独监控这些事件。采集日志信息并将日志信息存储到服务器上或至少存储到路由器的独立内存中是非常有意义的，这将会给今后的故障检测与排除工作提供重大帮助。通常可以将日志消息发送到下面一个或多个目的端：

- 控制台（默认）；
- 显示器（vty/AUX）；
- 缓存（易失性存储器）；
- syslog 服务器；
- 闪存（非易失性存储器）；
- SNMP（Simple Network Management Protocol，简单网络管理协议）网管服务器（作为 SNMP trap[自陷]消息）。

将日志消息记录到路由器或交换机的缓存中是保证设备日志可用性的最基本步骤（只要不重启设备）。某些网络设备或 Cisco IOS 软件版本默认开启将日志记录到缓存中。如果需要手工启用日志缓存功能，那么可以使用 **logging buffered** 命令，指定设备将日志缓存到设备的 RAM 中。由于缓存是一种环形结构，因而当缓存达到最大容量限度时，最早的日志消息将被丢弃，以便缓存最新的日志消息。利用 **show logging** 命令可以显示日志缓存中的内容。Cisco Systems 网络设备将日志的严重性等级（severity level）分为以下几类：

（0）紧急（Emergency）；
（1）警报（Alert）；
（2）危急（Critical）；
（3）差错（Error）；
（4）告警（Warning）；
（5）通告（Notification）；
（6）报告（Informational）；
（7）调试（Debugging）。

启用了日志记录功能之后，作为可选项，可以指定严重性等级，以便让网络设备仅记录指定严重性等级或严重性等级小于该严重性等级的日志消息。将日志记录到缓存和控制台的默认严重性等级是 7（调试）。

可以调整记录到控制台的日志的严重性等级。在默认情况下，所有严重性等级（0~7）的日志消息都会被记录到控制台，但是与缓存日志类似，也可以在 **logging console** 命令中将严重性等级作为可选参数进行配置。

最好的方式是将日志消息发送给 syslog 服务器，这样就可以集中存储网络中所有设备的日志消息。将日志消息发送给 syslog 服务器之后，即便网络设备崩溃或重启，这些日志消息也不会丢失。利用 **logging** *host* 命令可以配置一台或多台 syslog 服务器。默认只将严重性等级为 6 及以下的日志消息记录到 syslog 服务器上。也可以更改该默认设置，与缓存日志或控制台日志类似（但是与这些命令的形式不同），可以利用 **logging trap** *level* 命令来配置严重性等级。该命令会应用于所有已配置的 syslog 主机。图 3-2 给出了网络设备上的三种 **logging** 命令配置示例以及相应的解释。

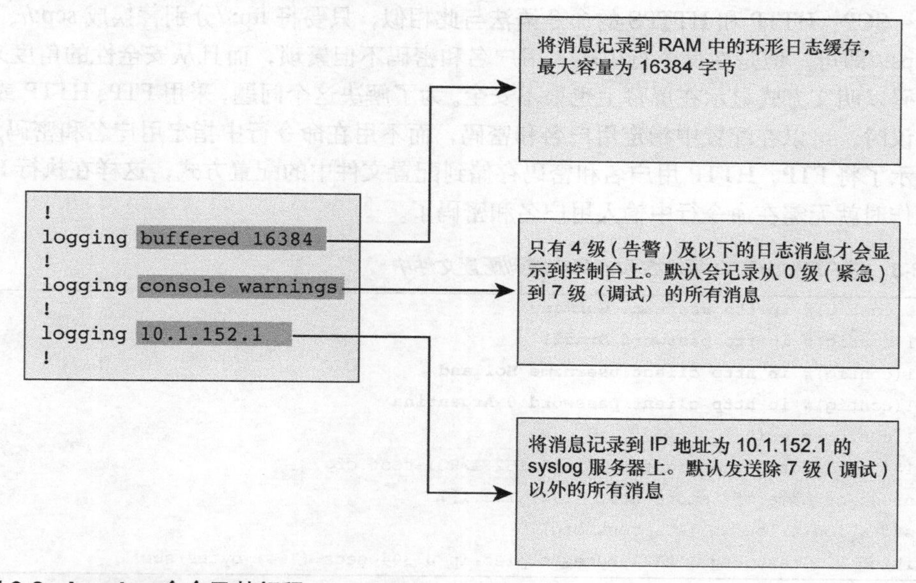

图 3-2 **logging** 命令及其解释

3.3.3 实施备份和恢复服务

网络维护工具包中的一个基本组件就是备份服务器，其作用是存储设备的配置信息以及 Cisco IOS 软件并用于恢复操作。最简单和最常用的服务实现方式就是 TFTP，此时无需在网络设备上做任何配置，备份服务器无需进行任何认证或鉴定就可以接收备份文件，只要指定设备配置或 Cisco IOS 软件的文件名即可。不过，由于 TFTP 协议不需要认证，所有内容均以明文方式经网络进行传送，因而是一种相对不安全的实现机制。可以考虑采用

FTP、SCP、HTTP 或 HTTPS 等相对较为安全的协议来传送设备配置信息及软件。如果希望使用这些较为安全的实现机制，必须指定用户名和密码来认证备份服务器。对于所有这些协议来说，都可以将登录凭证作为 URL（Uniform Resource Locator，统一资源定位符）的一部分并用于 **copy** 命令。在 URL 中的表现形式是将用户名和密码以 username:password@ 方式放置在服务器名称或 IP 地址之前。例 3-2 显示了利用 FTP 将启动配置复制到 IP 地址为 10.1.152.1 的服务器上且文件名为 RO1-test.cfg 的配置方式，用户名和密码分别是 Germany 和 Brazil。

例 3-2　使用需要用户名和密码的 FTP 服务执行备份操作

```
RO1# copy startup-config ftp://Germany:Brazil@10.1.152.1/RO1-test.cfg
Address or name of remote host [10.1.152.1]?
Destination filename [RO1-test.cfg]?
Writing RO1-test.cfg !
2323 bytes copied in 0.268 secs (8668 bytes/sec)
```

SCP、HTTP 和 HTTPS 的命令语法与此相似，只要将 ftp://分别替换成 scp://、http://或 https://即可。但是在命令行中输入用户名和密码不但繁琐，而且从安全性的角度来看，将密码以明文方式显示在屏幕上也很不安全。为了解决这个问题，采用 FTP、HTTP 或 HTTPS 协议时，可以在配置中指定用户名和密码，而不用在命令行中指定用户名和密码。例 3-3 显示了将 FTP、HTTP 用户名和密码存储到配置文件中的配置方式，这样在执行 FTP 备份操作时就无需在命令行中输入用户名和密码了。

例 3-3　将 FTP、HTTP 用户名和密码存储到配置文件中

```
RO1(config)# ip ftp username Germany
RO1(config)# ip ftp password Brazil
RO1(config)# ip http client username Holland
RO1(config)# ip http client password 0 Argentina
RO1(config)# exit
RO1# copy startup-config ftp://10.1.152.1/RO1-test.cfg
Address or name of remote host [10.1.152.1]?
Destination filename [RO1-test.cfg]?
Writing RO1-test.cfg ! 2323 bytes copied in 0.304 secs (7641 bytes/sec)
```

上述配置命令也适用于 HTTP 和 HTTPS，唯一的区别就是 URL 中的协议标识符。请注意，虽然 FTP 和 HTTP 需要认证，但它们仍然是以明文方式传送登录凭证，而 SCP 和 HTTPS 则可以利用加密机制来保证所传送的登录凭证及文件内容的机密性。因而在可能的情况下，尽量使用更安全的 SCP 和 HTTPS 协议。使用 SCP 的时候，可以使用本地用户数据库，而不是在命令行中输入用户名和密码。为了保证 SCP 的正常工作，必须首先正确配置 SSH，完成 SSH 配置之后，可以使用 SCP 客户端将文件安全地复制到 IOS 文件系统中或者从 IOS 文件系统中安全地复制文件。例 3-4 显示了路由器 R1 配置的本地用户名和密码（分别为cisco和cisco123）、生成的768比特RSA密钥以及已配置的SSH超时时间及认证尝试等参数。配置完SSH之后，利用本地用户名cisco将文件（test-scp.txt）从闪存复制到地址为10.10.10.3的SCP服务器上。

例3-4 配置SSH并将文件从闪存复制到SCP服务器上

```
R1(config)# username cisco privilege 15 password 0 cisco123
R1(config)# ! SSH must be configured and functioning
R1(config)# crypto key generate rsa
The name for the keys will be: R1.lab.local
Choose the size of the key modulus in the range of 360 to 2048 for your General
Purpose Keys. Choosing a key modulus greater than 512 may take a few minutes.

How many bits in the modulus [512]: 768
% Generating 768 bit RSA keys, keys will be non-exportable...[OK]
R1(config)# ip ssh time-out 120
R1(config)# ip ssh authentication-retries 5
R1(config)# ip scp server enable
R1(config)# exit
R1# copy flash: scp:
Source filename []? test-scp.txt
Address or name of remote host []? 10.10.10.3
Destination username [Router]? Cisco
Destination filename [test-scp.txt]?
Writing test-scp.txt
Password:
!
30 bytes copied in 13.404 secs (2 bytes/sec)
```

创建配置的备份是网络维护进程的有机组成部分，网络发生任何变更之后都应创建备份，并将配置文件复制到设备的NVRAM以及网络服务器上。如果网络设备的闪存空间足够大，那么不但可以在服务器上创建配置归档，而且还可以在设备闪存中也创建配置归档。无论是在设备本地还是在远程服务器上创建配置归档，一个很有用的功能特性就是Cisco IOS软件版本12.3(7)T提供的配置替换及配置回退（Configuration Replace and Configuration Rollback）功能。例3-5给出了创建配置归档的配置示例。创建配置归档需要在全局配置模式下输入**archive**命令，然后进入config-archive配置模式。在该配置子模式下可以为归档指定相应的参数。唯一的强制性参数就是库文件路径，该路径会被用作库文件名，而且会在库文件名后面为随后归档的每个配置都附加一个编号。路径采用的是URL记法，可以是Cisco IOS文件系统所支持的本地路径或网络路径。请注意，由于该功能并不支持所有类型的本地闪存，因而如果希望在设备本地存储配置归档而不是存储到服务器上，那么在使用该功能之前必须检查所用设备的闪存类型。**path** 命令可以包含变量**$h** 以指定设备的主机名，也可以包含变量$t 以便在文件名中包含时间和日期戳。如果不使用变量$t，那么就会在文件名后面自动附加一个数字版本号。

例3-5 创建配置归档

```
Router(config)# archive
Router(config-archive)# path flash:/config-archive/$h-config
Router(config-archive)# write-memory
Router(config-archive)# time-period 10080
```

指定了配置归档的存储位置之后，就可以使用该存储位置了。利用 **archive config** 命令可以手工创建设备配置的归档副本。但是该功能特性的最大好处是可以自动创建并更新配置归档。在归档配置命令中增加选项 **write-memory** 即可触发自动创建配置归档功能，即运行配置被复制到 NVRAM 的时候会自动触发创建一份运行配置的归档副本。也可以在命令中使用选项 **time-period** 并指定一个时间周期（以分钟为单位），即可周期性地生成配置文件的归档副本。也就是说，只要设置的时间周期一到，就会立即创建运行配置的归档副本（如例 3-4 所示）。

利用 **show archive** 命令可以验证已归档的配置文件是否存在。除了显示文件本身的信息之外，还能显示最近归档的文件以及下次将要创建的归档文件的文件名（如例 3-6 所示）。

例3-6 show archive 命令输出结果

```
RO1# show archive
There are currently 5 archive configurations saved.
The next archive file will be named flash:/config-archive/RO1-config-6
Archive # Name
0
1 flash:/config-archive/RO1-config-1
2 flash:/config-archive/RO1-config-2
3 flash:/config-archive/RO1-config-3
4 flash:/config-archive/RO1-config-4
5 flash:/config-archive/RO1-config-5 <- Most Recent
```

利用备份机制（以手工方式复制文件或者利用配置归档功能），可以将配置恢复到故障发生前的某个时点。如果出现人为错误导致设备配置丢失、硬件故障或者需要替换设备时，可以将最后归档的配置文件复制到设备的 NVRAM 中，重新启动设备后即可恢复归档中存储的配置。此外，对设备做了某项变更或者一系列变更之后，如果发现未达到预期目标，那么此时也可能希望将设备恢复到最后归档的配置。如果这些变更操作是在周期性维护窗口内执行的，那么就可以经常性地执行恢复操作（就像配置文件彻底丢失一样），将最后归档的正确配置复制到设备的 NVRAM 中并重新加载配置。但是，如果这些变更操作是在正常网络操作（如检测与排除网络故障）时执行的，那么重新加载配置将会中断网络运行，因而除非万不得已，否则不建议这么做。

这种情形就是配置替换功能所要解决的问题。**configure replace** 命令可以用已保存的配置文件替换路由器的当前运行配置，实现方式是将路由器的运行配置与 **configure replace** 命令所指定的配置文件进行对比，然后创建一份差异列表，根据所发现的差异情况，生成相应的 Cisco IOS 配置命令，从而将现有的运行配置更改为替换配置。例 3-7 给出了该命令的简单示例。该方法的好处是仅需要变更少数不一致的配置，设备无需重新加载整个配置（这是最重要的好处），而且也不用重新应用现有的命令。这种将设备回退到归档配置的方法是对网络中断影响最小的方法。请注意，虽然 **configure replace** 命令中并没有关键字 **rollback**，但某些 cisco.com 文档仍然将 **configure replace** 命令称为配置回退命令。需要注意的是，利用 **show archive config differences** 命令可以显示运行配置与归档文件之间的差异情况。

例 3-7　configure replace 命令的简单示例

```
RO1# configure terminal
Enter configuration commands, one per line. End with CNTL/Z.
RO1(config)# hostname TEST
TEST(config)# ^Z
TEST# configure replace flash:config-archive/RO1-config-5 list
This will apply all necessary additions and deletions
to replace the current running configuration with the
contents of the specified configuration file, which is
assumed to be a complete configuration, not a partial
configuration. Enter Y if you are sure you want to proceed. ? [no]: yes
!Pass 1

!List of Commands:
no hostname TEST
hostname RO1
end



Total number of passes: 1
Rollback Done



RO1#
```

从例 3-7 可以看出，更改了设备的主机名之后，又将设备配置回退到了最近归档的配置。**configure replace** 命令使用了选项 **list**，其作用是显示配置替换操作所要应用的配置命令。可以看出在不影响其他配置的情况下，该回退操作取消了之前所作的主机名更改操作。虽然 **configure replace** 命令的设计目的是增强配置归档功能，但是也可以对完整的 Cisco IOS 配置文件使用该命令。

3.4 将故障检测与排除工作集成到网络维护进程中

由于故障检测与排除进程通常都包含在很多网络维护任务中。例如，在网络安装了新设备之后就可能需要检测与排除安装新设备所带来的故障问题。与此相似，在执行了软件升级等网络维护任务之后也可能需要检测与排除相应的网络故障，因而完全可以将故障检测与排除工作集成到网络维护流程中，反之亦然。正确融合了故障检测与排除流程和网络维护流程之后，整体的网络维护进程将变得更为高效。

网络维护工作包括很多不同的维护任务，图3-3列出了其中的某些任务。在这些任务中，为用户提供技术支撑、响应网络故障、灾难恢复以及故障检测与排除都是维护任务的重要组成部分。虽然网络维护任务并不是以故障管理为中心，还包括增加或替换设备、迁移服务器和用户以及执行软件升级等，但这些网络维护任务通常也都包含故障检测与排除进程，因而不应该将故障检测与排除进程视为一个独立进程，而应该将其视为各种网络维护任务中的有机组成部分。

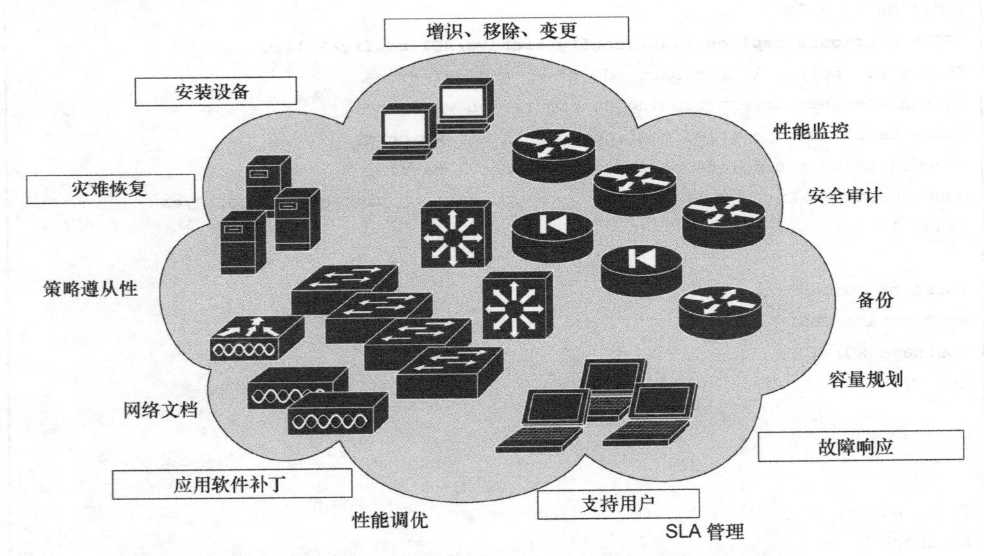

图3-3 故障检测与排除进程在许多网络维护任务中都充当了非常重要的角色

为了提高故障检测与排除的效率，必须依赖网络维护进程中的许多进程与资源，访问最新且准确的网络文档，依赖于完善的备份及恢复流程，以便在变更操作无法解决故障时将网络回退到原始状态。同时需要拥有完备的网络基线数据以便了解网络的正常运行状况并识别异常运行状态，还需要访问带有正确时间戳的日志消息以找出特定事件的确切发生时间。因此在很多情况下，故障检测与排除进程的质量在很大程度上取决于网络维护进程的质量，因而将故障检测与排除工作作为整体网络维护进程的有机组成部分，并确保故障检测与排除进程与网络维护进程相辅相成是十分重要的，能够有效提高这两个进程的效率。

3.4.1 网络文档和基线

拥有准确且最新的网络文档能够极大提高故障检测与排除进程的速度与效率。好的网络拓扑结构图在快速隔离网络故障、跟踪流量路径、验证设备间的连接性等方面非常有用。好的 IP 编址方案和补丁管理系统的价值也无可限量，能够为排障人员在定位设备及 IP 地址方面节省大量时间。典型的网络文档通常应包含以下内容。

- **网络拓扑结构图**：包括精确的物理结构图和逻辑结构图，该信息非常有用。
- **标记接口和电缆**：必须清楚地标记所有电缆并为所有接口配置描述信息。无标记或标记错误的电缆会严重降低排障效率。标记电缆时必须遵循企业的标记方案，同时必须以文档方式记录标记方案并放置在配线柜的附近，保证排障人员能够在执行维护和排障任务的过程中随时查看相关信息。配置接口的描述信息时，应该描述连接该接口的位置以及其他有用信息，如远程接口、IP 地址甚至包括接口出现故障后的技术支持电话号码。
- **设备互连信息**：以表格或数据库的方式列出并解释内部设备之间的所有连接、到外部实体（如服务提供商）的连接以及所有电源连接信息。
- **硬件和软件清单**：以表格或数据库形式列出所有设备（包括器件编号和序列号）、备件以及软件版本和软件许可信息。
- **编址方案**：以文档方式列出所有设备的所有 IP 地址，包括物理接口、逻辑接口和管理接口。
- **设备配置**：包括所有设备配置的硬拷贝和软拷贝，可能还包括设备多种版本的配置归档信息。
- **设计文档**：以文档方式解释所有设计选择的决策方式以及相应的依存关系及假设情况。

需要注意的是，错误的或过期的网络文档通常还不如没有网络文档。因为如果排障人员拿到的是不准确或者过期的网络文档，那么就会按照错误的信息进行故障检测与排除，从而得出错误结论，这样就会在发现网络文档有错而不能使用之前浪费大量宝贵的时间。

虽然参与网络维护进程的人员都认同及时更新网络文档是网络维护任务的一项基本内容，但大家总是在谈论网络文档时才意识到其重要性。排障人员在检测与排除影响很多用户的网络连接性故障时，总是将记录故障检测与排除进程以及变更操作作为最后一项工作。此时有很多方法可以解决该问题。首先要确认故障检测与排除进程中所做的任何变更操作都要符合企业的变更管理流程（如果在故障检测与排除过程中没有遵循，至少也要在实施之后遵循该流程）。排障人员在检测和排除重大故障的过程中可能会忽视变更操作的授权与调度，但是必须意识到在解决了故障或者搭建了临时工作环境以恢复网络连接之后，必须要按照企业的标准维护管理进程从头到尾做一遍（如更新网络文档）。认识到更新网络文档的重要性之后，就可以在故障检测与排除进程中实施变更操作时主动记录变更操作的情况（哪怕是最基本的日志）。

如果人们总是忘记及时更新网络文档，那么保持网络文档准确性的良好策略就是定期检查网络文档。但手工验证网络文档是一件乏味冗长的工作，因而可以考虑部署一套自动文档验证系统。对配置变更操作来说，可以考虑让系统定期下载所有设备的配置并与最后版本进行对比以找出差异。Cisco IOS 提供的配置归档和回退（Configuration Archive, Rollback）以及 EEM（Embedded Event Manager，内嵌式事件管理器）等功能特性可以自动创建配置备份、将配置命令记录到 syslog 服务器上或者通过电子邮件给特定人员发送配置差异报告。

一个基本的故障检测与排除技术就是将网络的当前运行状态与网络的期望运行状态或正常运行状态相比较，只要找出了故障网络中的异常行为，就有希望找出故障原因并解决该故障。网络中的异常行为可能是故障根源，也可能是可以协助发现底层根本性故障原因的另一种故障现象。无论哪种情况，对于调查网络异常行为并分析是否与故障相关等操作来说都是非常有用的。例如，假设排障人员正在检测和排除某应用程序故障，在跟踪客户端与服务器之间的流量路径时，发现某台路由器对命令的响应速度很慢。在该路由器上执行 **show processes cpu** 命令后发现该路由器在过去 5 秒钟内的 CPU 平均利用率达到了 97%，过去 1 分钟内的 CPU 平均利用率则为 39%左右，那么就会很自然地怀疑该路由器的高 CPU 利用率是否源于其故障检测与排除操作。一方面，这可能是一条很重要的值得继续深入分析的线索，但另一方面，也可能该路由器 CPU 的长期平均利用率都在 40%～50%，高 CPU 利用率可能与故障完全无关。此时很有可能会误导排障人员将大量时间花费在寻找 CPU 利用率过高的原因之上，而实际上该现象与故障没有任何关系。

了解网络正常运行状况的唯一方法就是长期测量网络的运行数据。不同网络需要测量的对象也不完全相同。一般来说，掌握的越多当然越好，但是很明显，必须在日常网络测量范围与实施和维护性能管理系统的工作量及成本之间做出平衡。下面列出了一些在创建基线数据时非常有用的测量对象。

- **基本的性能统计信息**：关键网络链路的接口负荷以及路由器和交换机的 CPU 负荷及内存使用率都是需要收集的基本统计信息。可以采用 SNMP 来定期轮询并采集这些数值，并以图形化方式展现出来以方便查看。
- **网络流量记账信息**：利用 RMON（Remote Monitoring，远程监控）、NBAR（Network Based Application Recognition，基于网络的应用识别）或 NetFlow 统计信息形成网络上不同类型流量的概要信息。
- **网络性能特性度量**：利用 Cisco IOS 提供的 IP SLA 功能来测量关键的性能特性参数，如网络基础设施中的时延与抖动。

测量基线数据不但对故障检测与排除工作非常有用，而且还能用于网络容量的规划、网络利用率的计算以及 SLA 的监控等众多场合。很明显，一方面可以将收集流量和性能统计信息纳入日常网络维护进程，另一方面可以在故障检测与排除进程中使用这些基线数据。此外，如果网络拥有相应的应用系统来收集、分析和图形化这些统计信息，那么就可以使用这些应用系统来检测和排除网络中的特定性能故障。例如，如果发现某路由器每周都会崩溃一次，且怀疑内存泄露是该故障的根本性原因，那么就可以将该路由器在一段时间内的内存使用情况以图形方式表示出来，这样就能发现路由器崩溃与内存使用率之间是否存在关联关系。可以收集网络信息及统计数据并建立可靠基线数据的常见协议主要有 SNMP、RMON、NetFlow 和 Cisco IP SLA。

3.4.2 沟通

沟通是故障检测与排除进程中的一个基本要素。前面已经说过，结构化故障检测与排除进程主要包括以下阶段：

- 定义故障；
- 收集信息；
- 分析信息；
- 排除潜在故障原因；
- 提出推断；
- 验证推断；
- 解决故障。

图 3-4 显示了执行结构化故障检测与排除进程时需要进行沟通的相关阶段以及主要沟通内容。

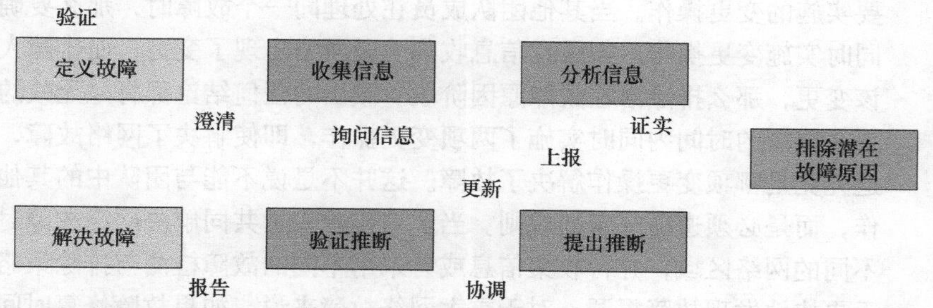

图 3-4 沟通对于结构化故障检测与排除进程的所有阶段来说都必不可少

在结构化故障检测与排除进程中的每个阶段，沟通所起的作用分别如下所示。

- **定义故障**：虽然定义故障是结构化故障检测与排除进程的第 1 步，但故障检测与排除进程却是由报告故障的用户触发的。报告故障与定义故障是两码事，用户报告故障时，其描述通常都含糊其词，很难立即展开故障检测与排除工作，排障人员需要验证该故障并从报告故障的用户那儿收集尽可能多的故障现象信息。该阶段的关键之处在于提出有用的问题并仔细倾听报告故障的用户，可能需要询问："您所说的故障到底指的是什么？故障出现之前是否做了什么变更操作？故障出现之前是否发现了什么异样？最后的正常工作时间是什么？曾经是否工作正常？"在与用户做了深入沟通或者现场查看了故障之后，排障人员就可以做出精确的故障定义。很明显，该步骤的工作都与沟通有关。

- **收集信息**：在故障检测与排除进程的这个阶段，通常需要其他工程师或用户协助收集信息。可能需要从服务器或应用程序日志以及不归自己管理的网络设备配置中获取相关信息，也可能需要从服务提供商获取利用率信息，或者从不同位置的用户收集信息，以便与出现故障的位置进行对比。很明显，能否很好地沟通需要哪些信息以及如何得到这些信息，将决定能够获得多少真正需要的信息。
- **分析信息并排除潜在故障原因**：相对而言，理解和分析信息在很大程度上属于较为独立的操作进程，但是仍然有一些沟通需求。首先，排障人员几乎不可能精通所有网络技术，因而在理解某些信息有困难或者缺乏某些进程的知识时，需要咨询团队中的其他同事以寻求帮助。另外，排障人员经常会错误理解信息、看错信息、做出错误的判断或者在理解与分析阶段出现其他错误。不同的观点对这类情形非常有用，因而与同事一起探讨自己的理解和判断将有助于提高假设及结论的正确性，特别是在陷入困境时更为有用。
- **提出并验证推断**：很多时候，在验证所推断的根本性故障原因时需要对网络实施变更操作。这些变更可能是中断性操作，可能会对用户产生影响。即使已经确认故障的紧急程度大于变更操作对网络的影响且必须实施变更操作，但是排障人员也仍然应该向相关人员沟通正在做什么以及为何要这么做。即使变更操作不会对用户或企业的商业运行造成太大的影响，也要与相关人员进行沟通以说明自己所要实施的变更操作。当其他团队成员在处理同一个故障时，那么要确保大家没有同时实施变更操作。如果在信息收集阶段网络出现了变更，而排障人员没有发现该变更，那么排除潜在故障原因阶段所做出的任何结论都将是无效的。此外，如果在很短的时间内同时实施了两项变更操作，即使解决了网络故障，也可能不知道究竟是哪项变更操作解决了故障。这并不是说不能与团队中的其他同事协同工作，而是必须遵循一定的规则。当多名排障人员共同解决网络故障时，大家负责不同的网络区域，并行收集信息或者采用不同的故障检测与排除策略，这将有助于更快地发现故障根源。对于重大网络故障来说，如果故障修复时间以分钟来计算，那么并行工作方式获得的额外速度将非常有价值，但是任何变更操作或其他中断性操作都要在团队内部进行深入沟通与协调。
- **解决故障**：很明显该阶段也需要沟通。排障人员不但应该向报告故障的用户反馈故障解决情况，而且还应该与所有参与故障检测与排除进程的人员进行沟通。最后，还要履行正常变更管理流程中的所有沟通要求，以确保所实施的变更操作已被正确纳入标准的网络维护进程之中。

有时需要将故障上报给其他部门或其他人员。常见的原因是排障人员没有足够的故障检测与排除知识及技巧，从而希望将故障上报给其他专家或者更高级的网络工程师；也可能是排障人员赶上换班，从而需要转交故障。将故障转交给他人时，不仅要向接手人解释清楚自己在前期故障检测与排除进程中已取得的成果（如收集到的信息以及得出的结论），而且还要说明截至目前为止的进展情况。此时，问题跟踪系统或故障工单系统将非常有用，特别是与其他通信方式（如电子邮件）紧密结合时将能发挥更大的作用。

最后，在故障检测与排除进程中需要注意的沟通方面是如何向企业领导汇报当前的故障检测与排除进度（出于管理性目的或其他原因）。企业网络出现重大宕机故障时，排障人员将会收到企业经理和网络用户一连串的询问，如“你们正在如何解决故障？多长时间能解决故障？能否搭建临时工作环境？解决该故障都需要些什么？等等。”虽然这些问题都是合情合理的问题，但是在解决故障之前，这些问题的答案都无从可得知，而且回答这些问题也会占用故障检测与排除工作的时间，因而提高该进程的效率非常有意义。例如，可以在网络支持团队中指派一名高级网络工程师，将所有问题都汇总到该网络工程师，而且所有更新及变更操作也都汇总给他，然后再由该网络工程师向主要人员做出解释。这样就可以让参与故障检测与排除进程的网络工程师专心工作，尽可能少地受外界干扰。

3.4.3 变更控制

变更控制是网络维护流程中最基本的进程。通过严格控制实施变更操作的时间、定义实施变更操作所需的授权类型以及在实施变更操作过程中必须执行的其他操作，可以最大限度地降低计划外的网络宕机时间和宕机频率，从而提高网络的整体可用时间。因此，必须理解如何将作为故障检测与排除进程一部分的变更操作纳入整个变更管理流程中。从本质上来说，将变更作为整个网络维护进程的一部分与将变更作为故障检测与排除进程的一部分并无实质上的差异，所要做的大多数操作也都一样，都包括实施变更操作、验证变更操作是否达到了预期目标、如果未达到预期目标则要实施回退操作、备份发生变更的配置或软件、文档化/沟通变更操作等工作。日常变更操作与紧急变更操作之间的最大区别就在于实施变更操作所需的授权以及变更操作的调度方式。对于变更控制流程来说，必须平衡紧急程度、必要性、影响程度以及风险等几大因素。平衡的结果将决定是否立即执行变更操作，或者需要调度到某个时间来执行。

定义清晰且以文档方式制度化的变更控制流程对于故障检测与排除进程来说非常有用。这是因为设备或链路很少会时不时地出现故障，很多时候故障都来源于某些变更操作。这些变更操作可能很简单（如更换电缆或重新配置相关设置），也可能非常敏感（如由于新的蠕虫或病毒爆发导致网络流量模式的变更）。故障也可能来源于多项变更的组合，第一项变更操作是故障的根本性原因，但故障的触发却源于其他变更操作。例如，假设有人无意间清除了路由器闪存中的软件，虽然该操作不会马上产生故障（因为路由器仍然在其 RAM 中运行着 IOS），但是路由器重启后（可能是一个月后出现了短时断电），由于其闪存中没有 IOS 软件，因而将无法启动。此时故障的根本性原因是清除了闪存中的软件，但故障却是由断电引发的。这类故障就很难查找，只有严格控制网络环境才能发现或阻止这类网络故障。在前面的案例中，通过分析在路由器上执行的所有特权 EXEC 命令的日志信息，就能发现路由器软件曾经在某个时刻被清除了。因而在收集信息阶段，一个非常有用的问题就是“网络中发生了哪些变更？”而该问题的答案可以在网络文档或变更日志中找到（如果企业实施了严格的网络文档和变更控制流程）。

3.5 本章小结

网络工程师的典型工作通常包括：

- 与网络设备安装和维护相关的任务；
- 与故障响应相关的任务；
- 与网络性能相关的任务；
- 与商业流程相关的任务；
- 与安全相关的任务。

网络维护模型包括两种：中断驱动型和结构化网络维护模型。与中断驱动型网络维护模型相比，结构化网络维护模型具有以下优势：

- 降低网络宕机时间；
- 性价比更高；
- 更好地满足商业需求；
- 更高的网络安全性。

所有的网络维护计划都应该包含以下基本维护任务：

- 适应增加、移动和变更操作；
- 安装和配置新设备；
- 替换故障设备；
- 备份设备配置和软件；
- 检测和排除链路及设备故障；
- 软件升级或打补丁；
- 网络监控；
- 性能测量及容量规划；
- 编制和更新网络文档。

网络维护规划工作应包括以下内容：

- 制定维护计划；
- 制定变更控制流程；
- 建立网络文档编制流程；
- 建立有效的沟通机制；
- 定义模板/流程/约定；
- 制定灾难恢复计划。

制定维护计划的好处有：

- 降低网络宕机时间；
- 避免忽视或遗忘长期维护任务；
- 可以预测变更请求的交付时间；

■ 通过在指定的维护窗口内执行中断型网络维护任务，可以大大降低工作时间内的宕机时间。

典型的网络文档应包括以下内容：

■ 网络拓扑结构图；
■ 连接文档；
■ 设备列表；
■ IP 地址管理；
■ 配置信息；
■ 网络设计文档。

网络设备出现故障后，为了成功实施灾难恢复，应具备以下事项：

■ 供替换的硬件；
■ 设备的当前软件版本；
■ 设备的当前配置；
■ 将软件及配置安装到新设备上的工具；
■ 软件许可（如果适用）；
■ 了解软件、配置及软件许可的安装流程。

网络维护工具包中的基本组件有：

■ 基于 CLI 的设备管理工具；
■ 基于 GUI 的设备管理工具；
■ 备份服务器；
■ 日志服务器；
■ 时间服务器。

通常可以将日志消息发送到下面一个或多个目的端：

■ 控制台（默认）；
■ 显示器（vty/AUX）；
■ 缓存（易失性存储器）；
■ syslog 服务器；
■ 闪存（非易失性存储器）；
■ SNMP 网管服务器（作为 SNMP trap 消息）。

Cisco 网络设备将日志的严重性等级分为以下几类：

(0) 紧急（Emergency）；
(1) 警报（Alert）；
(2) 危急（Critical）；
(3) 差错（Error）；
(4) 告警（Warning）；
(5) 通告（Notification）；

(6) 报告（Informational）；

(7) 调试（Debugging）。

测量网络性能的三个主要出发点是：

- 容量规划；
- 诊断性能故障；
- SLA 遵从性测量。

TFTP、FTP、SCP、HTTP 或 HTTPS 都可以在网络与备份设备之间传送文件，但是由于 FTP、SCP、HTTP 以及 HTTPS 需要认证，因而比 TFTP 安全。此外，由于 SCP 和 HTTPS 融入了加密机制，因而是最安全的备份方式。

无论是在设备本地还是在远程服务器上创建配置归档，一个很有用的功能特性就是 Cisco IOS 软件版本 12.3(7)T 提供的配置替换和配置回退功能。

要想成功地实施灾难恢复，需要：

- 最新的配置备份；
- 最新的软件备份；
- 最新的硬件清单；
- 配置和软件部署工具。

网络文档通常应包含以下信息：

- 网络拓扑结构图；
- 标记接口和电缆；
- 设备互连信息；
- 硬件和软件清单；
- 编址方案；
- 设备配置；
- 设计文档。

需要收集并包含在网络基线文档中的信息有：

- 基本的性能统计信息；
- 网络流量记账信息；
- 网络性能特性度量。

3.6 复习题

1. 下面哪些属于结构化网络维护方法的好处？

   a. 更好地满足商业需求

   b. 可以与零售商协商硬件折扣

   c. 网络整体安全性更高

   d. 计划外网络宕机时间更少

   e. 用户无需等待得到技术支持

f. 可以外包网络维护工作，使得成本更低

2. 网络维护规划不包含下面哪一项？
   a. 维护计划
   b. 变更控制流程
   c. 网络文档
   d. 有效沟通
   e. 定义模板/流程/约定
   f. 网络安全设计
3. 下面哪两项是计划性网络维护的好处？
   a. 网络工程师无需在正常工作时间之外加班
   b. 变更请求的交付时间更加可预测
   c. 可以在指定的维护窗口内调度中断驱动型维护任务
   d. 不需要或不允许在正常上班时间内实施网络变更
4. 实施变更流程时应考虑哪些因素？
5. 替换故障设备时应具备哪三项内容？
   a. 用于替换故障设备的硬件
   b. 故障设备的购买证明
   c. 故障设备的 TAC 支持
   d. 故障设备的当前配置
   e. 故障设备的当前软件版本
   f. 故障设备的原始运输包装箱
6. 判断正误：网络监控是主动性网络管理策略的一个基本方面。
   a. 正确
   b. 错误
7. 下面哪 5 种协议可以将路由器的配置文件传送到服务器上以创建配置备份？
   a. HTTPS
   b. HTTP
   c. FTP
   d. SNMP
   e. TFTP
   f. SCP
8. 下面哪条命令可以将路由器的运行配置复制到 IP 地址为 10.1.1.1 的 FTP 服务器上的 test.cfg 的文件（用户名为 admin 且密码为 cisco）？
   a. **copy running-config ftp://10.1.1.1/test.cfg user admin password cisco**
   b. **copy running-config ftp://10.1.1.1/test.cfg /user:admin /password:cisco**
   c. **copy running-config ftp://admin:cisco@10.1.1.1/test.cfg**

d．**archive running-config ftp://10.1.1.1/test.cfg user admin password cisco**

e．上述命令都不正确，因为 FTP 无需认证。

9．手工创建运行配置的归档副本的命令是什么？

10．下面哪条命令可以将运行配置恢复为存储在闪存中的归档配置文件 RO1-archive-config-5？

a．**archive rollback flash:/RO1-archive-config-5**

b．**configure replace flash:/RO1-archive-config-5**

c．**copy flash:/RO1-archive-config-5 running-config**

d．**archive restore flash:/RO1-archive-config-5**

11．让交换机将系统日志消息记录到 IP 地址为 10.1.1.1 的 syslog 服务器的命令是什么？

12．下面哪两个进程将受益于网络性能测量系统？

a．灾难恢复

b．变更管理

c．容量规划

d．SLA 遵从性测量

13．沟通不属于下面哪个结构化故障检测与排除进程中的主要组成部分？

a．定义故障

b．解决故障

c．排除潜在故障原因

d．收集信息

本章主要讨论以下主题：

- 基本的二层交换进程
- 基本的三层路由进程
- 利用 IOS show 命令、debug 命令以及 ping 和 Telnet 选择性地收集信息

第 4 章

基本的交换和路由进程及有效的 IOS 故障检测与排除命令

以太网 LAN 交换技术是当前企业网中应用最为广泛的网络技术。二层和三层交换是园区网的重要组成部分，在数据中心和某些 WAN 解决方案中也不乏它们的身影，因而网络工程师必须深入掌握园区路由和交换技术，并且能够诊断和解决与这些技术相关的故障问题。

本章将以案例分析的方式讨论基本的二层交换和三层路由机制，第三部分将提供 **show** 命令的常见过滤和重定向技术，最后讨论基本的硬件（CPU、内存、接口）诊断命令（**ping** 和 **telnet**）以及 **debug** 命令的有效使用方式。

4.1 基本的二层交换进程

对于从事网络故障检测与排除工作的网络工程师来说，必须理解并掌握二层交换技术的相关进程。基于 VLAN 的交换式基础设施是所有园区网的核心，能够诊断并解决这些网络环境中的二层交换问题是所有网络工程师的必备技能。本节将首先回顾二层交换进程及其相关的交换机数据结构，接下来讨论如何利用 Cisco IOS 软件提供的命令从这些数据结构中收集信息，最后讨论如何理解并分析收集到的信息，以验证二层交换进程的正确操作行为或者找出并解决二层交换故障。

4.1.1 以太网帧转发进程（二层数据平面）

作为一名网络工程师，必须透彻地掌握主机和网络设备所执行的核心进程。出现某些故障导致设备无法正常工作时，掌握进程的相关知识将有助于确定故障的根源，此外还可以确定网络中的哪些部分运行正常、哪些部分运行异常。本小节将描述两台 IP 主机通过交换式 LAN 进行通信时所发生的各种进程。这里的侧重点是 IP 及其以下各层，也就是说，认为主机上的应用程序处于正常工作状态，而且域名到 IP 地址的解析功能也完全正常。为了将讨论范围局限在二层交换所包含的进程上，假设这两台主机均位于同一个子网（VLAN）中。由于实际的应用与本小节所讨论的主题无关，因而假设主机 A 的用户希望利用 ping 工具测试到主机 B 的连接性。具体网络情况如图 4-1 所示。

可以将上述连接性测试进程划分为以下步骤。

步骤 1 主机 A 在其路由表中查找目的地（主机 B）的 IP 地址，确定主机 B 位于直连网络中。

步骤 2 由于主机 B 位于直连网络中，因而主机 A 查询其 ARP（Address Resolution Protocol，地址解析协议）缓存，以查找主机 B 的 MAC 地址。

步骤 3 如果主机 A 的 ARP 缓存中没有关于主机 B 的 IP 地址的表项，那么就会以广播方式向外发送一条 ARP 请求帧，以获取主机 B 的 MAC 地址（如图 4-2 所示）。

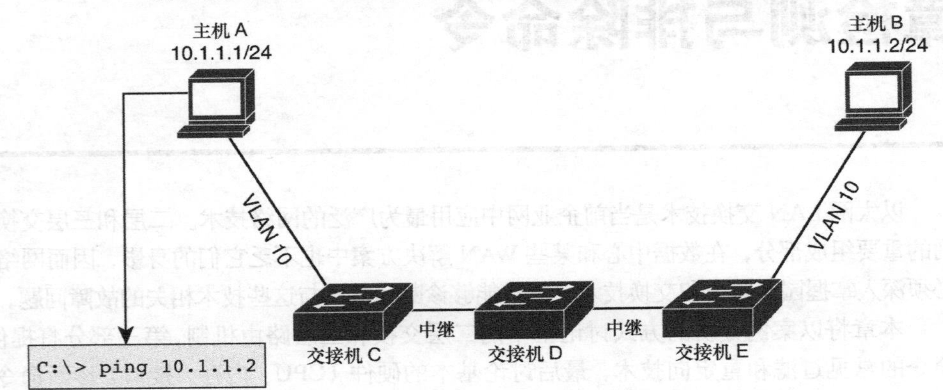

图 4-1 主机 A 测试去往同一个 VLAN（子网）上的主机 B 的连接性

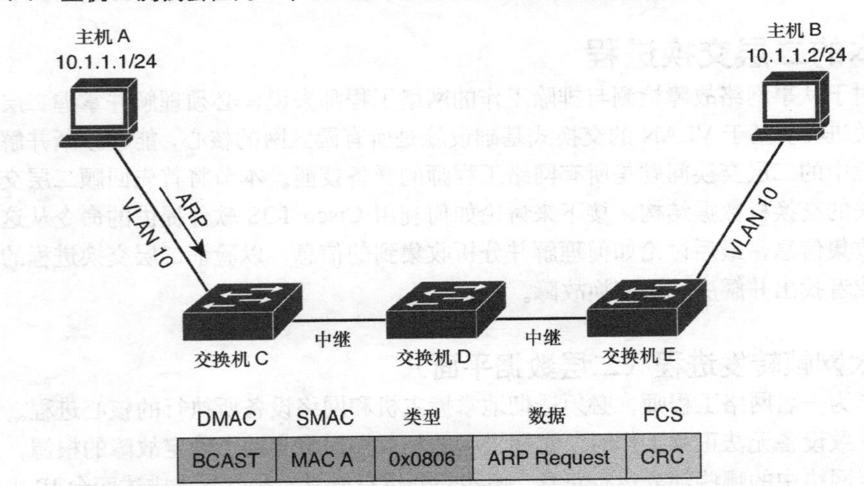

图 4-2 主机 A 以广播方式发送 ARP 请求消息以获取主机 B 的 MAC 地址

步骤 4 交换机 C 接收到 ARP 请求帧之后，会检查接收到该 ARP 请求帧的端口的 VLAN，并在其 MAC 地址表中记录源 MAC 地址，同时与该端口及 VALN 进行关联。然后，交换机 C 在其 MAC 地址表中执行查找操作，以试图发现与该广播 MAC 地址相关联的端口。由于交换机的 MAC 地址表中不可能包含广播 MAC 地址((FFFF:FFFF:FFFF)，因而交换机 C 会将该 ARP 请求帧泛洪到该 VLAN 的所有端口上，包括允许该 VLAN 的所有中继端口上（接收到该 ARP 请求帧的端口除外）。交换机 D 和 E 接收到该 ARP 请求帧之后会重复上述进程（如图 4-3 所示）。

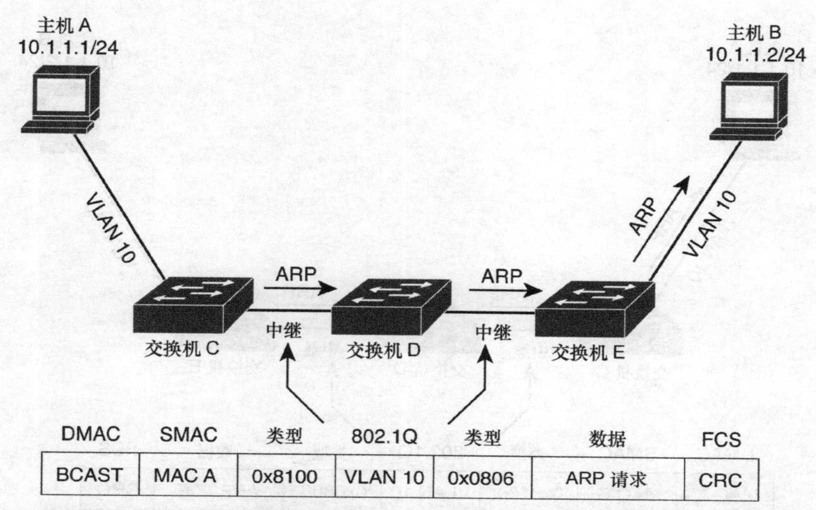

图 4-3 交换机将广播帧泛洪到除发送接口之外的所有端口上（位于同一个 VLAN 中）

步骤 5 主机 B 接收到该 ARP 请求之后，将主机 A 的 IP 地址和 MAC 地址都记录在自己的 ARP 缓存中，然后以单播方式向主机 A 发送一条 ARP 应答消息（如图 4-4 所示）。

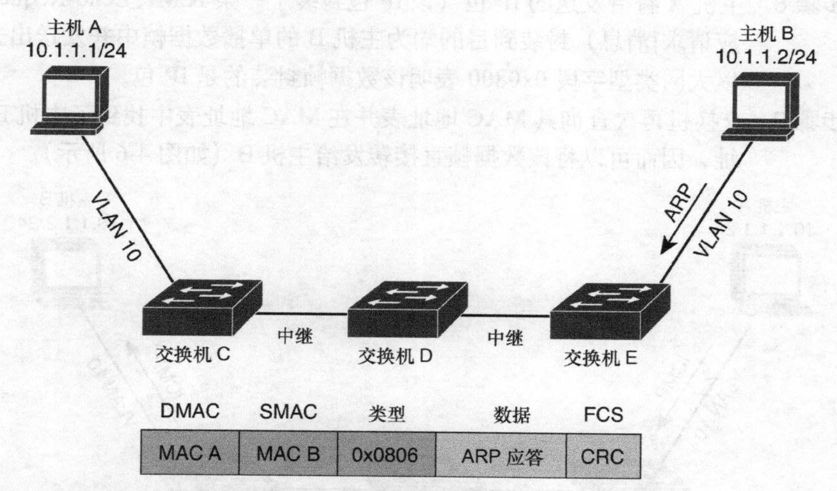

图 4-4 主机 B 以单播方式向主机 A 发送 ARP 应答消息

步骤 6 交换机将检查接收到 ARP 应答帧的端口的 VLAN，由于目前所有交换机的 MAC 地址表中都有了主机 A 的 MAC 地址，因而会沿着相应的路径将该数据帧(包含了 ARP 应答消息)转发给主机 A(而不再泛洪到所有其他端口上)。同时，沿途的交换机还会在其 MAC 地址表中记录主机 B 的 MAC 地址以及相应的接口和 VALN(如果其 MAC 地址表中没有相关表项)(如图 4-5 所示)。

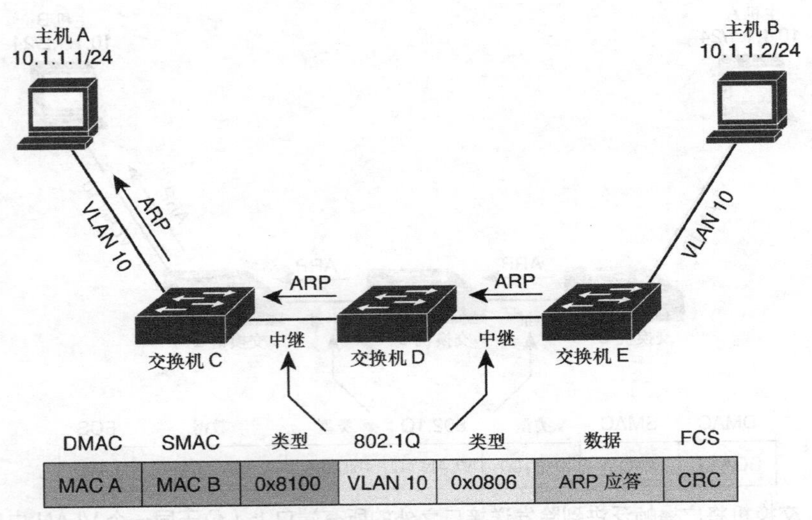

图4-5 交换机将ARP应答（单播）帧转发给主机A

步骤7 主机A接收到ARP应答消息后，将主机B的IP地址和MAC地址记录在ARP缓存中，之后就可以开始向主机B发送IP包了。

步骤8 主机A将待发送的IP包（该IP包封装了一条ICMP Echo-Request [ICMP回应请求]消息）封装到目的端为主机B的单播数据帧中并发送出去。请注意，以太网类型字段0x0800表明该数据帧封装的是IP包。

步骤9 交换机再次查询其MAC地址表并在MAC地址表中找到了主机B的MAC地址，因而可以将该数据帧直接转发给主机B（如图4-6所示）。

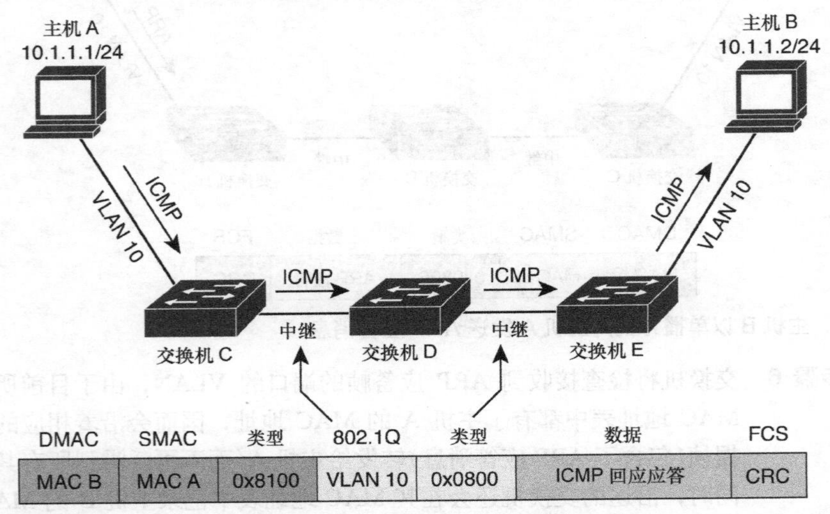

图4-6 交换机将ICMP Echo-Request（单播）帧转发给主机B

步骤 10 主机 B 接收到该数据帧之后，向主机 A 发送响应消息，即发送一条 ICMP Echo-Reply（ICMP 回应应答）包。

步骤 11 交换机再次查询其 MAC 地址表并在 MAC 地址表中找到了主机 A 的 MAC 地址，因而可以将该数据帧直接转发给主机 A，而不会泛洪该数据帧（如图 4-7 所示）。

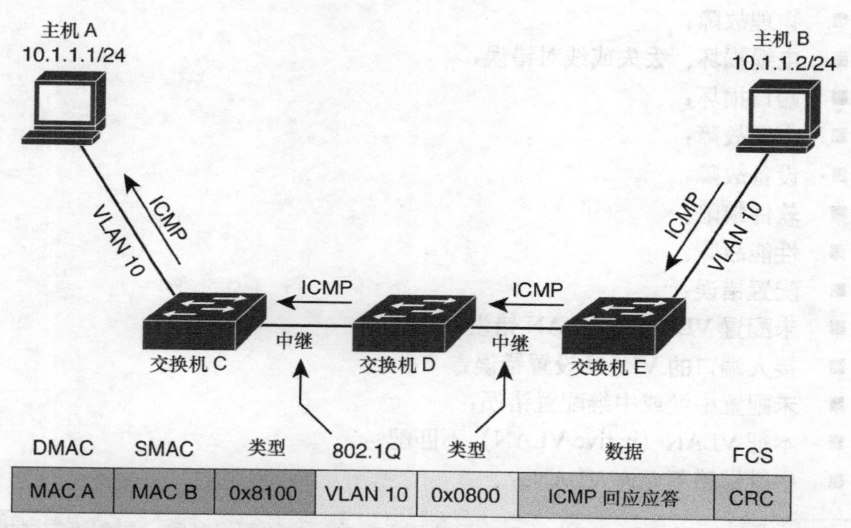

图 4-7 交换机将 ICMP Echo-Reply 单播帧转发给主机 A

步骤 12 主机 A 接收到主机 B 发出的响应消息，从而完成了这次简单的包交换操作（如图 4-8 所示）。

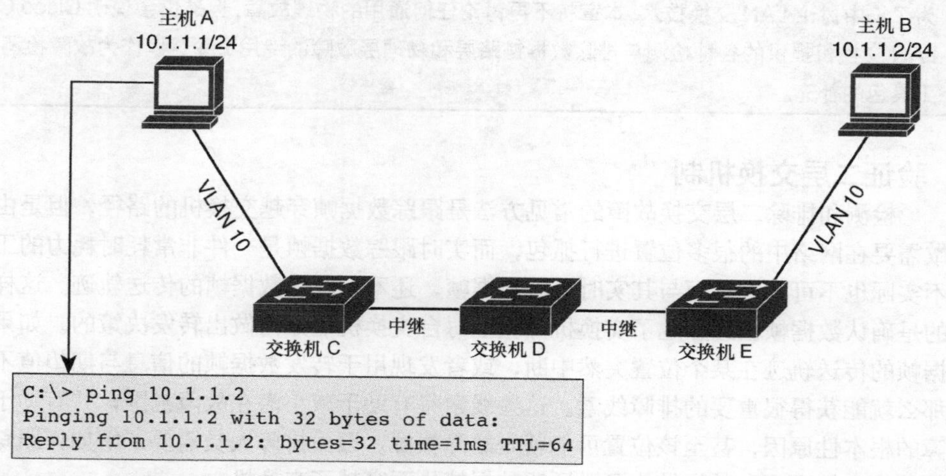

图 4-8 主机 A 接收到主机 B 发回的 ICMP Echo-Reply 消息

虽然上述进程看起来很繁琐，但是清楚地列出这些步骤（即使是最简单的通信进程）可以完整地看出这之间发生的所有事件。如果该通信进程中的任何一个环节出现了问题(如电缆布线故障、设备故障或配置错误)，通信进程都会失败。因而必须真正掌握这些进程的相关知识，才能胜任交换式网络环境下的故障诊断及故障解决工作。对上述通信进程来说，可能会导致通信失败的潜在故障原因有：

- 物理故障；
- 电缆损坏、丢失或线对错误；
- 端口损坏；
- 电源故障；
- 设备故障；
- 软件缺陷；
- 性能故障；
- 配置错误；
- 未配置 VLAN 或 VLAN 错误；
- 接入端口的 VLAN 设置错误；
- 未配置中继或中继配置错误；
- 本征 VLAN（native VLAN）不匹配；
- 中继链路不允许 VLAN。

注：本故障列表并没有列出所有的潜在故障原因，这里主要列出了第一层和第二层故障。例如，防火墙也可能会阻塞 ICMP（Internet Control Message Protocol，Internet 控制消息协议）包。有时由于需要 ARP 请求，因而最开始的第一个 ICMP Echo-Request 消息会超时（随后的 ICMP Echo-Request 消息都不需要 ARP 请求）。

为了集中讨论 LAN 交换技术，本章将不再讨论任何通用的物理故障，但是仍会说明 Cisco Catalyst LAN 交换机提供的各种检测与排除数据链路层和物理层故障的专用命令，以作为故障检测与排除工具包的补充。

4.1.2 验证二层交换机制

检测和排除二层交换故障的常见方法是跟踪数据帧穿越交换机的路径，但是由于这样做需要在网络中的很多位置进行抓包，而实时跟踪数据帧是一件非常耗时耗力的工作，既不实际也不可行，因而与其实时跟踪数据帧，还不如跟踪数据帧的传送轨迹。这样做的目的是确认数据帧已经穿越了交换机并验证每台交换机是如何做出转发决策的。如果发现数据帧的传送轨迹在某个位置突然中断，或者发现用于转发数据帧的信息与期望值不一致，那么就能获得很重要的排障线索。这些线索将有助于减小潜在故障范围，并有助于推断故障的根本性原因，甚至该位置可能就是故障根源。因而排障人员需要了解如何跟踪数据帧的轨迹，知道哪种数据结构可以证明数据帧是否穿越了交换机。

在排障过程中，需要重点关注的一个关键数据结构就是交换机的 MAC 地址表。交换机在 MAC 地址表中注册了所有接收到的数据帧的源 MAC 地址以及接收到这些数据帧的端口和 VLAN 等信息。查看 MAC 地址表时，如果发现指定 MAC 地址的表项位于 MAC 地址表中，那只能证明该交换机在某个时间点（通常最多是 5 分钟之前）曾经从该源 MAC 地址接收到数据帧，但并不能告诉排障人员关于该特定数据帧的其他信息，也不能说明最后一次从该源 MAC 地址接收数据帧的时间，因而通常建议利用 **clear mac-address-table dynamic** 命令来清除 MAC 地址表中的所有 MAC 表项，并验证重新发起连接之后该交换机是否能够重新学到该 MAC 地址。其次，MAC 地址表可以帮助排障人员验证交换机是否在期望端口及 VLAN 上收到这些数据帧。如果输出结果与期望或假设不一致，那么就可以根据该线索来推测故障的可能原因。大家在实际排障工作中可能会发现很多线索并得出各种结论，下面仅列出一些常见线索及可能的结论。

- **未在正确的 VLAN 上收到数据帧**：原因可能是 VLAN 或中继配置错误。
- **未在期望端口上收到数据帧**：原因可能是物理故障、生成树问题或 MAC 地址重复。
- **未在 MAC 地址表中注册指定 MAC 地址**：原因很可能出在该交换机的上行链路，此时需要回过头来重新调查收到该数据帧的最后位置（确切知道该位置）与该交换机之间的数据帧轨迹。

接下来需要利用转发进程的相关知识并结合收集到的信息（利用交换机诊断命令的输出结果），以确定进程中的下一步操作行为应该是什么。此时需要再次将收集到的交换机转发行为与期望或假设进行对比验证。如果发现交换机的转发行为与期望一致，那么就能成功地缩小故障范围：因为已经确认到目前位置为止，所有运行状况均正常。

对排障人员来说，必须熟练掌握交换机的诊断命令并加以灵活使用。因为大家必须利用这些命令收集交换机的相关信息，以验证自己的假设或推断。下面列出了一些可以帮助大家获得二层交换进程、VLAN 及中继信息的常用故障诊断命令。

- **show mac-address-table**：该命令是验证二层转发操作的主要命令，可以显示交换机学到的 MAC 地址以及与这些 MAC 地址相关联的端口和 VLAN 信息。从该命令的输出结果可以判断出源自特定主机的数据帧是否成功到达该交换机，而且还能协助验证交换机是否在正确的入接口上收到了这些数据帧。请注意，如果 MAC 地址表容量已满，那么将不再学习任何新的 MAC 地址，因而在检测和排除二层故障时，应检查 MAC 地址表容量是否已满。
- **show vlan**：该命令可以验证 VLAN 的存在性以及端口到 VLAN 的映射关系。它不但可以列出交换机上创建的所有 VLAN（手工方式或者通过 VTP），而且还可以列出与每个 VLAN 关联的所有端口。请注意，由于中继端口不属于任何 VLAN，因而不会列出中继端口。
- **show interfaces trunk**：该命令可以显示所有被配置为中继端口的端口，而且还会显示每个中继端口所允许的 VLAN 以及本征 VLAN 的信息。

- **show interfaces switchport**：该命令能够提供 **show vlan** 命令和 **show interfaces trunk** 命令的输出信息。如果不希望显示整个交换机的中继或 VLAN 相关信息，而仅希望快速查看与某个接口相关的所有 VLAN 信息，那么该命令将非常有用。
- **show platform forward** *interface-id*：该命令提供了很多配置参数，利用该命令可以查看交换机硬件在指定接口上转发与特定参数相匹配的数据帧的方式。
- **traceroute mac**：在该命令中指定源 MAC 地址和目的 MAC 地址之后，就可以查看数据帧从源 MAC 地址到目的 MAC 地址所穿越的交换机跳数列表。利用该命令可以发现数据帧从指定的源 MAC 地址到目的 MAC 地址所经过的二层路径。请注意，使用该命令之前，需要在网络中的所有交换机（至少是二层路径上的所有交换机）上启用 CDP（Cisco Discovery Protocol，Cisco 发现协议）。

根据所提供的信息，可以将上述命令进行归类。如果希望显示 MAC 地址表，那么就可以使用 **show mac-address-table** 命令；如果希望显示 VLAN 数据库以及端口到 VLAN 的映射关系，那么就可以使用 **show vlan** 命令；如果希望查看中继端口的设置以及端口到 VLAN 的关联关系，那么就可以使用 **show interfaces switchport** 命令和 **show interfaces trunk** 命令；如果希望直接验证数据帧的转发行为，那么就可以使用 **show platform forward** 命令和 **traceroute mac** 命令。

4.2 基本的三层路由进程

TCP/IP 是当今网络的主要网络互连协议簇。几乎所有的企业网都要用到 IP（Internet Protocol，互联网协议）路由选择，IP 路由极大地推动了园区网络内部、分支机构与企业总部、去往/来自 Internet 以及 VPN（Virtual Private Network，虚拟专用网）站点之间的通信过程。BGP（Border Gateway Protocol，边界网关协议）是唯一可用于自治系统间或域间路由选择的路由协议。EIGRP（Enhanced Interior Gateway Routing Protocol，增强型内部网关路由协议）和 OSPF（Open Shortest Path First，开放最短路径优先）协议是目前应用最为广泛的自治系统内部路由协议或内部路由协议。因而对于网络工程师来说，全面掌握 EIGRP、OSPF、BGP、路由重分发机制、网络层连接性等技术并能够诊断与这些技术相关的故障问题是非常必要的。

对大多数 IP 网络的连接性故障来说，通常都要从网络层入手来检测和排除故障。检查两台主机之间的网络层连接性有助于确定连接性故障是否存在于 OSI（Open Systems Interconnection，开放系统互连）参考模型的网络层或网络层之下或网络层之上。如果两台主机之间的网络层连接性运行正常，那么就表明故障很可能出在了应用层上，或者与安全相关的设置有问题。但是，如果网络层连接性有问题，那么就表明故障出在了网络层或网络层之下。网络工程师应该具备相应的知识和技巧，以快速有效地诊断并解决连接性故障。为此必须理解路由器转发 IP 包所用的进程及数据结构，并掌握诊断这类故障的 Cisco IOS 工具。

4.2.1 IP 包转发进程（三层数据平面）

为了检测和排除三层连接性故障，需要理解数据包从主机经多台路由器最终被路由到目的地的相关进程。图 4-9 中的主机 A 和主机 B 位于网络两端，并且这两台主机之间通过两个网络以及路由器 C、D、E 互连。

图 4-9 主机 A 与主机 B 之间交换数据包所包含的进程及数据结构是什么

作为一名网络技术支持与排障专家，必须能够回答与所用数据结构有关的如下问题，并理解主机 A 与主机 B 之间（所有设备）交换数据包所包含的进程。

1. 主机 A 为了将去往主机 B 的数据包发送给第一跳路由器 C，需要做出何种决策？需要哪些信息？需要执行哪些操作？
2. 路由器 C 为了将来自主机 A、去往主机 B 的数据包发送给下一跳路由器 D，需要做出何种决策？需要哪些信息？需要执行哪些操作？
3. 路由器 D 为了将来自主机 A、去往主机 B 的数据包发送给下一跳路由器 E，需要做出何种决策？需要哪些信息？需要执行哪些操作？本问题的答案是否与前一个问题的答案相同或者有什么区别？
4. 路由器 E 为了将来自主机 A、去往主机 B 的数据包发送给最终目的地（主机 B），需要做出何种决策？需要哪些信息？需要执行哪些操作？
5. 主机 B 向主机 A 发送回程流量时，所包含的进程以及所需的信息与前述步骤是否有差异？

如果源主机或路径中的路由器无法转发数据包（因为配置不正确或缺少所需的转发信息），那么数据包就会被丢弃，三层连接性也将丢失。

下面按顺序列出了终端设备及中间设备（路由器）所发生的各种重要进程、决策及操作行为。

1. 主机 A 开始启动向主机 B 发送数据包的进程时，需要首先确定目的网络是否与自己的本地子网相同，为此需要将目的 IP 地址（10.1.4.2）与自己的 IP 地址和子网掩码（10.1.1.1/24）进行比较。主机 A 发现目的网络不在本地子网中，因而试图将数据包转发到默认网关。主机可以通过手工配置或 DHCP（Dynamic Host Configuration Protocol，动态主机配置协议）方式来获得默认网关信息。为了将数据包封装到以太网帧中，主机 A 需要默认网关的 MAC 地址，为此需要利用 ARP（Address Resolution Protocol，地址解析协议）。要么主机 A 的 ARP 缓存中已经有了默认网关 IP 地址的相应表项，要么发送一条 ARP 请求消息来获取相应的信息并记录在缓存中。

2. 路由器C接到以太网帧之后，需要解封装IP包并检查IP包的目的IP地址。路由器C将IP包中的TTL（Time To Live，生存时间）字段值减1，如果TTL字段值递减至0，那么路由器C将丢弃该数据包，并向源端（主机A）发送一条ICMP“超时”消息。如果IP包的TTL字段值未递减至0，那么路由器C就要查找转发表，以找到与该数据包的目的IP地址相匹配的最长前缀。对于本例来说，路由器C发现10.1.4.0/24是与该IP包目的地址（10.1.4.2）最匹配的路由项。请注意，该路由项包含两个重要参数：下一跳IP地址10.1.2.2和出接口Serial 0。该串行接口在二层使用的是HDLC（High-Level Data Link Control，高级数据链路控制规程）协议，因为该协议不需要与下一跳IP地址相对应的MAC地址或者其他形式的二层地址，因而无需执行进一步的查找操作。路由器C将该数据包（数据报）封装到HDLC帧中，并通过Serial 0接口发送出去。
3. 路由器D将执行与路由器C相似的路由进程，也在自己的转发表中找到有关前缀10.1.4.0/24的路由项。此时下一跳是10.1.3.2，出接口是FastEthernet 0。与第2步的最大区别在于出接口的二层协议。由于此时是快速以太网接口，因而路由器D可能需要使用ARP将下一跳IP地址10.1.3.2解析成MAC地址。正常情况下，路由器D的CEF（Cisco Express Forwarding，Cisco快速转发）邻接表中已经记录了该MAC地址，因而无需再使用ARP。路由器D将该数据包封装到以太网帧中，并转发给下一跳（路由器E）。
4. 路由器E执行的路由进程与路由器C和D类似，最主要的区别在于路由器E在路由表中发现的前缀10.1.4.0/24与接口FastEthernet 1直连，因而路由器E不再将该数据包转发到下一跳，而是将其直接转发到目的主机B所在的直连网络上。由于本例中的二层协议仍然是以太网，因而路由器E需要查询其ARP缓存以找出主机B（10.1.4.2）的MAC地址。由于路由器E的ARP缓存中可能有/也可能没有主机B的MAC地址，因而路由器E可能需要发送ARP请求以获得主机B的MAC地址。路由器E将数据包封装到目的端是主机B的以太网帧中，并通过接口FastEthernet 1发送该以太网帧。主机B接收到该数据包后，从主机A向主机B发送数据包的进程就结束了。
5. 主机B向主机A发送回程流量的进程与上述进程相似，不过查找路由表所用的信息以及三层到二层地址映射表（如ARP缓存）有所不同。对于回程数据包来说，由于目的IP地址是10.1.1.1，因而要求所有路由器的转发表中都必须具有去往子网10.1.1.0/24（而不再是子网10.1.4.0/24）的表项。这些表项拥有不同的相关联的出接口和下一跳IP地址，因而要求ARP缓存拥有与这些下一跳IP地址相对应的表项。请注意，由于这些表项与主机A到主机B的路径上所用的表项不同，因而在主机A向主机B发送数据包成功的情况下，也不能断定主机B向主机A发送的回程流量也能够自动成功。这是很多人都容易犯的一个错误假设。

如果发现两台主机之间无网络层连接性故障，那么一个好的故障检测与排除方法就是跟踪数据包从路由器到路由器的转发路径（与诊断二层故障时跟踪数据帧从交换机到交换机的转发路径类似)。需要验证转发表中与该数据包的目的地相匹配的路由的可用性。此外,对于那些需要二层地址的技术(如以太网)来说,还要验证下一跳地址的三层到二层地址映射的可用性。对任何需要双向通信的应用程序来说,都必须跟踪数据包的双向传送过程,这是因为数据包在一个方向上传送所需的正确路由信息以及三层到二层地址映射可用并不能表明在另一个方向上也有相应的可用正确信息。

对于图 4-9 所示案例的路由进程来说,来自主机 A 的数据包通过多个路由器跳(路由器 C、D、E)到达主机 B 后,该数据包头部及帧头部地址字段的值如表 4-1 所示。

表 4-1 传送过程中帧及数据包头部地址字段的信息

数据包的位置	源 IP 地址	目的 IP 地址	源 MAC 地址	目的 MAC 地址
从主机 A 到路由器 C	10.1.1.1	10.1.4.2	主机 A 的 MAC 地址	路由器 C 的接口 Fa0 的 MAC 地址
从路由器 C 到路由器 D	10.1.1.1	10.1.4.2	不适用	不适用
从路由器 D 到路由器 E	10.1.1.1	10.1.4.2	路由器 D 的接口 Fa0 的 MAC 地址	路由器 E 的接口 Fa0 的 MAC 地址
从路由器 E 到主机 B	10.1.1.1	10.1.4.2	路由器 E 的接口 Fa1 的 MAC 地址	主机 B 的 MAC 地址

为了转发数据包,路由器需要组合来自不同控制平面数据结构的信息。路由表是这些数据结构中最重要一种数据结构。与交换机不同(如果交换机的 MAC 地址表中没有数据帧的目的 MAC 地址,那么就会将该数据帧泛洪到所有端口),如果路由器没有在路由表中发现与数据包的目的地址相匹配的表项,那么就会丢弃该数据包。在路由器转发数据包时,需要查询路由表以找到与数据包的目的 IP 地址相匹配的最长匹配前缀。与该路由表项相关联的是出接口和下一跳 IP 地址(大多数情况下都是如此)。

对每个需要路由的数据包都执行各种表查询操作,并利用查询结果来构建数据帧是一种效率低下的 IP 包转发方法。为了改善路由进程并提高路由器的 IP 包交换操作性能,Cisco 开发了 CEF(Cisco Express Forwarding,Cisco 快速转发)功能特性。这种高级的三层 IP 交换机制不但可以用于所有路由器,而且也是 Cisco Catalyst 多层交换机三层交换技术的核心。大多数 Cisco 设备平台都默认启用 CEF 交换机制。

CEF 将来自路由表及其他数据结构(如三层到二层映射表)的相关信息组合成两种新的数据结构:FIB(Forwarding Information Base,转发信息库)和 CEF 邻接表。FIB 表主要反映对路由表执行递归查找后的结果。查找 FIB 表会生成一个指向 CEF 邻接表中邻接表项的指针。与路由表中的表项相似,邻接表项也可以仅包括一个出接口(对点到点接口来说)或者包括一个出接口和一个下一跳 IP 地址(对多点接口来说)。

4.2.2 利用 IOS 命令验证 IP 包转发进程

为了确定与转发数据包相关的信息,可以验证路由表或 CEF FIB 表中特定路由项(前缀)的可用性。

注：自从2001年发布了RFC 3222之后，很多人也将路由表称为RIB（Routing Information Base，路由信息库）。在讨论BGP和OSPF等协议时，通常也将去往不同目的地的最佳路径集合称为BGP RIB或OSPF RIB。但是大家必须意识到，BGP、OSPF或其他路由协议去往不同目的地的最佳路径可能安装也可能没有安装在IP路由表（或IP RIB）中。这是因为存在多条可选路径去往同一个目的地时，IP路由进程会将管理距离（administrative distance）最小的路径安装到IP路由表（或IP RIB）中。

是否需要检查IP路由表或FIB完全取决于正在诊断的故障类型。如果需要诊断控制平面故障（如通过路由协议交换路由信息），那么**show ip route**命令就是一个非常好的选择，这是因为该命令的输出结果中包含了与路由相关的所有控制平面的详细信息，如宣告的路由协议、路由源、管理距离以及路由协议度量等。如果需要诊断与数据平面关联度更大的故障问题（如跟踪两台主机通过网络传送的准确流量流），那么FIB表通常是最佳选择，这是因为FIB表包含了包交换决策所需的全部信息。

如果希望显示路由表的内容，那么可以使用以下命令。

- **show ip route** *ip-address*：如果在**show ip route**命令中使用了目的IP地址选项，那么路由器将仅针对该目的IP地址执行路由表查找操作，并显示与该地址相匹配的最佳路由以及相关的控制平面信息（请注意，默认路由始终不会被显示为目的IP地址的匹配项）。
- **show ip route** *network mask*：如果在**show ip route**命令中使用了网络和子网掩码选项，那么路由器将在路由表中搜索精确匹配项（也就是与该网络及子网掩码完全匹配）。如果找到了精确匹配项，那么就显示该路由项以及相关的控制平面信息。
- **show ip route** *network mask* **longer-prefixes**：选项**longer-prefixes**的作用是让路由器显示路由表中位于参数*network*和*mask*所指定的前缀范围内的全部前缀。该命令在诊断与路由汇总相关的故障问题时非常有用。

如果希望显示CEF FIB表的内容，那么可以使用以下命令。

- **show ip cef** *ip-address*：该命令与**show ip route** *ip-address*命令相似，区别在于该命令查找的是FIB而不是路由表，因而该命令不显示与路由协议相关的任何信息，而只显示转发数据包所需的信息（请注意，如果默认路由是特定IP地址的最佳匹配项，那么该命令会显示默认路由）。
- **show ip cef** *network mask*：该命令与**show ip route** *network mask*命令相似，区别在于该命令显示的是FIB中的信息，而不是路由表（RIB）中的信息。
- **show ip cef exact-route** *source destination*：该命令能够显示用于转发特定源IP地址和目的IP地址（由参数*source*和*destination*来指定）的数据包的精确邻接关系。使用该命令的主要原因是跟踪数据包穿越路由式网络的路径时，路由表和FIB表中包含了两条或多条去往特定前缀的等价路由，此时CEF会通过多个与该前缀相关联的邻接项实现流量的负载均衡。通过该命令可以确定转发指定源IP地址和目的IP地址对的数据包所使用的邻接表项。

通过路由表或 FIB 确定了去往指定目的地的数据包的出接口和下一跳 IP 地址（对多点接口来说）之后，路由器需要构建与出接口的数据链路层协议相关联的数据帧。根据出接口所用的数据链路层协议，数据帧头部需要某些特定的连接参数，如以太网的源和目的 MAC 地址、帧中继的 DLCI 或 ATM 的 VPI/VCI（Virtual Path Identifier/Virtual Circuit Identifier，虚通路标识符/虚电路标识符）。这些数据链路层参数存储在不同的数据结构中。对点到点（子）接口来说，接口与数据链路标识符或地址之间的关系通常是静态配置的，而对多点（子）接口来说，下一跳 IP 地址与数据链路标识符及地址之间的关系既可以采取手工配置，也可以采用某种形式的地址解析协议来动态实现。由于每种数据链路层技术显示静态配置或动态获取的映射信息的命令均不相同，因而网络工程师必须研究用于各种常见数据链路层协议的相关命令并学会选择合适的命令。利用 **show ip arp** 命令可以验证由 ARP 解析并储存在 ARP 表中的动态 IP 地址到以太网 MAC 地址的映射关系。路由器默认将该信息缓存 4 个小时。如果需要刷新 ARP 缓存的内容，可以使用 **clear ip arp** 命令来清除 ARP 缓存中的全部内容或特定表项。

使用 CEF 交换机制时，需要利用二层数据结构中的信息为邻接表中的每个邻接项构造帧头。命令 **show adjacency detail** 不但可以显示用于封装数据包的完整帧头信息，而且还可以显示利用该特定邻接项转发的全部流量的包数和字节数。在检测与排除某些故障时，可能需要验证三层到二层的映射关系。如果路由表或 FIB 正确列出了去往特定目的地的下一跳 IP 地址和出接口，但数据包却没有到达该下一跳，那么就需要验证出接口使用的数据链路层协议的三层到二层映射信息。具体来说，就是要验证是否构造了正确的帧头以封装这些数据包并将其正确转发到下一跳。

4.3 利用 IOS **show** 命令、**debug** 命令以及 Ping 和 Telnet 选择性地收集信息

通常来说，大部分故障检测与排除时间都花费在了信息收集阶段。该阶段的挑战之一就是如何仅收集与故障相关的信息。收集并处理大量与故障无关的数据不仅会分散排障人员的注意力，而且也是一项费时费力的工作，因而通过不断的练习，掌握如何快速有效地利用各种基本工具来完成基础的故障诊断进程是非常有意义的。学习如何利用 Cisco IOS **show** 命令来收集和过滤信息以及如何利用相关命令来测试连接性故障对排障人员来说非常重要。还有一些其他有用的相关技巧，如利用 Cisco IOS **debug** 命令来收集实时信息并诊断基本的硬件故障。

4.3.1 过滤和重定向 show 命令的输出结果

大家必须掌握利用 Cisco IOS **show** 命令的过滤机制来优化信息的收集过程。在检测与排除网络故障时，常常需要查找特定信息，例如，可能需要在路由表中查找特定前缀或者

可能希望验证接口是否学到了特定MAC地址。有时还可能需要了解某些进程（如IP输入进程）占用CPU时间的百分比。虽然利用 **show ip route** 命令和 **show mac-address-table** 命令能够分别显示IP路由表和MAC地址表，**show processes cpu** 命令也可以显示Cisco路由器或交换机上所有进程的CPU使用情况，但是路由表和MAC地址表通常会包含成千上万条表项，从这么多表项中查找特定表项是既不现实也不可行，而且如果没有在这些表项中发现所要寻找的特定表项，那么是意味着表中没有这些表项还是因为没有找到呢？即使重复这些命令并重复查找，也不能保证不会漏掉这些特定表项。虽然路由器或交换机上的进程数量不至于有成百上千项之多，大家也的确能够浏览整个清单来查找某个进程（如IP输入进程），但是如果希望每分钟都重复运行该命令以查看IP输入进程在一段时间内的CPU占用情况，那么显示整个进程表就令人无法接受了。此时排障人员最希望Cisco IOS命令仅提供自己感兴趣的少量信息子集。实际上Cisco IOS软件也确实提供了相应的选项来限制或过滤命令的输出结果。

为了限制 **show ip route** 命令的输出结果，可以在命令行中输入指定的IP地址作为可选项。这样一来，路由器在执行路由表查找操作时就会查看是否存在与该指定IP地址相匹配的路由项。如果路由器在路由表中发现了匹配项，那么就会显示与该表项相关的详细信息。如果路由器没有在路由表中发现匹配项，那么就会显示消息“% Subnet not in table”（如例4-1所示）。需要注意的是，如果IP路由表中有默认网关（默认路由），但是没有与指定IP地址相匹配的路由项，那么即使去往该指定目的地址的数据包会利用默认网关进行转发，路由器也仍然会显示消息“% Subnet not in table”。

例4-1　过滤show ip route命令的输出结果

```
RO1# show ip route 10.1.193.3
Routing entry for 10.1.193.0/30
  Known via "connected", distance 0, metric 0 (connected, via interface)
  Redistributing via eigrp 1
  Routing Descriptor Blocks:
  * directly connected, via Serial0/0/1
      Route metric is 0, traffic share count is 1

RO1# show ip route 10.1.193.10
% Subnet not in table
```

将命令 **show ip route** 的输出结果过滤为特定路由信息子集的选项是在输入前缀后使用可选的关键字 **longer-prefixes**（如例4-2所示）。路由器将会列出所有指定前缀内的所有子网（如果该前缀也位于路由表中，那么也将列出该前缀本身）。如果所要排查的网络中部署了很好的层次化IP编址方案，那么命令选项 **longer-prefixes** 在显示特定网络部分时将非常好用。例如，如果希望显示特定分支机构或数据中心的所有子网，那么就可以使用关键字 **longer-prefixes** 以及这些地址块的汇总地址。

例 4-2 在 show ip route 命令中使用关键字 longer-prefixes

```
CRO1# show ip route 10.1.193.0 255.255.255.0 longer-prefixes
Codes: C - connected, S - static, R - RIP, M - mobile, B - BGP
       D - EIGRP, EX - EIGRP external, O - OSPF, IA - OSPF inter area
       N1 - OSPF NSSA external type 1, N2 - OSPF NSSA external type 2
       E1 - OSPF external type 1, E2 - OSPF external type 2
       i - IS-IS, su - IS-IS summary, L1 - IS-IS level-1, L2 - IS-IS level-2
       ia - IS-IS inter area, * - candidate default, U - per-user static route
       o - ODR, P - periodic downloaded static route
Gateway of last resort is not set
     10.0.0.0/8 is variably subnetted, 46 subnets, 6 masks
C       10.1.193.2/32 is directly connected, Serial0/0/1
C       10.1.193.0/30 is directly connected, Serial0/0/1
D       10.1.193.6/32 [90/20517120] via 10.1.192.9, 2d01h, FastEthernet0/1
                      [90/20517120] via 10.1.192.1, 2d01h, FastEthernet0/0
D       10.1.193.4/30 [90/20517120] via 10.1.192.9, 2d01h, FastEthernet0/1
                      [90/20517120] via 10.1.192.1, 2d01h, FastEthernet0/0
D       10.1.193.5/32 [90/41024000] via 10.1.194.6, 2d01h, Serial0/0/0.122
```

但不幸的是，**show** 命令并不总是能够为大家提供完备的命令选项以便将输出结果限定为所希望的任何结果，此时就需要执行一些更为精确的过滤机制。可以在 Cisco IOS **show** 命令后面附加管道符（|）并跟随关键字 **include**、**excluded** 或 **begin**，然后再附加一个正则表达式。其中，正则表达式是一种用来匹配字符串的范式（以文本形式），最简单的使用方式就是匹配某些单词或一行文本中的某些文本段，当然，灵活使用正则表达式语法可以构建复杂的匹配特定文本形式的表达式。例 4-3 给出了关键字 **include**、**excluded** 和 **begin** 分别与 **show processes cpu** 命令、**show ip interface brief** 命令以及 **show running-config** 命令配合使用的示例。

例 4-3 在 show 命令中使用关键字 include、excluded 和 begin

```
RO1# show processes cpu | include IP Input
  71     3149172    7922812        397  0.24%  0.15%  0.05%   0 IP Input

SW1# show ip interface brief | exclude unassigned
Interface              IP-Address      OK? Method Status                Protocol
Vlan128                10.1.156.1      YES NVRAM  up                    up

SW1# show running-config | begin line vty
line vty 0 4
 transport input telnet ssh
line vty 5 15
 transport input telnet ssh
!
end
```

从例 4-3 可以看出，排障人员仅关心 **show processes cpu** 命令输出结果中的 IP 输入进程，因而利用 **show processes cpu | include IP Input** 命令仅显示输出结果中包含字符串“IP Input”的输出行。

利用选项 **excluded** 可以让输出结果中不包含某些行。例如，排障人员在交换机上运行 **show ip interface brief** 命令以获取接口上的所有 IP 地址时，该选项就非常有用。这是因为交换机有很多接口（端口），虽然某些接口并没有分配 IP 地址，但是该命令仍然会显示所有接口的信息。如果只希望查找有 IP 地址的接口，那么这么多无用的输出行就会使得输出结果看起来杂乱无章。如果知道所有未分配 IP 地址的接口在 IP 地址的位置都有字符串“unassigned”，那么就可以使用命令 **show ip interface brief | exclude unassigned** 来排除这些输出行（如例 4-3 所示）。最后，选项| **begin** 可以让输出结果仅从第一次出现该正则表达式的位置开始显示。从例 4-3 可以看出，如果仅希望检查 vty 线路的配置，而且知道 vty 配置命令位于路由器运行配置文件的底部，那么就可以利用 **show running-config | begin line vty** 命令直接跳到 vty 配置行。

Cisco IOS 软件版本 12.3(2)T 引入了选项 **section**，可以选择并显示与特定正则表达式相匹配的特定输出段落或特定输出行以及随后相关的输出行。从例 4-4 可以看出，利用 **show running-config | section router eigrp** 命令可以仅显示 EIGRP 的配置段落。

例 4-4 利用选项 | section 和^过滤 show 命令的输出结果

```
RO1# show running-config | section router eigrp
router eigrp 1
 network 10.1.192.2 0.0.0.0
 network 10.1.192.10 0.0.0.0
 network 10.1.193.1 0.0.0.0
 no auto-summary

RO1# show processes cpu | include ^CPU|IP Input
CPU utilization for five seconds: 1%/0%; one minute: 1%; five minutes: 1%
  71     3149424   7923898         397  0.24%  0.04%  0.00%   0 IP Input
```

如果使用了 **show running-config | section router** 命令，那么将显示包含表达式 **router** 的所有输出行以及随后的所有配置段落。换句话说，该命令将显示所有路由协议的配置段落，而不显示其余配置。因而选项| **section** 比选项| **begin** 更为严格，而且在希望选择配置段落而不仅仅是配置行（包含特定表达式）时比选项| **include** 更为有用。虽然 **show running-config** 命令是使用选项| **section** 的最佳命令，但选项| **section** 可用于所有将输出结果以段落进行划分的 **show** 命令。例如，如果希望 **show access-lists** 命令的输出结果仅显示标准访问列表，那么就可以使用 **show access-lists | section standard** 命令。

虽然通常都是在选项 **include**、**excluded**、**begin** 以及 **section** 之后附加单词或某些文本段，但完全可以利用正则表达式来实施精细化过滤。例如，例 4-4 中所示的第二个命令就

使用了脱字符“^”，其作用是匹配特定字符串且该行以该字符串为起始，因而该命令中的表达式“^CPU”的意思是仅匹配那些以“CPU”为起始字符的输出行，而不是匹配所有包含字符串“CPU”的输出行。另外，该命令还在正则表达式中使用了管道符“|”（前后都没有空格），表示逻辑 OR，因而 **show processes cpu | include ^CPU|IP Input** 命令仅显示以“CPU”为起始字符的输出行或者包含字符串“IP Input”的输出行。

对于 **show** 命令来说，还可以在管道符后面附加 **redirect**、**tee** 和 **append** 等各种有用的命令选项。在管道符后附加选项 **redirect**、**tee** 或 **append** 以及用来表示文件的 URL，可以将 **show** 命令的输出结果重定向到、复制到或附加到指定文件。例 4-5 给出了这些选项在 **show tech-support**、**show ip interface brief** 以及 **show version** 命令中的使用示例。

例 4-5 在 show 命令中使用选项 redirect、tee 和 append

```
RO1# show tech-support | redirect tftp://192.168.37.2/show-tech.txt
! The redirect option does not display the output on the console
RO1# show ip interface brief | tee flash:show-int-brief.txt
! The tee option displays the output on the console and sends it to the file
Interface            IP-Address      OK? Method Status      Protocol
FastEthernet0/0      10.1.192.2      YES manual up          up
FastEthernet0/1      10.1.192.10     YES manual up          up
Loopback0            10.1.220.1      YES manual up          up

RO1# dir flash:
Directory of flash:/
  1  -rw-    23361156   Mar 2 2009 16:25:54 -08:00  c1841-advipservicesk9mz.1243.bin
  2  -rw-         680   Mar 7 2009 02:16:56 -08:00  show-int-brief.txt

RO1# show version | append flash:show-commands.txt
RO1# show ip interface brief | append flash:show-commands.txt
! The append option allows you to add the command output to an existing file
RO1# more flash:show-commands.txt
Cisco IOS Software, 1841 Software (C1841-ADVIPSERVICESK9-M), Version 12.4(23),
RELEASE SOFTWARE (fc1)
Technical Support: http://www.cisco.com/techsupport
Copyright (c) 1986-2008 by Cisco Systems, Inc.
Compiled Sat 08-Nov-08 20:07 by prod_rel_team
ROM: System Bootstrap, Version 12.3(8r)T9, RELEASE SOFTWARE (fc1)
RO1 uptime is 3 days, 1 hour, 22 minutes
<...output omitted...>
Interface            IP-Address      OK? Method Status      Protocol
FastEthernet0/0      10.1.192.2      YES manual up          up
FastEthernet0/1      10.1.192.10     YES manual up          up
Loopback0            10.1.220.1      YES manual up          up
```

如果在 **show** 命令中使用了选项| **redirect**，那么 **show** 命令的输出结果将不会显示在屏幕上，而被重定向到文本文件中。该文件可以在本地存储到设备的闪存中或者存储到远程网络服务器（如 TFTP 或 FTP 服务器）上。选项| **tee** 与选项| **redirect** 相似，区别在于不但可以复制到某个文本文件中，而且还可以显示在屏幕上。最后，选项| **append** 与选项| **redirect** 类似，但区别在于可以将输出结果附加到文件中，而不是替换该文件。利用该选项可以将多个 **show** 命令的输出结果收集到同一个文本文件中，但使用该选项的前提是所要写入的文件系统必须支持"append（附加）"操作，因而像 TFTP 服务器这样的文件系统就无法应用于该场景。

4.3.2 利用 ping 和 Telnet 测试网络连接性

ping 是一种非常流行的网络连接性测试工具，Cisco IOS 从第一个版本就开始提供该工具。在测试特定应用条件时，ping 工具提供了多种有用的扩展选项。

- **repeat** *repeat-count*：在默认情况下，Cisco IOS 的 **ping** 命令将发送 5 个 ICMP echo-request（回应请求）包。利用选项 **repeat** 可以指定所要发送的 echo-request 包的数量，这对于检测与排除丢包应用场景故障来说尤为有用。利用选项 **repeat** 可以发送成百上千个数据包，进而查明丢包情况。例如，如果发现网络中每隔一个数据包就出现一次丢包（也就是说出现 50%的丢包），那么就表明该网络存在负载均衡应用场景，而且某条负载分担的路径出现了丢包。
- **size** *datagram-size*：利用该选项可以指定所要发送的 ping 包的大小（包括包头，以字节为单位）。如果与选项 **repeat** 联合使用，那么就可以发送一个稳定的大数据包流，以产生一定的负荷。利用 **ping** 命令产生大负荷的最简单方式就是设置很大的重复次数，将数据包大小设置为 1500 字节并将超时选项设置为 0 秒。与选项 **df-bit**（Don't Fragment，不分段，如例 4-6 所示）同时使用时，选项 **size** 可以确定去往目的 IP 地址的路径上的 MTU（Maximum Transmission Unit，最大传输单元）。
- **source** [*address* | *interface*]：利用该选项可以设置 ping 包的源 IP 地址或接口。这里所说的 IP 地址必须是本地设备自身的某个 IP 地址。如果没有使用该选项，那么路由器将选择出接口的 IP 地址作为 ping 包的源 IP 地址。如例 4-6 所示，简单的 **ping** 命令运行正常，但是将 ping 包的源 IP 地址设置为接口 FastEthernet 0/0 的 IP 地址时，**ping** 命令显示失败。从中可以看出，第一次 ping 操作成功，表明本地路由器有去往目的 IP 地址 10.1.156.1 的工作路径；对于第二次 ping 操作来说，由于使用了不同的源 IP 地址，因而返回包将拥有不同的目的 IP 地址。本地 ping 操作失败的最可能原因就是返回路径上至少存在一台路由器没有去往接口 FastEthernet 0/0 的地址/子网（被用作第二次 ping 操作的源 IP 地址）的路由。当然，也可能存在其他原因，例如，可能是路径中的某台转接路由器上配置的访问列表阻塞了接口 FastEthernet 0/0 的 IP 地址。在检查去往/来自路由器出接口 IP 地址/网络之外的其他网络/地址的双向可达性时，指定源 IP 地址或接口是非常有用的。

例 4-6 ***ping 命令扩展选项：source***

```
R01# ping 10.1.156.1
Type escape sequence to abort.
Sending 5, 100-byte ICMP Echos to 10.1.156.1, timeout is 2 seconds:
!!!!!
Success rate is 100 percent (5/5), round-trip min/avg/max = 1/2/4 ms
R01# ping 10.1.156.1 source FastEthernet 0/0
Type escape sequence to abort.
Sending 5, 100-byte ICMP Echos to 10.1.156.1, timeout is 2 seconds:
Packet sent with a source address of 10.1.192.2
.....
Success rate is 0 percent (0/5)
```

- **df-bit**：该选项的作用是设置 IP 头部中的不分段比特，让路由器不要分段该数据包。如果该数据包大于出接口的 MTU，那么路由器就会丢弃该数据包并向源端发送一条 ICMP 消息“Fragmentation needed and DF bit set”。在检测和排除与 MTU 相关的故障时，该选项非常有用。通过设置选项 **df-bit** 并结合选项 **size**，可以强制路径上的路由器在需要分段数据包时就直接丢弃这些数据包。通过更改数据包大小并查看数据包在多大时开始被丢弃，即可确定 MTU。例 4-7 显示了数据包大小为 1476 字节时 **ping** 命令的成功执行结果。但是当数据包大小为 1477 字节时则显示不成功，**ping** 命令输出结果中的“M”表示接收到了 ICMP 消息“Fragmentation needed and DF bit set”。因而可以看出，在去往目的地的路径上，至少有一台主机的 MTU 是 1476 字节。可能的原因是使用了 GRE（Generic Routing Encapsulation，通用路由封装）隧道，GRE 隧道的 MTU 通常是 1476 字节（即默认 MTU 的 1500 字节减去 24 字节的 GRE 头部和 IP 头部）。

例 4-7 ***ping 命令扩展选项：df-bit***

```
R01# ping 10.1.221.1 size 1476 df-bit
Type escape sequence to abort.
Sending 5, 1476-byte ICMP Echos to 10.1.221.1, timeout is 2 seconds:
Packet sent with the DF bit set
!!!!!
Success rate is 100 percent (5/5), round-trip min/avg/max = 184/189/193 ms

R01# ping 10.1.221.1 size 1477 df-bit
Type escape sequence to abort.
Sending 5, 1477-byte ICMP Echos to 10.1.221.1, timeout is 2 seconds:
Packet sent with the DF bit set
M.M.M
Success rate is 0 percent (0/5)
```

通过交互式对话还可以发现更多的**ping**命令扩展选项。在输入不携带任何额外选项的**ping**命令并回车之后，将会弹出一系列有关源、目的地以及所有ping选项的问题提示。例4-8以阴影方式显示了选项**Sweep range of sizes**。该选项的作用是发送一系列尺寸不断增大的数据包，因而在确定路径上的MTU时非常有用（与上例相似）。

例4-8 ping命令扩展选项：Sweep range of sizes

```
RO1# ping
Protocol [ip]:
Target IP address: 10.1.221.1
Repeat count [5]: 1
Datagram size [100]:
Timeout in seconds [2]:
Extended commands [n]: y
Source address or interface:
Type of service [0]:
Set DF bit in IP header? [no]: yes
Validate reply data? [no]:
Data pattern [0xABCD]:
Loose, Strict, Record, Time stamp, Verbose[none]:
Sweep range of sizes [n]: y
Sweep min size [36]: 1400
Sweep max size [18024]: 1500
Sweep interval [1]:
Type escape sequence to abort.
Sending 101, [1400..1500]-byte ICMP Echos to 10.1.221.1, timeout is 2 seconds:
Packet sent with the DF bit set
!!!!!!!!!!!!!!!!!!!!!!!!!!!!!!!!!!!!!!!!!!!!!!!!!!!!!!!!!!!!!!!!!!!!!!
!!!!!!!M.M.M.M.M.M.M.M.M.M.M.M.
Success rate is 76 percent (77/101), round-trip min/avg/max = 176/184/193 ms
```

在确定特定路径上的MTU时，大多数时候都无法很好地猜测MTU大概是多少，这样就可能需要尝试很多次才能找出真正的MTU。在例4-8中，路由器首先从尺寸为1400字节的数据包开始向外发送数据包，每个尺寸的数据包仅发送一次，每次递增一个字节直至1500字节。同时在数据包上设置了DF比特。结果是路由器连续发送了101个数据包，第一个数据包尺寸为1400字节，最后一个数据包尺寸为1500字节，77次ping操作成功，24次ping操作失败。这就意味着该路径上至少有一条链路的MTU为1476字节。需要注意的是，由于某些应用程序无法重组分段后的数据包，因而如果网络对这些应用程序的数据包进行了分段，那么应用程序将运行失败。有的时候发现了路径的MTU之后，就可以将应用配置为不发送大于MTU的数据包，这样就不会出现数据包分段现象。这就是为何有时需要确定路径的MTU的原因。

注：ping 输出结果中的不同符号代表了不同的含义。

!：每个感叹号表明接收到一条回应消息。

.：每个句号表明网络服务器在等待回应消息时超时一次。

U：表明接收到一个目的地不可达差错 PDU。

Q：源端停止（目的端太忙）。

M：不能分段。

?：未知包类型。

&：包生存时间超时。

通过命令行测试传输层连接时，Telnet 与 ping 具有很好的相辅相成的关系。例如，排障人员正在检测和排除某用户无法通过特定 SMTP（Simple Mail Transfer Protocol，简单邮件传输协议）服务器发送电子邮件的故障。假设采取的是分而治之故障检测与排除法，如果向该 SMTP 服务器发起 ping 测试后发现操作成功，那么就意味着客户端与服务器之间的网络层工作正常，接下来就可以检测传输层。可以考虑配置一台客户端并使用自顶而下故障检测与排除法。但是如果希望首先就确定第四层是否工作正常，那么就显得很不方便，此时 Telnet 协议就显得非常有用。如果希望确定服务器上基于 TCP 的特定应用程序是否处于活跃状态，那么就可以向该应用程序的 TCP 端口发起 Telnet 连接请求。从例 4-9 可以看出，向服务器端口 80（HTTP）发起的 Telnet 连接成功，向端口 25（SMTP）发起的 Telnet 连接失败。

例 4-9　利用 Telnet 测试传输层

```
RO1# telnet 192.168.37.2 80
Trying 192.168.37.2, 80 ... Open
GET
<html><body><h1>It works!</h1></body></html>
[Connection to 192.168.37.2 closed by foreign host]


RO1# telnet 192.168.37.2 25
Trying 192.168.37.2, 25 ...
% Connection refused by remote host
```

虽然 Telnet 服务器应用程序使用周知的 TCP 端口 23，并且 Telnet 客户端默认会连接该端口，但是完全可以在客户端指定特定端口号，并连接到任何希望测试的 TCP 端口号上。TCP 连接请求可能会被接受（如例 4-9 显示的“Open”），也可能会被拒绝或超时。响应结果“Open”表明试图连接的端口（应用）处于活动状态，而其他响应结果则需要做进一步分析。对于那些使用基于 ASCII 会话协议的应用程序来说，还可能会看到该应用程序的标题，或者通过输入某些关键字（如例 4-9 所示）来触发服务器做出特定响应。常见的这类协议包括 SMTP、FTP 和 HTTP。

4.3.3 利用 Cisco IOS debug 命令收集实时信息

首先需要注意的是，由于 CPU 进程为调试输出结果赋予了很高的优先级，使得调试操作可能会导致系统不可用。因而只有在检测与排除某些特定故障或者与 Cisco 技术支持专家就故障检测与排除进行沟通时才应该使用 **debug** 命令，而且最好在网络流量较小且用户较少的时间段执行 **debug** 命令。

所有的 **debug** 命令都运行于特权 EXEC 模式下，而且很多 **debug** 命令都不附加任何变量。通过 **no debug** 命令即可取消已执行的 **debug** 命令。如果要显示每个调试选项的状态，可以在 Cisco IOS 的特权 EXEC 模式下输入 **show debugging** 命令。由于 **no debug all** 命令可以关闭所有诊断输出结果，因而使用 **no debug all** 命令是一种确保不至于在无意间打开任何 **debug** 命令的简易方式。如果希望列出并查看所有调试命令选项的简要描述信息，可以使用 **debug ?** 命令。常用的 **debug** 命令选项如下。

- **debug interface** *interface-slot/number*：提供设备上指定物理端口的调试消息。
- **debug ip icmp**：用于检测与排除连接性故障。通过该命令的输出结果可以查看设备是否正在发送或接收 ICMP 消息。
- **debug ip packet**：用于检测与排除点对点通信故障。该命令必须与 ACL（Access Control List，访问控制列表）配合使用。
- **debug eigrp packets hello**：用于检测与排除邻居关系建立故障。该命令可以显示发送和接收 Hello 包的频率。
- **debug ip ospf adjacency**：该命令可以提供与其他 OSPF 路由器的邻接关系的相关事件信息。
- **debug ip ospf events**：该命令可以提供所有的 OSPF 事件信息。
- **debug ip bgp updates**：该命令可以提供向 BGP 对等体宣告/收到的路由信息。
- **debug ip bgp events**：该命令可以提供所有 BGP 事件信息，如邻居状态变化。
- **debug spanning-tree bpdu receive**：该命令可以确认交换机上的 BPDU（Bridge Protocol Data Unit，桥接协议数据单元）流。

为了简化起见，下面将仅对 **debug ip packet** 命令做进一步阐述。该命令可以与 ACL 配合使用并应用关键字 **detail**：**debug ip packet** [*access list-number*][**detail**]。

该命令可以显示通用的 IP 调试信息和 IPSO（IP Security Option，IP 安全选项）安全事务。在 **debug ip packet** 命令中使用访问列表选项可以将数据包的调试范围限定为与访问列表相匹配的数据包。该 **debug** 命令的选项 **detail** 可以显示详细的 IP 包调试信息，包括包类型、代码以及源端口号和目的端口号等信息。

如果通信会话在不应该关闭的时候关闭了，那么就可能会产生端到端的连接性故障。**debug ip packet** 命令对于分析本地主机与远程主机之间的消息传递过程非常有用。IP 包调试操作能够捕捉到被进程交换的数据包（包括所有接收到的、生成的以及转发的数据包）。例 4-10 给出了 **debug ip packet** 命令的输出结果示例。

例 4-10 ***debug ip packet*** *命令的输出结果示例*

```
IP: s=172.69.13.44 (Fddi0), d=10.125.254.1 (Serial2), g=172.69.16.2, forward
IP: s=172.69.1.57 (Ethernet4), d=10.36.125.2 (Serial2), g=172.69.16.2, forward
IP: s=172.69.1.6 (Ethernet4), d=255.255.255.255, rcvd 2
IP: s=172.69.1.55 (Ethernet4), d=172.69.2.42 (Fddi0), g=172.69.13.6, forward
IP: s=172.69.89.33 (Ethernet2), d=10.130.2.156 (Serial2), g=172.69.16.2, forward
IP: s=172.69.1.27 (Ethernet4), d=172.69.43.126 (Fddi1), g=172.69.23.5, forward
IP: s=172.69.1.27 (Ethernet4), d=172.69.43.126 (Fddi0), g=172.69.13.6, forward
IP: s=172.69.20.32 (Ethernet2), d=255.255.255.255, rcvd 2
IP: s=172.69.1.57 (Ethernet4), d=10.36.125.2 (Serial2), g=172.69.16.2, access denied
```

4.3.4 利用 Cisco IOS 命令诊断硬件故障

网络中的三大主要故障原因分别为硬件故障、软件故障（缺陷）和配置差错。有人可能会提出性能故障应该是网络中的第四大故障，但是性能故障只是故障现象，而不是故障原因。网络存在性能故障意味着网络的预期运行状况与所观测到的运行状态之间有差距，有时系统工作都正常，但运行结果却未达到预期目标或承诺目标，那么此时的故障就不是技术问题而是组织问题，无法通过技术手段来解决。不过，网络中也会存在系统工作异常的状况，虽然此时系统的实际运行状态与预期目标不同，但此时的底层故障原因却是硬件故障、软件故障或配置差错。此时的排障重点应该是诊断和解决配置差错。这么做的原因很多，因为如果怀疑硬件和软件有问题，那么只要替换组件即可，因而所要做的排障工作就剩下解决配置差错了。

由于通常无法从公开场合获得查找软件和硬件故障所需的详细信息，因而常常需要与相关软硬件厂商（或零售商或该厂商的合作伙伴）联合实施软硬件故障的检测与排除进程。而与软件功能特性相关的配置和操作文档通常都能从公开场合获取，因而网络中的配置故障通常都不用借助厂商或零售商的帮助即可自行完成。不过，即便决定将故障检测与排除工作集中到配置差错上，但是随着排障工作的不断深入，在排除了各种潜在故障原因之后，可能会发现故障的根本性原因可能还出在硬件组件上。那么在将故障上报给厂商之前，排障人员必须对该硬件故障做一个初步分析和诊断。如果怀疑是硬件故障，那么替换组件法将是一个非常好的故障检测与排除方法，不过仅当网络故障确实是由硬件组件损坏引起的时候，该方法才会奏效。而由硬件故障导致的性能问题通常需要更为精细化的故障检测与排除法来收集更多更详细的有用信息。此外，如果硬件故障是断断续续出现的，那么诊断和隔离难度将大大增加。

有鉴于此，虽然硬件故障的诊断通常与产品及平台的关联度很高，但是大家可以在所有 Cisco IOS 平台上使用大量通用命令来诊断与性能相关的硬件故障。从本质上来说，网络设备实质上就是一台带有 CPU、RAM 和存储系统的专用计算机，因而网络设备可以重启并运行相应的操作系统，然后接口将初始化并开始启动，从而能够收发网络流量。因此，当确定自己正在排查的特定设备可能存在硬件故障时，最常用的 Cisco IOS 命令就是 **show processes cpu**、**show memory** 以及 **show interfaces**，下面将逐一介绍这些命令。

1. 检查 CPU 利用率

路由器和交换机都有一个主 CPU 来执行 Cisco IOS 软件进程。这些进程均被调度为共享可用的 CPU 周期并在所分配的周期内执行各自的代码。**show processes cpu** 命令可以提供路由器上当前运行的所有进程概况，包括这些进程在各自生命期内消耗的 CPU 时间以及过去 5 秒钟、1 分钟和 5 分钟内的 CPU 平均利用率。**show processes cpu** 命令输出结果的第一行显示的是 CPU 周期的百分比，从这些信息可以判断出 CPU 利用率是高还是低以及哪些进程对 CPU 的负荷影响比较大。在默认情况下，这些进程都以进程 ID 进行排序，但是也可以按照 5 秒钟、1 分钟和 5 分钟内的 CPU 平均利用率来进行排序。图 4-10 给出了 **show processes cpu** 命令（携带了 1 分钟排序选项）的输出结果示例。

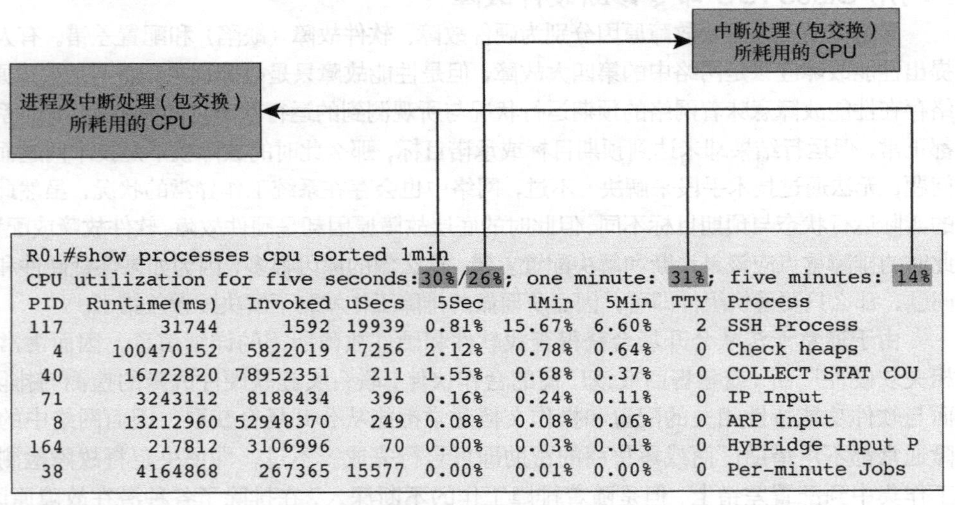

图 4-10 **show processes cpu** 命令输出结果示例

从例 4-10 可以看出，过去 1 分钟内的 CPU 平均利用率是 31%，其中，进程“SSH Process”几乎占用了这些 CPU 周期的一半（15.67%）。但排序后的列表中紧随“SSH Process”之后的进程是“Check heaps”，该进程在过去 1 分钟内仅占用了 0.78%的 CPU 处理时间，而且列表中的其他进程占用的 CPU 处理时间更少。大家可能会奇怪过去 1 分钟内其他将近 15%的 CPU 处理时间耗费到哪儿了呢？对于生成图 4-10 输出结果的路由器来说，用于运行操作系统进程的 CPU 处理时间也要负责处理包交换进程，此时 CPU 会被中断以挂起当前正在执行的进程。在交换完一个或多个数据包之后，再重新执行已调度进程。用于中断驱动型任务的 CPU 处理时间等于所有进程占用的 CPU 百分比之和减去上面列表中列出的所有进程占用的 CPU 百分比之和。对于 5 秒钟 CPU 平均利用率来说，该数值被确切地列在斜线后面，因而对图 4-10 来说，过去 5 秒钟内的 CPU 平均利用率是 30%，其中 26%用于中断模式，其余 4%则用于执行各种已调度进程。

因此，路由器在网络流量处于峰值时 CPU 负荷很高属于非常正常的行为，此时 CPU 周期大部分都被中断模式占用了。但是如果特定进程长期占用大量可用 CPU 处理时间，那么就可能出现了与该进程相关的故障。不过要想得出确切结论，还需要拥有长期的 CPU 利用率基线数据。请记住，好的缓存机制可以减少 CPU 中断的次数，从而降低因中断处理而消耗的 CPU 周期。例如，运行在分布式模式下的 CEF（Cisco Express Forwarding，Cisco 快速转发）可以让大多数包交换工作都由线卡来完成，而不用产生 CPU 中断。

对于 LAN 交换机来说，虽然 **show processes cpu** 命令的输出结果与路由器相似，但是对相应数值的理解有些不同。由于交换机有专用硬件来处理交换任务，因而主 CPU 通常不参与交换处理。如果发现交换机的 CPU 利用率很高且很大一部分都被用作中断处理，那么通常就意味着流量是由软件来转发的，而不是由 TCAM（Ternary Content-Addressable Memory，三重可寻址内存）来转发的。Punted（被扔掉的）流量指的是因某种原因（如隧道化或加密）而通过低效方式处理和转发的流量。如果发现交换机的 CPU 负荷高到异常程度并希望做进一步检查时，就要借助各种与平台相关的故障检测与排除命令，以便更深入了解相应的细节信息。

2. 检查内存利用率

与 CPU 周期一样，内存也是一种由各种 Cisco IOS 进程所共享的有限资源。内存会被划分为不同的内存池并用作不同用途：处理器池中的内存可用于已调度进程，I/O 池中的内存可以在包交换过程中用来临时缓存数据包。各种进程根据需要从处理器池中分配并释放内存，通常都有足够的空闲内存供所有进程共享使用。例 4-11 给出了 **show memory** 命令的输出结果示例。可以看出第一行显示的是处理器内存，第二行显示的是 I/O 内存，各列分别显示了全部可用内存、已用内存以及空闲内存。此外，每列还显示了测量间隔（与设备有关，但通常是 5 分钟）内最少空闲内存和最多空闲内存。

*例 4-11　**show memory** 命令的输出结果示例*

```
RO1# show memory
               Head    Total(b)     Used(b)     Free(b)   Lowest(b)  Largest(b)
Processor  820B1DB4    26534476    19686964     6847512     6288260     6712884
      I/O   3A00000     6291456     3702900     2588556     2511168     2577468
```

通常来说，路由器和交换机配置的内存量都大于所要处理的任务对内存的需求量。但是在某些网络环境下，例如，如果决定在路由器上运行 BGP（Border Gateway Protocol，边界网关协议）并承载全部 Internet 路由表，那么就可能需要配置比常规建议更多的内存资源。此外，在升级路由器的 Cisco IOS 软件之前，应该首先确认路由器是否具备该新软件版本所需的建议内存量。

与 CPU 利用率相似，创建路由器和交换机的长期内存利用率基线数据并以图形化方式表现出来也是非常有用的。应该长期监控网络设备的内存利用率，从而预测何时需要升级设备内存或何时需要实施系统升级。如果路由器或交换机没有足够的空闲内存来满足进程处理需求，那么将会在日志中记录内存分配失败信息（显示消息““%SYS-2MALLOCFAIL”）。除了进程因正常用途而耗尽内存资源之外，内存资源耗尽的另一种可能性就是内存泄露。出现内存泄露的原因是软件缺陷，进程使用完内存之后无法正确释放内存（从而导致内存被“漏掉了”），最终导致内存被耗尽并出现内存分配失败问题。创建完备的内存利用率基线并以图形化方式表现出来有助于发现这类内存故障。

3. 检查接口

在排障过程中，与检查设备的 CPU 利用率和内存利用率一样，检查设备接口的性能状况也是非常重要的（特别是怀疑存在硬件故障时）。**show interfaces** 命令是一个非常有用的 Cisco IOS 故障检测与排除命令。例 4-12 给出了在快速以太网接口上运行 **show interfaces** 命令后的输出结果示例。

*例 4-12 **show interfaces** 命令的输出结果示例*

```
RO1# show interfaces FastEthernet 0/0
FastEthernet0/0 is up, line protocol is up
<...output omitted...>
  Last input 00:00:00, output 00:00:01, output hang never
  Last clearing of "show interface" counters never
  Input queue: 0/75/1120/0 (size/max/drops/flushes); Total output drops: 0
  Queueing strategy: fifo
  Output queue: 0/40 (size/max)
  5 minute input rate 2000 bits/sec, 3 packets/sec
  5 minute output rate 0 bits/sec, 1 packets/sec
     110834589 packets input, 1698341767 bytes
     Received 61734527 broadcasts, 0 runts, 0 giants, 565 throttles
     30 input errors, 5 CRC, 1 frame, 0 overrun, 25 ignored
     0 watchdog
     0 input packets with dribble condition detected
     35616938 packets output, 526385834 bytes, 0 underruns
     0 output errors, 0 collisions, 1 interface resets
     0 babbles, 0 late collision, 0 deferred
     0 lost carrier, 0 no carrier
     0 output buffer failures, 0 output buffers swapped out
```

show interfaces 命令的输出结果中列出一些重要的统计信息，概括起来如下。

- **输入队列丢包（Input queue drops）**：输入队列丢包（以及相关的忽略及抑制计数器）表明在某些时刻发送给路由器的流量大于其所能处理的流量。有时这并不一定就是故障，因为网络出现流量峰值时这种情况属于正常行为。但是这也从侧面反映了 CPU 无法及时处理这些数据包。如果这种情况出现的频率很高而且已经开始丢包并导致应用程序出现故障，那么就必须及时检查原因并加以解决。

- **输出队列丢包（Output queue drops）：**输出队列丢包表明接口出现了拥塞。如果汇聚后的输入流量速率大于接口的输出流量速率，那么就会出现很正常的输出队列丢包现象。虽然这也属于正常状况，但是也确实产生了丢包和排队时延，会给 VoIP 等时延和丢包敏感型应用造成严重的质量劣化问题。观察该计数器可以知道是否需要实施拥塞管理机制，以便为应用程序提供更好的 QoS（Quality of Service，服务质量）。
- **输入差错（Input errors）：**该计数器表示接收帧的过程中出现的差错（如 CRC[Cyclic Redundancy Check，循环冗余校验]差错）次数。高 CRC 差错表明可能存在电缆布线故障、接口硬件故障或以太网的双工模式不匹配等情况。
- **输出差错（Output errors）：**该计数器表示发送帧的过程中出现的差错（如冲突）次数。当前绝大多数以太网都是全双工传送模式，只有极少数还是半双工传送模式。由于全双工网络不可能出现冲突，因而冲突（特别是后期冲突[late collision]）通常表明存在双工模式不匹配问题。

请注意，**show interfaces** 命令输出结果中显示的丢包或差错的绝对数量并没有多少实际意义，必须将差错计数器的数值与全部输入和输出数据包进行对比分析。例如，25 次 CRC 差错对于 123 个输入数据包来说是个严重问题，但是 25 次 CRC 差错对于 1 458 348 个输入数据包来说则根本不是问题。此外，需要注意的是，这些计数器的数值在路由器启动后一直处于递增状态，因而在输出结果中看到的数值可能已经被递增了好几个月，因而根据这些统计数据很难诊断过去 2 天内出现的问题。如果确定需要进一步调查接口计数器的细节信息，可以让其递增某个特定时间段，然后再重新评估其数值。如果希望经常性地显示这些计数器的递增情况，那么就可以过滤这些输出结果。利用正则表达式仅显示自己感兴趣的输出行是一种非常好的方式。从例 4-13 可以看出，命令 **show interfaces** 的输出结果中仅显示了以单词“Fast”为起始且包含单词“errors”或包含单词“packets”的输出行。

例 4-13　过滤 show interfaces 命令的输出结果

```
RO1# show interfaces FastEthernet 0/0 | include ^Fast|errors|packets
FastEthernet0/0 is up, line protocol is up
 5 minute input rate 3000 bits/sec, 5 packets/sec
 5 minute output rate 2000 bits/sec, 1 packets/sec
    2548 packets input, 257209 bytes
    0 input errors, 0 CRC, 0 frame, 0 overrun, 0 ignored
    0 input packets with dribble condition detected
    610 packets output, 73509 bytes, 0 underruns
    0 output errors, 0 collisions, 0 interface resets
```

命令 **show processes cpu**、**show memory** 和 **show interfaces** 不但组成了基本的硬件故障检测与排除命令工具包，而且也是寻找初始线索以确定故障是否与硬件相关或者从潜在故障原因中排除硬件问题的有用工具。如果确定故障原因可能与硬件有关，那么就需要使用更专用的与具体硬件平台相关联的硬件故障检测与排除工具。此外，Cisco IOS 软件还提供了许多额外的硬件故障检测与排除功能及命令，如下所示。

- **show controllers：**该命令的输出结果与接口的硬件类型有关，但一般都能提供更为详细的有关各种硬件或接口类型的数据包及差错统计信息。
- **show platform：**该命令的输出结果对于排查路由器崩溃故障非常有用。如果需要利用Cisco TAC服务请求来协助排查设备的崩溃故障，那么在申请技术支持之前必须收集并包含该命令提供的信息。很多Cisco LAN交换机都可以利用该命令来检查TCAM以及其他专用交换机硬件组件。
- **show inventory：**该命令可以列出路由器或交换机的硬件组件，其输出结果包含了每个组件的产品代码及序列号，因而在为网络中的设备编制网络文档以及订购替换设备或备件时非常有用。
- **show diag：**在路由器上使用该命令能够收集比**show inventory**命令输出结果更为详细的硬件信息。例如，该命令的输出结果中包含了各个组件的硬件修正情况。如果知道硬件存在故障，那么就可以利用该命令确定组件是否存在特定的故障问题。
- **GOLD（Generic Online Diagnostics，通用在线诊断）：**GOLD是一种与平台无关的在线故障诊断框架，包括基于CLI（Command-Line Interface，命令行界面）的启动访问和健康性监控以及各种按需和计划诊断功能。许多中端和高端Catalyst交换机以及高端路由器（如7600系列和CRS-1路由器）都提供了GOLD功能。
- **TDR（Time Domain Reflectometer，时域反射仪）：**某些Catalyst LAN交换机支持TDR功能，该功能可以检测电缆布线故障（如UTP双绞线的开路或断路故障）。

4.4 本章小结

利用**show mac-address-table**命令可以显示MAC地址表。利用**clear mac-address-table dynamic**命令可以清除MAC地址表中动态学到的表项。利用**show interfaces switchport**和**show interfaces trunk**命令可以查看中继端口的设置情况以及端口到VLAN的关联关系。利用**show platform forward**和**traceroute mac**命令可以直接验证帧转发情况。

利用**show ip route**命令可以显示IP路由表的内容。利用**show ip cef**命令可以显示CEF FIB表的内容。利用**show adjacency detail**命令可以显示CEF邻接表的内容。利用**show ip arp**命令可以显示IP ARP缓存表的内容。利用**clear ip arp**命令可以清除IP ARP缓存表的内容。

在Cisco IOS **show**命令后面附加管道符（|）并跟随关键字**include**、**excluded**或**begin**以及正则表达式，就可以过滤**show**命令的输出结果。

对于**show**命令来说，还可以在管道符后面附加**redirect**、**tee**和**append**等有用的命令选项。在管道符后附加选项**redirect**、**tee**或**append**以及用来表示文件的URL，可以将**show**命令的输出结果重定向到、复制到或附加到指定文件。

ping工具提供了一些有用的扩展选项，如**repeat** *repeat-count*、**size** *datagram-size*、**source** [*address* | *interface*]以及**df-bit**。

如果希望确定服务器上基于 TCP 的特定应用程序是否处于活动状态，那么就可以向该应用程序的 TCP 端口发起 Telnet 连接请求。连接可能会被接受（显示"Open"），也可能会被拒绝或超时。响应结果"Open"表明试图连接的端口（应用）处于活动状态，而其他响应结果则需要做进一步分析。

利用 **debug** 命令（一定要谨慎）以及相应的命令选项可以获得活动进程以及网络设备所处理流量的实时信息。为了提高故障检测与排除效率并降低 CPU 利用率，最好仅利用 **debug** 命令调试指定内容（利用特定参数）或者在 **debug** 命令中使用访问列表。

Cisco IOS 软件提供了很多诊断硬件操作的命令，从本质上来说，其中的许多命令和功能特性都与具体的产品及平台相关，同时适用于路由器和交换机的常见命令主要有：

- **show processes cpu**
- **show memory**
- **show interfaces**

命令 **show processes cpu** 可以显示路由器当前正在运行的所有进程的摘要信息，包括这些进程在生命期内消耗的 CPU 时间以及过去 5 秒钟内的 CPU 平均利用率。此外，该命令还能显示所有进程在过去 1 分钟和 5 分钟内的 CPU 加权平均利用率。

路由器和交换机都为进程和临时包缓存提供了一定的通用 RAM 资源。如果没有足够的空闲内存，那么就会出现内存分配故障。建立内存利用率基线有助于在内存出现故障之前发现这些故障问题。

show interfaces 命令的输出结果可以显示输入差错、输出差错、CRC 差错、冲突以及队列丢包等统计信息。需要注意的是，应该将差错统计数据与全部数据包统计数据进行关联分析。利用 **clear counters** 命令可以重置接口的计数器并确保观察到的是最近的统计数据。利用输出过滤机制可以让输出结果仅显示感兴趣的内容。

其他可用于检测与排除硬件相关故障的有用命令还有：

- **show controllers**
- **show platform**
- **show inventory**
- **show diag**

4.5 复习题

1. 图 4-11 给出了一个包含 ARP 应答消息的帧，其中，ARP 应答消息是主机 B 响应来自主机 A 的 ARP 请求，并穿越了交换机之间的 802.1Q 中继链路。那么该数据帧的目的 MAC 地址是什么？

   a. 主机 A 的 MAC 地址

   b. 主机 B 的 MAC 地址

   c. 广播 MAC 地址 ffff.ffff.ffff

   d. 801.1Q 组播 MAC 地址 0180.C200.0000

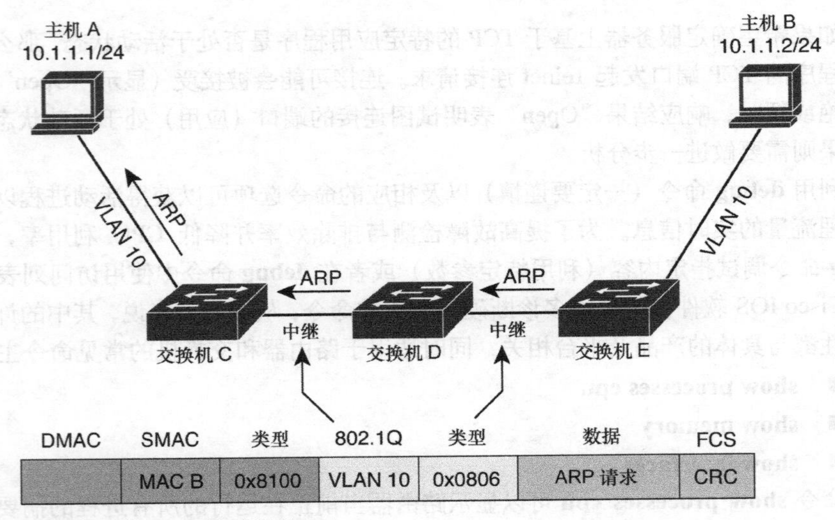

图 4-11 帧的目的 MAC 地址是什么?

2. 图 4-12 给出了一个包含 ARP 应答消息的帧，其中，ARP 应答消息是主机 B 响应来自主机 A 的 ARP 请求，并穿越了交换机之间的 802.1Q 中继链路。那么类型字段中的数值 0x0806 和 0x8100 分别表示下面哪两项?

a. 数值 0x0806 表明该帧是 802.1Q 数据帧

b. 数值 0x8100 表明该帧是 802.1Q 数据帧

c. 数值 0x0806 表明该帧内数据属于 ARP 协议

d. 数值 0x8100 表明该帧内数据属于 ARP 协议

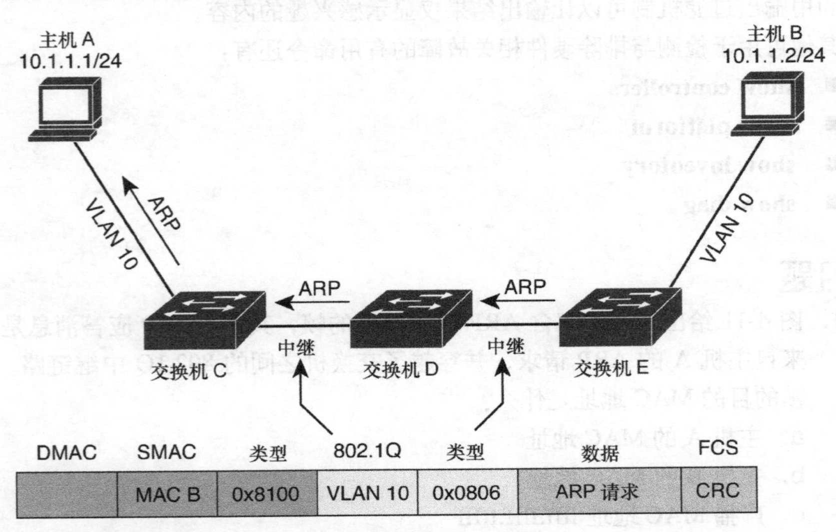

图 4-12 数值 0x0806 和 0x8100 分别表示什么?

3. 下面哪三项被记录在交换机的 MAC 地址表中？
   a. MAC 地址
   b. 交换机端口
   c. IP 地址
   d. VLAN
   e. 中继或接入端口的状态
   f. 类型
4. 哪条命令除了可以显示与 VLAN（如接口的语音 VLAN）相关的信息之外，还能够提供 **show vlan** 命令和 **show interfaces trunk** 命令的输出信息？
5. 交换机的哪种数据结构可以证明来自特定主机的数据帧曾经穿越过该交换机？
6. 下面哪条命令可以显示前缀 10.1.32.0/19 包含的所有子网？
   a. **show ip route 10.1.32.0 /19 longer-prefixes**
   b. **show ip route 10.1.32.0 255.255.224.0 subnets**
   c. **show ip route 10.1.32.0 /19 subnets**
   d. **show ip route 10.1.32.0 255.255.224.0 longer-prefixes**
7. 执行 **show ip route 10.1.1.1** 命令后，如果路由器的响应是"% Subnet not in table"，那么下面哪个结论最准确？
   a. 主机路由项 10.1.1.1/32 不在路由表中
   b. 路由表中没有与 IP 地址 10.1.1.1 相匹配的路由，所有去往该目的地址的数据包都将被丢弃
   c. 路由表中没有与 IP 地址 10.1.1.1 相匹配的精确路由，所有去往该目的地址的数据包都将被转发给默认路由（如果有的话）
   d. 路由表中不存在有类别网络 10.0.0.0
8. 下面哪条命令可以显示包含了 EIGRP 路由协议所有配置语句的运行配置段落？
   a. **show running-config | section router eigrp**
   b. **show running-config | include router eigrp**
   c. **show running-config | exclude router eigrp**
   d. **show running-config | start router eigrp**
   e. 上述命令均不正确，需要使用正则表达式
9. 下面哪条命令可以将 **show ip interface brief** 命令的输出结果显示到屏幕上并将该命令的输出结果复制到 IP 地址为 10.1.1.1 的 TFTP 服务器上的文件 show-output.txt 中？
   a. **show ip interface brief | tee tftp://10.1.1.1/show-output.txt**
   b. **show ip interface brief | append tftp://10.1.1.1/show-output.txt**
   c. **show ip interface brief | redirect tftp://10.1.1.1/show-output.txt**
   d. **show ip interface brief | copy tftp://10.1.1.1/show-output.txt**
   e. 上述命令均不正确，只能将 **show** 命令的输出结果复制到设备闪存中的文件上

10. 下面哪条 Cisco IOS 命令可以向 IP 地址 10.1.1.1 发送 154 个 ICMP 请求包，而且每个 ICMP 请求包的大小为 1400 字节且设置了不分段比特？
    a. **ping 10.1.1.1 –l 1400 –r 154 -f**
    b. **ping 10.1.1.1 size 1400 repeat 154 df-bit**
    c. **ping 10.1.1.1 repeat 154 size 1400 df 1**
    d. 上述命令均不正确，只能利用扩展的 ping 交互式对话才能实现上述操作
11. 执行 **telnet 192.168.37.2 80** 命令后，如果路由器的响应是“Trying 192.168.37.2, 80 ... Open”，那么下面哪个结论最准确？
    a. 主机 192.168.37.2 上的 Web 服务器正在运行并提供文件服务
    b. 主机 192.168.37.2 上的 TCP 端口 80 正在提供服务，而且接受了连接请求
    c. 192.168.37.2 上的服务器正在接受 Telnet 连接
    d. 得不出与该服务器有关的任何结论，“Open”只是表明可以在路由表中发现该 IP 地址
12. 执行 **show processes cpu** 命令后，如果输出结果显示 5 秒钟内的 CPU 平均利用率为：30%/26%，那么下面哪项描述是正确的？
    a. 过去 5 秒钟内的 CPU 总负荷是 56%
    b. 过去 5 秒钟内的 CPU 总负荷是 30%
    c. 消耗在已调度进程上的 CPU 时间百分比是 26%
    d. 消耗在已调度进程上的 CPU 时间百分比是 4%

本章主要讨论以下主题：

- 故障检测与排除工具的种类
- 流量捕获功能及工具
- 利用 SNMP 收集信息
- 利用 NetFlow 收集信息
- 利用 EEM 通告网络事件

第 5 章

使用专用维护及故障检测与排除工具

信息收集对故障检测与排除和网络维护进程来说都是非常重要的，而信息收集工作既可以按需收集（如故障检测与排除进程），也可以长期连续收集（以创建基线数据）。有时网络事件会触发信息收集进程。除了 Cisco IOS CLI 提供的 **debug** 和 **show** 命令之外，还有许多专用的网络维护及排障工具。可以利用这些工具收集信息、检测故障、创建基线、实施容量规划以及主动式网络管理操作。这些工具和应用程序通常都需要与网络设备进行通信，并利用各种不同的底层技术来保障这类通信机制。作为网络支持专家，必须熟悉并掌握这些常见的网络管理平台和故障检测与排除工具，并学习如何执行以下工作。

- 掌握这些工具及其底层技术以支撑日常的故障检测与排除进程。
- 启用 SPAN（Switched Port Analyzer，交换式端口分析器）和 RSPAN（Remote SPAN，远程 SPAN）功能以提高包嗅探器的应用能力。
- 配置路由器或交换机与基于 SNMP 或 NetFlow 的网络管理系统进行通信，以提高设备或流量统计信息（用作网络的基线数据）的收集能力。
- 配置路由器和交换机发送 SNMP trap（自陷）消息，以便向基于 SNMP 的网络管理系统提供故障通告。
- 编写简单的 EEM（Embedded Event Manager，内嵌式事件管理器）小程序，在发生特定事件时采取相应的操作。

5.1 故障检测与排除工具的种类

常规的故障检测与排除进程包括多个阶段或子进程，某些阶段或子进程完全取决于排障人员的智力和经验因素（如排除潜在故障原因），某些阶段或子进程则完全是管理性工作（如记录并报告变更操作及故障解决方案），而其他一些阶段或子进程则更多的是技术工作（如收集和分析信息）。对上述这些阶段或子进程来说，部署网络维护和排障工具受益最大的则是这些与技术相关的阶段或子进程。

- **定义故障**：部署主动式网络管理策略的一个主要目的就是在用户报告网络宕机或性能劣化之前发现并了解潜在故障。网络监控和事件报告系统可以在发生网络事件时通知网络支持团队，从而给网络技术支持团队争取时间，以便在用户发现并报告问题之前解决潜在故障。
- **收集信息**：收集信息是故障检测与排除进程中最基本的步骤之一，是一项事件驱动型和目标型工作。可以利用各种网络维护工具和排障工具有效地获取与事件相关的详细信息。

- **分析信息**：理解并分析收集到的信息的一个重要方面就是与网络基线数据进行对比。而找出网络正常运行状况与异常运行状况之间差异的能力越强，发现潜在故障原因的可能性就越大，因而收集网络运行状况和网络流量统计信息是故障检测与排除进程中数据分析阶段的重要工作。
- **验证推断**：验证推断阶段通常都要对网络实施变更操作，因而在故障解决方案不奏效或产生新问题的时候就需要回退这些变更操作。而网络维护工具和排障工具能够很容易地实现变更回退功能，因而对提高故障检测与排除进程的效率也是非常重要的。

除了配置回退功能（该功能在很大程度上应该属于通用变更管理工具的功能，而不是专用排障工具的功能）之外，可以将前面所说的各种机制划分为以下三类。

- **收集信息**：这是一种典型的在故障检测与排除进程中完成的信息收集机制，也可以在分析和改善网络性能或网络安全性的特定项目中完成。收集完信息之后，就要解读并分析信息。对于排障任务来说，该过程的成果就是排除不可能的故障原因并推断出可能的故障原因。对于与排障无关的应用场景来说，可以利用收集到的信息提出网络优化建议。这类信息收集机制的常见案例就是利用相关工具（如嗅探器或者设备进程的调试输出结果）捕获网络流量。
- **持续收集信息以建立基线数据**：该操作需要建立一套表征关键网络性能的指标参数，然后根据这些指标参数进行长期的网络运行状况统计信息的收集，并利用这些统计信息构建网络的基线数据，从而判断所观测的网络运行状况是否正常。此外，该信息收集进程还能为事件的关联分析提供大量历史数据。这类信息收集机制的常见案例就是利用 SNMP 和流量记账（利用 NetFlow 技术）功能收集统计信息。
- **网络事件通告**：与持续收集信息不同，该方法是基于事件来驱动设备向外报告特定信息。这类信息收集机制的常见案例就是通过 syslog 消息或者 SNMP trap 消息来报告事件以及利用 EEM（Cisco IOS 软件的一部分）来定义和报告特定事件。

上述信息收集机制的共同点就是它们的功能都依赖于工具或应用程序(运行在主机上)与网络设备之间的交互。对于前两类信息收集机制来说，信息是从网元被拉到应用程序或工具中，而第三种机制则是由网络设备将信息推送到应用程序或工具中。虽然很多工具及应用程序都能实现上述进程，但是受篇幅限制，本书无法详细讨论所有工具和应用程序，这里仅对它们做个对比。这类工具中的大部分都基于相同的底层技术和协议进行应用程序与网络设备之间的通信，如 syslog、SNMP、NetFlow 以及网络事件通告技术。对于网络工程师来说，除了要了解特定工具或应用程序为网络故障检测与排除进程带来的好处之外，还要掌握如何在网络设备与这些工具或应用程序之间启用必需的通信机制。

5.2 流量捕获功能及工具

对于网络工程师来说，包嗅探器（也称为网络或协议分析仪）是一种非常重要也非常有用的工具。利用这类工具可以查找并发现协议差错（如重传或会话重置），而且捕获到的流量对于诊断两台主机之间的通信故障也非常有用。例如，如果能够发现网络中开始丢包的位置，那么将有助于查明故障原因。由于包嗅探器能够捕获大量非常详细的数据，因而是一种非常强大的工具。但这也是其缺点，除非排障人员确实知道要查找的内容并知道如何建立过滤器，以便仅显示自己感兴趣的流量，否则将很难从捕获到的大量数据包中找到有用信息。图 5-1 给出了协议分析仪的截屏示例，图中的前 4 个数据包是四向 DHCP（Dynamic Host Configuration Protocol，动态主机配置协议）交换消息，完成后 DHCP 客户端就能从 DHCP 服务器租到 IP 地址，接下来的三个数据包则是来自 IP 设备的无故 ARP（gratuitous ARP）包。

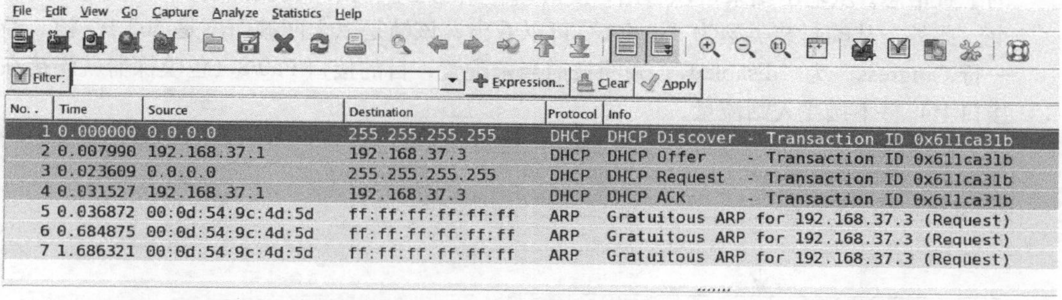

File Edit View Go Capture Analyze Statistics Help

Filter: Expression... Clear Apply

No.	Time	Source	Destination	Protocol	Info
1	0.000000	0.0.0.0	255.255.255.255	DHCP	DHCP Discover - Transaction ID 0x611ca31b
2	0.007990	192.168.37.1	192.168.37.3	DHCP	DHCP Offer - Transaction ID 0x611ca31b
3	0.023609	0.0.0.0	255.255.255.255	DHCP	DHCP Request - Transaction ID 0x611ca31b
4	0.031527	192.168.37.1	192.168.37.3	DHCP	DHCP ACK - Transaction ID 0x611ca31b
5	0.036872	00:0d:54:9c:4d:5d	ff:ff:ff:ff:ff:ff	ARP	Gratuitous ARP for 192.168.37.3 (Request)
6	0.684875	00:0d:54:9c:4d:5d	ff:ff:ff:ff:ff:ff	ARP	Gratuitous ARP for 192.168.37.3 (Request)
7	1.686321	00:0d:54:9c:4d:5d	ff:ff:ff:ff:ff:ff	ARP	Gratuitous ARP for 192.168.37.3 (Request)

图 5-1 某协议分析仪截屏示意图

目前市面上的很多工具（有些是免费的，有些是收费的）都能实现抓包和包分析功能。这类工具可以是基于软件并安装在常规计算机上的工具，也可以是能够实时抓取大量数据的工具型设备（带有专用硬件）。但无论选择哪类工具，都必须了解该工具的过滤能力，这样才能有选择地获取自己感兴趣的信息。此外还会经常遇到另一个问题，那就是并不总能在所要排障的设备上安装软件工具，这是因为在服务器（甚至是某些客户端）上安装软件是受到严格控制的（很多时候也是被禁止的）。有时也不允许在服务器或客户端上捕获大量数据。不过幸运的是，针对这种情形也有解决方案，如果无法在特定设备上执行抓包操作，那么完全可以从该设备所连接的交换机上捕获这些数据包，并将希望捕获的流量传送到安装了抓包软件的其他设备上。

5.2.1 SPAN

Cisco Catalyst 交换机提供的 SPAN（Switched Port Analyzer，交换式端口分析器）功能特性可以将一个或多个交换机接口或 VLAN 中的流量复制到同一交换机上的其他接口。因而可以将具备协议分析仪能力的系统连接到交换机的某个接口上，并作为 SPAN 目的接口，然后再配置交换机将一个或多个交换机接口或 VLAN 中的流量复制到 SPAN 目的接口中，这样协议分析仪就能捕获并分析这些流量。请注意，从源接口复制并发送到 SPAN 目的接口的流量可以是入站流量、出站流量或者是两者，但要求源接口和目的接口（或 VLAN）都必须位于同一台交换机上。

图 5-2 中的交换机被设置为利用 SPAN 功能将源接口 Fa0/7 上的流量发送到目的接口 Fa0/8 上，其目的是要捕获连接在接口 Fa0/7 上的服务器收发的所有流量，以便检测与排除该服务器的故障。包嗅探器连接在接口 Fa0/8 上，交换机被配置为将接口 Fa0/7 上收发的所有流量都复制到接口 Fa0/8 上，为此需要使用 **monitor session** *session_number* 命令（如图 5-2 顶部所示）。每个 SPAN 会话都有一个唯一的会话标识符，本例已配置的 SPAN 会话号为 1。使用 **monitor session** *session_number* **source** 命令来标识源接口或 VLAN。使用 **monitor session** *session_number* **destination** 命令来标识目的接口。会话号的作用就是将这些命令绑定在一起形成单个会话。图 5-2 的底部使用 **show monitor** 命令验证了 SPAN 会话的配置信息。从输出结果可以看出，接口 Fa0/7 的入站和出站流量都被复制到了接口 Fa0/8 上。此外，从帧封装类型为“native”可以看出，该帧是以太网帧而不是 802.1Q 帧。最后一行“ingress”为“disabled”，表明按照当前配置，目的接口 Fa0/8（包嗅探器就连接在该接口上）将不接受入站流量。

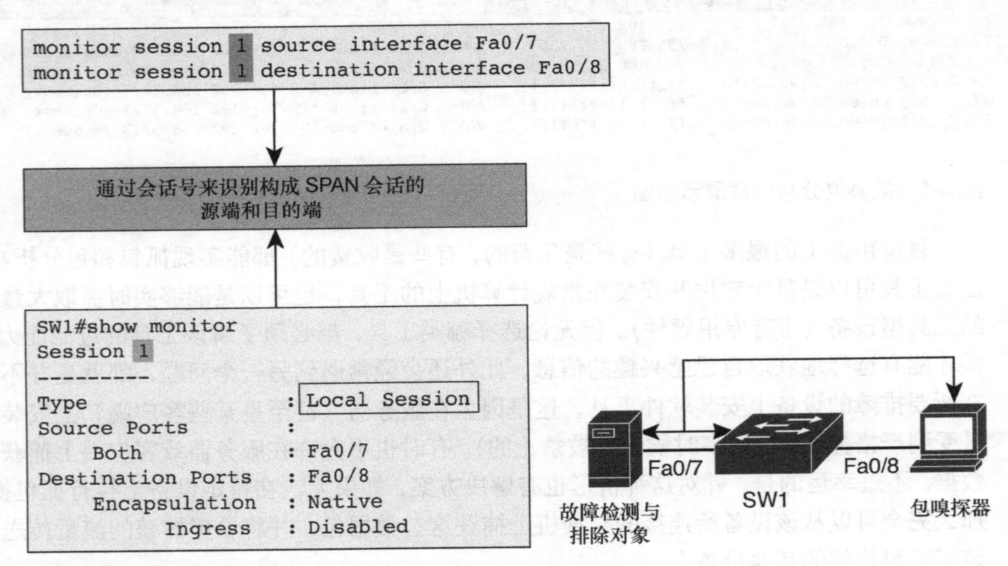

图 5-2　SPAN 配置示例

5.2.2　RSPAN

利用 RSPAN（Remote Switched Port Analyzer，远程交换式端口分析器）功能可以将某台交换机（称为源交换机）端口或 VLAN 中的流量复制到其他交换机（称为目的交换机）的某个端口上，但是要求必须指派一个 VLAN 作为 RSPAN VLAN 并且不能用作其他用途。RSPAN VLAN 首先从源交换机的端口或 VLAN 接收流量，然后再通过一台或多台交换机将这些流量传送给目的交换机，最后在目的交换机上将流量从 RSPAN VLAN 复制到目的端口上。请注意，不同交换机平台的 RSPAN/SPAN 能力有所不同，而且还会附加一定的

RSPAN/SPAN 使用限制，因而大家在使用之前一定要先检查相关的网络文档以了解相关能力及限制条件。图 5-3 给出了一个 RSPAN 配置示例，图中的两台 LAN 交换机通过 802.1Q 中继进行连接。

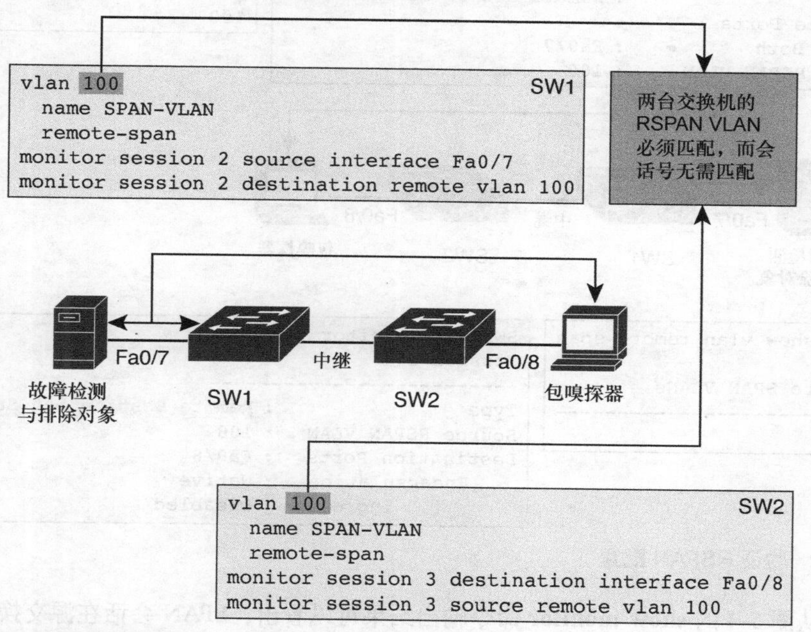

图 5-3 RSPAN 配置示例

RSPAN 的配置与 SPAN 类似，使用 **monitor session** *session_number* **source** 和 **monitor session** *session_number* **destination** 命令来分别定义从哪个接口抓取流量以及将流量复制到哪个接口。但是由于 RSPAN 的源接口和目的接口分别位于两台不同的交换机上，因而需要相应的介质将流量从一台交换机传送到另一台交换机，此时就要用到专用的 RSPAN VLAN。图 5-3 中的 VLAN 100 就被用作 RSPAN VLAN。VLAN 100 的创建方式与其他 VLAN 完全一样，但配置 RSPAN VLAN 的时候需要在 VLAN 配置模式下使用 **remote-span** 命令。同时要在所有交换机上都定义该 VLAN，并要求源交换机至目的交换机的路径上的所有中继都允许该 VLAN。在源交换机上，利用 **monitor session** *session_number* **destination remote vlan** *vlan_number* 命令将 RSPAN VLAN 配置为 SPAN 会话的目的端。与此相似，在目的交换机上利用 **monitor session** *session_number* **source remote vlan** *vlan_number* 命令将 RSPAN VLAN 配置为 SPAN 会话的源端。请注意，源交换机和目的交换机上的 RSPAN VLAN 必须匹配，但 SPAN 会话号无需匹配，这是因为会话号属于本地标识符，用于定义同一台交换机上 SPAN 会话的远端与目的端的关系，因而交换机之间并不相互沟通会话号信息。从图 5-4 可以看出，利用 **show monitor** 命令可以验证源交换机和目的交换机上的 RSPAN 的配置情况。

```
SW1#show monitor
Session 2
---------
Type                 : Remote Source Session
Source Ports         :
    Both             : Fa0/7
Dest RSPAN VLAN      : 100
```

```
SW1#show vlan remote-span

Remote SPAN VLANs
------------------------
100
```

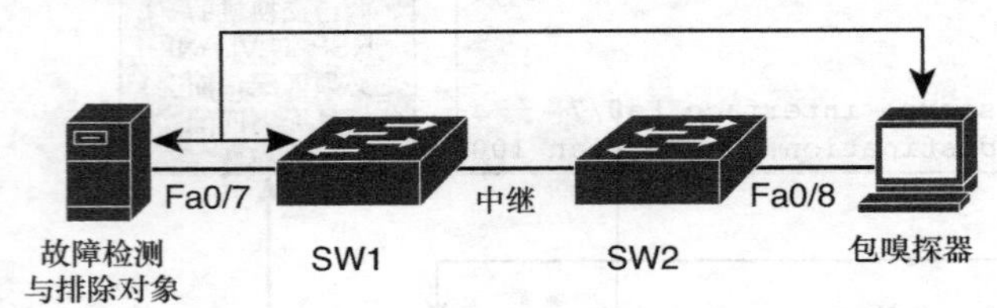

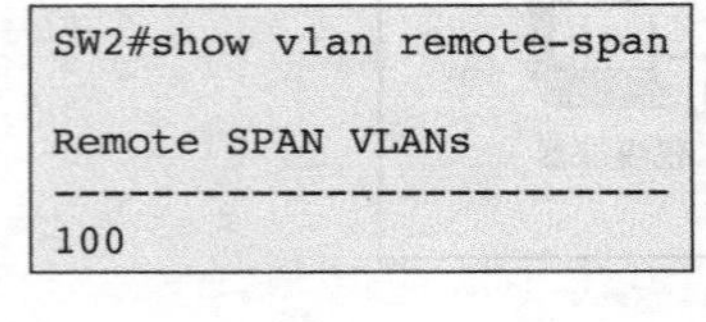

```
SW2#show vlan remote-span

Remote SPAN VLANs
------------------------
100
```

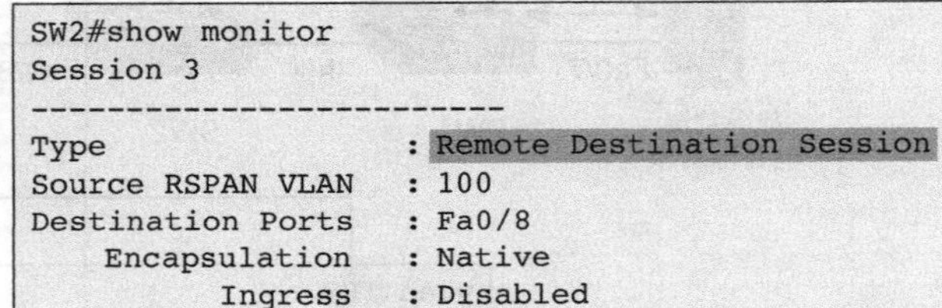

```
SW2#show monitor
Session 3
------------------------
Type                 : Remote Destination Session
Source RSPAN VLAN    : 100
Destination Ports    : Fa0/8
    Encapsulation    : Native
          Ingress    : Disabled
```

图 5-4 验证 RSPAN 配置

从图 5-4 的 **show monitor** 命令输出结果可以看出，SPAN 会话在源交换机（SW1）上被标识为“Remote Source Session”（远程源会话），而在目的交换机（SW2）上被标识为“Remote Destination Session”（远程目的会话）。除了要验证 RSPAN VLAN 的配置正确性之外，还要验证是否在这两台交换机上将 VLAN 正确配置成了 RSPAN VLAN。此时可以利用 **show vlan remote-span** 命令进行验证。最后，如果在源交换机与目的交换机的路径中的中继上启用了剪除（pruning）功能，那么还应该验证这些中继是否允许 RSPAN VLAN。

5.3 利用 SNMP 收集信息

SNMP（Simple Network Management Protocol，简单网络管理协议）与 NetFlow 是从 Cisco 路由器和交换机收集统计信息的两种主要技术。虽然这两种技术在能够收集的数据类型上存在一定的重叠，但 SNMP 与 NetFlow 还是有一定的分工和侧重。SNMP 主要侧重于从网络设备上收集各种统计信息。路由器和交换机（以及其他网络设备）都将其进程和接口的相关运行统计信息存储在本地。如果仅仅希望查看特定统计信息或参数在某些时间点的简要描述，那么利用 CLI 或 GUI（Graphical User Interface，图形用户界面）就可以查看这些统计信息。但是如果希望长时间收集和分析这些统计信息，那么就应该考虑使用 SNMP。SNMP 使用 NMS（Network Management Station，网络管理站）和一个或多个 SNMP 代理。代理是一种运行在被管设备（希望监控和收集该设备的信息）上的特殊进程。可以利用 SNMP 协议（如 SNMP Get 和 Get-Next）来查询 SNMP 代理，以获得感兴趣的参数或计数器的数值。通过周期性地查询（轮询）SNMP 代理，SNMP NMS 能够收集大量有价值的当前信息和统计数据并加以存储，然后采取不同的方式处理和分析这些数据。可以计算各种参数的平均值、最小值和最大值，并以图形方式展现这些数据，也可以设置相应的阈值以便在超出阈值时触发通告进程。利用 SNMP 收集信息的过程可以视为一种“拉”模式系统，这是因为 NMS 周期性地轮询被管设备以获取采集对象的相应数值。NMS 可以查询大量对象，这些对象采用一种称为 MIB（Management Information Base，管理信息库）的层次化模型进行组织和标识。

配置路由器以支持基于 SNMP 访问的操作非常简单。虽然 SNMP 版本 3 是目前官方的标准版本，但版本 2c 仍然是目前应用最为广泛的版本。SNMP 版本 3 利用认证和加密功能提供了增强型的安全机制。SNMP 版本 2c 根据 SNMP 团体字符串（community string）来授权对 SNMP 代理的访问。其中，SNMP 团体字符串等同于共享密钥，NMS 与代理之间的团体字符串必须匹配才能进行通信。一般会定义两个不同的 SNMP 团体字符串，一个用于只读（read-only）访问操作，另一个用于读-写（read-write）访问操作。由于信息收集进程仅要求只读访问操作，因而读-写访问团体字符串是可选的，并不需要定义。此外，虽然不是强制要求，但定义 SNMP 联系方式和位置参数还是非常有用的。因为通过 SNMP 收集这些参数之后，就能检索 SNMP 支持人员的联系方式以及设备的位置。另一个有用的配置是 **snmp-server ifindex persist** 命令（在创建基线数据或图形化与接口相关的变量时尤为有用）。该命令可以保证每个设备接口的 SNMP 接口索引保持恒定，即便设备重启也不会发生变化。如果没有该命令，那么在设备重启后，其接口的 ifindex 参数将发生变化，那么就无法正确地用图形来表示该接口的计数器了。图 5-5 给出了路由器的 SNMP 简单配置示例。

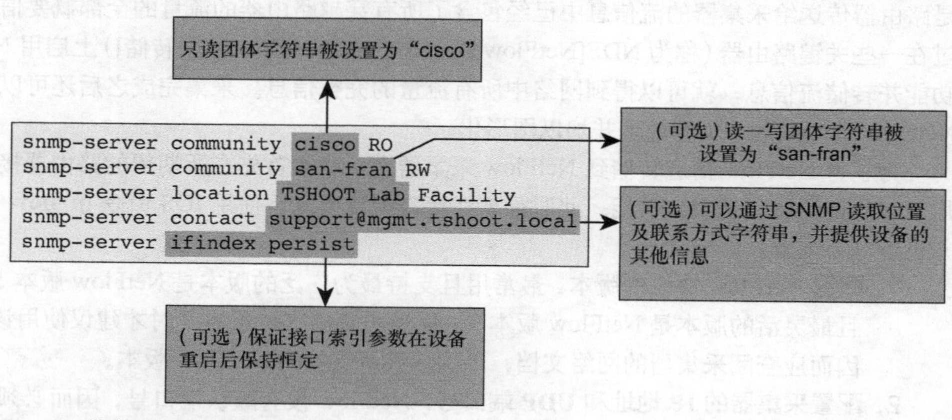

图 5-5　简单的 SNMP 配置示例

从图 5-5 可以看出，只读团体字符串被设置为“cisco”，读-写团体字符串被设置为“san-fan”，位置被设置为“TSHOOT Lab Facility”，联系方式被设置为“support@mgmt.tshoot.local”， ifindex 被设置为保持恒定。为了提高安全性，还可以定义相应的访问列表，仅允许从特定子网发起的 SNMP 访问操作。最后，有时可能仅允许访问少量 MIB 对象，那么就可以与特定团体字符串一起定义一个 SNMP 视图，之后仅当请求端与该团体字符串匹配时才允许访问这些 MIB 对象。

5.4 利用 NetFlow 收集信息

与其他信息收集方式相比，NetFlow 有自己的信息收集重点，使用的底层实现机制也不同。启用了 NetFlow 功能的设备（如路由器或三层交换机）能够收集流经（穿越）设备的 IP 流量信息。NetFlow 按照流来分类流量，流被标识为一组具有相同基本头部字段（如源 IP 地址、目的 IP 地址、协议号、ToS[Type of Service，服务类型]字段、端口号[如果适用的话]）和入接口的数据包。对每个单独的流来说，NetFlow 都会跟踪并统计每个流的字节数和包数，并将这些信息存储在流缓存中。流被终结或超时后，流缓存中的流就会过期。

目前 Cisco 大多数路由器平台都支持 NetFlow 功能，但 Catalyst 交换机中目前只有 4500 和 6500 系列交换机支持 NetFlow 功能。通过相应的 CLI 命令，可以在路由器（接口）上启用 NetFlow 功能（用作单机模式功能）来检查 NetFlow 流缓存。这对故障检测与排除进程来说非常有用，因为这样就可以查看数据包进入路由器后创建的流表项。从这个意义上来说，可以将 NetFlow 视为故障诊断工具。但 NetFlow 技术最主要的功能在于不但可以在设备上保存本地缓存以及临时流记账信息，而且还可以将流信息转储到 NetFlow 采集器上，这样就可以在流缓存中的流表项过期之前，将流信息（包括关键的包头部信息以及包数、字节数、出接口、流开始时间、流持续时间等额外信息）发送给流采集器。采集器接收到这些流信息之后就可以将其存储到数据库中。虽然没有记录数据包净荷中的内容信息，但是路由器传送给采集器的流信息中已经包含了所有穿越路由器的流量的全部概要信息。通过在一些关键路由器（称为 NDE[NetFlow Data Export，NetFlow 数据转储]）上启用 NetFlow 功能并转储流信息，就可以得到网络中所有流量的完整信息。采集完成之后还可以对这些 NetFlow 数据做进一步的处理并加以图形化。

为了将 NetFlow 信息转储到 NetFlow 采集器上，必须首先在所期望的路由器接口上启用 NetFlow 记账（采集）功能。此时需要在接口配置模式下使用 IOS 命令 **ip flow ingress** 并进行以下配置。

1. **配置 NetFlow 协议的版本**。最常用且支持最为广泛的版本是 NetFlow 版本 5。最新且最灵活的版本是 NetFlow 版本 9，仅当采集器支持版本 9 时才建议使用该版本。因而应查阅采集器的网络文档，以确认其所支持的 NetFlow 版本。
2. **配置采集器的 IP 地址和 UDP 端口号**。NetFlow 没有默认端口号，因而必须查阅采集器的网络文档，以确保采集器的端口号与转储流信息的路由器的端口号相匹配。
3. **指定源接口**。由于采集器需要配置和验证入站数据包的 IP 地址，因而确保 NetFlow 包始终源自相同的路由器接口是非常重要的。将环回接口用作 NetFlow 的源接口就可以确保 NetFlow 包总是源自相同的 IP 地址，而与发送 NetFlow 包的接口无关。

图 5-6 中的路由器被配置为在接口 Fa0/0 和 Fa0/1 上收集入站流量的 NetFlow 信息。由于流的定义具有单向性，因而如果希望同时对入站流量和出站流量进行记账，那么就需要在入接口和出接口同时启用 NetFlow 功能。Cisco IOS 使用路由器命令 **ip flow ingress** 代替旧命令 **ip routecache flow**。NetFlow 信息被转储到 IP 地址为 10.1.152.1 的采集器上（UDP 端口 9996），NetFlow 包格式版本为 5，并且将 Loopback 0 的 IP 地址用做出站 IP 包的源地址。

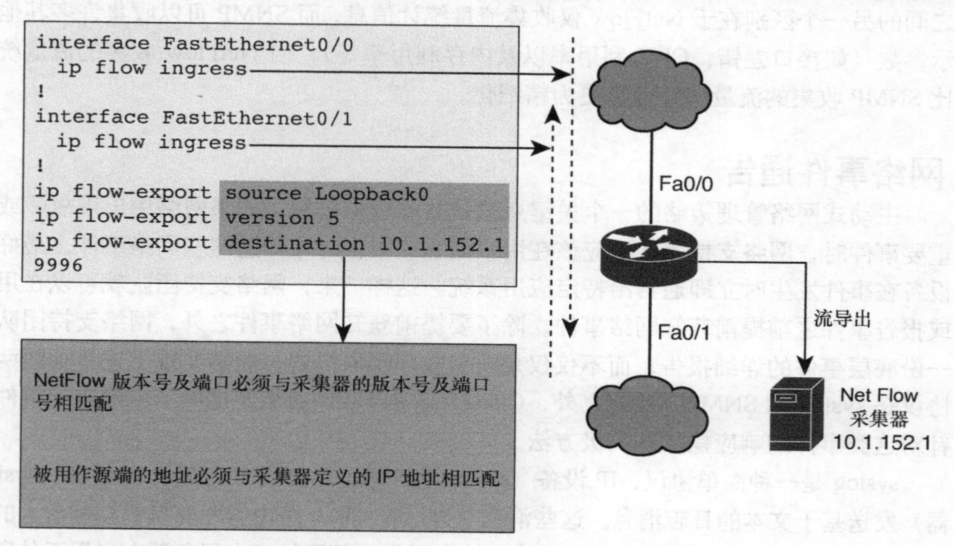

图 5-6 简单的 NetFlow 配置示例

路由器开始在本地缓存并记账流信息之后，就可以利用 **show ip cache flow** 命令来显示 NetFlow 缓存的内容。该命令在检测和排除连接性故障时非常好用，因为该命令能够显示正在通过路由器发送数据包的活跃流的信息。例 5-1 给出了在路由器上运行 **show ip cache flow** 命令后的部分输出结果示例。

例 5-1 show ip cache flow 命令输出结果

```
RO1# show ip cache flow
<...output omitted>
SrcIf         SrcIPaddress    DstIF     DstIPaddress     Pr  SrcP  DstP  Pkts
Se0/0/0.121   10.1.194.10     Null      224.0.0.10       58  0000  0000  27
Se0/0/0.121   10.1.194.14     Null      224.0.0.10       58  0000  0000  28
Fa0/0         10.1.192.5      Null      224.0.0.10       58  0000  0000  28
Fa0/1         10.1.192.13     Null      224.0.0.10       58  0000  0000  27
Fa0/1         10.1.152.1      Local     10.1.220.2       01  0000  0303  1
Se0/0/1       10.1.193.6      Null      224.0.0.10       58  0000  0000  28
Fa0/1         10.1.152.1      Se0/0/1   10.1.163.193     11  0666  E75E  1906
Se0/0/1       10.1.163.193    Fa0/0     10.1.152.1       11  E75E  0666  1905
```

可以在 **show** 命令中利用过滤选项仅显示那些感兴趣的 IP 地址。例如，对于例 5-1 的输出结果来说，**show ip cache flow | include 10.1.163.193** 命令的输出结果将仅显示源 IP 地址或目的 IP 地址为 10.1.163.193 的流。

与 SNMP 相比，NetFlow 是一种"推"模式系统。NetFlow 采集器仅侦听 NetFlow 流量，而路由器则负责将 NetFlow 发送给采集器（根据流缓存的变化情况）。NetFlow 与 SNMP 之间的另一个区别在于 NetFlow 仅收集流量统计信息，而 SNMP 可以收集许多其他性能指示参数（如接口差错、CPU 利用率以及内存利用率等），但 NetFlow 收集的流量统计信息比 SNMP 收集的流量统计信息更为精细化。

5.5 网络事件通告

主动式网络管理策略的一个关键点就是故障通告机制。如果网络中出现故障或入侵等重要事件时，网络支持团队不应该在用户抱怨或报告时才知道这些网络事件，最好让网络设备在事件发生时立即通告给特定应用系统。这样一来，网络支持团队就可以在用户发现或报告事件之前提前获知网络事件。除了要提前获知网络事件之外，网络支持团队还需要一份底层事件的详细报告，而不仅仅是一份故障现象描述。能够实现上述目标的两种常用协议是 syslog 和 SNMP。除此之外，Cisco IOS 的 EEM 功能还提供了创建定制事件并定义针对这类事件的响应操作的高级方法。

syslog 是一种简单协议，IP 设备（syslog 客户端）可以用来向其他 IP 设备（syslog 服务器）发送基于文本的日志消息。这些消息与显示在 Cisco 路由器和交换机控制台上的消息一样。syslog 协议允许通过网络将这些消息转发到集中部署的日志服务器上（用于从所有网络设备收集和存储日志消息）。从本质上来说，这只是一种非常基本的事件通告和收集形式，即网络设备通告日志服务器，日志服务器存储日志消息。在实际应用中还必须向网络支持团队通告网络中发生的重大事件。好在很多网络管理系统都内嵌了 syslog 能力，这些网络管理系统通常都提供了很多高级手段向网络支持工程师通告网络中发生的重大事件。

利用 SNMP 协议，SNMP 管理站可以向网络设备上运行的 SNMP 代理查询各种信息，包括配置设置、计数器和统计信息等。除了响应轮询操作之外，还可以让 SNMP 代理在事件（如接口宕机或配置发生变更等）发生后向 SNMP 管理站发送消息，这些消息被称为 trap（自陷）消息。由于 trap 消息中包含的是 SNMP MIB 对象以及相关变量，而不是用户可读文本，因而必须由能够解析并处理 tarp 消息中包含的 MIB 对象信息的 SNMP 网管系统来处理 trap 消息。

syslog 消息和 SNMP trap 消息都使用 Cisco IOS 软件内嵌的预定义消息。可以按照预设条件触发这些消息，而且这些消息的内容都是固定的。已定义的 syslog 消息和 SNMP trap 消息的数量和种类非常丰富，完全能够满足大多数企业组织的故障通告需求。不过，如果希望通告某些特定事件或特定网络状况，而这些事件或网络状况又不是 Cisco IOS 的标准日志消息和事件，那么就需要用到 Cisco IOS 软件提供的 EEM 功能，可以利用 EEM 来定义定制化的事件及响应操作。

图 5-7 给出了在路由器上启用 SNMP trap 通告的配置示例。该配置分为两步，第一步是定义一个或多个 trap 接收方，第二步是启用 trap 发送功能。

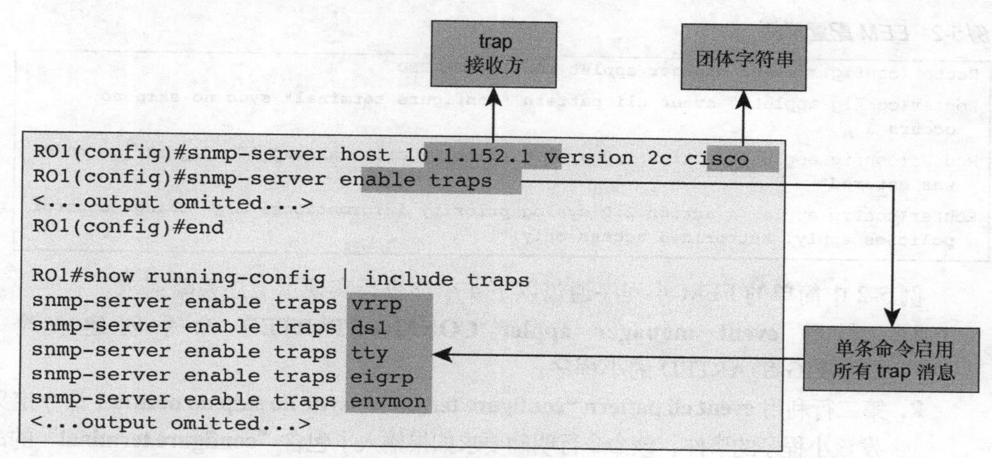

图 5-7 在路由器上启用 SNMP trap 通告的配置示例

利用 **snmp-server host** *host* **traps [version {1 | 2c | 3}] community-string** 命令即可配置 trap 接收方。在默认情况下，Cisco 路由器发送的是 SNMPv1 trap，但是也可以显式指定更高版本的 trap。如果希望路由器发送特定 trap，那么就必须利用命令 **snmp-server enable traps** *notification-type* 对每个期望的 trap 进行编码。由于该命令执行的是一个启用所有可用 trap 的宏，因而该命令不是作为一条命令出现在配置中。利用命令 **show running-config | include traps**（如图 5-7 所示）即可看出该命令的运行效果。请注意，虽然 SNMP 和 syslog 都能预定义事件触发器并发送预定义消息，而且这两种协议也都能完成有限的过滤机制，但是无法定义所有新事件触发器或所有事件消息。

利用 EEM 框架能够创建定制化策略。根据不同的事件来触发响应操作，可以基于不同的 Cisco IOS 子系统（如 syslog 消息、Cisco IOS 计数器变更、SNMP MIB 对象变更、SNMP trap、CLI 命令执行、定时器以及其他很多选项）来触发不同的事件。而响应操作则可以包括发送 SNMP trap 或 syslog 消息、执行 CLI 命令、发送电子邮件甚至运行 TCL（Tool Command Language，工具命令语言）脚本等，因而 EEM 可以创建非常强大且复杂的定制化策略。

例 5-2 解释了利用 Cisco IOS EEM 功能部署定制化策略的方式。假设某企业的所有网络工程师都能以特权访问模式访问路由器和交换机，并在需要时实施变更操作。企业规定只有三级网络支持工程师才能在需要时实施紧急变更操作，而一级和二级网络支持工程师必须在获得授权之后才能对网络系统实施变更操作。此外，工程师在配置路由器或交换机的时候，会在日志服务器中记录一条“%SYS-5-CONFIG_I”消息。但是该消息被记录为 syslog 五级“通告（notification）”消息，不会在日志中显示为高等级事件。不过要求只要有人进入配置模式就立即记录一条消息，而且在退出配置模式后还得记录一条“%SYS-5-CONFIG_I”消息，并将该消息记录为“危急（Critical）”消息。同时还要记录一条“报告（Informational）”消息，以提醒网络工程师当前的变更控制策略。

例5-2 EEM配置示例

```
Router(config)# event manager applet CONFIG-STARTED
Router(config-applet)# event cli pattern "configure terminal" sync no skip no
  occurs 1
Router(config-applet)# action 1.0 syslog priority critical msg "Configuration mode
  was entered"
Router(config-applet)# action 2.0 syslog priority informational msg "Change control
  policies apply. Authorized access only."
```

例5-2中简单的EEM小程序通过以下4个命令行实现了上述策略需求。

1. 利用 **event manager applet CONFIG-STARTED** 命令创建一个名为 CONFIG-STARTED的小程序。
2. 第二行利用 **event cli pattern “configure terminal” sync no skip no occurs 1** 命令定义了触发该小程序的事件。该命令行明确要求如果输入了包含“**configure terminal**”的命令，那么就会触发该策略。选项 **occurs 1** 的作用是在出现单个CLI范式时就强制触发该事件。
3. 利用 **action 1.0 syslog priority critical msg “Configuration mode was entered”** 命令定义一个名为1.0的响应操作（响应操作按照字母顺序进行存储），并要求路由器记录一条包含文本“Configuration mode was entered”的危急消息。
4. 利用 **action 2.0 syslog priority informational msg “Change control policies apply.Authorized access only.”** 命令定义一个名为2.0的响应操作，并要求路由器记录一条包含文本“Change control policies apply.Authorized access only.”的报告消息。

例5-3显示了例5-2所定义的EEM策略的运行效果。只要用户进入IOS全局配置模式，就会出现两条消息，第一条消息是危急消息（syslog 二级消息）“%HA_EM-2-LOG: CONFIGSTARTED:Configuration mode was entered”，第二条消息是报告消息（syslog 六级消息）“%HA_EM-6-LOG: CONFIG-STARTED: Change control policies apply. Authorized access only”。

例5-3 EEM策略运行结果示例

```
RO1# conf t
Enter configuration commands, one per line.  End with CNTL/Z.
RO1(config)#
Mar 13 03:24:41.473 PDT: %HA_EM-2-LOG: CONFIG-STARTED: Configuration mode was entered
Mar 13 03:24:41.473 PDT: %HA_EM-6-LOG: CONFIG-STARTED: Change control policies
  apply. Authorized access only.
```

虽然例5-2和例5-3给出的是非常简单的EEM配置及策略运行结果示例，但需要记住的是，EEM是一个功能非常强大的工具，结合TCL脚本语言工具，可以实现完整的分布式通告系统。有关EEM的全面讨论已经超出了本章的内容范围，读者可以通过cisco.com了解EEM的最新版本以及功能特性方面的详细信息。

5.6 本章小结

故障检测与排除进程中的不同阶段都能获益于各种专用的故障检测与排除工具。

- **定义故障**：网络监控和事件报告工具。
- **收集信息**：事件驱动和目标信息收集工具。
- **分析信息**：基线创建和流量记账工具。
- **验证推断**：配置回退工具。

常见的网络监控和事件报告工具主要有：

- 记录系统消息的 syslog 机制；
- 利用 SNMP 的事件通告机制；
- 利用 EEM 的事件通告机制。

常见的事件驱动和目标信息收集工具主要有 SPAN 和 RSPAN（用于捕获流量）。

常见的基线创建和流量记账工具主要有：

- 利用 SNMP 收集统计数据；
- 利用 NetFlow 进行流量记账。

利用包嗅探器可以捕获数据包并对数据包流进行详细分析。在网络中的不同位置捕获数据包有助于发现潜在的差异情况。

SPAN 功能可以将一个或多个源端口或源 VLAN 上的流量复制到同一台交换机的另一个端口上，以实现抓包和分析功能。RSPAN 功能可以利用专用的 RSPAN VLAN 将一台交换机（称为源交换机）的端口或源 VLAN 中的流量复制到其他交换机（目的交换机）的某个端口上。需要在源交换机与目的交换机之间通过中继来承载 RSPAN VLAN。RSPAN 无法穿越三层网络边界。

用于创建网络利用率和性能基线数据的两种主要技术分别是 SNMP 和 NetFlow。

SNMP 是一种基于“拉”模式的标准协议，NMS 可以通过轮询方式获取设备的特定信息。Cisco IOS NetFlow 主要是收集详细的流量摘要信息，是一种“推”模式技术。启用了 NetFlow 功能的设备会将流信息推送到采集器（当流量流穿越设备时）。NetFlow 是 Cisco 路由器的专有功能特性。

路由器和交换机能够采用两种常用的方法向网络管理站通告网络中发生的重要事件：syslog 和 SNMP。除此之外，还可以利用 Cisco IOS 提供的 EEM 功能，来创建定制化事件并定义与这些事件相对应的响应操作。

5.7 复习题

1. 结构化故障检测与排除进程中的哪些阶段或子进程通常不可以使用专用的故障检测与排除协议、工具以及实用程序？

   a. 定义故障

   b. 收集信息

c．分析信息

d．排除潜在故障原因

e．验证推断

2．下面哪两种技术对于收集信息以创建网络基线最有用？（选择两项）

a．SPAN

b．SNMP

c．EEM

d．syslog

e．NetFlow

3．通常不使用下面哪些选项来自动通告网络事件？

a．Syslog

b．协议分析仪/包嗅探器

c．SNMP Trap 消息

d．EEM

4．下面哪一项 Catalyst 交换机功能特性可以将特定接口或 VLAN 的流量复制并发送到其他接口？

a．Syslog

b．EEM

c．SPAN

d．NetFlow

5．下面哪条命令可以验证 SPAN 会话的配置信息？

a．**monitor session**

b．**session monitor**

c．**show monitor session** *session number*

d．**show session**

6．下面哪种版本的 SNMP 可以通过认证和加密机制提升安全能力？

a．版本 1

b．版本 2

c．版本 2c

d．版本 3

e．版本 4

7．下面哪条命令可以显示路由器的 NetFlow 缓存内容？

a．**show ip cache flow**

b．**show netfl ow cache**

c．**show nde fl ow cache**

d．**show ip cache**

8. 下面哪种 Cisco IOS 特性可以创建定制化事件并定义这些事件的响应操作？
   a. SPAN/RSPAN
   b. Syslog
   c. NetFlow
   d. EEM
9. 下面哪种网络管理操作属于“拉”操作？
   a. SNMP Get
   b. SNMP trap
   c. Syslog
   d. NetFlow 数据转储
   e. EEM 操作
10. 下面哪两条命令可以将交换机接口 Fa0/1 上的所有流量都复制到接口 Fa0/5 上连接的包嗅探器？
    a. **monitor session 1 source interface Fa0/1**
    b. **span session 1 destination interface Fa0/5**
    c. **span session 1 destination remote interface Fa0/5**
    d. **monitor session 1 destination interface Fa0/5**
    e. **span session 1 source interface Fa0/1**
    f. **span session 1 destination remote interface Fa0/5**
11. 下面哪一项关于 EEM 的描述最准确？
    a. 是一种可以创建定制化事件及响应操作的框架
    b. 是一种可以将流量从一个交换机端口复制到另一个交换机端口以捕获相关流量的技术
    c. 是一种可以从设备收集统计信息并通过该设备发送通告的协议
    d. 是一种可以收集详细流量摘要信息的技术
12. 下面哪一项关于 SNMP 的描述最准确？
    a. 是一种可以创建定制化事件及响应操作的框架
    b. 是一种可以将流量从一个交换机端口复制到另一个交换机端口以捕获相关流量的技术
    c. 是一种可以由网络管理服务设置和/或收集 IP 设备上特定信息（由 MIB 定义）的协议
    d. 是一种可以收集详细流量摘要信息的技术
13. 下面哪一项关于 NetFlow 的描述最准确？
    a. 是一种可以创建定制化事件及响应操作的框架
    b. 是一种可以将流量从一个交换机端口复制到另一个交换机端口以捕获相关流量的技术

c．是一种可以从设备收集统计信息并通过该设备发送通告的协议

d．是一种可以收集详细流量摘要信息的技术

14．下面哪一项关于 SPAN 的描述最准确？

a．是一种可以创建定制化事件及响应操作的框架

b．是一种可以将流量从一个交换机端口复制到另一个交换机端口以捕获相关流量的技术

c．是一种可以从设备收集统计信息并通过该设备发送通告的协议

d．是一种可以收集详细流量摘要信息的技术

第 6 章

故障检测与排除案例研究：SECHNIK 网络公司

本章将以图 6-1 所示的拓扑结构为例来讨论 SECHNIK 网络公司（一家虚构公司）的三个故障检测与排除案例。每个故障检测与排除案例均包含了一些配置差错，我们将按照现实世界的故障检测与排除场景来处理这些配置差错。为了提高学习效果，还将简要介绍本章用到的相关技术。

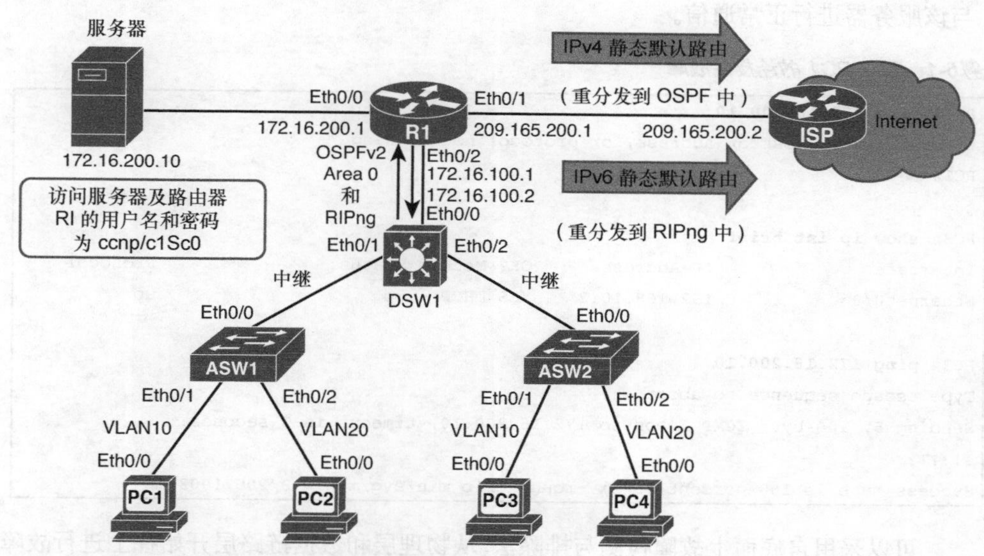

图 6-1　SECHNIK 网络公司网络结构图

注：本章及随后章节给出的网络结构图均使用 Cisco 路由器来模拟服务器和 PC，请大家在分析案例中显示的输出结果时务必记住这一点。

6.1　SECHNIK 网络公司故障工单 1

周一上午，4 名员工报告称网络出现了连接性故障，而且都声称上周五离开公司时网络一切正常。下面是他们报告的故障现象。

- Kimberly（PC1 的用户）无法访问地址为 172.16.200.10 的服务器。
- Andrew（PC2 的用户）无法访问 Internet，他正试图访问地址为 209.165.200.2 的服务器。
- Carol（PC3 的用户）无法通过 SSH（Secure Shell，安全外壳）连接地址为 172.16.200.10 的服务器。
- Mithum（PC4 的用户）希望通过 IPv6 访问 Internet，并且称 Andrew 能够做到，希望自己也没有问题，并要求使用 IPv6 地址 2001:DB8:D1:A5:C8::2 进行连接性测试。

6.1.1 检测与排除 PC1 的连接性故障

PC1 的用户 Kimberly 称无法访问地址为 172.16.200.10 的服务器。故障检测与排除工作的首要步骤就是验证故障问题并制定排障计划。从例 6-1 可以看出，PC1 向地址为 172.16.200.10 的服务器发起的 ping 测试失败。此外，我们知道上一个工作日之前 PC1 还能与该服务器进行正常通信。

例 6-1 验证 PC1 的连接性故障

```
PC1# ping 172.16.200.10
% Unrecognized host or address, or protocol not running.
PC1#

PC3# show ip int brief
Interface              IP-Address      OK? Method Status                Protocol
Ethernet0/0            192.168.10.2    YES DHCP   up                    up

PC3# ping 172.16.200.10
Type escape sequence to abort.
Sending 5, 100-byte ICMP Echos to 172.16.200.10, timeout is 2 seconds:
!!!!!
Success rate is 100 percent (5/5), round-trip min/avg/max = 3/205/1003 ms
```

可以采用自底而上故障检测与排除法，从物理层和数据链路层开始往上进行故障排查。

1. 收集信息

决定采用自底而上法之后，首先检查 PC1 的以太网接口。从例 6-2 的输出结果可以看出，PC1 的接口处于 up 状态，但是没有 IP 地址，而且例 6-2 显示 ASW1 连接 PC1 的 Ethernet 0/1 接口配置正确，看起来故障并不在物理层或数据链路层。PC1 应该通过 DHCP（Dynamic Host Configuration Protocol，动态主机配置协议）获取其 IP 地址，但是很明显由于某种原因并未获得其 IP 地址。

例 6-2 检查 PC1 的以太网接口

```
PC1# show ip interface brief
Interface              IP-Address      OK? Method Status        Protocol
Ethernet0/0            unassigned      YES DHCP   up            up
PC1#

ASW1# show running-config interface ethernet 0/1
Building configuration...

Current configuration : 134 bytes
!
interface Ethernet0/1
 description PC1
 switchport access vlan 10
 switchport mode access
 duplex auto
 spanning-tree portfast
end
ASW1#
```

2．分析信息，排除潜在故障原因并进一步收集信息

PC3 与 PC1 位于同一个 VLAN（VALN 10）中，PC3 成功地通过 DHCP 获得了 IP 地址，但 PC3 连接在 ASW2 上（如例 6-1 所示）。由此可以判断出 DHCP 服务器工作正常，并且通过 VLAN 10 可达，也就是说排除了潜在的 DHCP 服务器故障。因而从逻辑上来说，接下来应该检查 ASW1 至 DSW1 的上行链路。例 6-3 显示了该中继链路两端（ASW1 和 DSW1）的配置检查情况。

例 6-3 从两端检查中继链路的配置情况

```
ASW1# show interfaces description
Interface                  Status         Protocol Description
Et0/0                      up             up       link to DSW1
Et0/1                      up             up       PC1
Et0/2                      up             up       PC2
< output omitted >
ASW1#

ASW1# show interfaces trunk
Port        Mode             Encapsulation  Status        Native vlan
Et0/0       on               802.1q         trunking      1
```

```
Port        Vlans allowed on trunk
Et0/0       1,20

Port        Vlans allowed and active in management domain
Et0/0       1,20

Port        Vlans in spanning tree forwarding state and not pruned
Et0/0       1,20
ASW1#

DSW1# show interfaces trunk
Port        Mode             Encapsulation  Status        Native vlan
Et0/1       on               802.1q         trunking      1
Et0/2       on               802.1q         trunking      1

Port        Vlans allowed on trunk
Et0/1       1,10,20
Et0/2       1,10,20

Port        Vlans allowed and active in management domain
Et0/1       1,10,20
Et0/2       1,10,20

Port        Vlans in spanning tree forwarding state and not pruned
Et0/1       1,10,20
Et0/2       1,10,20
DSW1#
```

3. 提出推断

从例6-3的输出结果可以看出，DSW1在连接ASW1的中继(Ethernet 0/1)上允许VLAN 1、VLAN 10以及VLAN 20，但是ASW1在连接DSW1的中继（Ethernet 0/0）上仅允许VLAN 1和VLAN 20。因此可以推断出PC1的故障根源在于ASW1的中继（Ethernet 0/0）配置没有允许VLAN 10。

4. 验证推断并解决故障

更改ASW1的配置以便在连接DSW1的中继（Ethernet 0/0）上允许VLAN 10（如例6-4所示）。从例6-4可以看出，配置修改完成后，PC1向地址为172.16.200.10的服务器发起的ping测试成功。

例 6-4　修正中继所允许的 VLAN 配置

```
ASW1# configure terminal
Enter configuration commands, one per line.  End with CNTL/Z.
ASW1(config)# interface eth 0/0
ASW1(config-if)# switchport trunk allowed vlan add 10
ASW1(config-if)# end
*Aug  4 23:38:29.314: %SYS-5-CONFIG_I: Configured from console by console
ASW1# show interfaces trunk

Port        Mode             Encapsulation  Status        Native vlan
Et0/0       on               802.1q         trunking      1

Port        Vlans allowed on trunk
Et0/0       1,10,20

Port        Vlans allowed and active in management domain
Et0/0       1,10,20

Port        Vlans in spanning tree forwarding state and not pruned
Et0/0       1,20
ASW1#


PC1# ping 172.16.200.10
Type escape sequence to abort.
Sending 5, 100-byte ICMP Echos to 172.16.200.10, timeout is 2 seconds:
!!!!!
Success rate is 100 percent (5/5), round-trip min/avg/max = 2/4/8 ms
PC1#
```

此时需要在网络文档中记录上述排障过程并告诉该用户以及其他相关方，本故障问题已解决。

5. 检测与排除以太网中继故障

常见的中继配置差错主要有：

- 中继类型（ISL 与 802.1Q）不匹配；
- 交换模式不匹配；
- 本征 VALN 不匹配（适用于 802.1Q）；
- 允许的 VLAN 不匹配或错误。

在接口配置模式下配置交换端口模式时存在如下选择。

- **动态自动（Dynamic auto）模式：**以太网接口启动后处于接入模式，如果邻接邻居建议其使用 DTP（Dynamic Trunking Protocol，动态中继协议），那么该接口将会切换到中继模式。

- **动态期望（Dynamic desirable）模式**：以太网接口启动后处于接入模式，但是会建议邻接邻居切换到中继模式（使用 DTP）。如果邻接邻居同意，那么接口将进入中继模式。
- **中继（Trunk）模式**：以太网接口启动后处于中继模式，虽然该接口并不生成 DTP 消息，但是会响应邻接邻居的建议而切换到中继模式。
- **接入（Access）模式**：以太网接口启动后处于接入模式，该接口不生成 DTP 消息，也不响应邻接邻居的建议而切换到中继模式。
- **无协商（Nonegotiate）模式**：以太网接口启动后处于中继模式且完全禁用 DTP，该接口不生成 DTP 消息，也不响应邻接邻居的建议而切换到中继模式。仅当链路两端的配置完全相同时，才应该使用该选项。

命令 **show interfaces trunk** 和 **show interface** *Ethernet x/y* **switchport** 的输出结果可以确定以太网接口的当前配置（如例 6-5 所示），而且这些输出结果对于对比交换机间链路的两端配置来说也非常有用。

例 6-5 有用的中继故障检测与排除命令

```
DSW1# show interfaces trunk

Port        Mode             Encapsulation  Status        Native vlan
Et0/1       on               802.1q         trunking      1
Et0/2       on               802.1q         trunking      1

Port        Vlans allowed on trunk
Et0/1       1,10,20
Et0/2       1,10,20

Port        Vlans allowed and active in management domain
Et0/1       1,10,20
Et0/2       1,10,20

Port        Vlans in spanning tree forwarding state and not pruned
Et0/1       none
Et0/2       none
DSW1#
DSW1# show interface ethernet0/1 switchport
Name: Et0/1
Switchport: Enabled
Administrative Mode: trunk
Operational Mode: trunk
```

```
Administrative Trunking Encapsulation: dot1q
Operational Trunking Encapsulation: dot1q
Negotiation of Trunking: On
Access Mode VLAN: 1 (default)
Trunking Native Mode VLAN: 1 (default)
Administrative Native VLAN tagging: enabled
Voice VLAN: none
Administrative private-vlan host-association: none
Administrative private-vlan mapping: none
Administrative private-vlan trunk native VLAN: none
Administrative private-vlan trunk Native VLAN tagging: enabled
Administrative private-vlan trunk encapsulation: dot1q
Administrative private-vlan trunk normal VLANs: none
Administrative private-vlan trunk associations: none
Administrative private-vlan trunk mappings: none
Operational private-vlan: none
Trunking VLANs Enabled: 1,10,20
Pruning VLANs Enabled: 2-1001
Capture Mode Disabled
Capture VLANs Allowed: ALL

Appliance trust: none
DSW1#
```

6.1.2 检测与排除 PC2 的连接性故障

PC2 的用户 Andrew 称无法访问 Internet。具体而言，Andrew 试图访问的服务器的地址是 209.165.200.2。故障检测与排除工作的首要步骤就是验证故障问题并制定排障计划。从例 6-6 可以看出，PC2 向地址为 209.165.200.2 的服务器发起的 ping 测试失败。此外，我们知道上一个工作日之前 PC2 还能与该服务器进行正常通信。

例 6-6 验证 PC2 的连接性故障

```
PC2# ping 209.165.200.2
Type escape sequence to abort.
Sending 5, 100-byte ICMP Echos to 209.165.200.2, timeout is 2 seconds:
.....
Success rate is 0 percent (0/5)
PC2#
PC2# show ip interface brief
Interface          IP-Address      OK? Method Status        Protocol
Ethernet0/0        192.168.20.2    YES DHCP   up            up
PC2#
```

1. 收集信息

一个好的主意是检查并确定是否还有其他用户也存在与 PC2 相同的 Internet 连接性故障。从其他 PC 测试 Internet 连接性之后发现，这些 PC 都存在与 PC2 相同的 Internet 连接性故障。这是一个非常简单的组件替换故障检测与排除法场景，可以确定故障是否源自 PC2 本身或者源自网络中的其他位置（此时会影响很多其他设备）。

接下来检查 R1 到 Internet 的连接以及 R1 到网络中这些 PC 的连接是否正常。从例 6-7 可以看出，R1 能够 ping 通 209.165.200.2（Internet），而且也能 ping 通 192.168.20.2（PC2）。

例 6-7 收集信息：检查 R1 的内部和外部连接

```
R1# ping 209.165.200.2
Type escape sequence to abort.
Sending 5, 100-byte ICMP Echos to 209.165.200.2, timeout is 2 seconds:
!!!!!
Success rate is 100 percent (5/5), round-trip min/avg/max = 1/5/10 ms
R1#
R1# ping 192.168.20.2
Type escape sequence to abort.
Sending 5, 100-byte ICMP Echos to 192.168.20.2, timeout is 2 seconds:
!!!!!
Success rate is 100 percent (5/5), round-trip min/avg/max = 4/7/11 ms
R1#
```

根据 R1 的 ping 测试结果，可以判断出去往 ISP（Internet Service Provider，Internet 服务提供商）的连接正常，PC 与边界路由器（R1）之间没有连接性故障。影响 Internet 连接的配置问题包括 NAT（Network Address Translation，网络地址转换）、ACL（Access Control List，访问控制列表）和路由，由于网络中的 PC 使用的都是私有 IP 地址，因而从逻辑上来说下一步应该检查 R1 的 NAT 配置信息。例 6-8 给出了 R1 的 **show ip nat statistics** 和 **show interfaces description** 命令输出结果。从输出结果可以看出，NAT 没有起作用（“Total active translations: 0”），外部接口被配置为 Ethernet 0/1，内部接口被配置为 Ethernet 0/2。从 **show interfaces description** 命令的输出结果可以确认这些接口均按照规划方式进行配置。此外，从 **show ip nat statistics** 命令的输出结果还可以看出，NAT 使用访问列表 1 来匹配经内部接口进入的数据包的源地址。

从逻辑上来说，下一步应该检查访问列表 1 的正确性。从 **show access-list 1** 命令的输出结果可以看出（如例 6-9 所示），该访问列表并不存在，但是随后执行的 **show access-list** 命令的输出结果却表明存在一个满足需求的访问列表 21。为了安全起见，在使用访问列表 21 来实现 NAT 操作之前，还应该检查 R1 的接口上是否还应用了其他访问列表。从例 6-8 输出结果的最后一节可以看出，运行 **show ip interface | include Outgoing|Inbound** 命令之后，发现没有在 R1 的任何接口上应用 IP 访问列表。

例 6-8 收集信息：R1 的 NAT 配置

```
R1# show ip nat statistics
Total active translations: 0 (0 static, 0 dynamic; 0 extended)
Outside interfaces:
  Ethernet0/1
Inside interfaces:
  Ethernet0/2
Hits: 0  Misses: 0
CEF Translated packets: 0, CEF Punted packets: 17
Expired translations: 0
Dynamic mappings:
-- Inside Source
[Id: 1] access-list 1 interface Ethernet0/1 refcount 0
nat-limit statistics:
 max entry: max allowed 0, used 0, missed 0
R1#
R1# show interface description
Interface                      Status         Protocol Description
Et0/0                          up             up       link to SERVER
Et0/1                          up             up       link to INTERNET
Et0/2                          up             up       link to DSW1
R1#
R1# show access-list 1
R1#
R1# show access-list
Standard IP access list 21
    10 permit 192.168.0.0, wildcard bits 0.0.255.255
    20 permit 172.16.0.0, wildcard bits 0.0.255.255
R1#
R1# show ip interface | include Outgoing|Inbound
  Outgoing access list is not set
  Inbound  access list is not set
  Outgoing access list is not set
  Inbound  access list is not set
  Outgoing access list is not set
  Inbound  access list is not set
  Outgoing access list is not set
  Inbound  access list is not set
  Outgoing access list is not set
  Inbound  access list is not set
R1#
```

2．提出推断、验证推断并解决故障

据此可以推断出R1的NAT配置误将访问列表1写成了访问列表21，因而需要删除旧的引用访问列表1的NAT命令，并配置一条新的引用访问列表21的NAT命令。从例6-9可以看出，修改了R1的NAT配置之后，PC2就能够成功到达/ping通地址为206.165.200.2的Internet测试设备。

例6-9 修正R1的NAT配置

```
R1# show run | include ip nat inside source
ip nat inside source list 1 interface Ethernet0/1 overload
R1#
R1# conf t
Enter configuration commands, one per line.  End with CNTL/Z.
R1(config)# no ip nat inside source list 1 interface Ethernet0/1 overload
R1(config)# ip nat inside source list 21 interface Ethernet0/1 overload
R1(config)#end
*Aug  5 15:21:22.814: %SYS-5-CONFIG_I: Configured from console by console
R1# copy run start
Destination filename [startup-config]?
Building configuration...
Compressed configuration from 2094 bytes to 1245 bytes[OK]
R1#

PC2# ping 209.165.200.2
Type escape sequence to abort.
Sending 5, 100-byte ICMP Echos to 209.165.200.2, timeout is 2 seconds:
!!!!!
Success rate is 100 percent (5/5), round-trip min/avg/max = 2/7/11 ms
PC2#
```

此时需要在网络文档中记录上述排障过程并告诉该用户以及其他相关方，本故障问题已解决。

3．检测与排除NAT故障

常见的NAT配置差错主要有：

- 内部接口和外部接口配置错误；
- 用于NAT的ACL配置错误；
- NAT IP地址池配置错误；
- 没有宣告内部全局地址，导致外部网络访问内部网络时出现路由和可达性问题。

除了 NAT 配置差错之外，还应该了解并掌握以下常见的 NAT 故障。

- **某些应用程序与 NAT 不友好**：IP 电话等应用程序在呼叫建立阶段需要引用主机的 IP 地址（在地址转换之前）。由于 IP 包的目的地址是私有地址、不可达，因而将丢弃 VoIP（Voice over IP，IP 语音）流量（实际呼叫）。因而在这些应用中使用 NAT 时必须进行特殊配置以适应这些特殊应用环境。
- **NAT 增大了端到端的时延**：经过 NAT 转换的数据包会比没有经过 NAT 转换的数据包产生更大的时延。如果因地址转换而导致数据包产生严重时延，那么可能的原因是 NAT 设备正在处理过量的 NAT 转换操作。
- **在 VPN 上使用 NAT**：NAT 在执行 IP 地址转换操作时会修改 IP 报头的校验和。如果安全协议使用 IP 报头中的校验和来检查数据包的完整性，那么就会拒绝该 IP 包。对于这类应用来说，需要部署特殊的应用环境。
- **NAT 隐藏了 IP 地址**：NAT 对于端到端的故障检测与排除工作来说是一个重大挑战，排障之前必须理解并掌握 NAT 的处理过程。

需要注意的是，目前可以使用一种新的被称为 NVI（NAT Virtual Interface，NAT 虚接口）功能的 NAT 配置方法。NAT 和 NVT 的配置语法有一些细微差别。对于 NAT NVI 来说，无需定义 NAT 内部接口和 NAT 外部接口，只要在接口上启用 NAT 即可，而且地址转换命令中也不包含关键字 **inside**。例 6-10 在传统的 NAT 配置之后给出了一个 NVT 配置示例。

例 6-10　传统的 NAT 配置与 NVI 配置对比示例

```
R1(config)# interface fastethernet 0/0
R1(config-if)# ip nat inside
R1(config-if)# interface fastethernet 0/1
R1(config-if)# ip nat outside
R1(config-if)# exit
R1(config)# ip nat inside source static 192.168.0.1 209.165.200.2


R1(config)# interface fastethernet 0/0
R1(config-if)# ip nat enable
R1(config-if)# interface fastethernet 0/1
R1(config-if)# ip nat enable
R1(config-if)# exit
R1(config)# ip nat source static 192.168.0.1 209.165.200.2
```

NVI 功能可以让 NAT 流量流经虚接口，而无需指定内部和外部域。如果指定了域，那么将在应用路由决策之前或之后应用地址转换规则，具体取决于流量是从内部流向外部还是从外部流向内部。但是对于 NVI 来说，仅在应用了路由决策之后才将地址转换规则应用到域上。

命令 **show ip nat translations** 可以显示哪些接口是内部接口和外部接口以及当前的静态和动态转换次数。在检测与排除 NAT 故障时，这是一个非常有用的命令。该命令可以删除 NAT

表中的所有活动动态转换表项。内部全局地址（inside global address）是内部设备出现在外部网络中的 IP 地址，内部本地地址（inside local address）是分配给内部网络设备的 IP 地址，外部本地地址（outside local address）是外部设备出现在内部网络中的 IP 地址，外部全局地址（outside global address）是分配给外部设备的 IP 地址。命令 **debug ip nat** 可以显示网络中发生的地址转换操作。可以利用 IP 标识号来匹配输出结果中的数据包与协议分析仪抓取的数据包。

6.1.3 检测与排除 PC3 的连接性故障

PC3 的用户 Carol 称无法通过 SSH 方式访问地址为 172.16.200.2 的服务器，但之前 Carol 可以通过她的 PC 访问该服务器。故障检测与排除工作的首要步骤就是验证故障问题并制定排障计划。从例 6-11 可以看出，PC3 向地址为 172.16.200.2 的服务器发起的 SSH 连接请求（使用该用户的账号 ccnp）失败。

例 6-11 验证 PC3 的 SSH 连接故障

```
PC3>ssh -l ccnp 172.16.200.10
% Destination unreachable; gateway or host down

PC3>
```

可以采用自顶而下故障检测与排除法来解决本故障问题。由于 SSH 应用无法正常工作，因而下一步可以通过 ping 来测试去往地址为 172.16.200.2 的服务器的基本连接性是否正常。

1．收集信息

从例 6-12 可以看出，PC3 向地址为 172.16.200.2 的服务器发起的 ping 测试也失败了。由于采用的是自顶而下法，因而接下来需要排查数据链路层故障。

例 6-12 从 PC3 向 SSH 服务器发起基本的连接性测试

```
PC3>ping 172.16.200.10
% Unrecognized host or address, or protocol not running.
PC3>



ASW2# show interfaces description
Interface                         Status             Protocol  Description
Et0/0                              up                  up              link to DSW1
Et0/1                              admin down down         PC3
Et0/2                              up                  up              PC4
< output omitted >
ASW2#
```

下一个简单的信息收集步骤就是检查 ASW2 的以太网接口状态。从例 6-12 可以看出，**show interfaces description** 命令的输出结果表明接口 Ethernet 0/1（连接 PC3）处于管理性关闭状态。

2. 排除潜在故障原因，提出推断并验证推断

ASW2 的接口 Ethernet 0/1 处于管理性关闭状态很好地解释了 PC3 出现连接性故障的原因。根据收集到的这些信息，虽然可能还有其他配置问题，但可能性较小，此时需要做的是启用该接口，并确定该问题是否是影响 PC3 连接性的唯一原因，以及是否还需要收集更多信息。从例 6-13 可以看出，启用了 ASW2 的 Ethernet 0/1 接口之后，PC3 能够成功地与地址为 172.16.200.2 的服务器建立 SSH 连接（使用用户名 ccnp）。

例 6-13　验证推断：启用 ASW2 的 Ethernet 0/1 接口

```
ASW2# configure terminal
Enter configuration commands, one per line.  End with CNTL/Z.
ASW2(config)# interface ethernet 0/1
ASW2(config-if)# no shut
ASW2(config-if)#
*Aug  5 18:17:41.402: %LINK-3-UPDOWN: Interface Ethernet0/1, changed state to up
*Aug  5 18:17:42.407: %LINEPROTO-5-UPDOWN: Line protocol on Interface Ethernet0/1,
  changed state to up
ASW2(config-if)# end
ASW2#
*Aug  5 18:17:44.457: %SYS-5-CONFIG_I: Configured from console by console
ASW2# copy run start
Destination filename [startup-config]?
Building configuration...
Compressed configuration from 1849 bytes to 934 bytes[OK]
ASW2#


PC3>
*Aug  5 18:18:23.373: %DHCP-6-ADDRESS_ASSIGN: Interface Ethernet0/0 assigned DHCP
  address 192.168.10.2, mask 255.255.255.0, hostname PC3

PC3>ssh -l ccnp 172.16.200.10
Password:

SERVER>exit

[Connection to 172.16.200.10 closed by foreign host]
PC3>
```

看起来就是这单一故障源影响了 PC3 与期望服务器之间建立 SSH 连接，此时还需要在网络文档中记录上述排障过程并告诉该用户以及其他相关方，本故障问题已解决。

3. 检测与排除网络设备接口故障

利用 **show ip interface** *interface slot/number* 和 **show ip interface brief** 命令可以验证网

络设备的接口状态。接口状态指的是硬件层面的状态，反映了接口是否正在接收检测到的来自对端设备的信息。线路协议指的是数据链路层协议，反映了是否收到了数据链路层协议的保活包。常见的接口故障如下所示。

- **接口处于 up 状态，但线路协议处于 down 状态：**可能的原因包括没有保活包、封装类型不匹配或者时钟速率有问题。
- **线路协议和接口都处于 down 状态：**电缆可能未连接到交换机上，或者该连接的对端被管理性关闭。
- **接口状态显示为管理性关闭：**接口被管理性关闭，需要配置 **no shutdown** 命令。

6.1.4 检测与排除 PC4 的连接性故障

PC4 的用户 Mithun 称无法访问 Internet 上 IPv6 地址为 2001:DB8:D1:A5:C8::2 的设备，但是 Mithun 告诉我们，上周还能通过其 PC 访问该服务器，而且此时 PC2 也能正常访问该服务器。

故障检测与排除工作的首要步骤就是验证故障问题并制定排障计划。从例 6-14 可以看出，PC4 发起的 ping 测试失败，但是从 PC2 向同一台服务器发起的 ping 测试却成功。

例 6-14 验证 PC4 的 IPv6 连接性故障

```
PC4# ping 2001:db8:d1:a5:c8::2
Type escape sequence to abort.
Sending 5, 100-byte ICMP Echos to 2001:DB8:D1:A5:C8::2, timeout is 2 seconds:
NNNNN
Success rate is 0 percent (0/5)
PC4#



PC2#
PC2# ping 2001:db8:d1:a5:c8::2
Type escape sequence to abort.
Sending 5, 100-byte ICMP Echos to 2001:DB8:D1:A5:C8::2, timeout is 2 seconds:
.!!!!
Success rate is 80 percent (4/5), round-trip min/avg/max = 2/3/6 ms
PC2#
```

根据收集到的信息，可以考虑采用对比配置法来解决本故障问题，而且有理由推断 ISP 提供的去往 Internet 的 IPv6 连接一切正常。

1. 收集信息

例 6-15 给出了 PC4 和 PC2 的配置对比情况。可以看出 PC2 的 Ethernet 0/0 接口配置了 **ipv6 address autoconfig** 命令，而 PC4 的 Ethernet 0/0 接口未配置该命令。

例 6-15 对比配置：分析 PC4 与 PC2 的 IPv6 配置差异

```
PC4# show ipv6 interface brief
Ethernet0/0                [up/up]
    FE80::A8BB:CCFF:FE00:A000
< output omitted >
PC4#
PC4# show running-config interface ethernet 0/0
Building configuration...

Current configuration : 78 bytes
!
interface Ethernet0/0
 ip address dhcp
 no ip route-cache
 ipv6 enable
end
PC4#


PC2#
PC2# show running-config interface ethernet 0/0
Building configuration...

Current configuration : 90 bytes
!
interface Ethernet0/0
 ip address dhcp
 no ip route-cache
 ipv6 address autoconfig
end
PC2#
```

为了验证 PC4 Ethernet 0/0 接口的 IPv6 地址信息，可以使用 **show ipv6 interface brief** 命令（如例 6-15 顶部所示）。输出结果表明 PC4 的 Ethernet 0/0 接口上有一个链路本地地址（FE80::A8BB:CCFF:FE00:A000），但是没有可路由的 IPv6 地址。

2．排除潜在故障原因，提出推断并验证推断

由于没有可路由的 IPv6 地址，PC4 就无法与链路本地范围之外的设备进行通信，因而可以推断出故障根源就是缺少可路由的 IPv6 地址。根据网络文档和网络策略，可以利用 **ipv6 address autoconfig** 命令修改 PC4 的 Ethernet 0/0 配置。修改完成后可以验证推断，如果解决了 PC4 的连接性故障，那么就能结束本次排障进程。例 6-16 给出了修正 PC4 配置的配置示例。

例6-16 验证推断：修正PC4 的IPv6 地址配置

```
PC4# config terminal
Enter configuration commands, one per line.  End with CNTL/Z.
PC4(config)# interface ethernet 0/0
PC4(config-if)# ipv6 address autoconfig
PC4(config-if)# end
PC4#
*Aug  5 20:22:14.185: %SYS-5-CONFIG_I: Configured from console by console

PC4# ping 2001:db8:d1:a5:c8::2
Type escape sequence to abort.
Sending 5, 100-byte ICMP Echos to 2001:DB8:D1:A5:C8::2, timeout is 2 seconds:

*Aug  5 20:22:18.564: %DHCP-6-ADDRESS_ASSIGN: Interface Ethernet0/0 assigned DHCP
  address 192.168.20.4, mask 255.255.255.0, hostname PC4
.!!!!
Success rate is 80 percent (4/5), round-trip min/avg/max = 4/6/10 ms
PC4#

PC4# copy running-config startup-config
Destination filename [startup-config]?
Building configuration...
Compressed configuration from 900 bytes to 584 bytes[OK]
PC4#
```

看起来就是这单一故障源影响了 PC4 的 IPv6 连接，此时还需要在网络文档中记录上述排障过程并告诉该用户以及其他相关方，本故障问题已解决。

3. 检测与排除客户端 IPv6 地址分配故障

可以通过以下方式为 IPv6 主机配置 IPv6 地址或者动态获得 IPv6 地址。

- 通过配置主机部分来手工配置 IPv6 地址。
- 通过自动生成主机部分来手工配置 IPv6 地址：
  - 采用 EUI-64 来自动生成 IPv6 地址的主机部分；
  - 采用随机（且可选安全）方式生成 IPv6 地址的主机部分。
- 基于本地 IPv6 路由器 RA（Router Advertisement，路由器宣告）的 SLAAC（Stateless Address Autoconfiguration，无状态地址配置）。
- 采用 DHCPv6 的状态化自动配置。
- 由 DHCPv6 提供其他编址信息（如 DNS 地址和域名）的 SLAAC，称为 DHCPv6 Lite 地址分配方法。

SLACC 允许主机根据本地 IPv6 路由器的 RA（宣告本地网络的地址和子网掩码）来生成自已的地址。IPv6 主机从 RA 学到链路前缀之后，加上其接口的 EUI-64 地址或者随机生成的地址即可创建一个全局单播地址。IPv6 可以使用 DHCPv6，DHCPv6 客户端能够通过两消息快速交换进程（SOLICIT、REPLY）或者四消息常规交换进程（SOLICIT、ADVERTISE、REQUEST、REPLY）从服务器获取配置参数。此外，DHCPv6 还能与 SLAAC 配合使用。如果仅使用 SLAAC，那么 IPv6 主机将缺少 DNS 地址、域名等信息。通常将该地址分配方法称为 DHCPv6 Lite，此时 DHCPv6 并不向客户端分配地址，而是提供 IPv6 地址、前缀长度（子网掩码）和网关地址之外的其他配置信息。客户端必须通过其他方法（如 SLAAC）获得 IPv6 地址。

利用 **show ipv6 interface** 命令可以验证设备上配置的 IPv6 地址，同时也可以确定是否配置了无状态自动配置特性。检查客户端是否获得 IPv6 地址的其他方式是使用 **show ipv6 interface brief** 命令。如果客户端被配置为使用 DHCPv6 获得其 IPv6 地址，那么就可以利用接口命令 **show ipv6 dhcp** 来验证客户端收到的 IPv6 地址。如果使用的是 DHCPv6 Lite，那么输出结果有一些细微差别，只有域名和 DNS 服务器信息，没有 IPv6 地址。

6.2 SECHNIK 网络公司故障工单 2

网络工程师 Peter 完成了网络升级工作之后，有些用户称其工作站出现了连接性故障。下面是他们报告的故障现象。

- Kimberly（PC1 的用户）报告称无法访问 Internet。
- Peter 称他曾经在网络中配置了一种安全特性，仅允许用户建立到服务器（172.16.200.10）的 SSH 会话，而不允许用户从服务器建立会话，但是却没有达到预期效果。Andrew（PC2 的用户）称目前无法使用 SSH 连接该服务器。
- Peter 在接入层交换机上也配置了端口安全特性，Mithum（PC4 的用户）称其 PC 无法从 DHCP 服务器获得 IP 地址。

我们的任务就是在保障已部署的安全特性正常工作的基础上，解决这些用户报告的连接性故障。

6.2.1 检测与排除 PC1 的连接性故障

Kimberly（PC1 的用户）称无法访问 Internet，具体而言，就是无法访问 IP 地址为 209.165.201.225 的服务器。Kimberly 称其他用户也无法访问该服务器，但是在 Peter（网络工程师）最近升级网络之前能够访问该服务器。

故障检测与排除工作的首要步骤就是验证故障问题并制定排障计划。从例 6-17 可以看出，PC1 向地址为 209.165.201.225 的服务器发起的 ping 测试失败。

由于其他用户也无法访问 Internet 上的该服务器，因而有理由推断该网络故障不是特定 PC 的故障问题。由于 Kimberly 没有其他故障问题，因而不适宜采用自底而上故障检测与排除法，最适合的方法就是从网络层入手的分而治之法。可以利用跟踪流量路径技术来定位故障区域。

例 6-17　验证 PC1 至 Internet 的连接性故障

```
PC1# ping 209.165.201.225
Type escape sequence to abort.
Sending 5, 100-byte ICMP Echos to 209.165.201.225, timeout is 2 seconds:
.....
Success rate is 0 percent (0/5)
PC1#
```

1. 收集信息

首先采用跟踪流量路径法，从 PC1 向目的地 209.165.201.225 发起 IP 路由跟踪操作。从例 6-18 可以看出似乎存在路由环路，因为数据包在 172.16.100.1（R1）与 172.16.100.2（DSW1）之间来回传送。

例 6-18　收集信息：在 PC1 上执行 IP 路由跟踪操作

```
PC1# traceroute 209.165.201.225
Type escape sequence to abort.
Tracing the route to 209.165.201.225
VRF info: (vrf in name/id, vrf out name/id)
  1 192.168.10.1 1 msec 4 msec 3 msec
  2 172.16.100.1 5 msec 2 msec 6 msec
  3 172.16.100.2 2 msec 1 msec 1 msec
  4 172.16.100.1 5 msec 8 msec 2 msec
  5 172.16.100.2 5 msec 1 msec 8 msec
  6 172.16.100.1 8 msec 4 msec 12 msec
...
PC1#
```

接下来继续收集其他信息，此时最好检查 DSW1 和 R1 的路由表。例 6-19 给出了相应的检查结果。可以看出 DSW1 通过 OSPF（Open Shortest Path First，开放最短路径优先）从 R1 收到了默认路由信息，因而 DSW1 将 R1（172.16.100.1）作为默认网关。看起来似乎没有问题，但 R1 的路由表显示了一条将 ISP 地址（209.165.200.2）作为下一跳的静态默认路由（0.0.0.0/0），该静态默认路由也是合理的。但 R1 的路由表还有一条去往 209.165.201.0/24 的静态路由，该路由使用 172.16.100.2（R1 的 Ethernet 0/0 接口）作为下一跳。该静态路由与 Kimberly（PC1 的用户）试图访问的服务器所处的网络相匹配。由于该网络位于外部 Internet 上，因而该静态路由无效，应该删除。

例 6-19　收集信息：检查 DSW1 和 R1 的路由表

```
DSW1# show ip route
Codes: L - local, C - connected, S - static, R - RIP, M - mobile, B - BGP
< output omitted >

Gateway of last resort is 172.16.100.1 to network 0.0.0.0

O*E2  0.0.0.0/0 [110/1] via 172.16.100.1, 00:10:25, Ethernet0/0
      2.0.0.0/32 is subnetted, 1 subnets
C        2.2.2.2 is directly connected, Loopback0
      172.16.0.0/16 is variably subnetted, 2 subnets, 2 masks
C        172.16.100.0/24 is directly connected, Ethernet0/0
L        172.16.100.2/32 is directly connected, Ethernet0/0
      192.168.10.0/24 is variably subnetted, 2 subnets, 2 masks
C        192.168.10.0/24 is directly connected, Vlan10
L        192.168.10.1/32 is directly connected, Vlan10
      192.168.20.0/24 is variably subnetted, 2 subnets, 2 masks
C        192.168.20.0/24 is directly connected, Vlan20
L        192.168.20.1/32 is directly connected, Vlan20
O E2  192.168.22.0/24 [110/20] via 172.16.100.1, 00:10:25, Ethernet0/0
DSW1#

R1#show ip route
Codes: L - local, C - connected, S - static, R - RIP, M - mobile, B - BGP
< output omitted >

Gateway of last resort is 209.165.200.2 to network 0.0.0.0

S*    0.0.0.0/0 [1/0] via 209.165.200.2
      1.0.0.0/32 is subnetted, 1 subnets
C        1.1.1.1 is directly connected, Loopback0
      172.16.0.0/16 is variably subnetted, 4 subnets, 3 masks
C        172.16.100.0/24 is directly connected, Ethernet0/2
L        172.16.100.1/32 is directly connected, Ethernet0/2
C        172.16.200.0/28 is directly connected, Ethernet0/0
L        172.16.200.1/32 is directly connected, Ethernet0/0
O     192.168.10.0/24 [110/11] via 172.16.100.2, 00:09:48, Ethernet0/2
O     192.168.20.0/24 [110/11] via 172.16.100.2, 00:09:48, Ethernet0/2
      192.168.22.0/24 is variably subnetted, 2 subnets, 2 masks
C        192.168.22.0/24 is directly connected, Loopback22
L        192.168.22.1/32 is directly connected, Loopback22
      209.165.200.0/24 is variably subnetted, 2 subnets, 2 masks
```

```
C        209.165.200.0/30 is directly connected, Ethernet0/1
L        209.165.200.1/32 is directly connected, Ethernet0/1
S     209.165.201.0/24 [1/0] via 172.16.100.2
R1#
```

2．提出推断，验证推断并解决故障

由于已经推断出导致路由环路并且阻碍 PC1 到达 Internet 上地址为 206.165.201.255 的服务器的故障根源是 R1 上的无效静态路由，因而需要从 R1 的路由表中删除该静态路由（如例 6-20 所示）。

例 6-20　验证推断：删除无效静态路由并观察修正结果

```
R1# show running-config | include route
 default-router 192.168.10.1
 default-router 192.168.20.1
router ospf 1
ip route 0.0.0.0 0.0.0.0 209.165.200.2
ip route 209.165.201.0 255.255.255.0 172.16.100.2
ipv6 route ::/0 2001:DB8:D1:A5:C8::2
ipv6 router rip RIPNG
R1#

R1# configure terminal
Enter configuration commands, one per line.  End with CNTL/Z.
R1(config)# no ip route 209.165.201.0 255.255.255.0 172.16.100.2
R1(config)# end
*Aug  6 17:35:41.550: %SYS-5-CONFIG_I: Configured from console by console
R1# copy run start
Destination filename [startup-config]?
Building configuration...
Compressed configuration from 2203 bytes to 1305 bytes[OK]
R1#


PC1# ping 209.165.201.225
Type escape sequence to abort.
Sending 5, 100-byte ICMP Echos to 209.165.201.225, timeout is 2 seconds:
!!!!!
Success rate is 100 percent (5/5), round-trip min/avg/max = 4/7/10 ms
PC1#
```

从例 6-20 可以看出，删除了 R1 的无效静态路由之后，PC1 能够 ping 通地址为 206.165.201.255 的服务器。此时还需要在网络文档中记录上述排障过程并告诉该用户以及其他相关方，本故障问题已解决。

3. 检测与排除网络层连接性故障

如果发现两台主机之间没有网络层连接，那么最好的故障检测与排除方法就是跟踪数据包在路由器之间的传递路径（与诊断二层故障时跟踪帧在交换机之间的传递路径相似）。需要验证转发表中与该数据包的目的地相匹配的路由的可用性，并且对那些需要二层地址的技术（如以太网）来说，还要验证下一跳地址的三层到二层地址映射的可用性。对于任何需要双向通信的应用程序来说，都必须跟踪数据包的双向传送过程，这是因为数据包在一个方向上传送所需的正确路由信息以及三层到二层地址映射可用并不代表在另一个方向上也有相应的可用信息。

为了转发数据包，路由器需要组合来自不同控制平面数据结构的信息。路由表是这些数据结构中最重要一种数据结构。与交换机不同（如果交换机的 MAC 地址表中没有数据帧的目的 MAC 地址，那么就会将该数据帧泛洪到所有端口），如果路由器没有在路由表中发现与数据包的目的地址相匹配的表项，就会丢弃该数据包。路由器转发数据包时，需要查询路由表以找到与数据包目的 IP 地址相匹配的最长匹配前缀。与该路由表项相关联的是出接口和下一跳 IP 地址（大多数情况下如此）。

对于点到点出接口（如运行 PPP 或 HDLC 协议的串行接口、点到点帧中继子接口或点到点 ATM[Asynchronous Transfer Mode，异步传输模式]子接口）来说，并不强制要求下一跳 IP 地址，这是因为构建数据帧所需的全部信息都可以从出接口得到。例如，对帧中继来说，由于点到点子接口本身就有一个相关联的 DLCI（Data-Link Connection Identifier，数据链路连接标识符），因而在构建帧中继的帧头部以及封装数据包时无需将下一跳 IP 地址映射为 DLCI。但是，对于多点出接口（如以太网接口、多点帧中继子接口或多点 ATM 子接口）来说，下一跳 IP 地址则是必须的，这是因为需要利用下一跳 IP 地址来找到正确的二层目的地址或其他二层标识符，以便构建数据帧并封装数据包。请注意，下一跳 IP 地址与二层地址或二层标识符之间的映射关系都存储在与二层协议相关的数据结构中。例如，以太网将这些映射信息都存储在 ARP 缓存中，而帧中继则将这些映射信息都存储在帧中继映射表中。因此查询完路由表之后，可能还需要进一步查询三层到二层映射表，以收集构建数据帧、封装数据包并发送数据包所需的全部信息。

针对每个需要路由的数据包都执行各种表查询操作，并利用查询结果来构建数据帧是一种效率低下的 IP 包转发方法。为了改善路由进程并提高路由器的 IP 包交换性能，Cisco 开发了 CEF（Cisco Express Forwarding，Cisco 快速转发）功能特性。这种高级的三层 IP 交换机制不但可以用于所有路由器，而且也是 Cisco Catalyst 多层交换机三层交换技术的核心。大多数 Cisco 设备平台都默认启用 CEF 交换机制。

CEF 将来自路由表及其他数据结构（如三层到二层映射表）的相关信息组合成两种新的数据结构：FIB（Forwarding Information Base，转发信息库）和 CEF 邻接表。FIB 表主要反映对路由表执行各种递归查找后的结果。查找 FIB 表会生成一个指向 CEF 邻接表中邻接表项的指针。与路由表中的表项相似，邻接表项可以仅包括一个出接口（对点到点接口来说）或者包括一个出接口和一个下一跳 IP 地址（对多点接口来说）。

为了确定用于转发数据包的相关信息，可以验证路由表或 CEF FIB 表中的特定路由项（前缀）的可用性。需要注意的是，在讨论 BGP（Border Gateway Protocol，边界网关协议）和 OSPF（Open Shortest Path First，开放最短路径优先）等协议的时候，通常将去往不同目的地的最佳路径集合称为 BGP RIB（Routing Information Base，路由信息库）或 OSPF RIB。但是大家必须意识到，BGP、OSPF 或其他路由协议去往不同目的地的最佳路径可能/也可能没有安装在 IP 路由表（或 IP RIB）中。这是因为存在多条可选路径去往同一目的地时，IP 路由进程会在 IP 路由表（或 IP RIB）中安装 AD（Administrative Distance，管理距离）值最小的路径。

是否需要检查 IP 路由表或 FIB 表取决于正在诊断的故障类型。如果需要诊断控制平面故障（如通过路由协议交换路由信息），那么 **show ip route** 命令就是一个非常好的选择。这是因为该命令的输出结果中包含了与该路由相关的所有控制平面的详细信息，如宣告的路由协议、路由源、管理距离以及路由协议度量等。如果需要诊断与数据平面关联度更大的故障问题（如跟踪两台主机通过网络传送的准确流量流），那么 FIB 表通常是最佳选择，这是因为 FIB 包含了包交换决策所需的全部信息。

如果希望显示路由表的内容，那么可以使用以下命令。

- **show ip route** *ip-address*：在 **show ip route** 命令中使用了目的 IP 地址选项之后，路由器将仅针对该目的 IP 地址来执行路由表查找操作，并显示与该地址相匹配的最佳路由以及相关的控制平面信息（请注意，默认路由不会被显示为目的 IP 地址的匹配项）。
- **show ip route** *network mask*：在 **show ip route** 命令中使用了网络和子网掩码选项之后，路由器将在路由表中查找精确匹配项（与该网络及子网掩码相匹配）。如果发现了精确匹配项，那么就显示该路由项及其相关联的所有控制平面信息。
- **show ip route** *network mask* **longer-prefixes**：选项 **longer-prefixes** 的作用是让路由器显示路由表中位于参数 *network* 和 *mask* 所指定的前缀范围内的全部前缀。该命令在诊断与路由汇总相关的故障问题时非常有用。

如果希望显示 CEF FIB 的内容，那么可以使用以下命令。

- **show ip cef** *ip-address*：该命令与 **show ip route** *ip-address* 命令相似，区别在于该命令查找的是 FIB 而不是路由表，因而该命令不显示与路由协议相关的任何信息，而只显示转发数据包所必需的信息（请注意，如果默认路由是特定 IP 地址的最佳匹配项，那么该命令将显示默认路由）。
- **show ip cef** *network mask*：该命令与 **show ip route** *network mask* 命令相似，区别在于该命令显示的是 FIB 中的信息，而不是路由表（RIB）中的信息。
- **show ip cef exact-route** *source destination*：该命令显示精确的邻接关系，该邻接关系用于转发指定源 IP 地址和目的 IP 地址（由参数 *source* 和 *destination* 来指定）的数据包。使用该命令的主要原因是跟踪数据包穿越路由式网络的路径时，路由表和 FIB 表中包含了两条或多条去往特定前缀的等价路由。此时，CEF 机制会通过多个与该前缀相关联的邻接表项实现流量的负载均衡。通过该命令可以确定转发指定源 IP 地址和目的 IP 地址的数据包所使用的邻接表项。

通过路由表或 FIB 确定了去往指定目的地的数据包的出站接口和下一跳 IP 地址（对多点接口来说）之后，路由器需要构建与出站接口的数据链路层协议相关联的数据帧。根据出站接口所用的数据链路层协议，该数据帧头部需要某些特定的连接参数，如以太网的源和目的 MAC 地址、帧中继的 DLCI 或 ATM 的 VPI/VCI（Virtual Path Identifier/Virtual Circuit Identifier，虚通路标识符/虚电路标识符），这些数据链路层参数存储在不同的数据结构中。对点到点（子）接口来说，接口与数据链路标识符或地址之间的关系通常是静态配置的。而对多点（子）接口来说，下一跳 IP 地址与数据链路标识符及地址之间的关系既可以采取手工配置，也可以利用某种形式的地址解析协议来动态实现。由于每种数据链路层技术显示静态配置或动态获取的映射信息的命令是不同的，因而网络工程师必须研究用于各种常见数据链路层协议的相关命令并学会选择合适的命令。验证三层到二层映射关系的常见命令如下所示。

- **show ip arp**：该命令可以验证动态 IP 地址到 MAC 地址的映射关系（通过 ARP 完成映射关系）。路由器默认将该信息缓存 4 个小时。如果需要刷新 ARP 缓存的内容，那么可以使用 **clear ip arp** 命令清除 ARP 缓存中的全部内容或特定表项。
- **show frame-relay map**：该命令的作用是列出多点（子）接口上所有下一跳 IP 地址与相应 PVC（Permanent Virtual Circuit，永久虚电路）的 DLCI 之间的映射关系。这些映射关系可以采取手工方式进行配置，也可以利用帧中继反向 ARP 来动态实现。此外，该命令还会列出所有以手工配置的与点到点子接口相关联的 DCLI。

使用 CEF 交换方式时，来自各种二层数据结构的信息都被用于构建帧头（为邻接表中的每个邻接表项都构建一个帧头）。命令 **show adjacency detail** 不但可以显示封装数据包的完整帧头信息，而且还可以显示利用该特定邻接项转发的全部流量的包数及字节数。在检测与排除某些故障时，可能需要验证三层到二层的映射关系。如果路由表或 FIB 表正确列出了去往特定目的地的下一跳 IP 地址和出接口，但数据包却没有到达该下一跳，那么此时就需要验证用于出站接口的数据链路层协议的三层到二层映射信息，目的是验证是否构建了正确的帧头以封装这些数据包并将其正确转发到下一跳。

6.2.2 检测与排除 PC2 的 SSH 连接性故障

网络工程师 Peter 称他在网络中部署了一种安全特性，仅允许用户建立到服务器（172.16.200.10）的 SSH 会话，而不允许用户从服务器端发起 SSH 会话。不幸的是该安全策略部署失败了，Andrew（PC2 的用户）称无法建立到服务器的 SSH 连接。

1. 验证并定义故障

首先验证 PC2 确实无法建立到服务器 172.16.200.10 的 SSH 会话。从例 6-21 可以看出，PC2向该服务器发起的SSH会话请求失败，但是服务器向目的地1.1.1.1的端口22（SSH）发起的Telnet连接请求成功。

因而故障定义如下：

部署了安全特性之后，授权用户无法建立到服务器172.16.200.10的SSH会话。我们必须部署正确的安全特性，同时保证授权用户能够建立到服务器172.16.200.10的SSH会话，但不允许从服务器端发起SSH会话。

例6-21 验证故障：PC2无法建立到服务器172.16.200.10的SSH会话

```
PC2# ssh -l ccnp 172.16.200.10
% Destination unreachable; gateway or host down

PC2#

SERVER# telnet 1.1.1.1 22
Trying 1.1.1.1, 22 ... Open
SSH-1.99-Cisco-1.25
```

可以采取跟踪流量路径法来确定是否可以从PC2与服务器之间路径上的其他设备建立到服务器的SSH会话，最重要的是要找出Peter部署的安全特性并修正该安全特性配置。

2. 收集信息

利用Telnet向端口23之外的其他端口发起连接请求（无用户名）是一种常见的故障检测与排除技术，这样做的目的是可以确定设备上的服务是否处于活动状态。向端口22发起Telnet请求还可以确定服务器使用的SSH版本情况。从例6-22可以看出，可以从R1连接服务器的端口22。从服务器收到Open消息之后发送的响应消息可以看出，目前使用的是SSH版本1，但是从DSW1发起的相同请求失败了。使用IOS命令**debug ip icmp**并从PC2发起相同请求，收到消息“ICMP: dst (192.168.20.2) administratively prohibited unreachable rcv from 172.16.100.1.”。由于172.16.100.1是R1的一个IP地址，因而很自然地想到检查R1是否存在访问列表配置差错。请注意，如果PC2收到一条TCP RST（重置）消息，那么看到的消息就是“%Connection refused by remote host”。此时就不应该怀疑访问列表问题，而应该检查服务器是否启用了SSH应用。

> 注：检测与排除基于TCP的应用会话（如SSH使用端口22）故障时，其他有用的故障验证技术包括**debug ip tcp packet in port 22**命令。该命令可以查看源或目的端口号为22的所有入站TCP包。

但是在生产设备上使用**debug**命令时必须格外慎重，因为该命令会产生大量输出结果并耗尽设备的CPU周期。

*例 6-22　利用 **telnet** 和 **debug** 命令收集信息*

```
R1# telnet 172.16.200.10 22
Trying 172.16.200.10, 22 ... Open
SSH-1.99-Cisco-1.25


DSW1# telnet 172.16.200.10 22
Trying 172.16.200.10, 22 ...
% Destination unreachable; gateway or host down
DSW1#


PC2# debug ip icmp
ICMP packet debugging is on
PC2# telnet 172.16.200.10 22
Trying 172.16.200.10, 22 ...
% Destination unreachable; gateway or host down
PC2#
*Aug  7 15:12:30.857: ICMP: dst (192.168.20.2) administratively prohibited
  unreachable rcv from 172.16.100.1
PC2#
```

利用 **show running-config** 命令和适当的过滤器（如例 6-23 所示），可以立即发现路由器 R1 的 Ethernet 0/0 接口的出站方向应用了一个访问列表 111。从网络结构图和 **show interface description** 命令的输出结果可以看出，接口 Ethernet 0/0 连接的是服务器。通过 **show interface description** 命令可以查看访问列表 111 的具体内容。

*例 6-23　利用 **show** 命令收集信息*

```
R1# show running-config | include ^interface|access-group
interface Loopback0
interface Loopback22
interface Ethernet0/0
 ip access-group 111 out
< output omitted >
R1#
R1# show interface description
Interface                      Status         Protocol Description
Et0/0                          up             up       link to SERVER
Et0/1                          up             up       link to INTERNET
Et0/2                          up             up       link to DSW1
< output omitted >
R1#
R1# show access-list 111
```

```
Extended IP access list 111
    10 permit tcp 192.168.0.0 0.0.255.255 host 172.16.200.10 established
R1#
```

3. 提出推断并验证推断

考虑到访问列表 111 的内容以及该访问列表应用于路由器 R1 Ethernet 0/0 接口的出站方向，可以看出没有设备（R1 除外）能够向服务器 172.16.200.10 发起会话请求。原因在于初始的 TCP 包（TCP 三次握手中的第一次握手）缺少 ACK 标志，而且使用了关键字 **established** 的访问列表仅允许（向外发送）设置了 ACK 标志的数据包。为什么 R1 能够向服务器发起会话请求呢。原因在于应用于路由器接口的出站访问列表并不针对该路由器自身生成的流量。

例 6-24　验证推断并解决 R1 的 ACL 故障

```
R1# config term
Enter configuration commands, one per line.  End with CNTL/Z.
R1(config)# access-list 112 permit tcp host 172.16.200.10 192.168.0.0 0.0.255.255
  established
R1(config)# interface ethernet 0/0
R1(config-if)# ip access-group 112 in
R1(config-if)# no ip access-group 111 out
R1(config-if)# end
*Aug  7 15:18:42.672: %SYS-5-CONFIG_I: Configured from console by console
R1# copy run start
Destination filename [startup-config]?
Building configuration...
Compressed configuration from 2284 bytes to 1333 bytes[OK]
R1#


PC2#
PC2# ssh -l ccnp 172.16.200.10
Password:
SERVER>exit

[Connection to 172.16.200.10 closed by foreign host]
PC2#


SERVER#
SERVER# telnet 1.1.1.1 22
Trying 1.1.1.1, 22 ...

% Destination unreachable; gateway or host down
SERVER#
```

为了修正访问列表的配置问题，需要在 R1 Ethernet 0/0 接口的入站方向应用一个访问列表，仅允许服务器发送拥有 ACK 标志（established）的 TCP 流量。这样一来，就可以在 Ethernet 0/0 接口拒绝服务器发起的会话，但是允许服务器发送来的响应流量（第二次 TCP 握手），因为该流量拥有 ACK 标志（established）。

为了验证故障推断，在创建新访问列表 112 之后，将其应用于 Ethernet 0/0 接口的入站方向，同时删除应用于出站方向的访问列表 111（如例 6-24 所示）。从例 6-24 还可以看出，修改了 R1 的访问列表配置之后，PC2 就能够以 SSH 方式连接服务器，而且从服务器发起的 Telnet 会话也被拒绝了。

至此已经完成了排障任务：从 PC2 发起的 SSH 会话已经正常工作，而从服务器发起的会话则被 R1 阻塞了。此时还需要在网络文档中记录上述排障过程并告诉该用户以及其他相关方，本故障问题已解决。

4. TCP 三次握手

TCP 是 TCP/IP 协议簇的核心协议之一。TCP 能够提供可靠的数据传输手段，利用三次握手进程建立连接。TCP 报头中的控制比特指示握手进度以及连接的状态。TCP 的三次握手进程如下。

- 建立连接的目标设备位于网络上。
- 验证目标设备拥有活动服务并且在目标端口号（发起连接请求的客户端希望为会话使用该端口）上接受请求。
- 告诉目标设备，源客户端希望在该端口号上建立通信会话。

上述进程需要在两台设备之间设置报文段头部中的 SYN 比特和 ACK 比特。此外，在连接建立过程中还需要执行一项非常重要的功能，那就是第一台设备要将 ISN（用于跟踪该连接上的数据字节）通告给第二台设备。对于 FTP、HTTP、HTTPS、SMTP、IMAP、POP3、Telnet、SSH 以及其他利用 TCP 进行传输的协议来说，在打开会话之前都必须执行三次握手进程。图 6-2 解释了 TCP 的三次握手过程。

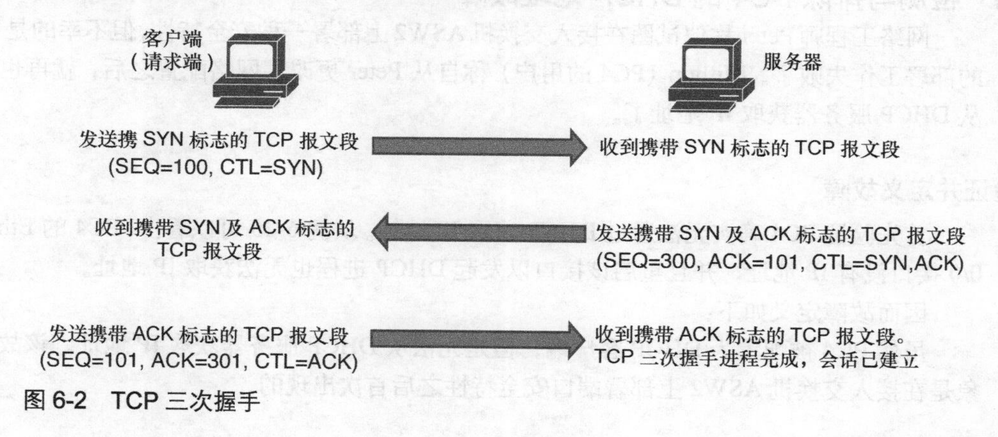

图 6-2 TCP 三次握手

TCP 连接的建立过程如下。

1. 连接请求端（客户端）向接收端设备（服务器）发送同步报文段（SYN 比特处于置位状态），开启三次握手进程。同步报文段不但指定了发送端希望连接的端口号，而且也包含了确认进程所要使用的 ISN（Initial Sequence Number，初始序列号）值。
2. 接收端设备（服务器）回复响应报文段（SYN 比特和 ACK 比特处于置位状态）以协商连接并确认收到了发送端（客户端）发送的同步报文段。接收端设备（服务器）回复的响应报文段中包含了希望从发送端（客户端）收到的下一个数据比特的序列号，下一个序列号就是当前发送端（客户端）的 ISN 加 1。
3. 发起连接建立请求的设备（客户端）确认收到了接收端设备（服务器）发送的同步报文段。此时 TCP 报头中的 SYN 比特处于复位状态，表明三次握手已完成。

TCP 利用前向参考确认（forward reference acknowledgment）对报文段进行排序。前向参考确认来自接收端设备（服务器），告诉发送端设备（客户端）希望接收的下一个报文段是哪个报文段。TCP 的一项功能就是确保每个报文段都能到达目的地，目的主机上的 TCP 服务会确认从源应用程序接收到的数据。这里将复杂的 TCP 操作做了一些简化，虽然现实应用中的序列号需要跟踪接收到的字节数，但这里的序列号和确认号使用了简单递增的编号。在一个简单的 TCP 确认过程中，发送端设备传输报文段并启动定时器，在发送下一个报文段之前需要等待确认。如果在收到报文段的确认消息之前定时器已经超时，那么发送端设备将重传该报文段并再次启动定时器。假设每个报文段在发送之前都已经被编号，那么 TCP 会在接收端将这些报文段重组为一条完整消息。如果接收到的报文段中缺少了某个序列号的报文段，那么就需要重传该报文段以及随后的所有报文段。

6.2.3 检测与排除 PC4 的 DHCP 地址故障

网络工程师 Peter 称他试图在接入交换机 ASW2 上部署一种安全特性，但不幸的是 Peter 的部署工作失败了。Mithun（PC4 的用户）称自从 Peter 更改了网络配置之后，就再也无法从 DHCP 服务器获取 IP 地址了。

1. 验证并定义故障

首先验证 PC4 确实无法通过 DHCP 获取 IP 地址。从例 6-25 可以看出，PC4 的 Ethernet 0/0 接口没有 IP 地址，并且重启该接口以发起 DHCP 进程也无法获取 IP 地址。

因而故障定义如下：

虽然 PC4 被配置为 DHCP 客户端，但是无法从 DHCP 服务器获取 IP 地址。该故障现象是在接入交换机 ASW2 上部署端口安全特性之后首次出现的。

例 6-25　验证故障：PC4 无法通过 DHCP 获取 IP 地址

```
PC4# show ip interface brief
Interface              IP-Address      OK? Method Status                Protocol
Ethernet0/0            unassigned      YES DHCP   up                    up
< output omitted >

PC4# conf term
Enter configuration commands, one per line.  End with CNTL/Z.
PC4(config)# interface ethernet 0/0
PC4(config-if)# shut
*Aug  7 19:20:36.912: %LINK-5-CHANGED: Interface Ethernet0/0, changed state to
  administratively down
*Aug  7 19:20:37.913: %LINEPROTO-5-UPDOWN: Line protocol on Interface Ethernet0/0,
  changed state to down
PC4(config-if)# no shut
PC4(config-if)# end
PC4#
*Aug  7 19:20:41.660: %LINK-3-UPDOWN: Interface Ethernet0/0, changed state to up
*Aug  7 19:20:42.661: %LINEPROTO-5-UPDOWN: Line protocol on Interface Ethernet0/0,
  changed state to up
PC4#
*Aug  7 19:20:42.719: %SYS-5-CONFIG_I: Configured from console by console
PC4# show ip interface brief
Interface              IP-Address      OK? Method Status                Protocol
Ethernet0/0            unassigned      YES DHCP   up                    up
< output omitted >

PC4#
```

2. 收集信息

根据收集到的信息，很自然地想到应该检查 ASW2 的端口安全特性配置情况。按照故障检测与排除术语来说，这就是不假思索法。例 6-26 显示了 ASW2 的 **show port-security** 命令输出结果。可以看出 ASW2 的 Ethernet 0/0 接口应用了端口安全特性，而且出现了一次安全违规，违规响应被关闭了。检查 ASW2 的 Ethernet 0/0 状态（如例 6-26 所示），发现该接口处于 down 状态（err-disabled）。

例 6-26　收集信息：检查 ASW2 的端口安全状态

```
ASW2# show port-security
Secure Port  MaxSecureAddr  CurrentAddr  SecurityViolation  Security Action
                (Count)       (Count)          (Count)
---------------------------------------------------------------------------
```

```
   Et0/0               1                         1                    1 Shutdown
-------------------------------------------------------------------------------
Total Addresses in System (excluding one mac per port)     : 0
Max Addresses limit in System (excluding one mac per port) : 4096
ASW2#

ASW2# show interface ethernet 0/0
Ethernet0/0 is down, line protocol is down (err-disabled)
  Hardware is AmdP2, address is aabb.cc00.a500 (bia aabb.cc00.a500)
  Description: link to DSW1
< output omitted>

ASW2#
ASW2# show interface description
Interface                      Status         Protocol Description
Et0/0                          down           down     link to DSW1
Et0/1                          up             up       PC3
Et0/2                          up             up       PC4
< output omitted >
```

从网络结构图和 **show interface description** 命令的输出结果可以看出（如例 6-26 底部所示），接口 Ethernet 0/0（部署了端口安全特性）就是连接 DSW1 的接口。

3. 提出推断，验证推断并解决故障

看起来故障根源在于将端口安全特性错误地应用到了 ASW2 的 Ethernet 0/0 接口上。根据该故障推断，需要执行以下操作以验证推断并解决故障问题。

1. 删除应用于 ASW2 的 Ethernet 0/0 接口上的端口安全命令。
2. 用 PC3 的 MAC 地址将端口安全特性应用于 Ethernet 0/1（该接口连接 PC3），同时用 PC4 的 MAC 地址将端口安全特性应用于 Ethernet 0/2（该接口连接 PC4）。
3. 验证 ASW2 的端口安全特性配置。
4. 验证 PC4 通过 DHCP 获取了 IP 地址。

检查当前在 ASW2 的 Ethernet 0/0 接口上应用的命令并删除错误的端口安全命令（如例 6-27 所示），然后重启 Ethernet 0/0 接口（先运行 **shutdown** 命令，再运行 **no shutdown** 命令），使得该接口能够重新运行。

例 6-27 删除 ASW2 上错误的端口安全特性配置

```
ASW2# show running-config interface ethernet 0/0
Building configuration...

Current configuration : 247 bytes
```

```
!
interface Ethernet0/0
 description link to DSW1
 switchport trunk encapsulation dot1q
 switchport trunk allowed vlan 1,10,20
 switchport mode trunk
 switchport port-security
 switchport port-security mac-address 0000.0000.1111
 duplex auto
end
ASW2#


ASW2# conf term
Enter configuration commands, one per line.  End with CNTL/Z.
ASW2(config)# interface ethernet 0/0
ASW2(config-if)# no switchport port-security
ASW2(config-if)# no switchport port-security mac-address 0000.0000.1111
ASW2(config-if)# shutdown
ASW2(config-if)# no shutdown
ASW2(config-if)#
*Aug  7 19:25:11.733: %LINK-5-CHANGED: Interface Ethernet0/0, changed state to
  administratively down
ASW2(config-if)#
*Aug  7 19:25:13.933: %LINK-3-UPDOWN: Interface Ethernet0/0, changed state to up
ASW2(config-if)#
*Aug  7 19:25:14.937: %LINEPROTO-5-UPDOWN: Line protocol on Interface Ethernet0/0,
  changed state to up
ASW2(config-if)# end
ASW2#
*Aug  7 19:25:18.816: %SYS-5-CONFIG_I: Configured from console by console
ASW2#
```

例 6-28 显示了 ASW2 的 MAC 地址表内容，请记录分别通过 Ethernet 0/1（VLAN 10）和 Ethernet 0/2（VLAN 20）学到的 PC3 和 PC4 的 MAC 地址。接下来利用记录的 MAC 地址为这些接口添加正确的 **port-security** 命令并保存配置。

例 6-28　重新配置 ASW2 的端口安全特性

```
ASW2# show mac address-table
          Mac Address Table
-------------------------------------------

Vlan    Mac Address       Type        Ports
```

```
----    -----------     --------    -----
   1    aabb.cc00.a400    DYNAMIC     Et0/0
   1    aabb.cc00.a720    DYNAMIC     Et0/0
  10    aabb.cc00.a200    DYNAMIC     Et0/1
  10    aabb.cc80.a700    DYNAMIC     Et0/0
  20    aabb.cc00.a300    DYNAMIC     Et0/2
  20    aabb.cc80.a700    DYNAMIC     Et0/0
Total Mac Addresses for this criterion: 6
ASW2#
ASW2# config term
Enter configuration commands, one per line.  End with CNTL/Z.
ASW2(config)# interface ethernet 0/1
ASW2(config-if)# switchport port-security mac-address  aabb.cc00.a200
ASW2(config-if)# switchport port-security
ASW2(config-if)# exit
ASW2(config)# interface ethernet 0/2
ASW2(config-if)# switchport port-security mac-address  aabb.cc00.a300
ASW2(config-if)# switchport port-security
ASW2(config-if)# end
ASW2#copy
*Aug  7 19:30:29.143: %SYS-5-CONFIG_I: Configured from console by console
ASW2# copy run start
Destination filename [startup-config]?
Building configuration...
Compressed configuration from 2007 bytes to 1022 bytes[OK]
ASW2#
```

接下来检查 ASW2 的端口安全状态（如例 6-29 所示）。可以看出已经在 ASW2 的接口 Ethernet 0/1 和 Ethernet 0/2 上正确应用了端口安全特性，而且没有记录任何安全违规行为。最后，需要确定 PC4 重启其以太网端口之后能够通过 DHCP 获得 IP 地址（如例 6-29 底部所示）。

至此已经修正了 ASW2 的端口安全配置，而且 PC4 也已经能够通过 DHCP 获取 IP 地址。此时还需要在网络文档中记录上述排障过程并告诉该用户以及其他相关方，本故障问题已解决。

例 6-29　验证 ASW2 的端口安全配置以及 PC4 运行正常

```
ASW2# show port-security
Secure Port  MaxSecureAddr  CurrentAddr  SecurityViolation  Security Action
                (Count)          (Count)         (Count)
---------------------------------------------------------------------------
```

```
     Et0/1              1                 1          0      Shutdown
     Et0/2              1                 1          0      Shutdown
---------------------------------------------------------------------------
Total Addresses in System (excluding one mac per port)       : 0
Max Addresses limit in System (excluding one mac per port) : 4096
ASW2#

PC4# conf term
Enter configuration commands, one per line.  End with CNTL/Z.
PC4(config)# int ethernet 0/0
PC4(config-if)# shut
PC4(config-if)# no shut
PC4(config-if)# end
*Aug  7 19:32:30.143: %LINK-5-CHANGED: Interface Ethernet0/0, changed state to
  administratively down
*Aug  7 19:32:31.144: %LINEPROTO-5-UPDOWN: Line protocol on Interface Ethernet0/0,
  changed state to down
PC4#
*Aug  7 19:32:33.610: %SYS-5-CONFIG_I: Configured from console by console
PC4#
*Aug  7 19:32:33.610: %LINK-3-UPDOWN: Interface Ethernet0/0, changed state to up
*Aug  7 19:32:34.610: %LINEPROTO-5-UPDOWN: Line protocol on Interface Ethernet0/0,
  changed state to up

PC4#
PC4# show ip int brief
Interface              IP-Address      OK? Method Status                Protocol
Ethernet0/0            192.168.20.4    YES DHCP   up                    up
< output omitted >

PC4#
*Aug  7 19:32:37.755: %DHCP-6-ADDRESS_ASSIGN: Interface Ethernet0/0 assigned DHCP
  address 192.168.20.4, mask 255.255.255.0, hostname PC4
PC4#
```

4. 检测与排除 error-disabled 端口故障

接口处于 error-disabled（差错禁用）状态的原因如下。

- **端口安全**：管理员可以利用端口安全特性指定哪些主机能够连接特定接口或者可以从单个接口学习多少 MAC 地址。如果收到的帧包含未授权的源 MAC 地址或者学到了过量的 MAC 地址，那么该接口就处于安全违规状态。仅当安全违规响应操作被设置为关闭接口时，接口才会进入 error-disabled 状态。安全违规响应操作的目的是限制并保护接口，而不会强制接口进入 error-disabled 状态。

- **生成树 BPDU 保护**：BPDU 保护（BPDU Guard）特性可以保护接入端口（指的是不连接 LAN 交换机的接口）。启用了 PortFast 特性的接口是 BPDU 安全特性的最佳候选者。管理员启用接口之后，PortFast 特性能够让接口快速（2~3 秒钟）进入转发状态。如果接口收到了启用 BPDU 保护特性的 BPDU，那么该接口将关闭以防止出现二层环路。
- **UDLD（Unidirectional Link Detection，单向链路检测）**：UDLD 常用于光纤连接（利用分段光纤传输和接收数据），对于全双工铜线连接也非常有用。传输或发送电路故障都可能会导致二层环路，而 UDLD 特性可以关闭单向接口来防止出现二层环路。
- **EtherChannel 配置错误**：配置 EtherChannel 时必须确保被绑定接口的所有参数都必须完全一致。EtherChannel 配置错误会导致接口进入 error-disabled 状态，而常见的 EtherChannel 配置差错就是速率或双工模式不匹配。
- **其他原因**：DHCP 监听（DHCP Snooping）限速、插入非 Cisco GBIC（GigaBit Interface Converter，吉比特接口转换器）、过量冲突（广播风暴）、双工模式不匹配、翻动链路、PAgP（Port Aggregation Protocol，端口聚合协议）翻动等情况都可能会导致接口进入 error-disabled 状态。

利用 **show errdisable detect** 命令可以发现端口处于 error-disabled 状态的所有原因。检测 error-disabled 接口的方法很多。处于 error-disabled 状态的接口，其绿色 LED 会变成橙色。接口进入 error-disabled 状态时，syslog 也能生成相应的日志消息，而且还可以为此设置相应的 SNMP（Simple Network Management Protocol，简单网络管理协议）trap（自陷）消息。如果要检查接口的状态，可以使用 **show interfaces** *interface slot/number* 命令。**show interfaces status err-disabled** 命令的输出结果可以显示每个处于 error-disabled 状态的接口的原因。最后，修正了导致接口进入 error-disabled 状态的故障原因之后，不要忘记在接口配置模式下依次运行 **shutdown** 和 **no shutdown** 命令来重启接口。此外，某些交换机还能配置一个时间值，在该时间之后自动启用进入 error-disabled 状态的接口。

6.3 SECHNIK 网络公司故障工单 3

SECHNIK 网络公司的用户提出了一些新的有关工作站连接性的故障问题。PC1 和 PC2 的用户均报告称无法连接网络，PC3 的用户则报告称到 Internet 的 IPv6 连接出现了问题。网络工程师 Peter 解释说由于需要对服务器实施网络维护任务，因而希望路由器 R1 连接该服务器的接口保持关闭状态。

6.3.1 检测与排除 PC2 的连接性故障

PC1 和 PC2 的用户报告称他们的工作站在早晨出现了故障，他们发现故障的原因是无法访问 Internet。

1. 验证并定义故障

为了验证故障问题，首先访问 PC1 和 PC2 并向 Internet 服务器 209.165.201.225（已知处于 up 状态且可达）发起 ping 测试。从例 6-30 可以看出两台 PC 的 ping 测试均失败。因而故障定义很简单：PC1 和 PC2 都存在 IPv4 网络连接问题，无法访问 Internet。此时可以采用自底而上故障检测与排除法，需要注意的是，影响这两台 PC 的故障原因有可能完全相同。

例 6-30　验证 PC 1 和 PC2 报告的 Internet 连接故障

```
PC1# ping 209.165.201.225
% Unrecognized host or address, or protocol not running.

PC2# ping 209.165.201.225
% Unrecognized host or address, or protocol not running.
```

2. 收集信息

信息收集工作的第一步就是检查 PC1 和 PC2 的以太网接口状态。从例 6-31 可以看出，这两台 PC 的以太网接口均处于 up 状态，但是都没有 IP 地址。由于这两台 PC 都是 DHCP 客户端，因而重启以太网接口以强制发起 DHCP 进程，但是 DHCP 失败，没有获得 IP 地址。

例 6-31　收集信息：PC1 和 PC2 的以太网接口状态

```
PC1#
PC1# show ip interface brief
Interface              IP-Address      OK? Method  Status                Protocol
Ethernet0/0            unassigned      YES DHCP    up                    up
Ethernet0/1            unassigned      YES NVRAM   administratively down down
Ethernet0/2            unassigned      YES NVRAM   administratively down down
Ethernet0/3            unassigned      YES NVRAM   administratively down down
PC1#


PC2#
PC2# conf term
Enter configuration commands, one per line.  End with CNTL/Z.
PC2(config)# interface ethernet 0/0
PC2(config-if)# shut
```

```
PC2(config-if)# no shut
PC2(config-if)# end
PC2#
*Aug  8 17:29:19.895: %SYS-5-CONFIG_I: Configured from console by console
PC2# show ip interface brief
Interface              IP-Address      OK? Method Status                Protocol
Ethernet0/0            unassigned      YES DHCP   up                    up
Ethernet0/1            unassigned      YES NVRAM  administratively down down
Ethernet0/2            unassigned      YES NVRAM  administratively down down
Ethernet0/3            unassigned      YES NVRAM  administratively down down
PC2#
```

由于路由器R1是VLAN 10和VALN 20（PC1和PC2位于这两个VLAN中）的DHCP服务器，因而需要检查其配置情况，但是没有发现任何配置异常（如例6-32所示）。不过，由于这两台PC与路由器R1之间的路径上存在DSW1（多层交换机），因而必须确定DSW1配置了正确的DHCP中继功能，从6-32可以看出，DSW1在VLAN 10接口上指向的是172.16.100.1（是R1的Ethernet 0/2接口的IP地址），但是在VLAN 20接口上指向的却是172.16.200.1（是R1的Ethernet 0/0接口的IP地址）。

例6-32　收集信息：R1和DSW1的DHCP配置

```
R1# show running-config | section dhcp
ip dhcp excluded-address 192.168.10.1
ip dhcp excluded-address 192.168.20.1
ip dhcp pool POOL-VLAN10
 network 192.168.10.0 255.255.255.0
 domain-name tshoot.com
 default-router 192.168.10.1
 dns-server 172.16.250.10
 lease 7
ip dhcp pool POOL-VLAN20
 network 192.168.20.0 255.255.255.0
 domain-name tshoot.com
 default-router 192.168.20.1
 dns-server 172.16.250.10
 lease 7
R1#

DSW1# show running-config | begin interface Vlan10
interface Vlan10
 ip address 192.168.10.1 255.255.255.0
 ip helper-address 172.16.100.1
 ip ospf 1 area 0
 ipv6 address 2001:DB8:A::1/64
```

```
 ipv6 enable
 ipv6 rip RIPNG enable
!
interface Vlan20
 ip address 192.168.20.1 255.255.255.0
 ip helper-address 172.16.200.1
 ip ospf 1 area 0
 ipv6 address 2001:DB8:14::1/64
 ipv6 enable
 ipv6 rip RIPNG enable
!
< output omitted >
!
DSW1#
```

因而接下来应该从 DSW1 检测这两个地址的可达性，也就是以接口 VALN 10 为源端测试 172.16.100.1 的可达性，以接口 VALN 20 为源端测试 172.16.200.1 的可达性。此外还必须分析为何 R1 没有使用单一地址（最好是环回接口）。从例 6-33 可以看出，两次 ping 测试均失败，因而接下来需要检查 DSW1 的路由表。可以看出 DSW1 经接口 Ethernet 0/0 与 172.16.100.1 直连，但是没有去往 172.16.200.1 的路由。

例 6-33　收集信息：从 DSW1 发起指定源端的 ping 测试

```
DSW1# ping 172.16.100.1 source vlan10
Type escape sequence to abort.
Sending 5, 100-byte ICMP Echos to 172.16.100.1, timeout is 2 seconds:
Packet sent with a source address of 192.168.10.1
.....
Success rate is 0 percent (0/5)
DSW1#
DSW1# ping 172.16.200.1 source vlan20
Type escape sequence to abort.
Sending 5, 100-byte ICMP Echos to 172.16.200.1, timeout is 2 seconds:
Packet sent with a source address of 192.168.20.1
.....
Success rate is 0 percent (0/5)
DSW1#
DSW1# show ip route
Codes: L - local, C - connected, S - static, R - RIP, M - mobile, B - BGP
< output omitted >
Gateway of last resort is not set

      2.0.0.0/32 is subnetted, 1 subnets
C        2.2.2.2 is directly connected, Loopback0
```

```
     172.16.0.0/16 is variably subnetted, 2 subnets, 2 masks
C       172.16.100.0/24 is directly connected, Ethernet0/0
L       172.16.100.2/32 is directly connected, Ethernet0/0
     192.168.10.0/24 is variably subnetted, 2 subnets, 2 masks
C       192.168.10.0/24 is directly connected, Vlan10
L       192.168.10.1/32 is directly connected, Vlan10
     192.168.20.0/24 is variably subnetted, 2 subnets, 2 masks
C       192.168.20.0/24 is directly connected, Vlan20
L       192.168.20.1/32 is directly connected, Vlan20
DSW1#
```

接下来检查R1的路由表，以确定R1为何没有宣告网络172.16.200.1以及为何没有响应DSW1通过接口VLAN 10（172.16.10.1）和接口VLAN 20（172.16.20.1）发起的ping测试。从例6-34可以看出，网络172.16.200.0没有出现在R1的路由表中。此外，从**show ip protocols**命令的输出结果可以看出，所有接口均被配置为OSPF被动式接口，包括接口Ethernet 0/2（连接DSW1的接口）。**show running-config**命令的输出结果证实OSPF确实配置了被动式接口的默认配置。最后，**show ip interface brief**命令的输出结果表明接口Ethernet 0/0处于管理性关闭状态。这就解释了R1和DSW1路由表中没有网络172.16.200.0的原因，不过这一点与Peter所报告的在服务器实施的操作完全一致——Peter希望R1的Ethernet 0/0接口在此时保持关闭状态。

例6-34 收集信息：检查R1的路由配置

```
R1# show ip route
Codes: L - local, C - connected, S - static, R - RIP, M - mobile, B - BGP
< output omitted >

Gateway of last resort is 209.165.200.2 to network 0.0.0.0

S*    0.0.0.0/0 [1/0] via 209.165.200.2
      1.0.0.0/32 is subnetted, 1 subnets
C        1.1.1.1 is directly connected, Loopback0
      172.16.0.0/16 is variably subnetted, 2 subnets, 2 masks
C        172.16.100.0/24 is directly connected, Ethernet0/2
L        172.16.100.1/32 is directly connected, Ethernet0/2
      192.168.22.0/24 is variably subnetted, 2 subnets, 2 masks
C        192.168.22.0/24 is directly connected, Loopback22
L        192.168.22.1/32 is directly connected, Loopback22
      209.165.200.0/24 is variably subnetted, 2 subnets, 2 masks
C        209.165.200.0/30 is directly connected, Ethernet0/1
L        209.165.200.1/32 is directly connected, Ethernet0/1
R1#
R1# show ip protocols
*** IP Routing is NSF aware ***
```

```
Routing Protocol is "ospf 1"
  Outgoing update filter list for all interfaces is not set
  Incoming update filter list for all interfaces is not set
  Router ID 192.168.22.1
  It is an autonomous system boundary router
 Redistributing External Routes from,
    connected
  Number of areas in this router is 1. 1 normal 0 stub 0 nssa
  Maximum path: 4
  Routing for Networks:
  Routing on Interfaces Configured Explicitly (Area 0):
    Ethernet0/2
  Passive Interface(s):
    Ethernet0/0
    Ethernet0/1
    Ethernet0/2
    Ethernet0/3
    Loopback0
    Loopback22
  Routing Information Sources:
    Gateway         Distance      Last Update
  Distance: (default is 110)

R1# show running-config | section ospf
router ospf 1
 redistribute connected
 passive-interface default
 default-information originate
R1#
R1# show ip interface brief
Interface              IP-Address      OK? Method Status                Protocol
Ethernet0/0            172.16.200.1    YES NVRAM  administratively down down
Ethernet0/1            209.165.200.1 YES NVRAM  up                    up
Ethernet0/2            172.16.100.1    YES NVRAM  up                    up
Ethernet0/3            unassigned      YES NVRAM  up                    up
Loopback0              1.1.1.1         YES NVRAM  up                    up
Loopback22             192.168.22.1    YES NVRAM  up                    up
R1#
```

3. 提出推断并验证推断

根据收集到的上述信息，可以推断出不应该将 R1 的 Ethernet 0/2 接口配置为 OSPF 被动式接口（因为配置为被动式接口后，R1 将无法在该接口上发送 OSPF Hello 消息，也无法与 DSW1 交互邻居关系消息）。修改上述配置之后，R1 就可以与 DSW1 建立邻居关系。

并且在交换了路由信息之后，网络 172.16.10.0/24 和 172.16.20.0/24 均作为 OSPF 路由项出现在 R1 的 IP 路由表中（如例 6-35 所示）。

例 6-35 提出并验证推断：需要修改 R1 路由配置

```
R1# config term
Enter configuration commands, one per line.  End with CNTL/Z.
R1(config)# router ospf 1
R1(config-router)# no passive-interface ethernet 0/2
R1(config-router)#
*Aug  8 17:41:06.093: %OSPF-5-ADJCHG: Process 1, Nbr 2.2.2.2 on Ethernet0/2 from
  LOADING to FULL, Loading Done
R1(config-router)# end
R1#
*Aug  8 17:41:08.861: %SYS-5-CONFIG_I: Configured from console by console
R1# show ip ospf neighbor

Neighbor ID     Pri   State           Dead Time   Address         Interface
2.2.2.2           1   FULL/DR         00:00:32    172.16.100.2    Ethernet0/2
R1# show ip route
Codes: L - local, C - connected, S - static, R - RIP, M - mobile, B - BGP
       D - EIGRP, EX - EIGRP external, O - OSPF, IA - OSPF inter area
       N1 - OSPF NSSA external type 1, N2 - OSPF NSSA external type 2
       E1 - OSPF external type 1, E2 - OSPF external type 2
       i - IS-IS, su - IS-IS summary, L1 - IS-IS level-1, L2 - IS-IS level-2
       ia - IS-IS inter area, * - candidate default, U - per-user static route
       o - ODR, P - periodic downloaded static route, H - NHRP, l - LISP
       + - replicated route, % - next hop override

Gateway of last resort is 209.165.200.2 to network 0.0.0.0

S*    0.0.0.0/0 [1/0] via 209.165.200.2
      1.0.0.0/32 is subnetted, 1 subnets
C        1.1.1.1 is directly connected, Loopback0
      172.16.0.0/16 is variably subnetted, 2 subnets, 2 masks
C        172.16.100.0/24 is directly connected, Ethernet0/2
L        172.16.100.1/32 is directly connected, Ethernet0/2
O     192.168.10.0/24 [110/11] via 172.16.100.2, 00:00:09, Ethernet0/2
O     192.168.20.0/24 [110/11] via 172.16.100.2, 00:00:09, Ethernet0/2
      192.168.22.0/24 is variably subnetted, 2 subnets, 2 masks
C        192.168.22.0/24 is directly connected, Loopback22
L        192.168.22.1/32 is directly connected, Loopback22
      209.165.200.0/24 is variably subnetted, 2 subnets, 2 masks
C        209.165.200.0/30 is directly connected, Ethernet0/1
L        209.165.200.1/32 is directly connected, Ethernet0/1
R1#
```

此外，由于 R1 的接口 Ethernet 0/0（IP 地址为 172.16.200.1）目前还处于关闭状态，因而不应该在 DSW1 的接口 VLAN 20 上的 DHCP 中继配置中为 **ip helper-address** 使用 172.16.200.1。例 6-36 修改了 DSW1 接口 VLAN 20 的 **ip helper-address** 配置，让其指向 172.16.100.1，该地址属于 R1 的接口 Ethernet 0/0（连接 DSW1）。此时该配置与 DSW1 的接口 VLAN 10 的 **ip helper-address** 配置完全相同。

*例 6-36 提出并验证推断：修改 **ip helper-address** 配置*

```
DSW1# conf t
Enter configuration commands, one per line.  End with CNTL/Z.
DSW1(config)# interface vlan 20
DSW1(config-if)# no ip helper-address 172.16.200.1
DSW1(config-if)# ip helper-address 172.16.100.1
DSW1(config-if)# end
DSW1#
*Aug  8 17:47:15.453: %SYS-5-CONFIG_I: Configured from console by console
DSW1# copy run start
Destination filename [startup-config]?
Building configuration...
Compressed configuration from 2532 bytes to 1301 bytes[OK]
DSW1#
```

4. 解决故障

修改了 R1 和 DSW1 的配置之后，必须确认 PC1 和 PC2 的故障问题是否已解决。从例 6-37 可以看出，PC1 和 PC2 目前均已通过 DHCP 获得了 IP 地址，而且都能 ping 通 Internet 服务器 209.165.201.225。

此时还需要在网络文档中记录上述排障过程并告诉该用户以及其他相关方，本故障问题已解决。

例 6-37 解决故障：从 PC1 和 PC2 测试连接性

```
PC1# show ip interface brief
Interface          IP-Address      OK? Method Status                Protocol
Ethernet0/0        192.168.10.3    YES DHCP   up                    up
Ethernet0/1        unassigned      YES NVRAM  administratively down down
Ethernet0/2        unassigned      YES NVRAM  administratively down down
Ethernet0/3        unassigned      YES NVRAM  administratively down down
PC1# ping 209.165.201.225
Type escape sequence to abort.
Sending 5, 100-byte ICMP Echos to 209.165.201.225, timeout is 2 seconds:
!!!!!
Success rate is 100 percent (5/5), round-trip min/avg/max = 3/205/1004 ms
PC1#
```

```
PC2# show ip interface brief
Interface              IP-Address      OK? Method Status                Protocol
Ethernet0/0            192.168.20.2    YES DHCP   up                    up
Ethernet0/1            unassigned      YES NVRAM  administratively down down
Ethernet0/2            unassigned      YES NVRAM  administratively down down
Ethernet0/3            unassigned      YES NVRAM  administratively down down
PC2# ping 209.165.201.225
Type escape sequence to abort.
Sending 5, 100-byte ICMP Echos to 209.165.201.225, timeout is 2 seconds:
!!!!!
Success rate is 100 percent (5/5), round-trip min/avg/max = 6/207/1007 ms
PC2#
```

5. 检测与排除DHCP故障

检测与排除DHCP故障时应考虑以下潜在故障问题。

- **服务器配置错误**：确认DHCP服务器的DHCP地址池、默认网关、DNS服务器地址以及排除在外的IP地址等配置是否正确。
- **IP地址重复**：网络中可能存在静态配置了IP地址的主机。如果DHCP服务器将相同的IP地址分配给客户端，那么就会出现两台主机使用重复IP地址的情况，从而产生连接性故障。
- **冗余服务工作异常**：可以在网络中部署冗余的DHCP服务器。冗余服务器之间必须能够进行通信并协调IP地址的分配过程。如果服务器之间的通信失败，那么服务器就可能会向客户端分配重复的IP地址。在大多数情况下，通常都会为冗余的DHCP服务器配置互斥的地址池，不需要进行相互通信并协调地址分配过程。
- **DHCP池的地址被耗尽**：由于DHCP池的地址数量有限，因而DHCP池的地址被耗尽后，将拒绝所有新的IP地址请求；
- **路由器不转发广播包**：如果DHCP服务器与DHCP客户端不在同一个子网中，那么就必须使用 **ip helper-address** 命令将中间三层设备配置为DHCP中继代理。这是因为路由器默认不转发广播包，包括DHCPDISCOVER广播消息。
- **客户端没有请求IP地址**：必须将客户端配置为通过DHCP请求IP地址。

6. 被动式接口命令

通常需要在路由协议配置模式下利用 **network** 语句在Cisco路由器接口上激活IGP（Interior Gateway Protocols，内部网关协议）。对于无类别路由协议来说，虽然不需要在 **network** 语句中使用通配符掩码。但是在部署无类别网络的时候，Cisco路由器IOS允许在 **network** 语句中输入通配符掩码，由通配符掩码指定 **network** 语句中的多少个比特必须与接口的IP地址相匹配，匹配后才能在该接口上激活路由协议。目前，在Cisco路由器接口上激活路由协议的一种新方法是在接口配置模式下输入命令时，在该命令中指定路由协议及其进程 ID 或标签（如果适用）。这种新方法不需要使用通配符掩码，得到了广大网络工程师的接受和认可。在接口上激活路由协议隐含了以下两个操作。

1. 路由协议将宣告与该接口（在该接口上激活了路由协议）相关联的网络地址。
2. IGP 将通过该接口向外发送控制包（如 Hello 包）（如果适用）和路由更新。

命令 **passive-interface** *interface* 的作用是禁止路由协议通过接口向外发送控制包。如果在接口上激活了路由协议，但是却将该接口配置为被动式接口，那么虽然会宣告该接口所连接的网络（通过其他接口宣告），但是路由协议不会通过该接口向外发送“Hello”等控制包以及“路由更新”消息，因而无法通过该接口建立邻居关系。

注：由于 RIPv2 不用建立邻居邻接性/关系，因而命令 **passive-interface interface** 的作用是让 RIPv2 不通过接口向外发送路由更新，但是该命令并不阻止 RIPv2 接受从该接口收到的路由更新。

命令 **passive-interface default** 的作用是让路由协议将所有接口均标记为被动式接口。对于路由器配置来说，这是一种现代且保守的配置方法。如果将所有接口均标记为被动式接口，那么接下来还必须利用 **no passive-interface** *interface* 命令标记指定接口，以允许路由协议通过这些接口向外发送控制包并（如果适用）通过该接口建立邻居关系。

请注意，命令 **passive-interface** *interface* 仅阻止路由协议通过该接口向外发送“Hello”等控制包以及“路由更新”，而并不会对是否宣告网络产生任何影响。该命令对特定路由协议的影响如下。

- 对于 OSPF 和 EIGRP（Enhanced Interior Gateway Routing Protocol，增强型内部网关路由协议）来说，命令 **passive-interface** *interface* 的作用是让路由协议不通过指定接口发送 Hello 包，因而无法通过该接口建立邻居关系，也无法通过该接口发送或接收路由更新。
- 对于 RIPv2 来说，命令 **passive-interface** *interface* 的作用是让路由协议不通过指定接口发送路由更新，但是路由协议仍然可以接受从该接口收到的路由更新。如果希望拒绝从该接口收到的路由更新，那么可以使用 **distribute-list** 命令（在入站方向）。
- 命令 **passive-interface** *interface* 不适用于 BGP（Border Gateway Protocol，边界网关协议）。

6.3.2 检测与排除 PC3 的连接性故障

ISP 通知 SECHNIK 网络公司，他们要将路由器接口的 IPv6 地址从 2001:DB8:D1:A5:C8::2 更改为 2001:DB8:D1:A5:C8::33。网络工程师 Peter 对路由器 R1（SECHNIK 的边界路由器）做了一些必要的修改，并告诉 ISP 已完成相应的调整工作。但是 PC3 的用户 Carol 很快就报告称无法访问地址为 2001:DB8:AA::B 的 IPv6 服务器。

1．验证并定义故障

为了验证故障问题，首先去 Carol 的办公室并通过 PC3 向 IPv6 服务器 2001:DB8:AA::B 发起 ping 测试，从例 6-38 可以看出 ping 测试失败。因而可以将故障定义为 PC3 出现了 IPv6 Internet 连接故障。具体来说，就是 PC3 无法访问 IPv6 地址为 2001:DB8:AA::B 的服务器。该故障是在 ISP 更改了路由器的 IPv6 地址以及 Peter 对路由器 R1 的配置做了相应调整之后才出现的。

例 6-38　验证 PC3 的 IPv6 Internet 连接故障

```
PC3# ping 2001:DB8:AA::B
Type escape sequence to abort.
Sending 5, 100-byte ICMP Echos to 2001:DB8:AA::B, timeout is 2 seconds:

% No valid route for destination
Success rate is 0 percent (0/1)
PC3#
```

2．收集信息

首先最好是从 PC3 向目标服务器（IPv6 地址为 2001:DB8:AA::B）发起路由跟踪测试。从例 6-39 的跟踪结果可以看出，路由跟踪包在失败前经过了两跳，分别是多层交换机 DSW1 和路由器 R1。

例 6-39　收集信息：从 PC3 至 2001:DB8:AA::B 的 IPv6 路由跟踪

```
PC3# trace 2001:db8:AA::B
Type escape sequence to abort.
Tracing the route to 2001:DB8:AA::B

  1 2001:DB8:A::1 25 msec 1 msec 9 msec
  2 2001:DB8:11::1 4 msec 10 msec 1 msec
  3  *  *  *
  4  *  *  *
  5  *  *  *
  6  *  *  *
  7  *
PC3#
```

由于路由跟踪包在失败前能够沿着网络进行传递，因而可以断定 PC3 的 IPv6 配置以及网络的 IPv6 配置没问题。很自然地想到在 ISP 网络实施变更之后，R1 的配置可能出现了问题。从 PC3 发起 IPv6 路径跟踪操作属于分而治之法，路由跟踪的结果可以用于跟踪流量路径法。接下来将信息收集重点聚焦于 R1。例 6-40 显示了 R1 的 **show ipv6 interface brief** 命令输出结果。可以看出接口 Ethernet 0/1（面向服务提供商）处于 up 状态，并且拥有正确的

IPv6 地址 2001:DB8:D1:A5:C8::1。从 R1 向 IPv6 地址 2001:DB8:AA::B 发起的 ping 测试失败后，使用 **show ipv6 route** 命令查看 R1 的 IPv6 路由表（如例 6-40 所示），可以看出 R1 的路由表中有一条指向 2001:DB8:D1:A5:C8::2（ISP 的旧 IPv6 地址）的静态默认路由。

例 6-40　收集信息：检查路由器 R1 的 IPv6 配置

```
R1# show ipv6 interface brief
Ethernet0/0            [administratively down/down]
    FE80::A8BB:CCFF:FE00:9200
    2001:DB8:AC:10:C8::1
Ethernet0/1            [up/up]
    FE80::A8BB:CCFF:FE00:9210
    2001:DB8:D1:A5:C8::1
Ethernet0/2            [up/up]
    FE80::A8BB:CCFF:FE00:9220
    2001:DB8:11::1
< output omitted >
R1#
R1# ping 2001:DB8:AA::B
Type escape sequence to abort.
Sending 5, 100-byte ICMP Echos to 2001:DB8:AA::B, timeout is 2 seconds:
.....
Success rate is 0 percent (0/5)
R1#
R1# show ipv6 route
IPv6 Routing Table - default - 8 entries
Codes: C - Connected, L - Local, S - Static, U - Per-user Static route
       B - BGP, R - RIP, H - NHRP, I1 - ISIS L1
       I2 - ISIS L2, IA - ISIS interarea, IS - ISIS summary, D - EIGRP
       EX - EIGRP external, ND - ND Default, NDp - ND Prefix, DCE - Destination
       NDr - Redirect, O - OSPF Intra, OI - OSPF Inter, OE1 - OSPF ext 1
       OE2 - OSPF ext 2, ON1 - OSPF NSSA ext 1, ON2 - OSPF NSSA ext 2, l - LISP
S   ::/0 [1/0]
     via 2001:DB8:D1:A5:C8::2
R   2001:DB8:A::/64 [120/2]
     via FE80::A8BB:CCFF:FE00:A800, Ethernet0/2
C   2001:DB8:11::/64 [0/0]
     via Ethernet0/2, directly connected
L   2001:DB8:11::1/128 [0/0]
     via Ethernet0/2, receive
R   2001:DB8:14::/64 [120/2]
     via FE80::A8BB:CCFF:FE00:A800, Ethernet0/2
C   2001:DB8:D1:A5::/64 [0/0]
     via Ethernet0/1, directly connected
```

```
L   2001:DB8:D1:A5:C8::1/128 [0/0]
     via Ethernet0/1, receive
L   FF00::/8 [0/0]
     via Null0, receive
R1#
R1# show running-config | include ipv6 route
ipv6 route ::/0 2001:DB8:D1:A5:C8::2
ipv6 route ::/0 2001:DB8:D1:A5:C8::33 2
ipv6 router rip RIPNG
R1#
```

收集R1信息的最后一步就是检查运行配置中的静态IPv6路由配置信息。从例6-40可以看出，R1的运行配置中有两条静态路由，第一条静态路由指向ISP的旧IPv6地址，且AD值为默认值1，第二条静态路由指向ISP的新IPv6地址，且Peter将其AD值配置为2（原因不详）。因而R1的IPv6路由表中安装的是AD值较小的路由。

3. 提出推断并验证推断

根据收集到的上述信息，可以推断出故障根源在于没有删除原先指向ISP旧IPv6地址的静态默认路由，而且不应该将指向ISP新IPv6地址的新静态默认IPv6路由的AD值设置为2，因而需要将新静态默认路由的AD值修改为默认值1（如例6-41所示）。

例6-41 验证推断：修改R1的静态默认IPv6路由

```
R1# config term
Enter configuration commands, one per line.  End with CNTL/Z.
R1(config)# no ipv6 route ::/0 2001:DB8:D1:A5:C8::2
R1(config)# no ipv6 route ::/0 2001:DB8:D1:A5:C8::33 2
R1(config)#
R1(config)# ipv6 route ::/0 2001:DB8:D1:A5:C8::33
R1(config)# end
R1#copy
*Aug  9 21:48:49.009: %SYS-5-CONFIG_I: Configured from console by console
R1# copy running-config startup-config
Destination filename [startup-config]?
Building configuration...
Compressed configuration from 2179 bytes to 1300 bytes[OK]
R1#
R1# ping 2001:db8:AA::B
Type escape sequence to abort.
Sending 5, 100-byte ICMP Echos to 2001:DB8:AA::B, timeout is 2 seconds:
!!!!!
Success rate is 100 percent (5/5), round-trip min/avg/max = 2/3/6 ms
R1#
```

修改了边界路由器 R1 的配置之后，从 R1 向 IPv6 地址为 2001:DB8:AA::B 的服务器发起的 ping 测试成功。

4. 解决故障

此时需要确认 PC3 能够 ping 通 IPv6 地址为 2001:DB8:AA::B 的服务器。从例 6-42 可以看出 PC3 已经能够 ping 通 IPv6 服务器 2001:DB8:AA::B。

例 6-42　解决故障：PC3 已经能够 ping 通 IPv6 服务器

```
PC3# ping 2001:DB8:AA::B
Type escape sequence to abort.
Sending 5, 100-byte ICMP Echos to 2001:DB8:AA::B, timeout is 2 seconds:
!!!!!
Success rate is 100 percent (5/5), round-trip min/avg/max = 2/6/13 ms
PC3#
```

此时还需要在网络文档中记录上述排障过程并告诉该用户以及其他相关方，本故障问题已解决。

5. 回顾 IPv6

IPv6 的主要优势如下：

- IPv6 能够提供海量地址空间；
- 拥有 IPv6 扩展报头，扩展性非常好；
- 天然支持安全性和移动性；
- IPv6 报头很简单；
- IPv6 路由器不对 IPv6 包进行分段，仅向数据包源端发送 ICMPv6 消息“数据包太大”并指定下一个报文段的 MTU（Maximum Transmission Unit，最大传输单元）；
- IPv6 能够与 IPv4 共存，与 IPv4 维护独立的路由表。

由于 IPv6 没有广播，因而仅支持以下三类地址。

- 单播：用于一对一通信。
- 组播：用于一对多通信。
- 任播：将同一个 IPv6 地址分配给多台服务器后，客户端可以到达提供所需服务或内容的最近服务器。

IPv6 地址长度为 128 比特，每 4 个比特用 1 个十六进制数来标识，IPv6 地址包含 8 段，每段包含 4 个十六进制数字。通过省略前导 0 的方式以及利用双冒号来表示连续的全 0 字段，可以大大简化 IPv6 地址的表达方式，但是每个 IPv6 地址只能使用一次这种省略表示方法。Cisco 路由器目前支持以下 IPv6 路由机制：

- 静态路由；
- OSPFv3；

- IPv6 EIGRP；
- RIPng（RIP next generation，下一代 RIP）；
- IPv6 IS-IS（Intermediate System-to-Intermediate System，中间系统到中间系统）；
- mBGP（multiprotocol BGP，多协议 BGP）。

6.4 本章小结

本章根据图 6-3 所示拓扑结构讨论了 SECHNIK 网络公司（一家虚构公司）的三个故障工单。

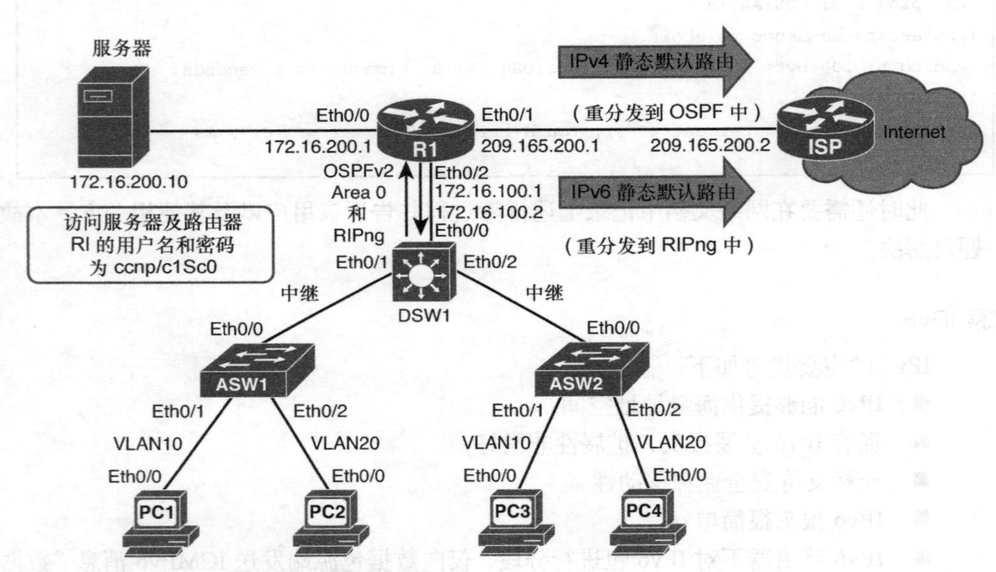

图 6-3 SECHNIK 网络公司网络结构图

故障工单 1：周一上午，4 名员工称网络出现了连接性故障，而且都声称上周五离开公司时网络一切正常。下面是他们报告的故障现象以及我们提出的解决方案。

1. Kimberly（PC1 的用户）无法访问地址为 172.16.200.10 的服务器。

   解决方案：该故障的原因是 ASW1 Ethernet 0/0 接口的中继配置错误。DSW1 Ethernet 0/1 接口与 ASW1 Ethernet 0/0 接口之间的中继必须允许 VLAN 10 和 VLAN 20。但是在利用 **show interfaces trunk** 命令收集信息的时候发现，ASW1 Ethernet 0/0 接口的配置仅允许 VLAN 1 和 VLAN 20。

2. Andrew（PC2 的用户）无法访问 Internet，他正试图访问地址为 209.165.200.2 的服务器。

   解决方案：该故障的原因是边界路由器 R1 的 NAT 配置错误。在收集信息的过程中发现，**ip nat** 命令引用了错误/不存在的访问列表。

3. Carol(PC3 的用户)无法通过 SSH(Secure Shell,安全外壳)连接地址为 172.16.200.10 的服务器。

   解决方案：虽然 PC3 报告的故障是无法与服务器 172.16.200.10 建立 SSH 会话，但是在收集信息的过程中发现 PC3 也无法 ping 通该服务器。后来发现 PC3 的接口根本就没有 IP 地址,处于 down 状态。因而接下来检查 ASW2 的 Ethernet 0/1 接口（连接 PC3）的状态，发现该接口处于管理性关闭状态，这就是 PC3 故障的根源。

4. Mithum（PC4 的用户）希望通过 IPv6 访问 Internet，并且称 Andrew 能够做到，希望自己也没有问题,并请求使用 IPv6 地址 2001:DB8:D1:A5:C8::2 进行连接性测试。

   解决方案：在收集信息的过程中，发现 PC4 没有 IPv6 地址。由于知道 PC 必须通过 SLAAC 获取它们的 IPv6 地址，因而在对比 R3 与 R4 的配置之后，发现 PC4 漏配了命令（与 PC3 不同），这就是 PC3 的 IPv6 连接性故障的根源。

故障工单 2：网络工程师 Peter 完成了网络升级工作之后，有些用户报告称其工作站出现了连接性故障。下面是他们报告的故障现象以及我们提出的解决方案。

1. Kimberly（PC1 的用户）称无法访问 Internet。

   解决方案：在收集信息的过程中，发现 PC 向 Internet 网络 209.165.201.0/24 中的设备发送的数据包一直在边缘路由器 R1 与多层交换机 DSW1 之间来回传送,这是一个典型的路由环路现象。检查 R1 的路由表时发现 R1 有一条错误的静态路由，导致与 209.165.201.0/24 相匹配的数据包被发送给 DSW1 Ethernet 0/0 接口的 IP 地址（172.16.100.2），然后 DSW1 使用默认路由将这些数据包又发送回路由器 R1。从 R1 的配置中删除了错误的静态路由之后,数据包就可以按照正常路径进行传送了,也就是使用 R1 去往 Internet 的默认路由，从而解决了故障问题。

2. Peter 解释称他曾经在网络中配置了一种安全特性，仅允许用户建立到服务器（172.16.200.10）的 SSH 会话，而不允许用户从服务器建立会话，但是却没有达到规划效果。Andrew（PC2 的用户）称目前无法使用 SSH 连接该服务器。

   解决方案：在收集信息的过程中，逐步将潜在故障范围缩小到应用于路由器 R1 的 Ethernet 0/0 接口出站方向上的 ACL 的配置差错上。我们配置了一个新的 ACL 并将其应用于 R1 的 Ethernet 0/0 接口的入站方向，同时删除了应用于该接口出站方向上的旧的错误 ACL，从而解决了 SSH 服务器的安全问题。

3. Peter 在接入层交换机上也配置了端口安全特性，Mithum（PC4 的用户）报告称其 PC 无法从 DHCP 服务器获得 IP 地址。

   解决方案：在收集信息的过程中，发现 Peter 将期望的端口安全特性错误地应用到了 ASW2 的上行链路接口 Ethernet 0/0（面向 DSW1）上。实际上应该将该端口安全特性应用于面向 PC 的接入接口上,同时在相应的接入接口上正确配置每个 PC 的 MAC 地址。按照该解决方案修改了配置之后，所有的 PC 均能正常工作，而且成功部署了期望的端口安全特性。

故障工单 3：SECHNIK 网络公司的用户提出了一些新的有关工作站连接性的故障问题。下面是他们报告的故障现象以及我们提出的解决方案。

1. PC1 和 PC2 的用户均报告称无法连接网络。

   解决方案：在收集信息的过程中发现了两个问题：第一，在 R1 的 OSPF 配置中发现了 **passive-interface default** 命令，该命令阻止 OSPF 发送 Hello 包，从而无法在 R1 与 DSW1 之间建立 OSPF 邻居邻接性，因而 R1 没有去往 DHCP 客户端所在网络的路由；第二，发现 DSW1 的 DHCP 中继代理配置错误，DSW1 的接口 VLAN 20 上的 **ip helper-address** 命令指向了 IP 地址 172.16.200.1，该地址属于 R1 的 Ethernet 0/0 接口，而该接口恰好被 Peter 出于管理性原因关闭了。为解决 DHCP 客户端的这些问题，在 R1 的 OSPF 配置中运行了 **no passive-interface Ethernet 0/2** 命令，同时修正了 DSW1 接口 VLAN 20 上的 **ip helper-address** 命令。

2. PC3 的用户称到 Internet 的 IPv6 连接出现了问题。

   解决方案：在收集信息的过程中，发现 ISP 修改了它们的路由器 IPv6 地址之后，虽然 Peter 在边界路由器 R1 上输入了新的 IPv6 静态默认路由命令，但是 IPv6 Internet 连接仍然有问题。检查 R1 的 IPv6 路由表时，发现 Peter 并没有删除旧静态默认路由，而且将新静态默认路由的 AD 配置为 2。在 AD 为默认值 1 的旧静态默认路由仍然存在的情况下，由于新静态默认路由的 AD 较大，因而根本不会使用新静态默认路由。为了解决该 IPv6 连接性故障，需要删除旧静态默认路由，并修改新静态默认路由器，将其 AD 配置为默认值 1。

6.5 复习题

1. 假设网络中的两台设备之间存在连接性故障，如果怀疑交换机之间的中继链路配置有问题，那么下面哪些命令可以验证主机端口/接口的配置信息？（选择两项）

   a. **show interfaces trunk**

   b. **show running-config**

   c. **show trunking**

   d. **show vlan trunk**

2. “`ip nat source static 10.0.0.1 209.165.200.211`”是 NAT NVI 配置吗？

   a. 是

   b. 否，这是传统的 NAT 配置

   c. 没有足够信息，无法给出正确答案

   d. 都正确，该配置语句同时适用于 NAT NVI 配置和传统的 NAT 配置

3. 路由器 R1 如何获得 Ethernet 0/0 的 IPv6 地址？

```
Router1# show ipv6 interface
Ethernet0/0 is up, line protocol is up
IPv6 is enabled, link-local address is FE80::A8BB:CCFF:FE00:500
No Virtual link-local address(es):
```

```
Stateless address autoconfig enabled
Global unicast address(es):
2001:DB8:A:0:A8BB:CCFF:FE00:500, subnet is 2001:DB8:A::/64 [EUI/CAL/PRE]
valid lifetime 2591961 preferred lifetime 604761
< output omitted >
```

a. 使用 DHCPv6

b. 使用 DHCPv6 Lite

c. 使用无状态自动配置

d. 手工配置

4. 下面哪条静态路由仅将去往网络 172.16.14.0/24 的流量发送到下一跳 IP 地址 192.168.5.5？

a. **ip route 172.16.14.0 255.0.0.0 192.168.5.5**

b. **ip route 172.16.14.0 255.255.255.0 192.168.5.5**

c. **ip route 192.168.5.5 172.16.14.0 0.0.0.255**

d. **ip route 192.168.5.5 172.16.14.0**

5. 下面哪一项配置命令仅允许来自 172.16.16.0/24 的流量进入接口 Ethernet 0/0？

a.
```
access-list 25 permit 172.16.16.0 0.0.255.255
!
interface ethernet 0/0
ip access-list 25 out
```

b.
```
access-list 25 permit 172.16.16.0 0.0.0.255
!
interface ethernet 0/0
ip access-list 25 in
```

c.
```
access-list 25 permit 172.16.16.0 0.0.0.255
!
interface ethernet 0/0
ip access-group 25 in
```

d.
```
access-list 25 permit 172.16.16.0 0.0.0.255
!
interface ethernet 0/0
ip access-group 25 out
```

6. 下面哪种端口安全违规模式会在发生安全违规操作时禁用该端口？

a. 限制模式

b. 保护模式

c. 关闭模式

d. 以上均正确

7. 下面哪一项正确描述了 OSPF 被动式接口？

a. 被动式接口不发送 Hello 消息

b．被动式接口接受路由更新

c．被动式接口发送路由更新

d．配置 OSPF 时，每个接口默认都是被动式接口

8．下面哪条命令可以在路由器上启用 IPv6 路由？

a．**ipv6 unicast-routing**

b．**ipv6 routing**

c．**ip routing ipv6**

d．**ip routing unicast-ipv6**

第 7 章

故障检测与排除案例研究：TINC 垃圾处理公司

本章将以图 7-1 所示拓扑结构为例来讨论 TNC 垃圾处理公司（一家虚构公司）的 4 个故障检测与排除案例（故障工单）。TINC 聘请了 SECHNIK 网络公司为其提供网络技术支持。作为 SECHNIK 网络公司的员工，需要解决客户（TINC 垃圾处理公司）报告的所有故障问题并记录在网络文档中。每个故障检测与排除案例均包含了一些配置差错，我们将按照现实世界的故障检测与排除场景来处理这些配置差错。为了提高学习效果，还将简要介绍本章用到的相关技术。

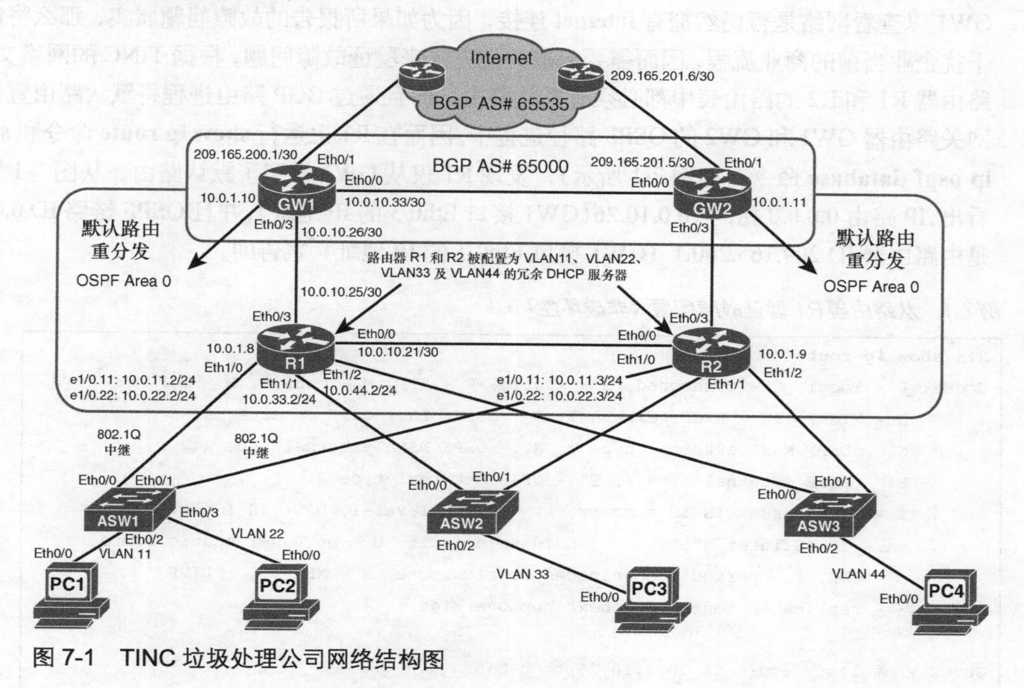

图 7-1　TINC 垃圾处理公司网络结构图

注：本章及随后章节给出的网络结构图均使用 Cisco 路由器来模拟服务器和 PC，请大家在分析案例中显示的输出结果时务必记住这一点。

7.1 TINC 垃圾处理公司故障工单 1

TINC 垃圾处理公司的 IT 及网络支持工程师 Donovan 向给我们（SECHNIK 网络公司）报告了以下网络故障并寻求帮助。

- 维护 GW1 的过程中发现 GW2 并没有充当去往 Internet 的备份网关。在 GW1 运行正常的情况下，可以通过 GW1 实现 Internet 连接。但是在 GW1 出现故障的情况下，Donovan 非常怀疑公司的 Internet 连接会中断。
- PC1 和 PC2 的用户报告称无法访问 Internet，Donovan 找不出故障原因。

7.1.1 检测与排除 GW2 的备用 Internet 连接故障

根据 Donovan（TINC 垃圾处理公司的 IT 及网络支持工程师）报告的故障问题，在 GW1 出现故障的情况下，边界网关（路由器）GW2 无法充当备用 Internet 连接，Donovan 是在维护 GW1 的过程中发现该问题的。GW1 和 GW2 在任何时候都必须拥有可用的 Internet 连接，在任一台设备出现故障的情况下，另一台设备都必须透明地为 TINC 公司的网络提供 Internet 连接。

故障检测与排除工作的第一步始终是验证所报告的故障问题。请注意，我们无法关闭 GW1 以查看网络是否仍然拥有 Internet 连接，因为如果所报告的故障问题属实，那么将严重干扰企业当前的商业流程，因而需要采取其他方式来验证故障问题。根据 TINC 的网络文档，路由器 R1 和 R2 的路由表中都必须有默认路由，而且通过 BGP 路由进程将默认路由宣告到网关路由器 GW1 和 GW2 的 OSPF 路径进程中。因而在 R1 上运行 **show ip route** 命令和 **show ip ospf database** 命令（如例 7-1 所示），发现 R1 仅从 GW1 学到了默认路由。从图 7-1 可以看出，IP 路由 0.0.0.0 指向 10.0.10.26（GW1 接口 Eth0/3 的 IP 地址），并且 OSPF 链路 ID 0.0.0.0 是由路由器 ID 209.165.200.1（GW1 接口 Eth0/1 的 IP 地址）宣告的。

例 7-1 从路由器 R1 验证故障问题（非破坏性）

```
R1# show ip route
Codes: L - local, C - connected, S - static, R - RIP, M - mobile, B - BGP
       D - EIGRP, EX - EIGRP external, O - OSPF, IA - OSPF inter area
       N1 - OSPF NSSA external type 1, N2 - OSPF NSSA external type 2
       E1 - OSPF external type 1, E2 - OSPF external type 2
       i - IS-IS, su - IS-IS summary, L1 - IS-IS level-1, L2 - IS-IS level-2
       ia - IS-IS inter area, * - candidate default, U - per-user static route
       o - ODR, P - periodic downloaded static route, H - NHRP, l - LISP
       + - replicated route, % - next hop override

Gateway of last resort is 10.0.10.26 to network 0.0.0.0

O*E2  0.0.0.0/0 [110/1] via 10.0.10.26, 00:01:26, Ethernet0/3
      10.0.0.0/8 is variably subnetted, 14 subnets, 3 masks
C        10.0.10.20/30 is directly connected, Ethernet0/0
```

```
L        10.0.10.21/32 is directly connected, Ethernet0/0
C        10.0.10.24/30 is directly connected, Ethernet0/3
L        10.0.10.25/32 is directly connected, Ethernet0/3
O        10.0.10.28/30 [110/20] via 10.0.44.3, 00:04:38, Ethernet1/2
                       [110/20] via 10.0.33.3, 00:04:38, Ethernet1/1
                       [110/20] via 10.0.11.3, 00:04:38, Ethernet1/0.11
                       [110/20] via 10.0.10.22, 00:04:38, Ethernet0/0
O        10.0.10.32/30 [110/20] via 10.0.10.26, 00:02:27, Ethernet0/3
C        10.0.11.0/24 is directly connected, Ethernet1/0.11
L        10.0.11.2/32 is directly connected, Ethernet1/0.11
C        10.0.22.0/24 is directly connected, Ethernet1/0.22
L        10.0.22.2/32 is directly connected, Ethernet1/0.22
C        10.0.33.0/24 is directly connected, Ethernet1/1
L        10.0.33.2/32 is directly connected, Ethernet1/1
C        10.0.44.0/24 is directly connected, Ethernet1/2
L        10.0.44.2/32 is directly connected, Ethernet1/2
R1#
R1# show ip ospf database

            OSPF Router with ID (10.0.44.2) (Process ID 1)

                Router Link States (Area 0)

Link ID         ADV Router      Age         Seq#       Checksum Link count
10.0.44.2       10.0.44.2       211         0x80000005 0x001C51 6
10.0.44.3       10.0.44.3       316         0x80000003 0x0096CA 6
209.165.200.1   209.165.200.1   212         0x80000003 0x00A41F 2
209.165.201.5   209.165.201.5   218         0x80000002 0x00CEE2 2
                Net Link States (Area 0)

Link ID         ADV Router      Age         Seq#       Checksum
10.0.10.22      10.0.44.3       342         0x80000001 0x00D88F
10.0.10.25      10.0.44.2       211         0x80000001 0x00F568
10.0.10.29      10.0.44.3       316         0x80000001 0x00173C
10.0.10.34      209.165.201.5   218         0x80000001 0x0053E5
10.0.11.3       10.0.44.3       342         0x80000001 0x009ED8
10.0.33.3       10.0.44.3       342         0x80000001 0x00ABB5
10.0.44.3       10.0.44.3       342         0x80000001 0x003224

                Type-5 AS External Link States

Link ID         ADV Router      Age         Seq#       Checksum Tag
0.0.0.0         209.165.200.1   146         0x80000001 0x002A47 1
R1#
```

这证实了 Donovan 的怀疑，即不存在通过 GW2 的冗余 Internet 连接，而且如果 GW1 发生故障，则 TINC 的 Internet 连接将丢失。在证实了问题之后，我们需要制定一个计划。从 TINC 的文档得知（见图 7-1），GW1 和 GW2 都应该将来自 BGP 的默认路由重分发到 OSPF，并将其通告给 R1 和 R2。我们可以采用分而治之故障检测与排除法，关注路由协议，先从网络层开始收集信息。

1．收集信息

首先在 R2 上利用 **show ip ospf neighbor** 命令收集信息。虽然 R2 有多个接口，但我们希望 R2 已经发现并且与 R1 及 GW2 均建立了邻居关系。从例 7-2 可以看出，R2 确实通过 5 个接口（及子接口）发现了 R1（路由器 ID 为 10.0.44.2），而且通过接口 Eth0/3 发现了 GW2（路由器 ID 为 209.165.201.5）。

例 7-2　收集信息：R2 与 R1 及 GW2 均建立了邻居关系

```
R2# show ip ospf neighbor

Neighbor ID      Pri   State           Dead Time    Address         Interface
10.0.44.2          1    FULL/BDR      00:00:39     10.0.44.2       Ethernet1/2
10.0.44.2          1    FULL/BDR      00:00:39     10.0.33.2       Ethernet1/1
10.0.44.2          1    FULL/BDR      00:00:39     10.0.11.2       Ethernet1/0.11
209.165.201.5      1    FULL/BDR      00:00:39     10.0.10.30      Ethernet0/3
10.0.44.2          1    FULL/BDR      00:00:39     10.0.10.21      Ethernet0/0
R2#
```

目前已经证明 GW2 上运行了 OSPF，并且至少与 R2 建立了邻居关系，接下来需要找出 GW2 没有向邻居宣告默认路由的原因。如前所述，根据 TINC 网络文档提供的信息，GW2 必须要将该默认路由从 BGP 重分发到 OSPF 中（该路由源自 BGP），因而接下来的信息收集重点应该是 GW2。登录 GW2 后首先引起注意的是日志消息（如例 7-3 所示）。该日志消息表明 BGP 邻居 209.165.201.6 已经从会话中被删除了，并且向该邻居（位于错误的自治系统中）发送了通告消息。

在 GW2 上运行 **show ip bgp summary** 命令（如例 7-3 所示），从输出结果可以看出，GW2 已经与 GW1（位于 ASN 65000 中）建立了 BGP 会话，而且还与 209.165.201.6（位于 ASN 65335 中）存在处于非工作状态的邻居关系。

2．分析信息，排除潜在故障原因并提出推断

GW2 应该与 ISP 路由器（地址为 209.165.201.6）建立 eBGP（external BGP，外部 BGP）会话（如图 7-1 所示），但服务提供商的 ASN 为 65535，而不是 65335，这就是 GW2 的日志消息中显示邻居 ASN 错误的原因。因而（目前）可以排除 OSFP 或重分发故障，并且可以推断出故障原因在于 BGP 的 **neighbor** 语句指定了错误的邻居 ASN。很明显，GW2 与 ISP 路由器之间的 BGP 会话中断之后，将无法从 ISP 路由器接收默认路由。由于没有默认路由，因而也就不可能将默认路由宣告到 OSPF 中。

例7-3 收集信息：日志消息表明BGP存在邻居ASN的配置问题

```
GW2#
*Aug 19 00:56:23.460: %BGP-3-NOTIFICATION: sent to neighbor 209.165.201.6 passive
  2/2 (peer in wrong AS) 2 bytes FFFF
*Aug 19 00:56:23.460: %BGP-4-MSGDUMP: unsupported or mal-formatted message received
  from 209.165.201.6:
FFFF FFFF FFFF FFFF FFFF FFFF FFFF FFFF 0039 0104 FFFF 00B4 D1A5 C9E1 1C02 0601
0400 0100 0102 0280 0002 0202 0002 0246 0002 0641 0400 00FF FF
*Aug 19 00:56:31.676: %BGP-3-NOTIFICATION: sent to neighbor 209.165.201.6 passive
  2/2 (peer in wrong AS) 2 bytes FFFF
*Aug 19 00:56:31.676: %BGP-4-MSGDUMP: unsupported or mal-formatted message received
  from 209.165.201.6:
FFFF FFFF FFFF FFFF FFFF FFFF FFFF FFFF 0039 0104 FFFF 00B4 D1A5 C9E1 1C02 0601
0400 0100 0102 0280 0002 0202 0002 0246 0002 0641 0400 00FF FF
*Aug 19 00:56:32.470: %BGP-3-NOTIFICATION: sent to neighbor 209.165.201.6 active
  2/2 (peer in wrong AS) 2 bytes FFFF
*Aug 19 00:56:32.470: %BGP-4-MSGDUMP: unsupported or mal-formatted message received
  from 209.165.201.6:
FFFF FFFF FFFF FFFF FFFF FFFF FFFF FFFF 0039 0104 FFFF 00B4 D1A5 C9E1 1C02 0601
0400 0100 0102 0280 0002 0202 0002 0246 0002 0641 0400 00FF FF
*Aug 19 00:56:37.590: %BGP_SESSION-5-ADJCHANGE: neighbor 209.165.201.6 IPv4 Unicast
  topology base removed from session BGP notification sent
GW2# show ip bgp summary
BGP router identifier 209.165.201.5, local AS number 65000
BGP table version is 2, main routing table version 2
1 network entries using 148 bytes of memory
1 path entries using 64 bytes of memory
1/1 BGP path/bestpath attribute entries using 136 bytes of memory
1 BGP AS-PATH entries using 24 bytes of memory
0 BGP route-map cache entries using 0 bytes of memory
0 BGP filter-list cache entries using 0 bytes of memory
BGP using 372 total bytes of memory
BGP activity 1/0 prefixes, 1/0 paths, scan interval 60 secs

Neighbor        V    AS MsgRcvd MsgSent   TblVer  InQ OutQ Up/Down  State/PfxRcd
10.0.10.33      4 65000       7       6        2    0    0 00:03:22        1
209.165.201.6   4 65335       2       2        1    0    0 00:00:00 Closing
GW2#
```

3．提出推断，验证推断并解决故障

为了验证上述故障推断，首选检查运行配置中的BGP配置段落（如例7-4所示），然后删除使用错误ASN的**neighbor**语句，并增加一条使用正确ASN（65535）的**neighbor**语句。

修正了ISP（eBGP）邻居的错误ASN之后，可以再次利用**show ip bgp summary**命令检查邻居关系的状态（如例7-4所示）。几秒钟之后邻居关系就已经建立。请注意，建立了BGP关系/会话之后，**show ip bgp summary**命令的输出结果（位于Up/Down列下面）将

显示从邻居收到的前缀数量，而不是“established”。

例 7-4　验证推断：修正 BGP 邻居的 ASN

```
GW2# show running-config | section bgp
router bgp 65000
 bgp log-neighbor-changes
 neighbor 10.0.10.33 remote-as 65000
 neighbor 10.0.10.33 next-hop-self
 neighbor 209.165.201.6 remote-as 65335
GW2#
GW2# config term
Enter configuration commands, one per line.  End with CNTL/Z.
GW2(config)# router bgp 65000
GW2(config-router)# no neighbor 209.165.201.6 remote-as 65335
GW2(config-router)# neighbor 209.165.201.6 remote-as 65535
GW2(config-router)# end
GW2# wr
Building configuration...
[OK]
GW2#
GW2# show ip bgp summary
BGP router identifier 209.165.201.5, local AS number 65000
BGP table version is 3, main routing table version 3
1 network entries using 148 bytes of memory
2 path entries using 128 bytes of memory
2/1 BGP path/bestpath attribute entries using 272 bytes of memory
1 BGP AS-PATH entries using 24 bytes of memory
0 BGP route-map cache entries using 0 bytes of memory
0 BGP filter-list cache entries using 0 bytes of memory
BGP using 572 total bytes of memory
BGP activity 1/0 prefixes, 2/0 paths, scan interval 60 secs

Neighbor        V    AS     MsgRcvd  MsgSent   TblVer  InQ OutQ  Up/Down  State/PfxRcd
10.0.10.33      4    65000     10       10        3      0    0  00:06:09            1
209.165.201.6   4    65535      6        5        2      0    0  00:00:15            1
GW2#
```

接下来必须回到 R1 和 R2，以确定这两台路由器的 OSPF 数据库中都已经安装了两条默认路由，一条来自 GW1（209.165.200.1），另一条来自 GW2（209.165.201.5）。例 7-5 显示了路由器 R1 和 R2 的 **show ip ospf database** 命令输出结果。

此时还需要在网络文档中记录上述排障过程并告诉 TINC 垃圾处理公司的 Donovan 以及其他相关方，本故障问题已解决。

例 7-5 解决故障：检查冗余默认路由

```
R1# show ip ospf database

            OSPF Router with ID (10.0.44.2) (Process ID 1)

                Router Link States (Area 0)

Link ID         ADV Router      Age         Seq#       Checksum Link count
10.0.44.2       10.0.44.2       470         0x80000003 0x00204F 6
10.0.44.3       10.0.44.3       472         0x80000003 0x0096CA 6
209.165.200.1   209.165.200.1   434         0x80000003 0x00A41F 2
209.165.201.5   209.165.201.5   435         0x80000003 0x00CCE3 2

                Net Link States (Area 0)

Link ID         ADV Router      Age         Seq#       Checksum
10.0.10.22      10.0.44.3       499         0x80000001 0x00D88F
10.0.10.25      10.0.44.2       470         0x80000001 0x00F568
10.0.10.29      10.0.44.3       472         0x80000001 0x00173C
10.0.10.34      209.165.201.5   435         0x80000001 0x0053E5
10.0.11.3       10.0.44.3       499         0x80000001 0x009ED8
10.0.33.3       10.0.44.3       499         0x80000001 0x00ABB5
10.0.44.3       10.0.44.3       499         0x80000001 0x003224

                Type-5 AS External Link States

Link ID         ADV Router      Age         Seq#       Checksum Tag
0.0.0.0         209.165.200.1   394         0x80000001 0x002A47 1
0.0.0.0         209.165.201.5   111         0x80000001 0x000B61 1
R1#


R2# show ip ospf database

            OSPF Router with ID (10.0.44.3) (Process ID 1)

                Router Link States (Area 0)

Link ID         ADV Router      Age         Seq#       Checksum Link count
10.0.44.2       10.0.44.2       499         0x80000003 0x00204F 6
10.0.44.3       10.0.44.3       499         0x80000003 0x0096CA 6
209.165.200.1   209.165.200.1   464         0x80000003 0x00A41F 2
209.165.201.5   209.165.201.5   463         0x80000003 0x00CCE3 2
```

```
                Net Link States (Area 0)

Link ID         ADV Router      Age         Seq#       Checksum
10.0.10.22      10.0.44.3       526         0x80000001 0x00D88F
10.0.10.25      10.0.44.2       499         0x80000001 0x00F568
10.0.10.29      10.0.44.3       499         0x80000001 0x00173C
10.0.10.34      209.165.201.5   463         0x80000001 0x0053E5
10.0.11.3       10.0.44.3       526         0x80000001 0x009ED8
10.0.33.3       10.0.44.3       526         0x80000001 0x00ABB5
10.0.44.3       10.0.44.3       526         0x80000001 0x003224

                Type-5 AS External Link States

Link ID         ADV Router      Age         Seq#       Checksum Tag
0.0.0.0         209.165.200.1   423         0x80000001 0x002A47 1
0.0.0.0         209.165.201.5   138         0x80000001 0x000B61 1
R2#
```

4．检测与排除 BGP 邻居关系故障

由于 BGP 是一种基于 TCP 的路由协议，因而在邻居发送 BGP OPEN（打开）消息（该消息的作用是发起建立 BGP 邻居关系的进程）之前，双方必须首先完成 TCP 的三次握手进程。TCP 三次握手进程成功完成之后，就可以从一个邻居向另一个邻居发送 BGP OPEN 消息了。OPEN 消息中包含了发送端的路由器 ID、ASN、保持时间以及 BGP 版本等信息。如果从一个邻居向另一个邻居发送的 BGP OPEN 消息不存在参数配置冲突，那么就可以建立邻居关系。接下来邻居之间会完整交换所有已知且允许前缀的最佳路径（过滤器可能会阻止路由器向某些邻居发送全部已知前缀），以后 BGP 邻居之间仅交换 Hello 消息，除非网络出现了变动，此时将会相互发送路由更新（可达和不可达）消息。无论出现了何种类型的错误情况，BGP 邻居都会相互发送通告消息，以说明出现冲突的原因。

如果因某些原因导致 TCP 三次握手进程无法完成，那么就不会发送 BGP OPEN 消息，也就无法建立邻居关系。出现这种情况的可能原因是对等体之间没有 IP 连接或者 TCP 端口 179（BGP 周知端口号）被 ACL（Access Control List，访问控制列表）或防火墙阻塞了。此外，如果 BGP 的 **neighbor** 语句指定了邻居的特定地址（如 loopback 0 接口地址），并且该地址不可达，那么就无法完成 TCP 三次握手进程。如果 BGP 的配置有误（如指定了错误的邻居 ASN），那么也将无法建立邻居关系。此外，收到邻居发送来的消息之后，数据包的源地址必须与为该邻居配置的地址完全匹配。对于 iBGP（internal BGP，内部 BGP）邻居来说，如果使用邻居的 Loopback 0 接口，那么邻居必须配置命令选项 **update-source loopback0**。BGP 邻居关系无法建立的另一个可能原因是认证错误。最后，对于 eBGP 邻居

来说，如果指定了一个非直连的 IP 地址，那么必须使用 **ebgp-multihop** 命令，以指定经过多少跳可以到达该邻居的 IP 地址。iBGP 消息的默认 IP 包 TTL（Time To Live，生存时间）为 255，eBGP 消息的默认 IP 包 TTL 为 1。

两台 BGP 路由器（发言者）之间的邻居关系可能会处于以下状态之一。

- **Idle（空闲）状态**：路由器正在查询 IP 路由表以找到去往邻居的路由。
- **Active（激活）状态**：路由器仍在尝试（最多 16 次）完成 TCP 的三次握手进程。
- **Connect（连接）状态**：路由器发现了去往邻居的路由并且完成了 TCP 三次握手进程。
- **Open Sent（打开发送）状态**：完成 TCP 三次握手进程之后，向邻居发送 BGP OPEN 消息。
- **Open Confirm（打开确认）状态**：路由器从邻居（已经就建立 BGP 会话所需的参数达成一致）收到 OPEN 消息。
- **Established（已建立）状态**：对等关系已建立，随后将发送路由更新和 Hello 消息。

检测与排除 BGP 邻居关系无法建立的故障时，通常需要用到以下命令和技术。

- 使用 **show ip bgp summary** 命令显示所有 BGP 对等体的状态。
- 使用扩展的 **ping** 和 **traceroute** 命令验证去往邻居地址的 IP 连接性。
- 使用 **show ip route** 命令验证去往邻居地址的 IP 路由的存在性。
- 使用 **show ip bgp neighbor** 命令查看其他额外信息。
- 使用 **debug ip bgp** 命令的各种选项获取故障问题的更多信息和线索。例如，**debug ip bgp events** 命令可以显示对等体状态跃迁的详细信息。

7.1.2 检测与排除 PC1 的连接性故障

除了知道 PC1 无法访问 Internet 之外，我们不知道更多有用的信息。因此，报告故障问题时，最好搜集并发现尽可能多的信息，如故障出现时间，还有谁也有类似故障问题或者谁没有类似故障问题，网络中何时实施了何种变更等等，这些信息有助于更好地确定排障方法和排障重点。

和以往一样，故障检测与排除工作的第一步就是验证 PC1 确实存在 Internet 连接性故障。从例 7-6 可以看出，PC1 向 IP 地址为 209.165.201.225 的 Internet 服务器发起的 ping 测试失败。

例 7-6 验证故障问题：PC1 没有 Internet 连接

```
PC1# ping 209.165.201.225
% Unrecognized host or address, or protocol not running.

PC1#
```

1. 收集信息

根据已经掌握的少量信息，我们决定采用跟踪流量路径故障检测与排除法，从检查 PC1 的以太网接口状态入手。例 7-7 给出了 PC1 的 **show ip interface brief** 和 **show interfaces Ethernet 0/0** 命令输出结果。从第一条命令的输出结果可以看出，PC1 的 Ethernet 0/0 接口处于 up 状态，但是没有通过 DHCP 获得 IP 地址。第二条命令的输出结果也表明 Ethernet 0/0 接口处于 up 状态，而且还显示了该接口的 MAC 地址 aabb.cc00.9300。

例 7-7 收集信息：检查 PC1 的以太网接口状态

```
PC1# show ip interface brief
Interface                  IP-Address      OK? Method Status                Protocol
Ethernet0/0                unassigned      YES DHCP   up                    up
< ...output omitted ...>
PC1#
PC1# show interface ethernet 0/0
Ethernet0/0 is up, line protocol is up
  Hardware is AmdP2, address is aabb.cc00.a000 (bia aabb.cc00.a000)
< ...output omitted ...>
PC1#
```

根据跟踪流量路径法，接下来应该检查交换机 SW1，必须检查并确定 PC1 的 MAC 地址是通过 SW1 的 Eth0/2 接口学到的。例 7-8 给出了 **show mac address-table aabb.cc00.a000** 命令的输出结果，但输出结果显示 MAC 地址表为空。也就是说，PC1 的 MAC 没有被 SW1 通过接口 Eth0/2 或其他任何接口学到，这就是 PC1 出现连接性故障并且无法通过 DHCP 获得 IP 地址的原因。

例 7-8 收集信息：检查 SW1 的 MAC 地址表

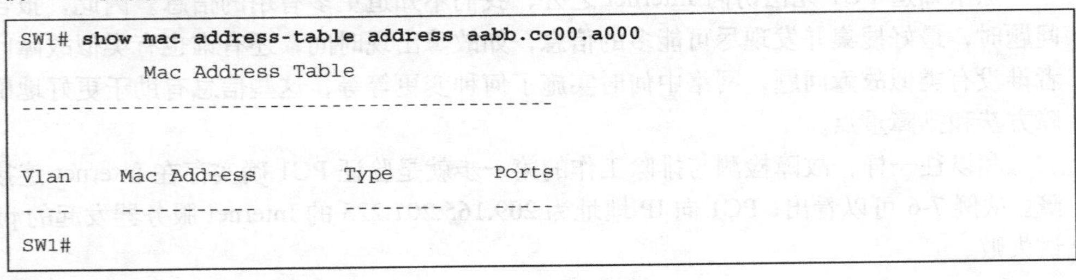

```
SW1# show mac address-table address aabb.cc00.a000
          Mac Address Table
-------------------------------------------

Vlan    Mac Address       Type        Ports
----    -----------       --------    -----
SW1#
```

2. 分析信息并进一步收集信息

分析上述信息可以知道，虽然 PC1 的接口 Ethernet 0/0 处于 up 状态，但是其 MAC 地址没有被 SW1 通过接口 Ethernet 0/2 学到，因而有理由假设 SW1 的接口 Ethernet 0/2 出现了某种错误配置，从而阻止了 SW1 学习 PC1 的 MAC 地址。

因而接下来必须进一步收集有用信息以确认或否认我们的假设。例 7-9 给出了 SW1 的 **show running-config interface Ethernet 0/2** 命令输出结果。可以看出 SW1 配置了 **switchport port-security mac-address** 命令，使用的 MAC 地址是 123f.123f.123f，该 MAC 地址并不是 PC1 的 MAC 地址。此外，SW1 的 Ethernet 0/2 接口还配置了 **switchport port-security violation protect** 命令。该命令的作用是忽视从其他 MAC 地址发来的帧，而且不学习这些 MAC 地址。

例 7-9　收集信息：检查 SW1 的 Ethernet 0/2 配置

```
SW1# show running-config interface ethernet 0/2
Building configuration...

Current configuration : 216 bytes
!
interface Ethernet0/2
 switchport access vlan 11
 switchport mode access
 switchport port-security
 switchport port-security violation protect
 switchport port-security mac-address 123f.123f.123f
 duplex auto
end

SW1#
SW1# show port-security interface ethernet 0/2
Port Security                    : Enabled
Port Status                      : Secure-up
Violation Mode                   : Protect
Aging Time                       : 0 mins
Aging Type                       : Absolute
SecureStatic Address Aging : Disabled
Maximum MAC Addresses    : 1
Total MAC Addresses            : 1
Configured MAC Addresses : 1
Sticky MAC Addresses           : 0
Last Source Address              : aabb.cc00.a000
Last Source Address VlanId : 11
Security Violation Count        : 0

SW1#
```

例 7-9 还显示了交换机 SW1 的 **show port-security interface Ethernet 0/2** 命令输出结果。从该命令的输出结果可以看出，最后的源地址是 aabb.cc00.a000，也就是 PC1 的 MAC

地址。安全违规计数器为 0，这是因为安全违规响应被配置为保护模式，不会递增该计数器。如果安全违规响应被配置为限制模式，那么就会递增该计数器。

3. 提出推断，验证推断并解决故障

根据上述信息，可以推断出故障原因在于 SW1 的 Ethernet 0/2 接口配置了端口安全特性，但是却输入了错误的 MAC 地址（非 PC1 的 MAC 地址）。因而需要删除错误的 MAC 地址并以 PC1 的 MAC 地址进行替代，此外还需要将端口安全特性的违规响应从保护模式更改为限制模式，从而能够递增违规计数器（有助于故障检测与排除工作）。

例 7-10 给出了在 SW1 的 Ethernet 0/2 接口上禁用端口安全特性、删除错误的 MAC 地址、添加 PC1 的 MAC 地址并启用端口安全特性的配置示例。完成上述配置修改之后，运行 **show mac-address interface Ethernet 0/2** 命令，可以看出 SW1 已经通过 Ethernet 0/2 接口正确学到了 PC1 的 MAC 地址。

例 7-10 验证推断：修正交换机 SW1 的端口安全特性配置

```
SW1# config term
Enter configuration commands, one per line.  End with CNTL/Z.
SW1(config)# interface ethernet 0/2
SW1(config-if)# no switchport port-security
SW1(config-if)# switchport port-security violation restrict
SW1(config-if)# no switchport port-security mac-address 123f.123f.123f
SW1(config-if)# switchport port-security mac-address aabb.cc00.a000
SW1(config-if)# switchport port-security
SW1(config-if)# end
SW1#w
*Aug 20 02:09:44.239: %SYS-5-CONFIG_I: Configured from console by console
SW1# wr
Building configuration...
[OK]
SW1#
SW1# show mac address-table interface ethernet 0/2
          Mac Address Table
-------------------------------------------

Vlan    Mac Address       Type        Ports
----    -----------       --------       -----
 11     aabb.cc00.a000    STATIC     Et0/2
Total Mac Addresses for this criterion: 1
SW1#
```

最后，还需要验证 PC1 的 Internet 连接性故障是否已解决。从例 7-11 可以看出，PC1 已经能够 ping 通 IP 地址为 209.165.201.225 的服务器了，表明故障问题已解决。

例 7-11 解决故障：PC1 现在已经能够 ping 通 Internet 服务器

```
PC1# ping 209.165.201.225
Type escape sequence to abort.
Sending 5, 100-byte ICMP Echos to 209.165.201.225, timeout is 2 seconds:
!!!!!
Success rate is 100 percent (5/5), round-trip min/avg/max = 1/202/1003 ms
PC1#
```

此时还需要在网络文档中记录上述排障过程并告诉 TINC 垃圾处理公司的 Donovan 以及其他相关方，本故障问题已解决。

4. 检测与排除端口安全特性故障

可以通过静态配置的 MAC 地址或者动态学到的 MAC 地址在接口上部署端口安全特性。如果静态配置 MAC 地址，那么就表明仅允许该特定 MAC 地址使用该交换机接口；如果不静态配置 MAC 地址，而仅仅指定该接口可以学习多少个（最多）MAC 地址，那么就表明仅允许特定数量（如一个或两个）的 MAC 地址使用该交换机接口。如果将安全 MAC 地址分配给安全端口，那么端口将不会转发源 MAC 地址不在预定义 MAC 地址组之内的入站流量。如果将安全 MAC 地址限定为一个，并且分配了单个安全 MAC 地址，那么连接在端口上的设备将拥有该端口的全部带宽。当安全端口上的安全 MAC 地址达到最大量且入站流量的源 MAC 地址与所识别出来的安全 MAC 地址均不同时，端口安全特性将应用已配置的安全违规响应。

在端口上设置了最大安全 MAC 地址数之后，可以采用以下方法将安全 MAC 地址插入地址表中。

- 利用接口配置命令 **switchport port-security mac-address** *mac_address* 静态配置所有安全 MAC 地址。
- 让端口利用直连设备的 MAC 地址动态配置安全 MAC 地址（也称为粘性学习[sticky learning]）。
- 静态配置一部分 MAC 地址，并动态配置剩余的 MAC 地址。

经历了重启、重新加载或者链路中断等状态之后，端口安全特性不会利用动态学到的 MAC 地址安装地址表，直至端口收到了入站流量。如果地址表中已经添加了最多可允许的 MAC 地址，那么在端口收到源 MAC 地址不在地址表中的流量后，将会触发安全违规行为。可以为端口配置三种违规模式：保护（protect）模式、限制（restrict）模式和关闭（shutdown）模式。虽然使用粘性 MAC 地址的端口安全特性可以提供与使用静态 MAC 地址的端口安全特性相似的大量功能，但是由于可以动态学习粘性 MAC 地址，因而使用粘性 MAC 地址的端口安全特性可以在链路中断状态下保持动态学到的 MAC 地址。如果输入 **write memory** 或 **copy running-config startup-config** 命令，那么使用粘性 MAC 地址的端口安全特性会将动态学到的 MAC 地址保存在启动配置文件中，从而端口在启动或重启之后无需从入站流量学习 MAC 地址。

配置端口安全特性的违规模式时，应注意以下信息。

- **保护模式：**丢弃源地址未知的数据包，直至删除了足够的安全 MAC 地址，使得安全 MAC 地址数量小于最大值。
- **限制模式：**丢弃源地址未知的数据包，直至删除了足够的安全 MAC 地址，使得安全 MAC 地址数量小于最大值且安全违规计数器开始递增。
- **关闭模式：**立即将接口置入 error-disabled（差错禁用）状态并发送一条 SNMP trap（自陷）消息。

如果 **show mac address-table** 命令显示 MAC 地址表中没有指定的 MAC 地址（即我们期望看到的 MAC 地址），那么很可能是交换机阻塞了来自该源端的所有帧。在检测与排除该类故障时，应遵循如下方法。

- 利用 **show interface** 命令验证接口状态，将主机连接到网络的接入接口必须处于 up/up 状态。
- 利用 **show mac address-table** 命令检查 MAC 地址表中的动态表项和静态表项。可以根据接口、VLAN 以及类型来区分这些表项。
- 利用 **show port-security** 命令检查端口安全特性的总体状态，可以看到哪些接口上应用了端口安全特性、每个接口配置的安全违规模式类型并显示所有相关的计数器。
- 利用 **show port-security interface ethernet** *x/y* 命令检查接口的端口安全特性。该命令可以显示指定接口的端口安全特性状态的一些额外信息。
- 利用 **show running-config** 和 **show startup-config** 命令检查端口安全特性的配置信息。

7.1.3 检测与排除 PC2 的连接性故障

解决了 PC1 的 Internet 连接性故障之后，我们知道除 PC2（位于 VLAN 22 中）之外的 PC 都能访问 Internet。根据最近在 SW1 上所犯的端口安全特性配置差错经验，我们要求 Donovan 检查 SW1 的 Eth0/3 接口配置。从 TINC 的网络结构图可以看出（如图 7-1 所示），PC2 连接在 SW1 的 Eth0/3 接口上。Donovan 反馈称 SW1 的 Eth0/3 接口上的端口安全特性配置完全正确，并且使用 PC2 的 MAC 地址进行了正确配置。为了确信上述配置的正确性，Donovan 将该接口的配置复制了一份发给我们。

首先要做的就是验证故障问题，然后再选择相应的方法收集信息。从例 7-12 可以看出，PC2 向 IP 地址为 209.165.201.225 的 Internet 服务器发起的 ping 测试失败，并且收到消息“%Unrecognized host or address, or protocol not running”。该消息促使我们检查 PC2 的接口状态，发现 PC2 的接口处于 up 状态，但是却没有 IP 地址。PC2 应该通过 DHCP 获得 IP 地址地址（如例 7-12 所示）。

例 7-12 验证故障：PC2 没有 Internet 连接

```
PC2# ping 209.165.201.225
% Unrecognized host or address, or protocol not running.

PC2#
PC2# show ip interface brief
Interface              IP-Address      OK? Method Status      Protocol
Ethernet0/0            unassigned      YES DHCP   up          up
< ...output omitted ...>
```

很明显，PC2 没有 IP 地址就无法访问 Internet 服务器（209.165.201.225），因而首要目标就是解决该问题。如果我们发现并解决了该问题，使得 PC2 获得了 IP 地址，那么就可以检查 PC2 是否能够访问 Internet。如果 PC2 仍然无法访问 Internet，那么还必须继续排查其他故障问题，否则就已经解决了故障问题。

我们知道 PC1（也连接在 SW1 上）已经通过 DHCP 获得了 IP 地址并且能够访问 Internet 服务器，而且网络不大可能在整体上都存在 Internet 连接性故障。由于 PC1 和 PC2 属于不同的 VLAN 和 IP 子网，因而可以采用跟踪流量路径法，并利用对比分析技术沿着流量路径排查阻碍 PC2 通过 DHCP 获取 IP 地址的潜在故障原因。

1. 收集信息

根据 TINC 的网络文档和结构图（如图 7-1 所示），R1 和 R2 被配置为 VLAN 11、VLAN 22、VLAN 33 和 VLAN 44 的冗余 DHCP 服务器，因而需要检查 R1 和 R2 的 DHCP 配置信息，并注意到对于所有的 VLAN 来说，R1 和 R2 的 DHCP 配置完全相同，并且看起来完全正确。例 7-13 显示了 R1 的 DHCP 相关配置信息。

例 7-13 路由器 R1 的 VLAN 11 和 VLAN 22 的 DHCP 配置信息

```
R1# show running-config
< ...output omitted... >
!
ip dhcp excluded-address 10.0.11.1 10.0.11.10
ip dhcp excluded-address 10.0.22.1 10.0.22.10
ip dhcp excluded-address 10.0.11.128 10.0.11.255
ip dhcp excluded-address 10.0.22.128 10.0.22.255
ip dhcp excluded-address 10.0.33.1 10.0.33.10
ip dhcp excluded-address 10.0.44.1 10.0.44.10
ip dhcp excluded-address 10.0.33.128 10.0.33.255
ip dhcp excluded-address 10.0.44.128 10.0.44.255
!
ip dhcp pool VLAN11_CLIENTS
 network 10.0.11.0 255.255.255.0
```

```
 default-router 10.0.11.1
!
ip dhcp pool VLAN22_CLIENTS
 network 10.0.22.0 255.255.255.0
 default-router 10.0.22.1
!
ip dhcp pool VLAN33_CLIENTS
 network 10.0.33.0 255.255.255.0
 default-router 10.0.33.1
!
ip dhcp pool VLAN44_CLIENTS
 network 10.0.44.0 255.255.255.0
 default-router 10.0.44.1
!
< ...output omitted... >
R1#
```

从逻辑上来看，收集信息的下一步就是检查 R1（接口 Eth1/0）与 SW1（接口 Eth0/0）之间的中继配置，并对比分析 VLAN 11 与 VLAN 22 的中继配置差异。例 7-14 显示了 R1 Eth1/0 接口关于 VLAN 11 和 VLAN 22 的中继配置信息（看起来完全正确）。

例 7-14 R1 Eth1/0 接口关于 VLAN 11 和 VLAN 22 的中继配置

```
R1# show running-config
< ...output omitted... >
!
interface Ethernet1/0
 no ip address
!
interface Ethernet1/0.11
 encapsulation dot1Q 11
 ip address 10.0.11.2 255.255.255.0
 standby 1 ip 10.0.11.1
 standby 1 priority 110
 standby 1 preempt
!
interface Ethernet1/0.22
 encapsulation dot1Q 22
 ip address 10.0.22.2 255.255.255.0
 standby 2 ip 10.0.22.1
 standby 2 priority 110
 standby 2 preempt
!
< ...output omitted... >
R1#
```

接下来利用 **show interfaces trunk** 命令检查交换机SW1的中继接口(Eth0/0和Eth0/1)。从例 7-15 可以看出，这两个中继接口都以本征（native）VLAN 1 配置了中继，并且都允许所有 VLAN（1～4096）。但这些中继所允许并处于活跃状态的 VLAN 只有 VLAN 1 和 VLAN 11。

例 7-15　检查交换机 SW1 的中继接口

```
SW1# show interfaces trunk

Port        Mode         Encapsulation  Status        Native vlan
Et0/0       on               802.1q         trunking      1
Et0/1       on               802.1q         trunking      1

Port        Vlans allowed on trunk
Et0/0       1-4094
Et0/1       1-4094

Port        Vlans allowed and active in management domain
Et0/0       1,11
Et0/1       1,11

Port        Vlans in spanning tree forwarding state and not pruned
Et0/0       1,11
Et0/1       1,11
SW1#
SW1#
```

2. 提出推断，验证推断并解决故障

根据从交换机 SW1 面向 R1 和 R2 的上行中继接口收集到的最新信息，可以排除这些中继禁止 VALN 22 的可能性。剩下的潜在故障原因就是交换机 SW1 上不存在 VLAN 22，或者 VLAN 22 处于 down 状态或者被关闭。为了验证故障推断，可以在交换机 SW1 上运行 **show vlan id 22** 和 **show vlan** 命令。从例 7-16 可以看出，SW1 上不存在 VLAN 22。

例 7-16　验证推断：检查 SW1 上是否存在 VLAN 22

```
SW1# show vlan id 22
VLAN id 22 not found in current VLAN database
SW1#
SW1# show vlan

VLAN Name                             Status    Ports
---- -------------------------------- --------- -------------------------------
1    default                          active    Et1/0, Et1/1, Et1/2, Et1/3
```

```
                                                  Et2/0, Et2/1, Et2/2, Et2/3
                                                  Et3/0, Et3/1, Et3/2, Et3/3
                                                  Et4/0, Et4/1, Et4/2, Et4/3
                                                  Et5/0, Et5/1, Et5/2, Et5/3
11   VLAN0011                         active      Et0/2
1002 fddi-default                     act/unsup
1003 token-ring-default               act/unsup
1004 fddinet-default                  act/unsup
1005 trnet-default                    act/unsup

VLAN Type  SAID       MTU   Parent RingNo BridgeNo Stp  BrdgMode Trans1 Trans2
---- ----- ---------- ----- ------ ------ -------- ---- -------- ------ ------
1    enet  100001     1500  -      -      -        -    -        0      0
11   enet  100011     1500  -      -      -        -    -        0      0
1002 fddi  101002     1500  -      -      -        -    -        0      0
1003 tr    101003     1500  -      -      -        -    -        0      0
1004 fdnet 101004     1500  -      -      -        ieee -        0      0
1005 trnet 101005     1500  -      -      -        ibm  -        0      0

Primary Secondary Type              Ports
------- --------- ----------------- ------------------------------------------


SW1#
```

3. 解决故障

接下来需要在交换机上创建 VLAN 22（如例 7-17 所示）。创建了 VLAN 22 之后，运行 **show vlan id 22** 命令以确认 SW1 已经存在 VLAN 22 且处于活动状态。

最后，回到 PC2 并检查其是否能够访问 Internet 服务器。从例 7-17 可以看出，PC2 能够 ping 通 209.165.201.225，表明故障问题已解决。此时还需要在网络文档中记录上述排障过程并告诉 TINC 垃圾处理公司的 Donovan 以及其他相关方，本故障问题已解决。

例 7-17　解决故障：在交换机 SW1 上创建 VLAN 22

```
SW1#
SW1# conf term
Enter configuration commands, one per line.  End with CNTL/Z.
SW1(config)# vlan 22
SW1(config-vlan)# end
% Applying VLAN changes may take few minutes.  Please wait...

SW1#
*Aug 21 04:18:55.527: %SYS-5-CONFIG_I: Configured from console by console
SW1# show vlan id 22
```

```
VLAN Name                             Status    Ports
---- -------------------------------- --------- -------------------------------
22   VLAN0022                         active    Et0/0, Et0/1, Et0/3

VLAN Type  SAID       MTU   Parent RingNo BridgeNo Stp  BrdgMode Trans1 Trans2
---- ----- ---------- ----- ------ ------ -------- ---- -------- ------ ------
22   enet  100022     1500  -      -      -        -    -        0      0

Primary Secondary Type              Ports
------- --------- ----------------- ------------------------------------------

SW1#


PC2#
PC2# Ping 209.165.201.225
Type escape sequence to abort.
Sending 5, 100-byte ICMP Echos to 209.165.201.225, timeout is 2 seconds:
!!!!!
Success rate is 100 percent (5/5), round-trip min/avg/max = 1/202/1008 ms
PC2#
```

4. 检测与排除 VLAN 故障

检测与排除 VLAN 故障时，可以按照如下方法检查相关内容。

- 利用 **show interface** 命令检查所有相关接口的状态，接口必须处于 up/up 状态。
- 利用 **show vlan** 命令检查 VLAN 数据库。该命令可以验证存在哪些 VLAN 以及端口到 VLAN 的映射关系。由于中继不属于任何特定 VLAN，因而该命令的输出结果中不显示中继信息。
- 利用 **show interfaces trunk** 和 **show interfaces switchport** 命令检查中继接口。通过该命令可以发现所有被配置为中继的接口，而且还能显示每个中继的相关信息，包括已配置的中继模式、封装类型、本征 VLAN 以及允许的 VLAN。
- 利用 **show mac-address-table** 命令检查 MAC 地址表中关于特定 VLAN 的动态表项和静态表项。该命令是验证二层转发操作的主要命令，可以显示交换机学到的 MAC 地址以及相关联的端口及 VLAN 信息；

本征 VLAN 的作用是承载 802.1Q 中继上的无标签流量。虽然本征 VLAN 被默认设置为 VLAN 1，但是也可以在每个中继接口上更改该默认设置。中继链路两端的本征 VLAN 必须完全相同，一种常见错误就是中继两端的本征 VLAN 不匹配。本征 VLAN 配置错误会导致两个 VLAN 之间产生流量泄露，从而产生异常转发行为，而且还可能会出现 STP（Spanning Tree Protocol，生成树协议）等协议的致命错误。

CDP（Cisco Discovery Protocol，Cisco 发现协议）可以监控本征 VLAN，并在检测到本征 VLAN 不匹配时立即显示通告消息，显示的不匹配消息通常如下所示。

%CDP-4-NATIVE_VLAN_MISMATCH：Native VLAN mismatch discovered on GigabitEthernet1/0/25 (100), with sw1 GigabitEthernet1/0/25 (300).

此外，STP 还能检测本征 VLAN 不匹配故障并阻塞接口上受影响的 VLAN，同时产生如下类似通告消息。

- **%SPANTREE-2-RECV_PVID_ERR**：Received BPDU with inconsistent peer vlan id 300 on GigabitEthernet1/0/25 VLAN100.
- **%SPANTREE-2-BLOCK_PVID_PEER**：Blocking GigabitEthernet1/0/25 on VLAN 0300. Inconsistent peer vlan.
- **%SPANTREE-2-BLOCK_PVID_LOCAL**：Blocking GigabitEthernet1/0/25 on VLAN 0100. Inconsistent local vlan.

通常 802.1Q 中继上的本征 VLAN 承载的都是无标签流量，因而可能会创建封装了两层 802.1Q 标签的帧，从而出现安全脆弱性问题。如果攻击者为外层标签使用本征 VLAN，而将被攻击者的 VLAN 作为内层标签，那么交换机剥离了外层标签之后，会将剩余的单标签帧通过中继端口转发给目的 VLAN。通常将该攻击行为称为 VLAN 跳跃攻击，此时可以使用 **vlan dot1q tag native** 命令加以预防。该命令能够显式标记本征 VLAN。由于早期交换机可能不支持该功能特性，因而可以从中继所允许的 VLAN 中删除本征 VLAN。

如果要验证已配置的本征 VLAN 以及其他中继参数，可以使用 **show interfaces trunk** 和 **show interfaces interface slot/number switchport** 命令。

7.2 TINC 垃圾处理公司故障工单 2

TINC 垃圾处理公司的 IT 及网络支持工程师 Donovan 给我们（SECHNIK 网络公司）发了一封电子邮件以寻求帮助。

- 路由器 GW1 的 OSPF 邻居只有路由器 GW2，需要找出 GW1 没有与路由器 R1 建立邻接关系的原因并解决该问题，使得 GW1 能够与 R1 建立 OSPF 邻居关系。
- 虽然网络中的路由器都被配置为通过 SSH（Secure Shell，安全外壳）版本 2 实现远程接入，但不知为何 PC4 无法访问 R2，却可以访问 GW1、GW2 和 R1，需要解决该问题。
- 路由器 R1 和 R2 一直在生成指示网络中存在重复 IP 地址的日志消息，由于怀疑故障原因是 IOS 故障，因而必须尽快解决该问题。

7.2.1 检测与排除 GW1 与路由器 R1 的 OSPF 邻居关系故障

我们知道路由器 GW1 必须与路由器 GW2 及 R1 均建立 OSPF 邻居关系，但是目前路由器 GW1 与 R1 之间并没有建立 OSPF 邻居关系。我们的排障任务就是解决该故障问题，不过首先要做的仍然是验证该故障问题。

1．验证故障

在路由器 GW1 上运行 **show ip ospf neighbor** 命令（如例 7-18 所示），输出结果显示 GW1 只有一个路由器 ID 为 10.0.1.11 的邻居。然后在路由器 GW2 上运行 **show ip ospf | include ID** 命令，可以看出 10.0.1.11 确实是 GW2 的 OSPF 路由器 ID，从而证实了所报告故障的正确性。接下来要做的就是找出路由器 GW1 与 R1 之间未建立邻居关系的原因并解决该故障问题。

例 7-18　验证故障：检查 GW1 是否只有一个 OSPF 邻居

```
GW1# show ip ospf neighbor

Neighbor ID     Pri   State           Dead Time   Address         Interface
10.0.1.11         1   FULL/DR         00:00:37    10.0.10.34      Ethernet0/0
GW1#


GW2# show ip ospf | include ID
 Routing Process "ospf 1" with ID 10.0.1.11
GW2#
```

可以采用自底而上法，从 GW1 与 R1 之间的链路开始往上进行故障排查。

2．收集信息

自底而上法的第一步就是检查路由器 GW1 和 R1 的接口 Ethernet 0/3（这两台路由器通过该接口互连）状态。从 **show ip interface brief** 命令的输出结果可以看出，这两台路由器的接口 Ethernet 0/3 的 IP 地址配置均正确（如例 7-19 所示）。

例 7-19　检查 GW1 与 R1 互连接口的状态

```
GW1# show interfaces ethernet 0/3
Ethernet0/3 is up, line protocol is up
< ...output omitted... >
GW1# show ip interface brief
Interface          IP-Address      OK? Method Status                Protocol
Ethernet0/0        10.0.10.33      YES NVRAM  up                    up
Ethernet0/1        209.165.200.1   YES NVRAM  up                    up
Ethernet0/2        unassigned      YES NVRAM  administratively down down
Ethernet0/3        10.0.10.26      YES NVRAM  up                    up
Loopback0          10.0.1.10       YES NVRAM  up                    up
NVI0               10.0.10.33      YES unset  up                    up
GW1#
```

```
R1# show interfaces ethernet 0/3
Ethernet0/3 is up, line protocol is up
< ...output omitted... >
R1# show ip int brief
Interface              IP-Address      OK? Method Status                Protocol
Ethernet0/0            10.0.10.21      YES NVRAM  up                    up
Ethernet0/1            unassigned      YES NVRAM  administratively down down
Ethernet0/2            unassigned      YES NVRAM  administratively down down
Ethernet0/3            10.0.10.25      YES NVRAM  up                    up
Ethernet1/0            unassigned      YES NVRAM  up                    up
Ethernet1/0.11         10.0.11.2       YES NVRAM  up                    up
Ethernet1/0.22         10.0.22.2       YES NVRAM  up                    up
Ethernet1/1            10.0.33.2       YES NVRAM  up                    up
Ethernet1/2            10.0.44.2       YES NVRAM  up                    up
Ethernet1/3            unassigned      YES NVRAM  administratively down down
Loopback0              10.0.1.8        YES NVRAM  up                    up
R1#
```

接下来检查路由器 GW1 和 R1 的 OSPF 配置信息。可以在运行配置中的 OSPF 段落查看该信息。此外，在这两台路由器上运行 **show ip ospf** 命令以寻找排障线索（如例 7-20 所示）。从输出结果可以看出，这两台路由器为网络 10.0.0.0 内的所有接口都启用了 OSPF 并加入骨干区域 area 0。GW1 在 4 个接口上激活了 OSPF，R1 在 7 个接口上激活了 OSPF。

例 7-20 收集信息：GW1 和 R1 的 OSPF 配置

```
GW1# show running-config | section router ospf
router ospf 1
 network 10.0.0.0 0.255.255.255 area 0
 default-information originate
GW1# show ip ospf
 Routing Process "ospf 1" with ID 10.0.1.10
< ...output omitted... >
  Reference bandwidth unit is 100 mbps
    Area BACKBONE(0)
        Number of interfaces in this area is 4 (1 loopback)
        Area has no authentication
        SPF algorithm last executed 00:00:49.696 ago
        SPF algorithm executed 2 times
        Area ranges are
        Number of LSA 11. Checksum Sum 0x05FED4
        Number of opaque link LSA 0. Checksum Sum 0x000000
        Number of DCbitless LSA 0
        Number of indication LSA 0
```

```
      Number of DoNotAge LSA 0
      Flood list length 0
GW1#


R1# show running-config | section router ospf
router ospf 1
 network 10.0.0.0 0.255.255.255 area 0
R1# show ip ospf
 Routing Process "ospf 1" with ID 10.0.1.8
< ...output omitted... >
   Area BACKBONE(0)
      Number of interfaces in this area is 7 (1 loopback)
      Area has no authentication
      SPF algorithm last executed 00:00:08.390 ago
      SPF algorithm executed 4 times
      Area ranges are
      Number of LSA 9. Checksum Sum 0x0435EC
      Number of opaque link LSA 0. Checksum Sum 0x000000
      Number of DCbitless LSA 0
      Number of indication LSA 0
      Number of DoNotAge LSA 0
      Flood list length 0
R1#
```

由于目前收集到的配置信息都没有问题，因而接下来利用 **debug ip ospf hello** 命令来收集故障线索。在这两台路由器上启用了该调试选项之后，例 7-21 显示了相应的输出结果。从 R1 的调试输出结果可以看出，有一个输出行报告了 Hello 参数与 10.0.10.26（GW1 的 Ethernet 0/3 接口的 IP 地址）不匹配的情况（“Mismatched hello parameters from 10.10.10.26”）。

例 7-21　收集信息：IP OSPF Hello 调试结果

```
GW1# debug ip ospf hello
*Aug 22 23:29:03.999: OSPF-1 HELLO Et0/0: Rcv hello from 10.0.1.11 area 0 10.0.10.34
*Aug 22 23:29:04.599: OSPF-1 HELLO NV0: Send hello to 224.0.0.5 area 0 from 0.0.0.0
GW1#
*Aug 22 23:29:10.282: OSPF-1 HELLO Et0/0: Send hello to 224.0.0.5 area 0 from
  10.0.10.33
*Aug 22 23:29:10.320: OSPF-1 HELLO Et0/3: Send hello to 224.0.0.5 area 0 from
  10.0.10.26
GW1#
*Aug 22 23:29:13.611: OSPF-1 HELLO Et0/0: Rcv hello from 10.0.1.11 area 0 10.0.10.34
*Aug 22 23:29:13.882: OSPF-1 HELLO NV0: Send hello to 224.0.0.5 area 0 from 0.0.0.0
GW1#
```

```
R1# debug ip ospf hello
OSPF hello debugging is on
R1#
*Aug 22 23:29:47.878: OSPF-1 HELLO Et1/2: Rcv hello from 10.0.1.9 area 0 10.0.44.3
*Aug 22 23:29:48.581: OSPF-1 HELLO Et0/0: Send hello to 224.0.0.5 area 0 from
  10.0.10.21
*Aug 22 23:29:48.916: OSPF-1 HELLO Et0/3: Rcv hello from 10.0.1.10 area 0 10.0.10.26
*Aug 22 23:29:48.916: OSPF-1 HELLO Et0/3: Mismatched hello parameters from 10.0.10.26
*Aug 22 23:29:48.916: OSPF-1 HELLO Et0/3: Dead R 40 C 120, Hello R 10 C 30 Mask R
  255.255.255.252 C 255.255.255.252
R1#
*Aug 22 23:29:48.948: OSPF-1 HELLO Et1/0.11: Send hello to 224.0.0.5 area 0 from
  10.0.11.2
*Aug 22 23:29:49.336: OSPF-1 HELLO Et1/0.22: Rcv hello from 10.0.1.9 area 0 10.0.22.3
R1# n
*Aug 22 23:29:50.926: OSPF-1 HELLO Et1/0.22: Send hello to 224.0.0.5 area 0 from
  10.0.22.2
R1#
```

由于是在 R1 的调试输出结果中看到的“Mismatched hello parameters from 10.10.10.26”消息，因而必须检查这两台路由器 Ethernet 0/3 接口的 OSPF 配置信息，为此在两台路由器上运行 **show ip ospf interface ethernet 0/3** 命令（如例 7-22 所示）。

例 7-22　收集信息：Ethernet 0/3 接口的 OSPF 配置

```
GW1# show ip ospf int eth 0/3
Ethernet0/3 is up, line protocol is up
  Internet Address 10.0.10.26/30, Area 0, Attached via Network Statement
  Process ID 1, Router ID 10.0.1.10, Network Type BROADCAST, Cost: 10
  Topology-MTID    Cost    Disabled    Shutdown      Topology Name
        0           10        no          no            Base
  Transmit Delay is 1 sec, State DR, Priority 1
  Designated Router (ID) 10.0.1.10, Interface address 10.0.10.26
  No backup designated router on this network
  Timer intervals configured, Hello 10, Dead 40, Wait 40, Retransmit 5
    oob-resync timeout 40
    Hello due in 00:00:00
  Supports Link-local Signaling (LLS)
  Cisco NSF helper support enabled
  IETF NSF helper support enabled
  Index 2/2, flood queue length 0
  Next 0x0(0)/0x0(0)
  Last flood scan length is 0, maximum is 0
```

```
  Last flood scan time is 0 msec, maximum is 0 msec
  Neighbor Count is 0, Adjacent neighbor count is 0
  Suppress hello for 0 neighbor(s)
GW1#

R1# show ip ospf int eth 0/3
Ethernet0/3 is up, line protocol is up
  Internet Address 10.0.10.25/30, Area 0, Attached via Network Statement
  Process ID 1, Router ID 10.0.1.8, Network Type NON_BROADCAST, Cost: 10
  Topology-MTID    Cost    Disabled    Shutdown      Topology Name
      0           10        no          no            Base
  Transmit Delay is 1 sec, State DR, Priority 1
  Designated Router (ID) 10.0.1.8, Interface address 10.0.10.25
  No backup designated router on this network
  Timer intervals configured, Hello 30, Dead 120, Wait 120, Retransmit 5
    oob-resync timeout 120
    Hello due in 00:00:10
  Supports Link-local Signaling (LLS)
  Cisco NSF helper support enabled
  IETF NSF helper support enabled
  Index 2/2, flood queue length 0
  Next 0x0(0)/0x0(0)
  Last flood scan length is 0, maximum is 0
  Last flood scan time is 0 msec, maximum is 0 msec
  Neighbor Count is 0, Adjacent neighbor count is 0
  Suppress hello for 0 neighbor(s)
R1#
```

从例 7-22 的输出结果可以看出，路由器 GW1 的 Ethernet 0/3 接口上的 OSPF 网络类型为 BROADCAST（为默认网络类型），并且该 BROADCAST 网络的 OSPF Hello 定时器和 Dead（失效）定时器的默认值分别为 10 秒钟和 40 秒钟。但是路由器 R1 的 Ethernet 0/3 接口上的 OSPF 网络类型为 NON_BROADCAST，并且该 NON_BROADCAST 网络的 OSPF Hello 定时器和 Dead（失效）定时器的默认值分别为 30 秒钟和 120 秒钟。

3. 分析信息，排除潜在故障原因并提出推断

OSPF 邻居收到对方的 Hello 消息之后，期望在网络地址、区域号、Hello 定时器和 Dead 定时器以及区域类型、认证参数等方面达成一致。前面发现的 Hello 参数不匹配指的就是 Hello 定时器和 Dead 定时器。原因在于 R1 的 Ethernet 0/3 接口的网络类型被配置为了 NON_BROADCAST。因而可以排除其他可能会导致 GW1 与 R1 之间无法建立 OSPF 邻居关系的潜在原因，推断出路由器 R1 的接口 Ethernet 0/3 的网络类型被配置为 NON_BROADCAST 就是故障根源。

4. 验证推断并解决故障

为了验证故障推断，可以显示路由器R1运行配置中接口Ethernet 0/3的配置段落，并删除**ip ospf network nonbroadcast**命令(如例7-23所示)，然后再利用**show ip ospf interface ethernet 0/3**命令检查故障修正情况，可以看出网络类型已经显示为正确的BROADCAST。

例7-23 验证推断：修正R1的OSPF网络类型配置

```
R1# show running-config interface ethernet 0/3
Building configuration...

Current configuration : 99 bytes
!
interface Ethernet0/3
 ip address 10.0.10.25 255.255.255.252
 ip ospf network non-broadcast
end


R1# conf term
Enter configuration commands, one per line.  End with CNTL/Z.
R1(config)# interface ethernet 0/3
R1(config-if)# no ip ospf network non-broadcast
R1(config-if)# end
R1#
*Aug 22 23:32:58.432: %SYS-5-CONFIG_I: Configured from console by console
*Aug 22 23:32:59.275: %OSPF-5-ADJCHG: Process 1, Nbr 10.0.1.10 on Ethernet0/3 from
  LOADING to FULL, Loading Done
R1#


R1# show ip ospf interface ethernet 0/3
Ethernet0/3 is up, line protocol is up
  Internet Address 10.0.10.25/30, Area 0, Attached via Network Statement
  Process ID 1, Router ID 10.0.1.8, Network Type BROADCAST, Cost: 10
  Topology-MTID    Cost    Disabled    Shutdown      Topology Name
        0           10        no          no            Base
  Transmit Delay is 1 sec, State BDR, Priority 1
  Designated Router (ID) 10.0.1.10, Interface address 10.0.10.26
  Backup Designated router (ID) 10.0.1.8, Interface address 10.0.10.25
  Timer intervals configured, Hello 10, Dead 40, Wait 40, Retransmit 5
    oob-resync timeout 40
    Hello due in 00:00:02
< ...output omitted... >
R1#
```

接下来必须检查 GW1 与 R1 是否已经建立了邻居关系。例 7-24 显示了这两台路由器的 **show ip ospf neighbor** 命令输出结果。可以看出路由器 GW1 通过接口 Ethernet 0/3 有一个邻居 10.0.1.8（R1），而路由器 R1 通过接口 Ethernet 0/3 也有一个邻居 10.0.1.10（GW1）。

例 7-24　验证故障解决情况：GW1 和 R1 建立了邻居关系

```
R1# show ip ospf neighbor

Neighbor ID     Pri   State           Dead Time   Address         Interface
10.0.1.9          1   FULL/DR         00:00:35    10.0.44.3       Ethernet1/2
10.0.1.9          1   FULL/DR         00:00:32    10.0.33.3       Ethernet1/1
10.0.1.9          1   FULL/DR         00:00:37    10.0.22.3       Ethernet1/0.22
10.0.1.9          1   FULL/DR         00:00:35    10.0.11.3       Ethernet1/0.11
10.0.1.10         1   FULL/DR         00:00:30    10.0.10.26      Ethernet0/3
10.0.1.9          1   FULL/DR         00:00:37    10.0.10.22      Ethernet0/0
R1#


GW1# show ip ospf neighbor

Neighbor ID     Pri   State           Dead Time   Address         Interface
10.0.1.8          1   FULL/BDR        00:00:32    10.0.10.25      Ethernet0/3
10.0.1.11         1   FULL/DR         00:00:38    10.0.10.34      Ethernet0/0
GW1#
```

至此已经解决了路由器 GW1 与 R1 之间的邻居关系问题，此时还需要在网络文档中记录上述排障过程并告诉 Donovan 故障问题已解决。

5. 检测与排除 OSPF 邻接性故障

OSPF 邻居在交换路由信息之前，必须建立邻接关系。为了成功建立邻接关系，OSPF 邻居关系需要经历多个阶段。根据不同的网络类型，OSPF 邻居关系将最终进入 Full（完全邻接）或 2Way（双向）状态。需要注意的是，对于多路接入网络来说，两台 DRother 路由器之间的 OSPF 邻居邻接关系是 2Way 状态。利用 **show ip ospf neighbor** 命令可以检查邻居关系的状态。如果该命令的输出结果没有列出期望的邻居，那么应遵循以下排障指南。

- 利用 **show interface** 命令验证接口的状态。建立邻居关系的接口必须处于 up/up 状态。
- 利用 **ping** 命令检查去往邻居的 IP 连接性。向邻居及组播 IP 地址 224.0.0.5（为 Hello 消息的目的地址）发起 ping 测试。
- 利用 **show ip interface** 命令检查接口上是否应用了访问列表。
- 利用 **show ip ospf interface** 命令检查接口的 OSPF 状态。该命令可以显示所有已启用 OSPF 的接口。

- 利用 **show ip ospf interface** 命令检查接口是否被配置为被动式接口。活动 OSPF 接口应该会显示发送下一条 Hello 消息的剩余时间。
- 验证邻居之间的路由器 ID 是否相同。如果路由器收到包含相同路由器 ID 的 Hello 包，那么就会忽略该 Hello 包。利用 **show ip ospf** 命令即可验证 OSPF 路由器 ID。
- 验证邻居之间的 Hello 参数是否匹配。为了建立完全邻接关系，要求以下 Hello 参数必须完全匹配。
  - **OSPF 区域号**：可以利用 **show ip ospf interface** 命令验证区域号。
  - **OSPF 区域类型（如末梢区域或 NSSA 区域）**：可以利用 **show ip ospf** 命令验证区域类型。
  - **子网和子网掩码**：可以利用 **show ip interface** 命令验证 IP 地址及掩码。
  - **OSPF Hello 定时器和 Dead 定时器**：可以利用 **show ip ospf interface** 命令显示 OSPF 定时器信息。

如果路由器的 OSPF 邻居状态显示为 Down（未启动）状态、Init（初始化）状态或 Exstart/Exchange（预启动/交换）状态，而且被卡在这些状态，那么就需要排查故障原因。

如果动态发现的邻居处于 Down 状态，那么就表明 OSPF 进程在 Dead 定时器间隔超时后仍未从邻居收到 Hello 包。Down 状态属于一种暂态状态，意思是邻居要么继续跃迁到下一个状态，要么从 OSPF 邻居表中删除该邻居。如果使用 **neighbor** 命令手工配置邻居，那么该邻居也会处于 Down 状态。虽然手工配置的邻居能够始终保持在 OSPF 邻居表中，但是如果该邻居处于 Down 状态，那么通常表明没有从该邻居收到 Hello 消息或者 Dead 定时器超时。请注意，只能将手工配置的邻居配置为 NBMA（Non-Broadcast Multi-Access，非广播多路访问）网络或者非广播点对多点网络。Down 状态的排障方法与前面所说的 OSPF 邻居表中未显示期望邻居的排障方法完全相同。

如果邻居关系卡在 Init 状态，那么就表明路由器收到了邻居发送的 Hello 消息，但是 Hello 消息中没有包含邻居列表中的本地路由器 ID。此时需要检查邻居路由器之间的可达性、是否有访问列表阻塞了相互通信以及认证参数是否匹配。

如果邻居关系被卡在 Exstart/Exchange 状态，那么就需要验证邻居路由器之间的 MTU（Maximum Transmission Unit，最大传输单元）是否匹配。如果一侧路由器发送的 OSPF 消息大于另一侧路由器已配置的 MTU，那么就会出现 MTU 不匹配故障。此时接收路由器会忽略该过长的 OSPF 消息，邻居关系将停留在 Exstart/Exchange 状态。利用 **show running-config** 命令可以检查 OSPF 路由器的 MTU 设置情况。利用接口配置模式命令 **ip ospf mtu-ignore** 可以在接口上禁用 MTU 不匹配检测机制。OSPF 默认检测邻居是否在公共接口上使用相同的 MTU。如果正在接收的 MTU 大于入接口配置的 IP MTU，那么 OSPF 就无法建立邻接关系。使用 **ip ospf mtu-ignore** 命令可以禁用 MTU 检测机制，这样就能在 OSPF 邻居 MTU 值不同的情况下，仍然可以建立邻接关系。

7.2.2 检测与排除 PC4 通过 SSHv2 接入路由器 R2 的故障

根据 Donovan 的电子邮件，TINC 垃圾处理公司的所有路由器都配置了 SSHv2 远程访问机制，但不知为何 PC4 无法访问 R2，却可以访问 GW1、GW2 和 R1。我们的排障任务就是解决该故障问题，必须首先验证该故障问题。

1. 验证故障

为了验证 Donovan 报告的故障问题，我们从 PC4 向路由器 GW1、GW2、R2 发起 SSHv2 远程连接请求（如例 7-25 所示）。

例 7-25　验证故障：从 PC4 向所有路由器发起 SSHv2 连接请求

```
PC4# ssh -v 2 -l admin 10.0.1.10
Password:
GW1> exit
[Connection to 10.0.1.10 closed by foreign host]

PC4# ssh -v 2 -l admin 10.0.1.11
Password:
GW2> exit
[Connection to 10.0.1.11 closed by foreign host]

PC4# ssh -v 2 -l admin 10.0.1.8
Password:
R1> exit
[Connection to 10.0.1.8 closed by foreign host]

PC4# ssh -v 2 -l admin 10.0.1.9
[Connection to 10.0.1.9 aborted: error status 0]
PC4#
```

从例 7-25 可以看出，PC4 能够通过 SSHv2 连接除 R2 外的所有路由器，表明 Donovan 报告的故障确实存在，接下来要做的就是收集信息。

2. 收集信息

收集信息的第一步就是从 PC4 再次发起 SSH 连接请求，不过此次使用的是 SSHv1。从例 7-26 的输出结果可以看出连接成功。该信息有助于排除大量潜在故障原因，可以将排障重点聚焦于 SSH 的版本上。

由于 PC4 能够通过 SSHv2 访问 R1，但是同一台设备（PC4）只能通过 SSHv1 访问 R2，因而可以采用对比分析法进行故障排查。在路由器 R1 和 R2 上运行 **show ip ssh** 命令（如例 7-27 所示），可以看出 R1 启用了 SSH 且显示的版本号为 1.99，而 R2 虽然也启用了 SSH，但显示的版本号却为 1.5。接下来查看 R2 的运行配置（如例 7-27 所示），可以看出 R2 配置了 **ip ssh version 1** 命令。

例 7-26 收集信息：从 PC4 向路由器 R1 发起 SSHv1 连接请求

```
PC4#
PC4# ssh -l admin 10.0.1.9
Password:
R2>
```

例 7-27 收集信息：对比 R1 与 R2 的 SSH 设置

```
R1#
R1# show ip ssh
SSH Enabled - version 1.99
Authentication timeout: 120 secs; Authentication retries: 3
Minimum expected Diffie Hellman key size : 1024 bits
IOS Keys in SECSH format(ssh-rsa, base64 encoded):
ssh-rsa AAAAB3NzaC1yc2EAAAADAQABAAAAgQDP0MHXQTmy0xA0yTH65tOi3ry6q+tyrUkmt2zw+GlP
DfGDfNzAy0x3b4ySB06VxWsUpzpjDan6TLg8TgVRgydm3eDH8N6ShQq1VmFZSLj0/Eb+4TdlJ+FoCFjZc7Vk
K3KOSRl6/7dsRmK4dOst9MNnQ0XV3qhaLUeyz+0MHHRcjQ==
R1#

R2#
R2# show ip ssh
SSH Enabled - version 1.5
Authentication timeout: 120 secs; Authentication retries: 3
Minimum expected Diffie Hellman key size : 1024 bits
IOS Keys in SECSH format(ssh-rsa, base64 encoded):
ssh-rsa AAAAB3NzaC1yc2EAAAADAQABAAAAQQCpX9dE4K/BMKTG9GdSa72+hk5Afa8rRIiQL/LzcuuC
QoKolHe8DGK6thseXiu9WHfIvEX+N4vPa0yATb9+8JiP
R2#
R2# show running-config | include ip ssh
ip ssh version 1
R2#
```

3. 提出推断并验证推断

由于 Cisco IOS 的默认 SSH 版本是 SSHv2，因而可以推断出应该删除 R2 运行配置中的 **ip ssh version 1** 命令。

例 7-28 显示了 **show ip ssh** 命令的输出结果，可以看出已经删除了 R2 运行配置中的错误命令，并且验证了目前的 SSH 版本已经更改为版本 2。但是，从 PC4 再次发起 SSHv2 连接后，收到的错误消息表明服务器配置的密钥长度小于强制长度 768 比特。

例 7-28　验证推断：R2 的现有密钥长度不满足 SSHv2 的要求

```
R2#
R2# conf term
Enter configuration commands, one per line.  End with CNTL/Z.
R2(config)# no ip ssh ver 1
R2(config)# end
R2#
*Aug 26 00:27:23.671: %SYS-5-CONFIG_I: Configured from console by console
R2# show ip ssh
SSH Enabled - version 1.99
Authentication timeout: 120 secs; Authentication retries: 3
Minimum expected Diffie Hellman key size : 1024 bits
IOS Keys in SECSH format(ssh-rsa, base64 encoded):
ssh-rsa AAAAB3NzaC1yc2EAAAADAQABAAAAQQCpX9dE4K/BMKTG9GdSa72+hk5Afa8rRIiQL/LzcuuC
QoKolHe8DGK6thseXiu9WHfIvEX+N4vPa0yATb9+8JiP
R2#


PC4# ssh -v 2 -l admin 10.0.1.9
[Connection to 10.0.1.9 aborted: error status 0]
Server's public key below the mandatory size of 768 bits!
PC4#
*Aug 26 00:28:48.111: %SSH-3-RSA_SIGN_FAIL: Signature verification failed, status 8
PC4#
```

4. 解决故障

请注意，虽然 **show crypto key mypubkey rsa** 命令能够显示 SSH 所有的 RSA 密钥对，但是该命令的输出结果却并不显示密钥长度。为了保证 SSHv2 的正常运行，R2 必须生成一个长度为 768 比特或者更长的新密钥。我们在 R2 上运行 **crypto key generate rsa modulus 1024** 命令生成一个 1024 比特的 RSA 密钥对。利用 R2 生成的新密钥对，PC4 就能成功地与 R2 建立 SSHv2 连接（如例 7-29 所示），至此故障问题已解决。

例 7-29　解决故障：从 PC4 向 R2 发起的 SSHv2 连接请求成功

```
R2# conf term
Enter configuration commands, one per line.  End with CNTL/Z.
R2(config)# crypto key generate rsa modulus 1024
% You already have RSA keys defined named R2.cisco.com.
% They will be replaced.
% The key modulus size is 1024 bits
% Generating 1024 bit RSA keys, keys will be non-exportable...
[OK] (elapsed time was 1 seconds)
```

```
R2(config)#
*Aug 26 00:30:02.958: %SSH-5-DISABLED: SSH 1.99 has been disabled
*Aug 26 00:30:03.574: %SSH-5-ENABLED: SSH 1.99 has been enabled
R2(config)# end
R2# wr
Building configuration...
[OK]
R2#
*Aug 26 00:30:12.390: %SYS-5-CONFIG_I: Configured from console by console
R2#


PC4# ssh -v 2 -l admin 10.0.1.9
Password:
R2>
```

此时还需要在网络文档中记录上述排障过程并告诉 Donovan，PC4 已经能够通过 SSHv2 访问 R2。

5. 检测与排除 SSH 及 Telnet 故障

虽然 Telnet 协议比 SSH 更为简单，但是由于 Telnet 采用明文方式发送（包括密码），因而不推荐使用 Telnet。通常仅在实验室或测试环境中使用 Telnet。SSH/Telnet 故障的常见原因如下。

- **访问列表：**一种好的配置方式是仅允许授权 IP 地址通过 Telnet/SSH 方式访问网络设备，为此可以将访问列表应用到 vty 线路上。如果通过 Telnet 或 SSH 连接设备的请求被拒绝了，那么就应该检查 vty 线路或接口是否应用了访问列表。
- **没有在 vty 线路上启用 Telnet/SSH：**vty 线路默认启用所有协议。可以使用 **transport input** 命令限制所要启用的协议类型。**show line** 命令可以验证已经启用的协议。
- **认证：**可以采用多种认证方法对 Telnet/SSH 访问设备的请求进行认证。例如，可以采用本地认证或者利用 RADIUS、TACACS+或 LDAP 协议及服务器进行集中认证。应该检查运行配置以了解所使用的 AAA（Authentication,Authorization, and Accounting，认证、授权和记账）机制。**debug radius** 和 **debug tacacs** 命令对于检测与排除 RADIUS 及 TACACS+协议故障来说非常有用。
- **所有 vty 线路均忙：**能够管理网络设备的 vty 线路数量有限，通常以数字对 vty 线路进行编号（从 0 开始）。如果客户端在完成操作之后没有关闭连接，那么就可能会导致所有 vty 线路均忙的现象（虽然很少发生这种情况）。如果连接超时，那么就会清除 vty 线路。利用 **show line** 命令可以检查所有 vty 线路的连接情况。如果要清除 vty 线路，那么就可以使用 **clear line** 命令。
- **SSH 版本：**确保配置了正确的 SSH 版本和密码长度。

7.2.3 检测与排除通过 R1 和 R2 的日志消息发现的地址重复故障

Donovan 的电子邮件中提到的最后一个故障现象就是路由器 R1 和 R2 一直在生成指示网络中存在重复 IP 地址的日志消息。必须验证该故障问题，找出地址冲突的原因（如果故障属实）并解决该故障问题。

1. 验证故障

登录路由器 R1 和 R2 之后，发现这两台路由器的日志消息显示接口 Ethernet 1/1 上的 IP 地址 10.0.33.1 重复。从例 7-30 的输出结果可以看出，路由器 R1 声称该重复地址源自 MAC 地址 0000.0c07.ac03，而路由器 R2 则声称该重复地址源自 MAC 地址 0000.0c07.ac21。

例 7-30　R1 和 R2 的日志消息表明存在重复的 IP 地址

```
R1#
*Aug 27 01:50:15.817: %IP-4-DUPADDR: Duplicate address 10.0.33.1 on Ethernet1/1,
 sourced by 0000.0c07.ac03
R1#


R2#
*Aug 27 01:51:16.395: %IP-4-DUPADDR: Duplicate address 10.0.33.1 on Ethernet1/1,
 sourced by 0000.0c07.ac21
R2#
```

至此不但验证了故障问题确实存在，而且还获得了一些有用信息，如实际的重复 IP 地址以及两个 MAC 地址均声称与该 IP 地址相关联。在确定采用何种故障检测与排除方法之前，必须首先确定哪些设备拥有这些 MAC 地址且配置了该 IP 地址。

2. 收集信息

重复的 IP 地址 10.0.33.1 属于子网 10.0.33.0。根据 TINC 的网络文档，该子网映射到 VLAN 33，而该 VLAN 仅存在于交换机 ASW2 上。检查 ASW2 的 MAC 地址表后发现，MAC 地址 0000.0c07.ac03 和 0000.0c07.ac21 分别是通过接口 Ethernet 0/0 和 Ethernet 0/1 学到的（如例 7-31 所示）。

例 7-31　收集信息：检查 ASW2 的 MAC 地址表

```
SW2# show mac address-table | include 0000.0c07.ac03
 33    0000.0c07.ac03    DYNAMIC     Et0/1
SW2#
SW2# show mac address-table | include 0000.0c07.ac21
```

```
 33    0000.0c07.ac21    DYNAMIC      Et0/0
SW2#
SW2# show cdp neighbors
Capability Codes: R - Router, T - Trans Bridge, B - Source Route Bridge
                  S - Switch, H - Host, I - IGMP, r - Repeater, P - Phone,
                  D - Remote, C - CVTA, M - Two-port Mac Relay

Device ID        Local Intrfce     Holdtme    Capability  Platform  Port ID
R2.cisco.com     Eth 0/1           154             R      Linux Uni  Eth 1/1
R1.cisco.com     Eth 0/0           160             R      Linux Uni  Eth 1/1
SW2#
```

例 7-31 还显示了 ASW2 的 **show cdp neighbor** 命令输出结果。由于路由器 R2 连接 ASW2 的接口 Ethernet 0/1，路由器 R1 连接 ASW2 的接口 Ethernet 0/0，因而可以推断出上述声明与重复的 IP 地址相关联的 MAC 地址分别属于路由器 R2 和 R1。从 CDP 信息可以知道，这两台路由器均通过各自的 Ethernet 1/1 接口连接 ASW2。

接下来可以显示路由器 R1 和 R2 的 Ethernet 1/1 接口配置信息（如例 7-32 所示）。可以看出路由器 R1 和 R2 的 Ethernet 1/1 接口上均配置了 HSRP（Hot Standby Router Protocol，热备份路由协议），但它们的 HSRP 配置看起来有些差异。

例 7-32 收集信息：检查 R1 和 R2 的配置

```
R1# show running-config interface ethernet 1/1
Building configuration...

Current configuration : 154 bytes
!
interface Ethernet1/1
 ip address 10.0.33.2 255.255.255.0
 standby 3 preempt
 standby 33 ip 10.0.33.1
 standby 33 priority 110
 standby 33 preempt
end

R1#


R2# show running-config interface ethernet 1/1
Building configuration...

Current configuration : 131 bytes
!
```

```
interface Ethernet1/1
 ip address 10.0.33.3 255.255.255.0
 standby 3 ip 10.0.33.1
 standby 3 priority 90
 standby 3 preempt
end

R2#
```

我们还需要收集路由器 R1 和 R2 更多的 HSRP 信息，因而在路由器 R1 和 R2 上运行 **show standby** 命令（如例 7-33 所示）。从输出结果可以看出，R1 的备份组 33 的 HSRP 虚拟 MAC 地址是 0000.0c07.ac21，而 R2 的备份组 3 的 HSRP 虚拟 MAC 地址是 0000.0c07.ac03，这两个 MAC 地址就是前面发现的声称与重复 IP 地址相关联的 MAC 地址。HSRP 版本 1 的虚拟 MAC 地址是 0000.0c07.acXX，其中，XX 是十进制 HSRP 组号所对应的十六进制数值。

例 7-33　收集信息：进一步检查 R1 和 R2 的 HSRP 信息

```
R1# show standby
< ...Output Omitted... >
Ethernet1/1 - Group 33
  State is Active
    2 state changes, last state change 00:08:43
  Virtual IP address is 10.0.33.1
  Active virtual MAC address is 0000.0c07.ac21
    Local virtual MAC address is 0000.0c07.ac21 (v1 default)
  Hello time 3 sec, hold time 10 sec
    Next hello sent in 1.776 secs
  Preemption enabled
  Active router is local
  Standby router is unknown
  Priority 110 (configured 110)
  Group name is "hsrp-Et1/1-33" (default)
< ...Output Omitted... >
R1#


R2# show standby
< ...Output Omitted... >
Ethernet1/1 - Group 3
  State is Active
    2 state changes, last state change 00:10:12
  Virtual IP address is 10.0.33.1
  Active virtual MAC address is 0000.0c07.ac03
    Local virtual MAC address is 0000.0c07.ac03 (v1 default)
```

```
  Hello time 3 sec, hold time 10 sec
    Next hello sent in 2.480 secs
  Preemption enabled
  Active router is local
  Standby router is unknown
  Priority 90 (configured 90)
  Group name is "hsrp-Et1/1-3" (default)
< ...Output Omitted... >
R2#
```

3. 分析信息并提出推断

路由器 R1 和 R2 的 Ethernet 1/1 接口的 HSRP 配置（如例 7-32 所示）显示 R1 的 HSRP 组号为 33，而 R2 的 HSRP 组号为 3，表明这两台路由器没有参与同一个 HSRP 组，因而无法使用相同的虚拟 IP 地址（10.0.33.1）。如果这两台路由器必须属于同一个 HSRP 组，那么就需要更改其中一台路由器的 HSRP 组号。由于 IP 地址 10.0.33.1 属于 VLAN 33，因而可以推断出应该保持路由器 R1 的 HSRP 组 33（同时删除对 HSRP 组 3 的引用），而将 R2 的 HSRP 组 3 更改为组 33。需要注意的是，虽然 HSRP 组号并不需要与 VLAN 号相匹配，但最好这么做。

4. 验证推断并解决故障

首先删除路由器 R1 的 Ethernet 1/1 接口配置中引用 HSRP 备份组 3 的命令行，然后删除路由器 R2 的 Ethernet 1/1 接口配置中引用 HSRP 备份组 3 的所有命令行，并替换成 HSRP 备份组 33（如例 7-34 所示）。

例 7-34 验证推断：修正 HSRP 配置

```
R1# conf term
Enter configuration commands, one per line.  End with CNTL/Z.
R1(config)# interface ethernet 1/1
R1(config-if)# no standby 3 preempt
R1(config-if)#
*Aug 27 02:01:54.440: %IP-4-DUPADDR: Duplicate address 10.0.33.1 on Ethernet1/1,
sourced by 0000.0c07.ac03
R1(config-if)# end
R1# wr
Building configuration...
[OK]
R1# show running-config  interface ethernet 1/1
Building configuration...

Current configuration : 135 bytes
```

```
!
interface Ethernet1/1
 ip address 10.0.33.2 255.255.255.0
 standby 33 ip 10.0.33.1
 standby 33 priority 110
 standby 33 preempt
end

R1#


R2# conf term
Enter configuration commands, one per line.  End with CNTL/Z.
R2(config)# interface ethernet 1/1
R2(config-if)# no standby 3 ip 10.0.33.1
R2(config-if)# no standby 3 priority 90
R2(config-if)# no standby 3 preempt
R2(config-if)# standby 33 ip 10.0.33.1
R2(config-if)# standby 33 priority 90
R2(config-if)# standby 33 preempt
R2(config-if)# end
*Aug 27 02:05:09.796: %SYS-5-CONFIG_I: Configured from console by console
R2# wr
Building configuration...
[OK]
R2#
```

修正了路由器 R1 和 R2 的相关配置之后，IP 地址重复的差错消息就不再出现，表明已正确诊断并解决了该故障问题。此时还需要在网络文档中记录上述排障过程并告诉 Donovan 一切已经正常。

5. 检测与排除 HSRP 故障

与 HSRP 相关的可能配置错误主要如下所示。

- HSRP 组配置错误会导致 IP 地址重复问题（与本节所处理的故障工单相似）。
- 如果配置了不同的 HSRP 虚拟 IP 地址，那么将会收到相应的日志消息。对于这类配置来说，活动路由器出现故障后，备份路由器将以不同于终端设备上配置的默认网关地址的虚拟 IP 地址接管活动路由器的角色。
- HSRP 认证机制能够确保网络中不会出现欺诈 HSRP 路由器，HSRP 认证配置错误也会产生相应的日志消息。
- IPv4 HSRP 有两种版本（版本 1 和版本），如果版本不匹配，那么两台路由器都将成为活动路由器，从而产生 IP 地址重复问题。

- 如果在对等体上配置了错误的 HSRP 组，那么两个对等体都将成为活动路由器，此时也表现为 IP 地址重复故障。
- HSRP 版本 1 与版本 2 不兼容。

检查 **show standby** 命令的输出结果可以解决大部分 HSRP 配置问题。该命令的输出结果可以显示活动 IP 地址和 MAC 地址、定时器、活动路由器以及其他参数信息。由于版本 1 将 HSRP 消息发送给组播 IP 地址 224.0.0.2 和 UDP 端口 1985，版本 2 将 HSRP 消息发送给组播 IP 地址 224.0.0.10 和 UDP 端口 1985，因而必须在访问列表中允许这些 IP 地址及端口号。如果 HSRP 数据包被阻塞了，那么对等体将无法收到对方的消息，也就无法实现 HSRP 冗余机制。除了配置差错之外，STP 环路、EthChannel 配置差错以及重复帧都可能会产生 IP 地址重复故障。导致 HSRP 状态出现频繁变化的可能原因包括网络性能问题、应用超时、连接终端、链路翻动以及硬件故障等。有时可以通过调整 Hello 定时器以及保持定时器来解决这类故障问题。

7.3 TINC 垃圾处理公司故障工单 3

TINC 垃圾处理公司最近对网络做了一些调整，但是调整后网络出现了一些问题，为此请求 SECHNIK 网络公司协助解决这些问题。

- PC1 和 PC2 的用户只能断断续续地访问 Internet。从 PC1 和 PC2 发起的大部分 ping 测试均失败，必须尽快解决该问题。使用 IP 地址 209.165.201.225 测试 Internet 的连接性。
- 网络工程师 Donovan 负责将企业网的第一跳冗余协议从 Cisco 专有的 HSRP 迁移到业界标准的 VRRP（Virtual Router Redundancy Protocol，虚拟路由器冗余协议）。Donovan 认为已经完成了迁移工作，但不知为何什么路由器 R1 和 R2 在 VLAN 33 中均处于主用（Master）状态。
- Donovan 将一台新交换机（ASW4）连接到 ASW3。由于这两台交换机之间需要承载大量流量，因而 Donovan 决定使用两条链路并利用 EtherChannel 技术进行链路捆绑，但是 EthChannel 链路捆绑不起作用。出于某些不可知的原因，我们无法访问交换机 ASW4。

7.3.1 检测与排除 PC1 和 PC2 用户遇到的 Internet 连接时断时续故障

故障报告称 PC1 和 PC2 的用户只能断断续续地访问 Internet，要求我们解决该故障，以保证 Internet 连接的稳定性和可靠性（具有冗余机制）。因而需要验证故障、定义故障并采取相应的故障检测与排除方法解决故障。

1. 验证并定义故障

首先访问 PC1 和 PC2 并向 IP 地址为 209.165.201.225 的 Internet 服务器发起 ping 测试。从例 7-35 可以看出，这两台 PC 的 ping 测试均失败。请注意，一半回送请求为超时（“.”表示 ping 超时），另一半回送请求为不可达（“U” 表示 ping 不可达）。

例 7-35 验证故障：从 PC1 和 PC2 发起 Internet 接入请求

```
PC1> ping 209.165.201.225
Type escape sequence to abort.
Sending 5, 100-byte ICMP Echos to 209.165.201.225, timeout is 2 seconds:
.U.U.
Success rate is 0 percent (0/5)
PC1>


PC2> ping 209.165.201.225
Type escape sequence to abort.
Sending 5, 100-byte ICMP Echos to 209.165.201.225, timeout is 2 seconds:
U.U.U
Success rate is 0 percent (0/5)
PC2>
```

由于 PC1 和 PC2 发出的回送请求一半为超时，另一半为不可达，因而可以从逻辑上判断出数据包采用了不同的传送路径，而且这两条路径均有问题。在定义故障之前，需要确定其他 PC 是否能够访问 Internet，此时可以考虑采用组件替换法来解决该问题。由于从 PC3 和 PC4 向同一台 Internet 服务器发起 ping 测试后发现，测试结果与 PC1 和 PC2 完全相同，因而可以判断故障问题的影响面比所报告故障更大，TINC 网络中的所有 PC 均无法正常访问 Internet。因此，可以据此定义故障问题并采用跟踪流量路径法来找出数据包去往 Internet 的路径中出现故障的位置。

2. 收集信息

由于路由器 R1 和 R2 是 TINC 网络所有 PC 的冗余网关，因而首先收集这两台路由器的相关信息。

例 7-36 显示了 R1 向 209.165.201.225 发起的 ping 测试也失败了。R1 的路由表显示默认路由存在两条路径，而且都是从 OSPF 学到的(E2)，其中的一条路径经接口 Ethernet 1/0.11（VLAN 11）可达下一跳 10.0.11.111，另一条路径经接口 Ethernet 0/3 可达下一跳 10.0.10.26。IP 地址 10.0.10.26 属于 GW1，但 IP 地址 10.0.11.111 却是未知地址（属于 VLAN 11），且通过接口 Ethernet 1/0.11（连接接入交换机 ASW1）可达。

例 7-37 显示了 R2 的路由表信息以及拥有两条路径（均通过 OSPF 学到[E2]）的默认路由。但是我们并不希望看到两条默认路由路径。对于这两条路径来说，其中的一条路径经接口 Ethernet 1/0.11（VLAN 11）可达下一跳 10.0.11.111，另一条路径经接口 Ethernet 0/3 可达下一跳 10.0.10.30。IP 地址 10.0.10.30 属于 GW2，但 IP 地址 10.0.11.111 却是未知地址（属于 VLAN 11），且通过接口 Ethernet 1/0.11（连接接入交换机 ASW1）可达。

例 7-36 收集信息：检查 R1 的路由表

```
R1# ping 209.165.201.225
Type escape sequence to abort.
Sending 5, 100-byte ICMP Echos to 209.165.201.225, timeout is 2 seconds:
U.U.U
Success rate is 0 percent (0/5)
R1#
R1# show ip route
< ...output omitted... >
Gateway of last resort is 10.0.11.111 to network 0.0.0.0

O*E2  0.0.0.0/0 [110/1] via 10.0.11.111, 00:04:45, Ethernet1/0.11
                [110/1] via 10.0.10.26,  00:04:45, Ethernet0/3
< ...output omitted... >
R1#
```

例 7-37 收集信息：检查 R2 的路由表

```
R2# show ip route
< ...output omitted... >
Gateway of last resort is 10.0.11.111 to network 0.0.0.0
O*E2  0.0.0.0/0 [110/1] via 10.0.11.111, 00:38:37, Ethernet1/0.11
                [110/1] via 10.0.10.30,  00:37:15, Ethernet0/3
< ...output omitted... >
R2#
```

接下来从 R1 和 R2 向地址 209.165.201.225 发起路由跟踪操作以确定路由表中两条默认路由路径的使用情况。从例 7-38 可以看出，R1 发送给 10.0.10.26（GW1）的数据包经过两跳到达目的地，但是 R1 发送给 10.0.11.111（未知地址）的数据包却显示字母 H（表示主机不可达）。例 7-38 显示了 R1 的路由跟踪结果，R2 的路由跟踪结果与 R1 相似。

例 7-38 收集信息：R1 向 209.165.201.225 发起路由跟踪操作

```
R1# trace 209.165.201.225
Type escape sequence to abort.
Tracing the route to 209.165.201.225
VRF info: (vrf in name/id, vrf out name/id)
  1 10.0.10.26 1 msec
    10.0.11.111 1 msec
    10.0.10.26 1 msec
  2 10.0.11.111 !H
    209.165.200.2 1 msec
```

```
    10.0.11.111 !H
R1#

R2# trace 209.165.201.225
Type escape sequence to abort.
Tracing the route to 209.165.201.225
VRF info: (vrf in name/id, vrf out name/id)
  1 10.0.10.30 0 msec
    10.0.11.111 1 msec
    10.0.10.30 0 msec
  2 10.0.11.111 !H
    209.165.201.6 1 msec
    10.0.11.111 !H
R2#
```

3. 分析信息并提出推断

根据收集到的上述信息，路由器 R1 和 R2 有两条默认路由路径。从 R1 到 GW1 的路径以及从 R2 到 GW2 的路径是合法、期望且运行正常的路径，而第二条默认路径（使用 10.0.11.111）却是非期望路径。选择第二条路径的数据包均被丢弃，无法到达 Internet。

可以看出该默认路由的第二条路径属于非法路径，可能是由欺诈设备发布的路由。因而必须首先找出欺诈设备并确定该欺诈设备在网络中所处的位置以及连接情况。

在 R1 上运行 **show ip ospf neighbor** 命令（如例 7-39 所示），发现我们并不认识 OSPF 路由器 ID 为 172.16.0.1 的邻居。该设备拥有 IP 地址 10.0.11.111，并且通过 Ethernet 1/0.11 接口与 R1 建立了邻居关系。

例 7-39　收集信息：查找欺诈 OSPF 设备

```
R1# show ip ospf neighbor

Neighbor ID     Pri   State           Dead Time   Address         Interface
10.0.1.9          1   FULL/DR         00:00:39    10.0.44.3       Ethernet1/2
10.0.1.9          1   FULL/DR         00:00:39    10.0.33.3       Ethernet1/1
10.0.1.9          1   FULL/DR         00:00:37    10.0.22.3       Ethernet1/0.22
10.0.1.9          1   FULL/BDR        00:00:35    10.0.11.3       Ethernet1/0.11
172.16.0.1        1   FULL/DR         00:00:35    10.0.11.111     Ethernet1/0.11
10.0.1.10         1   FULL/BDR        00:00:31    10.0.10.26      Ethernet0/3
10.0.1.9          1   FULL/DR         00:00:32    10.0.10.22      Ethernet0/0
R1# ping 10.0.11.111
Type escape sequence to abort.
Sending 5, 100-byte ICMP Echos to 10.0.11.111, timeout is 2 seconds:
!!!!!
Success rate is 100 percent (5/5), round-trip min/avg/max = 1/1/1 ms
```

接下来从 R1 向欺诈设备的地址 10.0.11.111 发起 ping 测试并显示 R1 的 ARP（Address Resolution Protocol，地址解析协议）表，以确定与 10.0.11.111 相对应的 MAC 地址，该 MAC 地址为 aabb.cc00.a600。接着检查 ASW1 的 MAC 地址表以确定欺诈设备连接在 ASW1 的哪个接口上（如例 7-40 所示）。可以看出 MAC 地址 aabb.cc00.a600 是从接口 Ethernet 2/0 学到的。

例 7-40 收集信息：查找欺诈 OSPF 设备

```
R1# ping 10.0.11.111
Type escape sequence to abort.
Sending 5, 100-byte ICMP Echos to 10.0.11.111, timeout is 2 seconds:
!!!!!
Success rate is 100 percent (5/5), round-trip min/avg/max = 1/1/1 ms
R1#
R1# show arp
Protocol  Address          Age (min)  Hardware Addr   Type   Interface
< ...output omitted... >
Internet  10.0.11.3               51  aabb.cc00.a101  ARPA   Ethernet1/0.11
Internet  10.0.11.111             49  aabb.cc00.a600  ARPA   Ethernet1/0.11
Internet  10.0.11.128             49  aabb.cc00.5200  ARPA   Ethernet1/0.11
< ...output omitted... >
R1#

SW1# show mac address-table
          Mac Address Table
-------------------------------------------
Vlan    Mac Address       Type        Ports
----    -----------       --------    -----
  11    0000.5e00.0101    DYNAMIC     Et0/0
  11    aabb.cc00.5200    DYNAMIC     Et0/2
  11    aabb.cc00.9e01    DYNAMIC     Et0/0
  11    aabb.cc00.a101    DYNAMIC     Et0/1
  11    aabb.cc00.a600    DYNAMIC     Et2/0
  22    0000.5e00.0102    DYNAMIC     Et0/0
  22    aabb.cc00.8f00    DYNAMIC     Et0/3
  22    aabb.cc00.9e01    DYNAMIC     Et0/0
  22    aabb.cc00.a101    DYNAMIC     Et0/1
   1    aabb.cc00.9e01    DYNAMIC     Et0/0
   1    aabb.cc00.a101    DYNAMIC     Et0/1
Total Mac Addresses for this criterion: 11
SW1#
```

4. 验证推断并解决故障

根据上述推断结果，如果关闭 ASW1 的接口 Ethernet 2/0，那么就可以断开欺诈设备，无效 OSPF 路由也将无法注入网络中。从例 7-41 可以看出，关闭了交换机 ASW1 的接口 Ethernet 2/0 之后，默认路由的第二条路径就从 R1 的路由表中消失了。

例 7-41　验证推断：关闭 ASW1 的接口 Ethernet 2/0

```
SW1#
SW1# conf term
Enter configuration commands, one per line.  End with CNTL/Z.
SW1(config)# int ethernet 2/0
SW1(config-if)# shut
SW1(config-if)# end
SW1#


R1# show ip route
< ...output omitted... >

Gateway of last resort is 10.0.10.26 to network 0.0.0.0

O*E2  0.0.0.0/0 [110/1] via 10.0.10.26, 00:25:10, Ethernet0/3
      10.0.0.0/8 is variably subnetted, 18 subnets, 3 masks
C        10.0.1.8/32 is directly connected, Loopback0

< ...output omitted... >
R1#
```

接下来可以从 PC1 和 PC2 测试 Internet 连接性。从例 7-42 可以看出，PC1 和 PC2 已经能够 ping 通 IP 地址 209.165.201.225，表明故障问题已解决。

虽然已经解决了该故障，但是通过排障过程学到的经验知识来提升 TINC 垃圾处理公司的网络质量还是非常重要的：

- 必须关闭接入交换机上的未用接口，这样就可以防止欺诈设备通过空闲端口接入网络并造成破坏；
- 必须为控制平面协议（如 OSPF）使用认证机制，这样就可以防止欺诈设备与网络设备建立邻居关系并将错误路由注入到网络中；
- 如果不希望特定接口出现邻居，那么就应该将该接口上的路由协议设置为被动状态。

最后，还需要在网络文档中记录上述排障过程并告诉 TINC 垃圾处理公司的 Donovan 以及相关方，故障问题已解决。

例7-42 解决故障：PC1和PC2已经能够ping通Internet

```
PC1# ping 209.165.201.225
Type escape sequence to abort.
Sending 5, 100-byte ICMP Echos to 209.165.201.225, timeout is 2 seconds:
!!!!!
Success rate is 100 percent (5/5), round-trip min/avg/max = 1/1/1 ms
PC1#


PC2# ping 209.165.201.225
Type escape sequence to abort.
Sending 5, 100-byte ICMP Echos to 209.165.201.225, timeout is 2 seconds:
!!!!!
Success rate is 100 percent (5/5), round-trip min/avg/max = 1/1/1 ms
PC2#
```

5. 检测与排除路由信息错误故障

准确构建路由表和转发表的基础是路由信息（由网络中的路由设备发出）的交换。如果路由设备出现故障或者配置错误，那么就会影响甚至破坏网络的正常运行。必须阻止任何未经授权的设备加入路由进程，这一点对于了解并控制路由信息源至关重要。错误的路由信息可能来源于：

- 参与路由进程的非法设备；
- 发送错误路由信息的合法设备。

为了保障网络基础设施的整体安全性，必须加强所有层次以及网络中所有设备的安全性，采取必要的物理接入控制机制。对于交换机等接入设备来说，必须关闭所有未用接口并从默认 VLAN 1 中删除这些接口。最好的方式是将未用接口分配给一个处于 Shutdown（关闭）状态（也称为 Suspended [挂起] 状态）的未用 VLAN。

此外，还应该在接入交换机的边缘接口上部署端口安全等安全特性，必须始终严格限制对设备管理功能的访问行为。除了这些措施之外，还必须加强路由功能和路由协议（控制平面）的安全性。例如，可以考虑将对等关系仅限于可信源、控制消息的交换范围以及验证所交换消息的完整性等。

大多数路由协议在交换路由信息之前都要求建立特定的关系或会话。由于这些路由协议默认自动运行对等体发现机制（BGP 除外），而且假设对等体是合法/可信设备，因而采取手工方式配置邻居以及邻居认证机制，有助于避免出现非期望的对等体。

显式配置路由对等体对于某些路由协议来说是可选项，但是对于 BGP 来说却是强制项（虽然也可以实现动态 BGP 邻居发现，但很少允许或使用）。如果希望严格控制对等关系，那么就可以禁用自动对等体发现机制，然后再显式配置设备的所有邻居。

对于 OSPF 和 EIGRP 来说，手工配置对等体的协议行为有所不同。例如，手工配置邻居时，EIGRP 使用单播包交换消息，并且仅接受来自已配置邻居的数据包，但 OSPF 却并非如此。

BGP、IS-IS、OSPF、RIPv2 以及 EIGRP 均支持邻居认证机制。邻居认证机制可以提供源认证和消息完整性检查特性，可用于对等体建立以及路由更新消息过程。大多数路由协议都支持两类认证方式：明文认证和 MD5（Message Digest 5，报文摘要 5）认证。由于 MD5 更安全，因而是推荐的优选认证方法。目前 IPv4 路由协议使用的认证选项如下所示。

- **OSPF**：可以在整个 OSPF 区域启用认证机制，也可以逐个接口启用认证机制。
- **EIGRP 和 RIPv2**：在接口配置模式下启用认证机制。Cisco EIGRP 使用密钥链进行认证。
- **BGP**：在路由器配置模式下为每个邻居单独配置邻居认证机制。可以为所有邻居使用相同的预共享密钥，也可以为每个邻居配置不同的密钥。

路由信息交换的范围应该仅限于合法对等体所在的网段。为了将其他网段排除在路由信息交换范围之外，可以在路由器配置模式下使用 **passive-interface** 命令，也可以使用 **passive-interface default** 命令。该命令的作用是将所有被配置为参与路由进程的接口均视为被动式接口，因而需要利用 **no passive-interface** 命令对需要交换路由信息的接口进行显式配置。请注意，这两条命令均用于路由器配置模式下。

7.3.2 检测与排除 VRRP 中的主用路由器故障

TINC 公司的 Donovan 认为已经成功地将所有 VLAN 的第一跳网关(路由器 R1 和 R2)从 HSRP 迁移到了 VRRP，但是发现路由器 R1 和 R2 在 VLAN 33（IP 子网 10.0.33.0/24）中均处于主用状态，因而请求协助排查相关故障。

1. 验证并定义故障

在路由器 R1 和 R2 上运行 **show vrrp brief** 命令(如例 7-43 所示)，可以看出对于 VRRP 组 3 来说，R1 和 R2 均处于主用状态，表明确实存在故障，必须尽快解决。

故障定义很简单：路由器 R1 和 R2（通过它们的 Ethernet 1/1 接口）在 VLAN 33（IP 子网 10.0.33.0/24）上被配置为 VRRP 组 3。虽然这两台路由器之中应该只有一台路由器承担主用路由器角色，但 **show vrrp brief** 命令的输出结果却显示这两台路由器均处于主用状态。

由于已经基本定位并缩小了故障范围，因而可以立即着手收集路由器 R1 和 R2 的 VRRP 配置信息。此外，由于其他子网（VLAN）也配置了 VRRP，而且看起来一切正常，因而可以考虑采用对比分析法开展故障排查工作。

例7-43 验证故障：R1和R2均处于主用状态

```
R1# show vrrp brief
Interface      Grp  Pri  Time  Own Pre State   Master addr      Group addr
Et1/0.11        1   100  3609   Y  Master     10.0.11.2        10.0.11.1
Et1/0.22        2   110  3570   Y  Master     10.0.22.2        10.0.22.1
Et1/1           3   110  3570   Y  Master     10.0.33.2        10.0.33.1
Et1/2           4   110  3570   Y  Master     10.0.44.2        10.0.44.1
R1#

R2# show vrrp brief
Interface      Grp  Pri  Time  Own Pre State   Master addr      Group addr
Et1/0.11        1   90  3648    Y  Backup     10.0.11.2        10.0.11.1
Et1/0.22        2   90  3648    Y  Backup     10.0.22.2        10.0.22.1
Et1/1           3   90  3648    Y  Master     10.0.33.3        10.0.33.1
Et1/2           4   90  3648    Y  Backup     10.0.44.2        10.0.44.1
R2#
```

2. 收集信息

首先在路由器R1和R2上运行**show vrrp interface ethernet 1/1**命令以收集相关信息。例7-44显示了这两台路由器的命令输出结果，可以看出路由器R1和R2在接口Ethernet 1/1上的VRRP组中配置了不同的认证方式。R1配置了明文认证方式，R2配置了MD5认证方式。

例7-44 收集信息：获取Ethernet 1/1的VRRP信息

```
R1# show vrrp interface ethernet 1/1
Ethernet1/1 - Group 3
  State is Master
  Virtual IP address is 10.0.33.1
  Virtual MAC address is 0000.5e00.0103
  Advertisement interval is 1.000 sec
  Preemption enabled
  Priority is 110
  Authentication text, string "c1sc0"
  Master Router is 10.0.33.2 (local), priority is 110
  Master Advertisement interval is 1.000 sec
  Master Down interval is 3.570 sec
R1#

R2# show vrrp interface ethernet 1/1
Ethernet1/1 - Group 3
```

```
  State is Master
  Virtual IP address is 10.0.33.1
  Virtual MAC address is 0000.5e00.0103
  Advertisement interval is 1.000 sec
  Preemption enabled
  Priority is 90
  Authentication MD5, key-string
  Master Router is 10.0.33.3 (local), priority is 90
  Master Advertisement interval is 1.000 sec
  Master Down interval is 3.648 sec
R2#
```

如果路由器 R1 与 R2 无法认证对方的消息，那么就无法参与选举进程。因而最好使用对比分析法，检查 R1 和 R2 的其他 VRRP 组配置情况。例 7-45 显示了路由器 R1 的 **show vrrp** 命令的输出结果，可以看出 R1 在除 VRRP 组 3 之外的所有 VRRP 组中均配置了 MD5 认证。

例 7-45　收集信息：检查其他 VRRP 组的认证方式

```
R1# show vrrp
Ethernet1/0.11 - Group 1
< ...output omitted... >
  Authentication MD5, key-string
< ...output omitted... >
Ethernet1/0.22 - Group 2
< ...output omitted... >
  Authentication MD5, key-string
< ...output omitted... >
Ethernet1/1 - Group 3
< ...output omitted... >
  Authentication text, string "c1sc0"
< ...output omitted... >
Ethernet1/2 - Group 4
< ...output omitted... >
  Authentication MD5, key-string
< ...output omitted... >
R1#
```

3．分析信息并提出推断

R1 和 R2 为所有 VRRP 组均配置了 MD5 认证，唯一的例外就是 R1 为 VRRP 组 3 配置了明文认证。对于 VRRP 组 3 来说，由于 R1 和 R2 无法相互认证对方的消息，因而 R1 和 R2 都会承担 VRRP 主用路由器角色。

根据收集到的上述信息，可以推断出 R1 为 VRRP 组 3 错误地配置了明文认证方式。确认了该故障推断之后，需要将 R1 为 VRRP 组 3 配置的认证方式修改为 MD5 方式。

4. 验证推断并解决故障

首先在路由器 R1 和 R2 的 Ethernet 1/1 接口上删除 VRRP 组 3 的认证配置，然后利用相同的预共享密钥在这两台路由器的 Ethernet 1/1 接口上启用 MD5 认证方式（如例 7-46 所示）。

例 7-46 验证推断：将认证方式修改为 MD5

```
R1# config term
Enter configuration commands, one per line.  End with CNTL/Z.
R1(config)# interface ethernet 1/1
R1(config-if)# no vrrp 3 authentication
R1(config-if)# vrrp 3 authentication md5 key-string C1sc0ROX
R1(config-if)# end
R1# wr
Building configuration...
[OK]
R1#

R2# config term
Enter configuration commands, one per line.  End with CNTL/Z.
R2(config)# interface ethernet 1/1
R2(config-if)# no vrrp 3 authentication
R2(config-if)# vrrp 3 authentication md5 key-string C1sc0ROX
R2(config-if)# end
R2# wr
Building configuration...
[OK]
R2#
```

修改认证方式之后显示路由器 R1 和 R2 的所有 VRRP 组状态（如例 7-47 所示），可以看出所有 VRRP 组的状态均正常。R1 被选举为 VRRP 组 3 的主用路由器（因为 R1 的优先级 110 较大），R2 被选举为 VRRP 组 3 的备份路由器（因为 R2 的优先级 90 较小），表明故障已解决。

例 7-47 解决故障：仅将 VRRP 优先级较高的路由器选举为主用路由器

```
R1# show vrrp brief
Interface          Grp Pri Time  Own Pre State   Master addr     Group addr
Et1/0.11           1   100 3609       Y  Master  10.0.11.2       10.0.11.1
Et1/0.22           2   110 3570       Y  Master  10.0.22.2       10.0.22.1
Et1/1              3   110 3570       Y  Master  10.0.33.2       10.0.33.1
Et1/2              4   110 3570       Y  Master  10.0.44.2       10.0.44.1
R1#
```

```
R2# show vrrp brief
Interface          Grp  Pri  Time    Own Pre State   Master addr      Group addr
Et1/0.11           1    90   3648        Y  Backup   10.0.11.2        10.0.11.1
Et1/0.22           2    90   3648        Y  Backup   10.0.22.2        10.0.22.1
Et1/1              3    90   3648        Y  Backup   10.0.33.2        10.0.33.1
Et1/2              4    90   3648        Y  Backup   10.0.44.2        10.0.44.1
R2#
```

此时还需要在网络文档中记录上述排障过程并告诉 Donovan 以及相关方，故障问题已解决。

5. 检测与排除 VRRP 故障

检测与排除 VRRP 故障时，应考虑以下配置差错：

- VRRP 组的虚拟 IP 地址可能配置错误；
- VRRP 组号可能配置错误；
- VRRP 组成员的认证方式可能不同；
- VRRP 组成员宣告的定时器可能不同；
- VRRP 消息可能被 ACL 错误地阻塞了。

以下命令对于诊断 VRRP 相关故障非常有用：

- **show vrrp brief** 命令可以显示 VRRP 组及其基本参数的摘要信息；
- **show vrrp interface** 命令可以查看指定接口上的 VRRP 组；
- **debug vrrp all** 命令可以显示 VRRP 差错、事件以及状态切换等调试信息；
- **debug vrrp authentication**、**debug vrrp error** 以及 **debug vrrp state** 命令可以分别显示与 MD5 认证、差错条件以及状态切换相关的调试消息；
- **debug vrrp packets** 和 **debug vrrp events** 命令可以分别显示发送和接收的数据包以及 VRRP 事件信息。

7.3.3 检测与排除 ASW4 与 ASW3 之间的 EtherChannel 故障

Donovan 报告称试图在交换机 ASW3 与新交换机 ASW4（未显示在 TINC 网络结构图中）之间建立 EtherChannel 连接，但是发现新建立的 EtherChannel 连接工作异常，因而需要寻求帮助。不幸的是，我们（SECHINIK Networking 公司的员工）无法访问新交换机 ASW4。

1. 验证故障

由于无法访问交换机 ASW4，因而只能通过检查交换机 ASW3 来验证该故障问题。在 ASW3 上运行 **show etherchannle summary** 命令（如例 7-48 所示），从输出结果可以看出两个接口（Eth2/0 和 Eth2/1）都是该 EtherChannel 组的成员（端口），但是接口 Eth2/0 却被报告为挂起状态（如小写字母“s”所示）。此外，例 7-48 还显示不存在 EtherChannel 协议，表明既没有使用 PAgP（Port Aggregation Protocol，端口聚合协议），也没有使用 LACP（Link Aggregation Control Protocol，链路聚合控制协议）。

例 7-48 验证故障：检查 ASW3 的 EtherChannel 状态

```
SW3# show etherchannel summary
Flags:  D - down        P - bundled in port-channel
        I - stand-alone s - suspended
        H - Hot-standby (LACP only)
        R - Layer3      S - Layer2
        U - in use      N - not in use, no aggregation
        f - failed to allocate aggregator

        M - not in use, no aggregation due to minimum links not met
        m - not in use, port not aggregated due to minimum links not met
        u - unsuitable for bundling
        d - default port

        w - waiting to be aggregated
Number of channel-groups in use: 1
Number of aggregators:           1

Group  Port-channel  Protocol    Ports
------+-------------+-----------+-----------------------------------------------
1      Po1(SU)          -        Et2/0(s)       Et2/1(P)
SW3#
```

2. 定义故障

除了验证故障之外，我们还发现接口 Ethernet 2/0 处于挂起状态，表明该接口的某些特性与 EtherChannel 绑定接口中的其他接口不匹配，因而可以将该故障问题定义为：交换机 ASW3 与 ASW4 之间的 EtherChannel 连接故障的原因是 ASW3 Ethernet 2/0 接口与 Ethernet 2/1 接口的配置不匹配。

3. 收集信息

明确定义了故障问题之后，就可以直接收集 ASW3 的 EtherChannel 配置信息。例 7-49 显示了交换机 ASW3 的 **show etherchannel 1 detail** 命令输出结果，可以看出接口 Ethernet 2/0 被挂起的原因可能是 DTP（Dynamic Trunking Protocol，动态中继协议）模式处于关闭状态，而接口 Ethernet 2/1 的 DTP 模式为打开状态。

例 7-49 收集信息：分析接口 Ethernet 2/0 被挂起的原因

```
SW3# show etherchannel 1 detail
Group state = L2
Ports: 2   Maxports = 8
Port-channels: 1 Max Port-channels = 1
Protocol:    -
Minimum Links: 0
                Ports in the group:
                -------------------
Port: Et2/0
------------
Port state     = Up Cnt-bndl Suspend Not-in-Bndl
Channel group = 1           Mode = On      Gcchange = -
Port-channel  = null        GC   =   -         Pseudo port-channel = Po1
Port index    = 0           Load = 0x00        Protocol =    -
Age of the port in the current state: 0d:00h:02m:39s
Probable reason: dtp mode of Et2/0 is off, Et2/1 is on
Port: Et2/1
------------
Port state     = Up Mstr In-Bndl
Channel group = 1           Mode = On      Gcchange = -
Port-channel  = Po1         GC   =   -         Pseudo port-channel = Po1
Port index    = 0           Load = 0x00        Protocol =    -
Age of the port in the current state: 0d:00h:02m:35s

< ...output omitted...>

SW3#
```

为了确认接口 Ethernet 2/0 与接口 Ethernet 2/1 的 DTP 模式不匹配情况，可以在这些接口上运行 **show interface** 命令（携带 **switchport** 选项）（如例 7-50 所示）。可以看出 Ethernet 2/0 被管理性、操作性地配置为静态接入模式，而 Ethernet 2/1 则被管理性、操作性地配置为 802.1Q 中继模式，且允许所有 VLAN，而且本征 VLAN 为 VLAN 1。

例 7-50 收集信息：确认 EtherChannel 绑定成员之间的配置差异

```
SW3# show interface ethernet 2/0 switchport
Name: Et2/0
Switchport: Enabled
Administrative Mode: static access
Operational Mode: static access (suspended member of bundle Po1)
< ...output omitted... >
```

```
SW3#

SW3# show interface ethernet 2/1 switchport
Name: Et2/1
Switchport: Enabled
Administrative Mode: trunk
Operational Mode: trunk (member of bundle Po1)

< ...output omitted... >

SW3#
```

4. 提出推断并验证推断

由于 Donovan 希望交换机 ASW3 与 ASW4 之间的 EtherChannel 链路工作在中继模式下，因而可以推断出应该利用 **switchport mode trunk** 命令修改 ASW3 的 Ethernet 2/0 接口配置（如例 7-51 所示），从而让该接口与 Ethernet 2/1 的配置保持一致。从例 7-51 可以看出，首先关闭这两个接口，然后在这两个端口上配置相应的命令，最后再利用 **no shutdown** 命令重新启用这两个接口。

例 7-51　验证推断：将 Ethernet 2/0 配置为中继模式

```
SW3# conf term
Enter configuration commands, one per line.  End with CNTL/Z.
SW3(config)# interface range ethernet 2/0-1
SW3(config-if-range)# shutdown

*Aug 31 21:57:01.891: %LINK-3-UPDOWN: Interface Port-channel1, changed state to down
*Aug 31 21:57:01.899: %LINEPROTO-5-UPDOWN: Line protocol on Interface Port-channel1,
  changed state to down
*Aug 31 21:57:03.875: %LINK-5-CHANGED: Interface Ethernet2/0, changed state to
  administratively down
*Aug 31 21:57:03.875: %LINK-5-CHANGED: Interface Ethernet2/1, changed state to
  administratively down
*Aug 31 21:57:04.879: %LINEPROTO-5-UPDOWN: Line protocol on Interface Ethernet2/0,
  changed state to down
*Aug 31 21:57:04.879: %LINEPROTO-5-UPDOWN: Line protocol on Interface Ethernet2/1,
  changed state to down

SW3(config-if-range)# switchport mode trunk
SW3(config-if-range)# switchport trunk encap dot1q
SW3(config-if-range)# channel-group 1 mode on
SW3(config-if-range)# no shutdown
SW3(config-if-range)# end
```

```
*Aug 31 21:59:14.203: %SYS-5-CONFIG_I: Configured from console by console
SW3# wr
Building configuration...

*Aug 31 21:59:14.367: %LINK-3-UPDOWN: Interface Ethernet2/0, changed state to up
*Aug 31 21:59:14.371: %LINK-3-UPDOWN: Interface Ethernet2/1, changed state to up
*Aug 31 21:59:15.371: %LINEPROTO-5-UPDOWN: Line protocol on Interface Ethernet2/0,
  changed state to up
*Aug 31 21:59:15.387: %LINK-3-UPDOWN: Interface Port-channel1, changed state to up
*Aug 31 21:59:15.391: %LINEPROTO-5-UPDOWN: Line protocol on Interface Port-channel1,
  changed state to up[OK]
*Aug 31 21:59:16.379: %LINEPROTO-5-UPDOWN: Line protocol on Interface Ethernet2/1,
  changed state to up

SW3#
```

5. 解决故障

修改了上述配置之后，利用 **show etherchannel summary** 命令检查 EtherChannel 的状态（如例 7-52 所示）。可以看出 PO1（端口通道 1）接口处于 SU（交换端口/up）状态，并且两个成员接口都已经成功绑定到了端口通道中（P）。

例 7-52　解决故障：show etherchannel summary 命令证实了端口通道接口处于正常运行状态且拥有两个成员接口

```
SW3# show etherchannel summary
Flags:  D - down        P - bundled in port-channel
        I - stand-alone s - suspended
        H - Hot-standby (LACP only)
        R - Layer3      S - Layer2
        U - in use      N - not in use, no aggregation
        f - failed to allocate aggregator

        M - not in use, no aggregation due to minimum links not met
        m - not in use, port not aggregated due to minimum links not met
        u - unsuitable for bundling
        d - default port

        w - waiting to be aggregated
Number of channel-groups in use: 1
Number of aggregators:           1

Group  Port-channel  Protocol    Ports
------+-------------+-----------+----------------------------
1      Po1(SU)          -        Et2/0(P)        Et2/1(P)

SW3#
```

此时还需要在网络文档中记录上述排障过程并告诉 Donovan 以及其他相关方，交换机 ASW3 与新交换机 ASW4 之间的 EtherChannel 故障已解决。

6. 检测与排除 EtherChannel 故障

EtherChannel 是一种将可以多条物理以太网链路（100Mbit/s、1Gbit/s、10Gbit/s）捆绑成一条逻辑链路并通过这些链路分发流量的技术。该逻辑链路在 Cisco IOS 语法中被称为 PO（Port-Channel，端口通道）接口。生成树或路由协议等控制协议仅与单个 PO 接口进行交互，而不与实际相关联的物理接口进行交互。数据包和数据帧都会被路由或交换到 PO 接口，然后利用哈希算法来确定使用哪个物理接口来发送这些数据。

对于 EtherChannel 绑定链路来说，其成员接口的以下特性必须完全匹配。

- **接口速率和双工模式**：利用 **show interface** 命令可以验证接口速率和双工模式。
- **接口中继模式和相关联的 VLAN**：利用携带 **switchport** 选项的 **show interface** 命令或者 **show running-config interface** *type number* 命令可以验证接口的中继模式。必须保证以下信息完全匹配：模式（接入或中继）、VLAN 号（对于接入接口而言）、本征 VLAN、允许的 VLAN 以及封装方式（对于中继接口而言）。
- **交换端口（二层接口）或者非交换端口（三层接口）**：所有物理接口都必须工作在同一个协议层次上，否则将无法建立 EtherChannel。

为了保证成员接口的配置一致性，可以使用 **interface range** 命令。需要记住的是，必须始终验证接口的操作（协商）特性，并且记住 EtherChannel 链路包含两端。PO 接口的操作参数取决于两端的配置情况。例如，即使双工模式不匹配，链路也可能处于连接状态（up，up），而双工模式不匹配是可以从 **show interface** *type number* 命令输出结果中出现的大量数据包差错看出来的。建立了 EtherChannel 之后，就会自动创建逻辑接口 PO。在逻辑接口配置模式下可以对成员接口进行进一步的配置操作，而相应的配置则会应用于端口通道中的所有物理接口，因而使用端口通道配置模式可以更轻松地保证 VLAN 的一致性，并且可以简化聚合链路的成员配置操作。

如果要检查成员接口以及逻辑通道接口的状态，可以使用 **show etherchannel summary** 和 **show etherchannel** *groupnumber* **detail** 命令。对于处于运行状态的链路来说，**show etherchannel summary** 命令的输出结果中会标记大写字母“P”，表明该链路处于被动模式且该链路已被绑定到端口通道中。对于处于挂起状态的链路来说，**show etherchannel summary** 命令的输出结果中会标记小写字母“s”，或者在 **show etherchannel** *groupnumber* **detail** 命令的输出结果中显示为挂起端口状态。

如果 EtherChannel 绑定链路中的某条物理链路更改其运行状态导致与其他物理链路的参数出现不匹配状况时，该链路将会被挂起并从 EtherChannel 绑定链路中删除，直至恢复参数的一致性。如果要检查端口通道配置的流量分发算法，可以使用 **show etherchannel load-balance** 命令。如果要检查流量统计情况，可以使用 **show etherchannel traffic** 命令。最后，EtherChannel 绑定链路中的所有接口都必须使用相同的协商协议，不能在同一条

EtherChannel 绑定链路中使用两种 EtherChannel 协议。交换机接口可以采用以下三种通道建立选项之一。

- **手工配置**：无协议，静态配置端口通道。
- **PAgP**：端口聚合协议，属于 Cisco 专有链路聚合协议。
- **LACP**：链路聚合控制协议（标准协议）。

利用 **show etherchannel summary** 或 **show etherchannel** *group_number* **detail** 命令可以验证端口通道的状态以及选择的协议，输出结果的 Protocol 列下方显示的“-”表示采取手工配置方式。请注意，必须在 EtherChannel 绑定链路的两端设备上检查所有接口的端口通道协议模式，只有满足以下端口通道协议模式的组合才能成功建立端口通道。

- **LACP**：active-active（主动-主动）和 active-passive（主动-被动）。
- **PAgP**：desirable-desirable（期望-期望）和 desirable-passive（期望-被动）。
- **无协议**：ON-ON。

模式 ON 表示立即建立 EtherChannel（假设所有物理接口的特性均相同），而不需要与链路对端交换任何信息。这意味着对端即使没有被配置为聚合端口，也会建立端口通道。在这种情况下，未配置方（不匹配方）会将这些物理接口视为一个个独立接口，因而 STP 会检测到环路问题并最终关闭该接口，将接口置入 Err-Disabled（差错禁用）状态。

利用 **show etherchannel summary** 命令可以检查配置信息不匹配的情况。如果在输出结果中的 Port-channel 列看到字母 D（表示 down），那么就表明端口通道未建立。Ports 列可能出现的字母及含义如下。

- **I**：表示 individual（单个）。如果链路的端口通道协议不匹配，那么该链路会被视为单个链路，而不会加入端口通道组。
- **D**：表示 disabled（禁用），表明接口被手工或软件禁用。

一个常见的误解就是认为 EtherChannel 中的所有链路始终都处于负载均衡状态，实际上却并非总是如此。默认的 EtherChannel 负载均衡算法使用帧头或报头中的字段（如目的 MAC 地址、源 MAC 地址、目的 IP 地址、源 IP 地址以及 IP 报头字段）计算哈希值，然后将该哈希值与 n 进行求模运算（其中，n 为 EtherChannel 绑定链路中的物理链路数量）。EtherChannel 根据该计算结果将帧分发到 EtherChannel 绑定链路中的某条物理链路上，因而属于相同流的帧将被分发到同一条物理链路上，无法保证将这些流平均分布到所有物理链路上。为了实现较好的负载均衡效果，可以尝试为 EtherChannel 负载均衡算法配置不同的选项。如果要检查端口通道使用的流量分发算法，可以使用 **show etherchannel load-balance** 命令。如果要检查流量统计情况，可以使用 **show etherchannel traffic** 命令。

7.4 TINC 垃圾处理公司故障工单 4

TINC 垃圾处理公司的网络支持工程师 Donovan 联系我们（SECHNIK 网络公司的员工），称他们的计算机网络中存在一些新问题。特别需要关注以下三个问题。

- Donovan 参加了一个网络技术研讨会之后，了解到 GLBP（Gateway Load Balancing Protocol，网关负载均衡协议）比其他 FHRP（First-Hop RedundancyPprotocol，第一跳冗余协议）更好。为了更好地利用网关上行链路，Donovan 将 R1 和 R2 的 FHRP 从 VRRP 迁移到了 GLBP。GLBP 在 VLAN 33 和 VLAN 44 上工作正常，但是迁移之后，VLAN 11 中的用户一直称他们的工作站（PC1 和 PC2）的 Internet 连接不稳定，时断时续。
- Donovan 对 PC4 遇到的故障问题一筹莫展。PC4 的 IP 连接时断时续，虽然续租了 IP 地址租约之后能够解决该故障，但 Donovan 希望能够找到一个永久解决办法。
- Donovan 报告称 GW2 不接受来自 PC4 的 SSH 会话，但 GW2 实际上应该仅接受来自 PC4 的 SSH 会话，而不接受其他设备的 SSH 会话。Donovan 无法定位故障原因，需要寻求帮助。

Donovan 允许我们在必要时执行破坏性测试，并要求使用 IP 地址 209.165.201.225 测试 Internet 的可达性。

7.4.1 检测与排除 PC1 和 PC2 用户遇到的 Internet 连接时断时续故障

故障报告称自从 Donovan 将路由器 R1 和 R2 的 FHRP 从 VRRP 迁移到 GLBP 之后，PC1 和 PC2 的用户只能断断续续地访问 Internet，但是 VLAN 33 和 VLAN 44 中的用户并没有这方面的投诉。

1. 验证并定义故障

为了验证故障，可以从 PC1 和 PC2 向给定的 Internet 测试 IP 地址 209.165.201.225 发起 ping 测试。从例 7-53 可以看出，PC1 的 ping 测试 100%成功，而 PC2 的 ping 测试失败。

例 7-53 验证故障：PC1 和 PC2 的 Internet 连接时断时续

```
PC1# ping 209.165.201.225
Type escape sequence to abort.
Sending 5, 100-byte ICMP Echos to 209.165.201.225, timeout is 2 seconds:
!!!!!
Success rate is 100 percent (5/5), round-trip min/avg/max = 1/202/1007 ms
PC1#

PC2# ping 209.165.201.225
Type escape sequence to abort.
Sending 5, 100-byte ICMP Echos to 209.165.201.225, timeout is 2 seconds:
.....
Success rate is 0 percent (0/5)
PC2#
```

在确认并定义故障之前，需要检查这两台 PC 的默认网关地址，并向默认网关地址发起 ping 测试。从例 7-54 可以看出，这两台 PC 都将 IP 地址 10.0.11.1 作为默认网关，但 PC1 能够 ping 通该地址，而 PC2 却无法 ping 通该地址。从这两台 PC 的 ARP 表可以看出，PC1 的 ARP 表显示 IP 地址 10.0.11.1 对应的 MAC 地址为 0007.b400.0102，PC2 的 ARP 表显示 IP 地址 10.0.11.1 对应的 MAC 地址为 0007.b400.0101，这两个地址都是 GLBP 组 001 的 GLBP 虚拟 MAC 地址。请注意，GLBP 虚拟 MAC 地址的格式为 0007.b40x.xxyy，其中，xxx 是 GLBP 组号，yy 是 AVF（Active Virtual Forwarder，活动虚拟转发器）号。

例 7-54　验证故障：PC1 能够 ping 通默认网关 IP 地址，而 PC2 无法 ping 通默认网关 IP 地址

```
PC1#
PC1# show ip route
Default gateway is 10.0.11.1
Host               Gateway              Last Use    Total Uses   Interface
ICMP redirect cache is empty
PC1# ping 10.0.11.1
Type escape sequence to abort.
Sending 5, 100-byte ICMP Echos to 10.0.11.1, timeout is 2 seconds:
!!!!!
Success rate is 100 percent (5/5), round-trip min/avg/max = 1/1/1 ms
PC1#
PC1# show arp
Protocol  Address          Age (min)   Hardware Addr   Type   Interface
Internet  10.0.11.1               0    0007.b400.0102  ARPA   Ethernet0/0
Internet  10.0.11.129             -    aabb.cc00.1000  ARPA   Ethernet0/0
PC1#


PC2# show ip route
Default gateway is 10.0.11.1
Host               Gateway              Last Use    Total Uses   Interface
ICMP redirect cache is empty
PC2# ping 10.0.11.1
Type escape sequence to abort.
Sending 5, 100-byte ICMP Echos to 10.0.11.1, timeout is 2 seconds:
.....
Success rate is 0 percent (0/5)
PC2#
PC2# show arp
Protocol  Address          Age (min)   Hardware Addr   Type   Interface
Internet  10.0.11.1               0    0007.b400.0101  ARPA   Ethernet0/0
Internet  10.0.11.11              -    aabb.cc00.3200  ARPA   Ethernet0/0
PC2#
```

现在就可以根据上述信息定义故障问题。VLAN 11（映射为 IP 子网 10.0.11.0/24）中的 PC1 和 PC2 遇到了时断时续的 Internet 连接故障。这两台 PC 配置了正确的默认网关地址，而且它们的 ARP 表都显示有一个与默认网关 IP 地址相关联的 GLBP 虚拟 MAC 地址。从 ping 测试可以看出，PC1 完全能够 ping 通 Internet 测试 IP 地址，PC2 不但无法 ping 通 Internet 测试 IP 地址，而且也无法 ping 通默认网关 IP 地址。

2. 收集信息

根据 Donovan 提供的关于从 VRRP 迁移到 GLBP 的信息，最好从路由器 R1 和 R2 开始收集信息。这两台路由器是所有 PC 的第一跳网关，应该为所有 PC 去往本子网外的设备提供可靠的冗余连接。

例 7-55 显示了路由器 R1 和 R2 的 **show glbp brief** 命令输出结果。请注意 GLBP 组 1，可以看出优先级为 100 的 R1（10.0.11.2）承担了 AVG（Active Virtual Gateway，活动虚拟网关）角色，而 R2（10.0.11.3）则处于 AVG 角色的备份状态。其中，AVG 负责响应 GLBP 组虚拟 IP 地址的 ARP 请求。但是从输出结果还可以看出，R1 的 GLBP 组 1 虚拟 IP 地址显示为正确的 10.0.11.1，而 R2 的 GLBP 组 1 虚拟 IP 地址却显示为 10.0.11.11。对于 VRRP 组 1 来说，R1（AVG）为 R2 分配的虚拟 MAC 地址是 0007.b400.0101，而为自己选择的 MAC 地址为 0007.b400.0102。

例 7-55 收集信息：检查 R1 和 R2 的 GLBP 状态

```
R1# show glbp brief
Interface   Grp  Fwd Pri  State      Address         Active router    Standby router
Et1/0.11    1    -    100 Active     10.0.11.1       local            10.0.11.3
Et1/0.11    1    1    -   Listen     0007.b400.0101  10.0.11.3        -
Et1/0.11    1    2    -   Active     0007.b400.0102  local            -
< ...output omitted... >
R1#


R2# show glbp brief
Interface   Grp  Fwd Pri  State Address         Active router    Standby router
Et1/0.11    1    -    90  Standby    10.0.11.11      10.0.11.2        local
Et1/0.11    1    1    -   Active     0007.b400.0101  local            -
Et1/0.11    1    2    -   Listen     0007.b400.0102  10.0.11.2        -
< ...output omitted... >
R2#
```

由于看起来 R2 的 GLBP 组 1 虚拟 IP 地址不正确，因而需要关闭路由器 R1 的 Ethernet 1/0.11 以进一步收集相关信息。如果发现有关该虚拟 IP 地址不正确的判断确实如此，那么 PC1 和 PC2 应该都无法 ping 通 IP 地址 209.165.201.225。例 7-56 显示了该操作的运行结果。可以看出关闭了路由器 R1 的 Ethernet 1/0.11 接口之后，我们清除了 PC1 的 ARP 缓存，并尝试向 IP 地址 209.165.201.225 发起 ping 测试。与上次 ping 测试不同，本次 ping 测试失败。

例 7-56　收集信息：关闭 R1 的 Ethernet 1/0.11 接口之后尝试 Internet 接入

```
R1# conf term
Enter configuration commands, one per line.  End with CNTL/Z.
R1(config)# interface ethernet 1/0.11
R1(config-subif)# shutdown
R1(config-subif)#


PC1# clear ip arp 10.0.11.1
PC1# ping 209.165.201.225
Type escape sequence to abort.
Sending 5, 100-byte ICMP Echos to 209.165.201.225, timeout is 2 seconds:
.....
Success rate is 0 percent (0/5)
PC1#
PC1# show arp
Protocol  Address          Age (min)  Hardware Addr   Type   Interface
Internet  10.0.11.1                0   Incomplete      ARPA
Internet  10.0.11.129              -   aabb.cc00.1000  ARPA   Ethernet0/0
PC1#
```

3. 分析信息并提出推断

根据收集到的上述信息可以看出，对于 VLAN 11 的 GLBP 组 1 来说，R2 不是 R1 的备份路由器，从而证实了之前发现的 R2 配置的 GLBP 组 1 虚拟 IP 地址错误的结论。这就是我们目前得出的故障推断，该推断也解释了 R2 没有应答关于 IP 地址 10.0.11.1（该地址是正确的 GLBP 组 1 虚拟 IP 地址）的 ARP 请求的原因。

4. 验证推断

为了验证上述故障推断，首先利用 **no shutdown** 命令启用 R1 的 Ethernet 1/0.11 接口，然后删除 R2 配置中的现有虚拟 IP 地址 10.0.11.11，并增加新的正确虚拟 IP 地址 10.0.11.1（如例 7-57 所示）。

为了检查上述操作的有效性，可以从 PC1 和 PC2 发起测试。首先从这两台 PC 向默认网关 IP 地址 10.0.11.1（是 GLBP 组 1 的虚拟 IP 地址）发起 ping 测试，其次再向 IP 地址 209.165.201.225（用于测试 Internet 可达性的地址）发起 ping 测试。从例 7-58 可以看出，这两台 PC 的两次 ping 测试均成功。

例7-57 验证推断：修正R2的虚拟IP地址

```
R2# show run interface ethernet 1/0.11
Building configuration...

Current configuration : 235 bytes
!
interface Ethernet1/0.11
 encapsulation dot1Q 11
 ip address 10.0.11.3 255.255.255.0
 glbp 1 ip 10.0.11.11
 glbp 1 priority 90
 glbp 1 preempt
 glbp 1 load-balancing weighted
 glbp 1 authentication md5 key-string 7 00074215070B
end

R2# conf term
Enter configuration commands, one per line.  End with CNTL/Z.
R2(config)# interface ethernet 1/0.11
R2(config-subif)# no glbp 1 ip 10.0.11.11
R2(config-subif)# glbp 1 ip 10.0.11.1
R2(config-subif)# end
R2# wr
Building configuration...
[OK]
R2#
```

例7-58 验证推断：两台PC均能访问Internet

```
PC1# ping 10.0.11.1
Type escape sequence to abort.
Sending 5, 100-byte ICMP Echos to 10.0.11.1, timeout is 2 seconds:
!!!!!
Success rate is 100 percent (5/5), round-trip min/avg/max = 1/1/1 ms
PC1# ping 209.165.201.225
Type escape sequence to abort.
Sending 5, 100-byte ICMP Echos to 209.165.201.225, timeout is 2 seconds:
!!!!!
Success rate is 100 percent (5/5), round-trip min/avg/max = 1/1/1 ms
PC1#

PC2# ping 10.0.11.1
```

```
Type escape sequence to abort.
Sending 5, 100-byte ICMP Echos to 10.0.11.1, timeout is 2 seconds:
!!!!!
Success rate is 100 percent (5/5), round-trip min/avg/max = 1/1/1 ms
PC2# ping 209.165.201.225
Type escape sequence to abort.
Sending 5, 100-byte ICMP Echos to 209.165.201.225, timeout is 2 seconds:
!!!!!
Success rate is 100 percent (5/5), round-trip min/avg/max = 1/1/1 ms
PC2#
```

目前还不能宣告故障问题已解决，除非这两台 GLBP 路由器中的任一台路由器（R1 或 R2）出现故障后，PC1 和 PC2 还能访问 Internet。如例 7-59 所示，我们再次关闭路由器 R1 的接口 Ethernet 1/0.11 以模拟上述故障行为，然后检查路由器 R2 的 GLBP 状态，发现 R2 已经处于活动状态，并且拥有正确的虚拟 IP 地址 10.0.11.1。最后，再从这两台 PC 向默认网关 IP 地址 10.0.11.1 和 IP 地址 209.165.201.225 发起 ping 测试，发现所有 ping 测试均成功。此时，如果显示接入交换机 ASW1 的 VLAN 11 的 MAC 地址表内容，那么就可以发现通过接口 Ethernet 1/1 学到了两个 GLBP 虚拟 MAC 地址：0007.b400.0101 和 0007.b400.0102。如果显示 CDP（Cisco Discovery Protocol，Cisco 发现协议）表的内容，那么就可以发现 R2 已经接管了两个 GLBP 虚拟 MAC 地址。

例 7-59　解决故障：故障期间的 GLBP 运行情况

```
R1# conf term
Enter configuration commands, one per line.  End with CNTL/Z.
R1(config)# interface eth 1/0.11
R1(config-subif)# shutdown
R1(config-subif)#


R2# show glbp ethernet 1/0.11
Ethernet1/0.11 - Group 1
  State is Active
    12 state changes, last state change 00:00:30
  Virtual IP address is 10.0.11.1
  Hello time 3 sec, hold time 10 sec
    Next hello sent in 1.472 secs
  Redirect time 600 sec, forwarder timeout 14400 sec
  Authentication MD5, key-string
  Preemption enabled, min delay 0 sec
  Active is local
  Standby is unknown
  Priority 90 (configured)
```

```
  Weighting 100 (default 100), thresholds: lower 1, upper 100
  Load balancing: weighted
  Group members:
    aabb.cc00.6101 (10.0.11.3) local
  There are 2 forwarders (2 active)
  Forwarder 1
    State is Active
      5 state changes, last state change 00:02:38
    MAC address is 0007.b400.0101 (default)
    Owner ID is aabb.cc00.6101
    Redirection enabled
    Preemption enabled, min delay 30 sec
    Active is local, weighting 100
    Client selection count: 158
  Forwarder 2
    State is Active
      5 state changes, last state change 00:00:29
    MAC address is 0007.b400.0102 (learnt)
    Owner ID is aabb.cc00.5f01
    Redirection enabled, 558.912 sec remaining (maximum 600 sec)
    Time to live: 14358.912 sec (maximum 14400 sec)
    Preemption enabled, min delay 30 sec
    Active is local, weighting 100
    Client selection count: 158
R2#

PC1# ping 10.0.11.1
Type escape sequence to abort.
Sending 5, 100-byte ICMP Echos to 10.0.11.1, timeout is 2 seconds:
!!!!!
Success rate is 100 percent (5/5), round-trip min/avg/max = 1/1/1 ms
PC1#
PC1# ping 209.165.201.225
Type escape sequence to abort.
Sending 5, 100-byte ICMP Echos to 209.165.201.225, timeout is 2 seconds:
!!!!!
Success rate is 100 percent (5/5), round-trip min/avg/max = 1/1/1 ms
PC1#


PC2# ping 10.0.11.1
Type escape sequence to abort.
Sending 5, 100-byte ICMP Echos to 10.0.11.1, timeout is 2 seconds:
!!!!!
Success rate is 100 percent (5/5), round-trip min/avg/max = 1/1/1 ms
PC2#
```

```
PC2# ping 209.165.201.225
Type escape sequence to abort.
Sending 5, 100-byte ICMP Echos to 209.165.201.225, timeout is 2 seconds:
!!!!!
Success rate is 100 percent (5/5), round-trip min/avg/max = 1/1/1 ms
PC2#


SW1# show mac address-table vlan 11
          Mac Address Table
-------------------------------------------

Vlan    Mac Address       Type        Ports
----    -----------       --------    -----
  11    0007.b400.0101    DYNAMIC     Et0/1
  11    0007.b400.0102    DYNAMIC     Et0/1
  11    aabb.cc00.1000    DYNAMIC     Et0/2
  11    aabb.cc00.3200    DYNAMIC     Et0/3
  11    aabb.cc00.5f01    DYNAMIC     Et0/0
  11    aabb.cc00.6101    DYNAMIC     Et0/1
Total Mac Addresses for this criterion: 6
SW1#
SW1# show cdp neighbors
Capability Codes: R - Router, T - Trans Bridge, B - Source Route Bridge
                  S - Switch, H - Host, I - IGMP, r - Repeater, P - Phone,
                  D - Remote, C - CVTA, M - Two-port Mac Relay

Device ID        Local Intrfce     Holdtme    Capability  Platform  Port ID
R2.cisco.com     Eth 0/1           148             R      Linux Uni Eth 1/0
R1.cisco.com     Eth 0/0           163             R      Linux Uni Eth 1/0
SW1#
```

5. 解决故障

此时可以启用路由器 R1 的 Ethernet 1/0.11 接口，由于其 GLBP 优先级较高且配置了抢占选项，因而 R1 将成为 GLBP 组 1 的 AVG（如例 7-60 所示）。此外，从例 7-60 还可以看出，PC1 和 PC2 均能 ping 通默认网关 IP 地址（10.0.11.1）以及 Internet 服务器 209.165.201.225。

很明显，目前路由器 R1 和 R2 已经能够在 VLAN 11 中为 GLBP 组 1 提供正确服务。GLBP 不仅能够提供第一跳冗余服务，而且还能在 GLBP 组成员之间实现负载共享。

最后，还需要在网络文档中记录上述排障过程并告诉 TINC 垃圾处理公司的 Donovan 以及其他相关方，VLAN 11 中的 GLBP 故障已解决，而且 PC1 和 PC2 已经能够可靠地访问 Internet。

例7-60 解决故障：两台路由器均处于 up 状态时的 GLBP 运行情况

```
R1# config term
R1(config)# interface Ethernet 1/0.11
R1(config-subif)# no shut
R1(config-subif)# end

R1# show glbp eth 1/0.11
Ethernet1/0.11 - Group 1
  State is Active
    7 state changes, last state change 00:00:21
  Virtual IP address is 10.0.11.1
  Hello time 3 sec, hold time 10 sec
    Next hello sent in 2.304 secs
  Redirect time 600 sec, forwarder timeout 14400 sec
  Authentication MD5, key-string
  Preemption enabled, min delay 0 sec
  Active is local
  Standby is 10.0.11.3, priority 90 (expires in 8.480 sec)
  Priority 100 (default)
  Weighting 100 (default 100), thresholds: lower 1, upper 100
  Load balancing: weighted
  Group members:
    aabb.cc00.5f01 (10.0.11.2) local
    aabb.cc00.6101 (10.0.11.3) authenticated
  There are 2 forwarders (0 active)
  Forwarder 1
    State is Listen
      4 state changes, last state change 00:06:51
    MAC address is 0007.b400.0101 (learnt)
    Owner ID is aabb.cc00.6101
    Redirection enabled, 598.496 sec remaining (maximum 600 sec)
    Time to live: 14398.496 sec (maximum 14400 sec)
    Preemption enabled, min delay 30 sec
    Active is 10.0.11.3 (primary), weighting 100 (expires in 10.304 sec)
    Client selection count: 8
  Forwarder 2
    State is Listen
      6 state changes, last state change 00:04:51
    MAC address is 0007.b400.0102 (default)
    Owner ID is aabb.cc00.5f01
    Redirection enabled
    Preemption enabled, min delay 30 sec (5 secs remaining)
    Active is 10.0.11.3 (secondary), weighting 100 (expires in 10.048 sec)
```

```
  Client selection count: 7
R1#
R1# wr
Building configuration...
[OK]
R1#


PC1# ping 10.0.11.1
Type escape sequence to abort.
Sending 5, 100-byte ICMP Echos to 10.0.11.1, timeout is 2 seconds:
!!!!!
Success rate is 100 percent (5/5), round-trip min/avg/max = 1/1/1 ms
PC1#
PC1# ping 209.165.201.225
Type escape sequence to abort.
Sending 5, 100-byte ICMP Echos to 209.165.201.225, timeout is 2 seconds:
!!!!!
Success rate is 100 percent (5/5), round-trip min/avg/max = 1/1/1 ms
PC1#


PC2# ping 10.0.11.1
Type escape sequence to abort.
Sending 5, 100-byte ICMP Echos to 10.0.11.1, timeout is 2 seconds:
!!!!!
Success rate is 100 percent (5/5), round-trip min/avg/max = 1/1/1 ms
PC2# ping 209.165.201.225
Type escape sequence to abort.
Sending 5, 100-byte ICMP Echos to 209.165.201.225, timeout is 2 seconds:
!!!!!
Success rate is 100 percent (5/5), round-trip min/avg/max = 1/1/1 ms
PC2#
```

6. 检测与排除 FHRP 故障

除了 HSRP 之外，GLBP 也是 Cisco 专有的 FHRP。与 HSRP 相比，GLBP 的优点在于支持负载共享能力，而且每个 GLBP 组最多允许 4 台路由器成为活动转发器。

常见的 GLBP 配置错误如下：

- 一个或多个 GLBP 组成员的虚拟 IP 地址配置错误；
- GLBP 组成员之间的参数不匹配；
- GLBP 组成员之间的认证方法或密码不匹配；
- 没有配置抢占选项或者仅在一台路由器上配置了抢占选项；

- 访问列表或防火墙阻塞了 GLBP 消息（GLBP 消息需要发送给组播 IP 地址 224.0.0.102，GLBP 的 UDP 端口号是 3222）。

常见的 GLBP 诊断命令如下：

- **show glbp brief**
- **show glbp interface** *type number* **[brief]**
- **debug glbp [packets | events | terse | error | all]**

检测与排除 FHRP 故障时，需要注意以下重要信息。

- HSRP 和 GLBP 不允许将组虚拟 IP 地址分配给组中的任一台路由器，而 VRRP 允许将组虚拟 IP 地址分配给组中的任一台路由器。对于 VRRP 组来说，其地址被用作虚拟 IP 地址的路由器将成为该 VRRP 组的主用路由器，即使其他路由器拥有更高的优先级。
- VRRP 是 IETF 标准（RFC 5798），因而 VRRP 是唯一一种适合多厂商网络环境的 FHRP。
- HSRP 和 GLBP 默认不启用抢占选项，而 VRRP 默认启用抢占选项。如果不希望 VRRP 启用抢占选项，那么就需要禁用该选项。
- GLBP 的主要特性就是每个组最多允许 4 台路由器转发流量，从而为单个虚拟 IP 地址提供负载共享能力。
- HSRP 和 GLBP 的默认 Hello 定时器和保持定时器均分别 3 秒钟和 10 秒钟，而 VRRP 的默认 Hello 定时器和保持定时器则分别 1 秒钟和 3 秒钟。

7.4.2 检测与排除 PC4 遇到的连接时断时续故障

Donovan 对该故障问题一筹莫展，该故障仅影响 PC4。PC4 的网络连接极不稳定，同时 Donovan 报告称 PC4 能够成功续租其 IP 地址租约（通过 DHCP），并且 PC4 位于 VLAN 44（映射为 IP 子网 10.0.44.0/24）中。

1. 验证故障并制定排障计划

首先访问 PC4 并从 PC4 向 IP 地址 10.0.44.1 发起 ping 测试，该地址是 VLAN 44 的指派默认网关地址，并且 VLAN 44 对应于 IP 子网 10.0.44.0/24。从例 7-61 可以看出，PC4 向指派默认网关地址 10.0.44.1 发起的 ping 测试失败。

例 7-61　验证故障：PC4 无法 ping 通自己的默认网关

```
PC4# ping 10.0.44.1
Type escape sequence to abort.
Sending 5, 100-byte ICMP Echos to 10.0.44.1, timeout is 2 seconds:
.....
Success rate is 0 percent (0/5)
PC4#
```

验证了故障问题之后，可以考虑采用自底而上故障检测与排除法，并利用跟踪流量路径技术确认 PC4 到达其默认网关的流量路径情况。目前可以将故障定义为：PC4 无法到达其默认网关。修正了该故障问题之后，就可以验证是否解决了 PC4 的 IP 连接性故障，或者决定是否需要做进一步的故障排查工作。

2. 收集信息

由于决定采用自底而上故障检测与排除法，因而首先检查 PC4 的以太网接口状态（如例 7-62 所示）。可以看出 PC4 的以太网接口处于 up 状态，并且有一个 IP 地址，但是该 IP 地址不属于 IP 子网 10.0.44.0/24（VLAN 44）。

例 7-62　收集信息：检查 PC4 的以太网接口状态

```
PC4# show ip int brief
Interface                  IP-Address      OK? Method Status                Protocol
Ethernet0/0                10.0.0.7        YES DHCP   up                    up
< ...output omitted... >
PC4#
```

接下来需要检查是否将接入交换机 ASW3 的接口 Ethernet 0/2 正确分配到了 VLAN 44，（如例 7-63 所示）。首先查找 PC4 的 MAC 地址，然后在接入交换机 ASW3 的 MAC 地址表中搜索 PC4 的 MAC 地址。输出结果表明 PC4 的 MAC 地址是通过接入交换机的接口 Ethernet 0/2 学到的，并且分配给了 VLAN 44。

例 7-63　收集信息：检查接入交换机接口上的 VLAN 号（针对 PC4）

```
PC4#
PC4# show int ethernet 0/0 | include Hardware
  Hardware is AmdP2, address is aabb.cc00.bf00 (bia aabb.cc00.bf00)
PC4#


SW3# show mac address-table | include aabb.cc00.bf00
  44    aabb.cc00.bf00    DYNAMIC     Et0/2
SW3#
```

至此已经知道 PC4 不存在物理层或数据链路层故障，其 MAC 地址被正确的接入交换机接口学到了，并且属于正确的 VLAN，因而接下来需要确定 DHCP 为何会提供错误的 IP 地址。由于由第一跳网关（R1 和 R2）充当冗余的 DHCP 服务器，因而需要检查这些路由器的 VLAN 44（IP 子网 10.0.44.0/0）配置。例 7-64 显示了 R1 和 R2 与 DHCP 相关的配置命令，这些配置看起来并没有问题。

由于 PC4 正确连接在 VLAN 44 的网络上，而且该 VLAN（IP 子网 10.0.44.0/0）的 DHCP 服务器配置也没问题，因而接下来需要确定 PC4 是从何处（哪一台 DHCP 服务器）得到该无效 IP 地址的。

为此需要在PC4上启用DHCP调试功能，释放并续租IP地址租约（如例7-65所示）。从输出结果可以看出，PC4是从IP地址为10.0.0.1的服务器获得其IP地址的。

例7-64 收集信息：检查冗余的第一跳路由器（R1和R2）的VLAN 44配置

```
R1# show run | section dhcp
< ...output omitted... >
ip dhcp pool VLAN44_CLIENTS
 network 10.0.44.0 255.255.255.0
 default-router 10.0.44.1
R1#


R2# show run | section dhcp
< ...output omitted... >
ip dhcp pool VLAN44_CLIENTS
 network 10.0.44.0 255.255.255.0
 default-router 10.0.44.1
R2#
```

例7-65 收集信息：检查PC4从哪一台DHCP服务器得到无效IP地址

```
PC4# debug dhcp
DHCP client activity debugging in on

PC4# release  dhcp ethernet 0/0
< ...output omitted... >
PC4# renew  dhcp ethernet 0/0
PC4#
< ...output omitted... >
*Sep  2 15:40:08.071: DHCP: Received a BOOTREP pkt
*Sep  2 15:40:08.071: DHCP: offer received from 10.0.0.1
*Sep  2 15:40:08.071: DHCP: SRequest attempt # 1 for entry:
*Sep  2 15:40:08.071: DHCP: SRequest- Server ID option: 10.0.0.1
*Sep  2 15:40:08.071: DHCP: SRequest- Requested IP addr option: 10.0.0.7
*Sep  2 15:40:08.071: DHCP: SRequest: 304 bytes
*Sep  2 15:40:08.071: DHCP: SRequest: 304 bytes
*Sep  2 15:40:08.071:         B'cast on Ethernet0/0 interface from 0.0.0.0
*Sep  2 15:40:08.072: DHCP: Received a BOOTREP pkt
*Sep  2 15:40:12.088: DHCP: Sending notification of ASSIGNMENT:
*Sep  2 15:40:12.088:    Address 10.0.0.7 mask 255.0.0.0
*Sep  2 15:40:12.088: DHCP Client Pooling: ***Allocated IP address: 10.0.0.7
*Sep  2 15:40:12.109: Allocated IP address = 10.0.0.7  255.0.0.0
*Sep  2 15:40:12.109: %DHCP-6-ADDRESS_ASSIGN: Interface Ethernet0/0 assigned DHCP
  address 10.0.0.7, mask 255.0.0.0, hostname PC4

PC4#
```

3．分析信息并进一步收集信息

IP 地址为 10.0.0.1 的 DHCP 服务器是未知服务器，也就是说，该服务器是网络中的欺诈 DHCP 服务器。为了定位该欺诈 DHCP 服务器，从 PC4 向该 IP 地址发起 ping 测试并立即显示 PC4 的 ARP 表，以查找欺诈 DHCP 服务器的 MAC 地址。从例 7-66 可以看出，欺诈 DHCP 服务器的 MAC 地址是 aabb.cc00.ce00，接着显示接入交换机 ASW3 的 MAC 地址表（指定该 MAC 地址）。可以发现该欺诈 DHCP 服务器连接在 VLAN 44 的接入交换机 ASW3 的 Ethernet 2/0 接口上（如例 7-66 所示）。

例 7-66　收集信息：检查欺诈 DHCP 服务器连接在哪个交换机接口上

```
PC4# ping 10.0.0.1
Type escape sequence to abort.
Sending 5, 100-byte ICMP Echos to 10.0.0.1, timeout is 2 seconds:
!!!!!
Success rate is 100 percent (5/5), round-trip min/avg/max = 1/202/1006 ms
PC4#
PC4# show arp
Protocol  Address          Age (min)  Hardware Addr   Type   Interface
Internet  10.0.0.1                0   aabb.cc00.ce00  ARPA   Ethernet0/0
Internet  10.0.0.7                -   aabb.cc00.bf00  ARPA   Ethernet0/0
PC4#


SW3# show mac address-table | include aabb.cc00.ce00
  44    aabb.cc00.ce00    DYNAMIC     Et2/0
SW3#
```

4．提出推断并验证推断

至此可以推断出连接在接入交换机 ASW3 的 Ethernet 2/0 接口上的欺诈 DHCP 服务器正在向 VLAN 44 中的 PC4 分配无效 IP 地址。

一种解决欺诈 DHCP 服务器问题的非常好的工具就是 Cisco IOS DHCP Snooping（DHCP 监听）特性。在交换机上启用该特性时，必须指定希望应用该特性的 VLAN，属于该 VLAN 的所有接口都不再接受 DHCP 服务器消息（OFFER 和 ACKNOWLEDGE 消息）。然后必须将连接或面向合法 DHCP 服务器的接口配置为“trusted（受信）”，以保证接受并转发来自这些特定接口的 DHCP 服务器消息。

从接入交换机 ASW3 的 **show cdp neighbors** 命令输出结果可以看出（如例 7-67 所示），路由器 R1 和 R2（合法 DHCP 服务器）连接在接口 Ethernet 0/0 和 Ethernet 0/1 上，因而在全局范围内启用了 **ip dhcp snooping** 之后，除了要在 VLAN 44 启用该特性之外，还要利用 **ip dhcp snooping trust** 命令配置这些接口。最后，例 7-67 显示了接入交换机 ASW3 的 **show ip dhcp snooping** 命令输出结果，证实了配置差错。

例7-67 验证推断：部署DHCP Snooping特性并应用于VLAN 44

```
SW3# show cdp neighbors
Capability Codes: R - Router, T - Trans Bridge, B - Source Route Bridge
                  S - Switch, H - Host, I - IGMP, r - Repeater, P - Phone,
                  D - Remote, C - CVTA, M - Two-port Mac Relay
Device ID        Local Intrfce     Holdtme    Capability  Platform  Port ID
R2.cisco.com     Eth 0/1           136              R     Linux Uni Eth 1/2
R1.cisco.com     Eth 0/0           148              R     Linux Uni Eth 1/2
SW3#
SW3# config term
Enter configuration commands, one per line.  End with CNTL/Z.
SW3(config)# ip dhcp snooping
SW3(config)# ip dhcp snooping vlan 44
SW3(config)# interface range ethernet 0/0-1
SW3(config-if-range)# ip dhcp snooping trust
SW3(config-if-range)# end
SW3# wr
Building configuration...
[OK]
SW3#
*Sep  2 16:06:32.727: %SYS-5-CONFIG_I: Configured from console by console
SW3# show ip dhcp snooping
Switch DHCP snooping is enabled
DHCP snooping is configured on following VLANs:
44
DHCP snooping is operational on following VLANs:
44
DHCP snooping is configured on the following L3 Interfaces:

Insertion of option 82 is enabled
Option 82 on untrusted port is not allowed
Verification of hwaddr field is enabled
Verification of giaddr field is enabled
DHCP snooping trust/rate is configured on the following Interfaces:

Interface                  Trusted     Rate limit (pps)
-----------------------    -------     ----------------
Ethernet0/0                yes         unlimited
Ethernet0/1                yes         unlimited
SW3#
```

5. 解决故障

接下来回到 PC4，释放并续租其 IP 地址租约，观察 PC4 是否仅从合法 DHCP 服务器获取其 IP 地址。例 7-68 显示了释放并续租其 IP 地址租约的 **debug dhcp** 命令输出结果，而且还显示了 PC4 已经能够 ping 通 IP 地址 209.165.201.225（位于 Internet 上），表明 PC4 的 IP 连接已经正常。

例 7-68　解决故障：PC4 不再从欺诈 DHCP 服务器获取无效 IP 地址

```
PC4# debug dhcp
DHCP client activity debugging is on
PC4# release dhcp ethernet 0/0
< ...output omitted... >
*Sep  2 16:09:26.828: DHCP: offer received from 10.0.44.3
*Sep  2 16:09:26.828: DHCP: SRequest attempt # 1 for entry:
*Sep  2 16:09:26.828: DHCP: SRequest- Server ID option: 10.0.44.3
*Sep  2 16:09:26.828: DHCP: SRequest- Requested IP addr option: 10.0.44.132
*Sep  2 16:09:26.828: DHCP: SRequest: 304 bytes
*Sep  2 16:09:26.828: DHCP: SRequest: 304 bytes
*Sep  2 16:09:26.828:              B'cast on Ethernet0/0 interface from 0.0.0.0
*Sep  2 16:09:26.829: DHCP: Received a BOOTREP pkt
PC4#
*Sep  2 16:09:30.844: DHCP: Sending notification of ASSIGNMENT:
*Sep  2 16:09:30.844:   Address 10.0.44.132 mask 255.255.255.0
*Sep  2 16:09:30.844: DHCP Client Pooling: ***Allocated IP address: 10.0.44.132
*Sep  2 16:09:30.956: Allocated IP address = 10.0.44.132  255.255.255.0

PC4#
*Sep  2 16:09:30.956: %DHCP-6-ADDRESS_ASSIGN: Interface Ethernet0/0 assigned DHCP
  address 10.0.44.132, mask 255.255.255.0, hostname PC4
*Sep  2 16:09:36.872: DHCP: Client socket is closed
PC4# no debug dhcp
DHCP client activity debugging is off
PC4#
PC4# sho ip int brief
Interface                  IP-Address      OK? Method Status                Protocol
Ethernet0/0                10.0.44.132     YES DHCP   up                    up
< ...output omitted...>
PC4# ping 209.165.201.225
Type escape sequence to abort.
Sending 5, 100-byte ICMP Echos to 209.165.201.225, timeout is 2 seconds:
!!!!!
Success rate is 100 percent (5/5), round-trip min/avg/max = 1/201/1004 ms
PC4#
```

虽然我们利用 DHCP Snooping 特性解决了 VLAN 44 上的欺诈 DHCP 服务器问题，但是必须提醒 TINC 垃圾处理公司的 Donovan，VLAN 11 和 VLAN 22 也存在同样的安全威胁，建议其在所有用户 VLAN 上都部署 DHCP Snooping 特性。我们通过测试验证了 PC4 已经拥有了稳定的 IP 连接。最后，还需要在网络文档中记录上述排障过程并告诉 Donovan 故障问题已解决，并告诉他我们的建议。

6. 检测与排除 Cisco IOS DHCP Snooping 故障

DHCP Snooping 是一种二层安全特性，类似于非受信主机与受信 DHCP 服务器之间的防火墙。DHCP Snooping 特性的主要功能是防范网络中的欺诈 DHCP 服务器。在交换机上启用 DHCP Snooping 特性时，需要逐个 VLAN 启用该特性。将 LAN 交换机的接口配置为受信或非受信接口，受信接口允许所有类型的 DHCP 消息通过，而非受信接口仅允许 DISCOVER 和 REQUEST 消息。受信接口是连接 DHCP 服务器或者面向 DHCP 服务器的上行链路接口。启用了 DHCP Snooping 特性之后，交换机会构造一个 DHCP Snooping 绑定数据库，数据库中的每条表项都包含主机的 MAC 地址、租借的 IP 地址、租约时间、绑定类型、VLAN 号以及与该主机相关联的接口信息。DAI（Dynamic ARP Inspection，动态 ARP 检测）等其他安全特性也可以使用 DHCP Snooping 绑定数据库。此外，DHCP Snooping 特性还可以限制 DHCP 消息（ADDRESS REQUEST）的发送速率，不过，需要以交换机接口为基础逐个配置该选项。

在 Cisco LAN 交换机上配置 DHCP Snooping 特性的主要步骤如下。

步骤 1 利用 **ip dhcp snooping** 命令在全局范围内启用 DHCP Snooping 特性。

步骤 2 利用 **ip dhcp snooping** *vlan-number* 命令在特定 VLAN 上应用 DHCP Snooping 特性。

步骤 3 利用 **ip dhcp snooping trust** 命令将连接 DHCP 服务器或者面向合法 DHCP 服务器的接口配置为受信接口。

步骤 4 在 DHCP Snooping 非受信接口上启用速率限制特性（可选）。可以在接口配置模式下利用 **ip dhcp snooping limit rate** *rate* 命令按照 DHCP 包数每秒为单位来配置速率。

步骤 5 利用 **show ip dhcp snooping** 命令可以验证 DHCP Snooping 的配置情况。利用 **show ip dhcp snooping binding** 命令可以显示 DHCP Snooping 绑定数据库。

7. Cisco 技术支持中心

出现与设备配置进程有关的问题或者发现 Cisco 软件故障以及网络中出现无法修复的故障时，如果无法在 Cisco 支持网站上找到解决方案，那么就可以联系 Cisco TAC（Technical Assistance Center，技术支持中心）。Cisco TAC 可以为持有有效 Cisco 服务合同的用户提供全天 24 小时技术支持服务。

根据故障问题的优先级，可以采用以下两种方式向 Cisco TAC 提交故障用例。

- 为较低优先级事件使用 Support Case Manager（支持用例管理器）网站或者电子邮件支持方式。
  - **优先级 4**：希望了解 Cisco 产品能力、安装或配置方面的信息，对于商业运行影响很小或者无影响。
  - **优先级 3**：对网络的运行性能有一定的影响，但不影响大多数商业操作。
- 为高优先级事件使用电话支持方式。
  - **优先级 2**：对现有网络的运行性能造成严重劣化，或者由于 Cisco 产品性能不足而对商业操作造成严重影响。
  - **优先级 1**：网络出现中断或者对商业操作造成重大影响。

通过网站方式寻求技术支持时，TAC Service Request Tool（服务请求工具）会自动提供建议解决方案。如果还不能解决故障问题，那么就会将该故障用例提交给 Cisco TAC 工程师。

向 Cisco TAC 提交故障用例时，必须提前准备好相关资料以更好地解释故障问题。通常应包含以下信息。

- **Cisco 服务合同号以及设备序列号。**
- **网络结构**：除了要提供故障网元及其软件版本的信息之外，还要提供详细的网络物理结构和逻辑结构描述信息。
- **故障描述**：详细说明故障发生后采取的每一步排障操作，包括期望行为以及实际观察到的行为。
- **一般信息**：包括故障网元是否是新安装的、最近系统做了哪些调整、故障是否可以再现、影响了哪些设备、如何尝试开展排障操作，以及故障发生之前的相关 syslog/TAC 日志等。

通过用例索引号可以随时检查已提交的故障用例状态。也可以通过 Collaborative Web Browsing（协作式网页浏览）、白板、Telnet 以及剪贴板工具等小程序，与 Cisco TAC 工程师开展协作式排障工作。

7.4.3 检测与排除 PC4 到路由器 GW2 的 SSH 连接故障

TINC 垃圾处理公司的 Donovan 报告称 PC4（仅 PC4）必须能够与 TINC 计算机网络中的所有三层设备建立 SSH 会话，但是 Donovan 不知道为什么 PC4 无法与路由器 GW2 建立 SSH 会话，因而需要寻求帮助。

1. 验证故障并制定排障计划

故障检测与排除操作的第一步就是验证 PC4 是否确实无法通过 SSH 方式访问路由器 GW2。从例 7-69 可以看出，PC4 向 GW2 发起的 SSH 连接请求失败，并且收到了一条消息“connection refused by remote host”。

例 7-69 验证故障：PC4 无法建立到 GW2 的 SSH 会话

```
PC4#
PC4# ssh -l admin 10.0.1.11

% Connection refused by remote host

PC4#
```

验证了故障问题之后，就可以确定故障检测与排除方法。由于 SSH 属于应用层协议，因而可以考虑采用分而治之法。首先利用 ping 和 trace 工具检测 PC4 与 GW2 之间的基本可达性，然后再基于检测结果将故障排查重点转向上层协议或下层协议。

2. 收集信息

根据排障计划，首先从 PC4 向路由器 GW2 发起 ping 测试。从例 7-70 可以看出 ping 测试 100%成功，表明 PC4 与 GW2 之间不存在基本的连接性故障，因而可以将排障重点转向上层协议。

例 7-70 收集信息：PC4 向 GW2 发起的 ping 测试成功

```
PC4# ping 10.0.1.11
Type escape sequence to abort.
Sending 5, 100-byte ICMP Echos to 10.0.1.11, timeout is 2 seconds:
!!!!!
Success rate is 100 percent (5/5), round-trip min/avg/max = 1/1/1 ms
PC4#
```

接下来检查 GW2 并收集 GW2 的 SSH 相关信息。从 GW2 的 **show ip ssh** 命令输出结果可以看出（如例 7-71 所示），GW2 仅支持 SSHv2，因而立即想到从 PC4 向 GW2 发起 SSHv2 会话请求，但 SSHv2 会话仍然返回相同的响应消息“connection refused by remote host”。

例 7-71 收集信息：再次发起 SSHv2 会话

```
GW2# show ip ssh
SSH Enabled - version 2.0
Authentication timeout: 120 secs; Authentication retries: 3
Minimum expected Diffie Hellman key size : 1024 bits
IOS Keys in SECSH format(ssh-rsa, base64 encoded):
ssh-rsa AAAAB3NzaC1yc2EAAAADAQABAAAAgQCb9WWBhdHqK4aHjdrKDqq490b8AYSrDWEHMKujaI9N
9yieVXF/pVIpxk16YdxsyTdG2psT7QoQWRUZai3i68ev7dvX2dz0Q36O8p2s/Kz82USErGRxi2yqriP6
EAR4DN7ahp1dxWAxdCw/DiiDl325NoBhPkbNKs3iz7xPXp1d8Q==
```

```
GW2#

PC4# ssh -v 2 -l admin 10.0.1.11
% Connection refused by remote host

PC4#
```

根据 PC4 发起的两种版本的 SSH 会话后收到的消息，有理由怀疑故障原因在于安全机制或管理控制机制，因而首先检查 GW2 的 vty 线路配置情况。例 7-72 显示了 GW2 运行配置中的相应段落，可以看出 vty 线路 0~4 的入站方向应用了 ACL 22。**show access-list 22** 命令的输出结果显示了该 ACL 的配置信息，可以看出该 ACL 仅允许源 IP 地址与 10.0.33.0 具有 24 个匹配比特的数据包。

例 7-72　收集信息：检查 GW2 的 vty 配置

```
GW2# show run | section line
line con 0
 logging synchronous
line aux 0
line vty 0 4
 access-class 22 in
 transport input ssh
GW2#
GW2# show access-lists 22
Standard IP access list 22
    10 permit 10.0.33.0, wildcard bits 0.0.0.255
GW2#
```

3. 提出推断并验证推断

很明显，当前应用于 GW2 的 vty 线路入站方向的 ACL 22 拒绝了 PC4 通过 SSHv1、SSHv2 或 Telnet 访问 GW2 的 vty 线路。由于 Donovan 坚持要求 PC4（仅通过 VLAN 44）必须能够管理性访问网络中的所有三层设备，因而需要修改该 ACL 以便仅允许从网络 10.0.44.0/24（VLAN 44）发起的远程访问请求。该 VLAN 应该是管理 VLAN，并且 PC4 位于该 VLAN 中。例 7-73 给出了删除现有 ACL 22 并利用正确地址及通配符掩码重新创建该 ACL 的配置示例。

4. 解决故障

修改了应用于 GW2 的 vty 线路上的 ACL 之后，必须访问 PC4 并确定 PC4 能够通过 SSH 访问 GW2。从例 7-74 可以看出，PC4 目前已经能够与 GW2 建立 SSHv2 会话，表明故障问题已解决。

例7-73 提出推断：修改应用于GW2的vty线路上的ACL

```
GW2# conf term
Enter configuration commands, one per line.  End with CNTL/Z.
GW2(config)# no access-list 22
GW2(config)# access-list 22 permit 10.0.44.0 0.0.0.255
GW2(config)# do show access-list 22
Standard IP access list 22
    10 permit 10.0.44.0, wildcard bits 0.0.0.255
GW2(config)# end
GW2#
*Sep  2 21:17:04.269: %SYS-5-CONFIG_I: Configured from console by console
GW2# wr
Building configuration...
[OK]
GW2#
```

例7-74 解决故障：从PC4发起的SSHv2会话成功

```
PC4# ssh -v 2 -l admin 10.0.1.11
Password:

GW2>
```

此时还需要在网络文档中记录上述排障过程并告诉Donovan故障问题已解决。

7.5 本章小结

本章根据图7-2所示拓扑结构讨论了TINC垃圾处理公司（一家虚构公司）的4个故障工单。

故障工单1：TINC垃圾处理公司的网络工程师Donovan向我们报告了以下网络故障并寻求帮助。

1. GW2没有充当去往Internet的备份网关，只能通过GW1连接Internet。
   解决方案：故障原因在于GW2为其eBGP邻居（ISP）配置了错误的自治系统号，致使无法建立BGP邻居关系，因而GW2未能从eBGP邻居收到默认路由，从而也没有将该默认路由重分发到OSPF中。
2. PC1无法访问Internet。
   解决方案：故障原因在于ASW1的接口Ethernet 0/2配置了端口安全特性，但是却输入了错误的MAC地址，因而PC1无法使用该接口并连接Internet。
3. PC2无法访问Internet。
   解决方案：故障原因在于ASW1上不存在VLAN 22，因而PC2（位于VLAN 22）发送出来的流量会被ASW2丢弃。

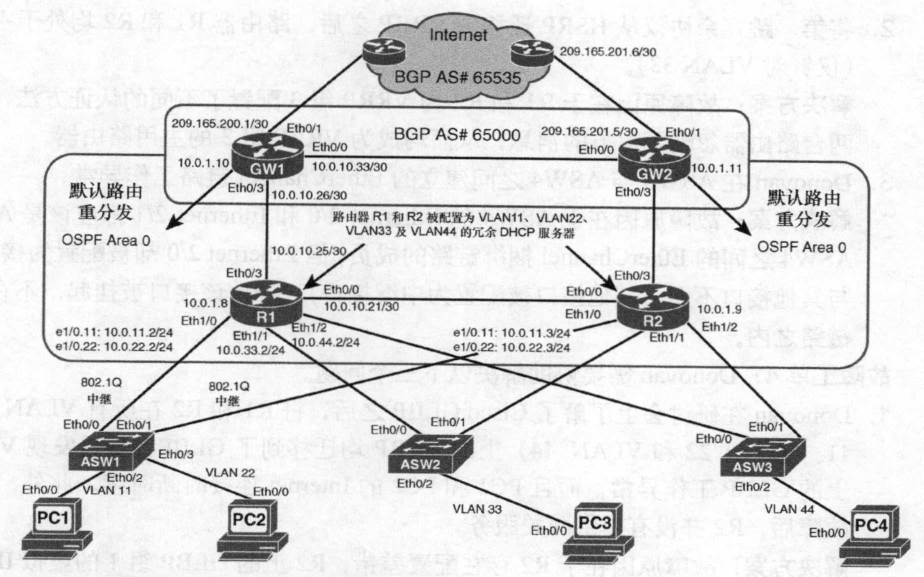

图 7-2 TINC 垃圾处理公司网络结构图

故障工单 2： TINC 垃圾处理公司的网络工程师 Donovan 给我们（SECHNIK 网络公司）发了一封电子邮件以寻求帮助。

1. 路由器 GW1 只有一个 OSPF 邻居（GW2），没有与 R1 建立邻居关系（邻接关系）。
   解决方案： 故障原因是 R1 的 Ethernet 0/3 接口存在配置差错，将 OSPF 网络类型配置成了 NON_BROADCAST 网络，导致 GW1 与 R1 的网络类型不同。它们的定时器（Hello 定时器和保持定时器）也不匹配，因而无法建立邻居关系。
2. 无法通过 SSHv2 访问路由器 R2。
   解决方案： 故障原因在于 R2 启用了 SSHv1，但是不允许 SSHv2 连接。需要注意的是，在路由器 R2 上禁用了 SSHv1（从而默认允许 SSHv2）之后，必须重新生成 SSH 密钥（至少 768 比特）。
3. 路由器 R1 和 R2 一直在生成“Ethernet 1/1 接口存在重复 IP 地址”的日志消息。
   解决方案： 故障原因在于 R2 的 HSRP 组存在配置差错，R1 的 HSRP 组号被正确配置为 33，而 R2 的 HSRP 组号却被错误配置为 3。R1 和 R2 配置的两个 HSRP 组均使用相同的虚拟 IP 地址，因而出现重复 IP 地址的错误。

故障工单 3： TINC 垃圾处理公司对网络做了调整之后，Donovan 告诉我们网络中出现了以下故障问题并寻求帮助。

1. PC1 和 PC2 的 Internet 连接时断时续。
   解决方案： 故障原因在于欺诈 OSPF 设备正在向网络中注入无效的默认路由。关闭了 ASW1 的接口 Ethernet 2/0 之后，就可以断开该欺诈设备的网络连接，从而删除该无效默认路由。

2. 将第一跳冗余协议从 HSRP 迁移到 VRRP 之后，路由器 R1 和 R2 均处于主用状态（仅针对 VLAN 33）。

   解决方案：故障原因在于 R1 和 R2 为 VRRP 组 3 配置了不同的认证方法，导致这两台路由器忽略了对方的消息，从而均成为 VRRP 组 3 的主用路由器。

3. Donovan 在 ASW3 与 ASW4 之间建立的 EtherChannel 链路工作异常。

   解决方案：故障原因在于 ASW4 的 Ethernet 2/0 和 Ethernet 2/1 都应该是 ASW3 与 ASW4 之间的 EtherChannel 捆绑链路的成员，但 Ethernet 2/0 却被配置为接入端口，与其他接口不同（其他接口被配置为中继接口），导致该接口被挂起，不在该绑定链路之内。

故障工单 4：Donovan 需要协助解决以下三个问题。

1. Donovan 在研讨会上了解了 Cisco GLBP 之后，将 R1 和 R2 在所有 VLAN（VLAN 11、VLAN 22 和 VLAN 44）上的 VRRP 均迁移到了 GLBP，但是发现 VLAN 11 上的 GLBP 工作异常，而且 PC1 和 PC2 的 Internet 连接时断时续。此外，R1 出现故障后，R2 并没有提供网关服务。

   解决方案：故障原因在于 R2 存在配置差错，R2 上的 GLBP 组 1 的虚拟 IP 地址被配置为 10.0.11.11，而不是 10.0.11.1。

2. Donovan 报告称 VLAN 44 中的 PC4 出现了不可预测的 Internet 连接故障，需要帮助。

   解决方案：故障原因在于 VLAN 44 中存在一台欺诈 DHCP 服务器，该欺诈 DHCP 服务器正在为 DHCP 客户端提供无效 IP 地址。利用 DHCP Snooping 特性可以解决本故障。

3. 应该只有 VLAN 44 中的设备（对于本例来说就是 PC4）才能管理性访问网络中的三层设备，但 PC4 却无法访问 GW2。

   解决方案：故障原因在于 GW2 的 vty 线路入站方向应用了一个错误的 ACL。

7.6 复习题

1. 下面哪一项正确描述了“保护”违规模式？
   a. 出现安全违规行为后，接口将被差错禁用
   b. 出现安全违规行为后，向网络管理站发送一条 trap（自陷）消息
   c. 丢弃源地址未知的数据包或者达到最大 MAC 地址数之后丢弃数据包
   d. 出现安全违规行为后，接口将清除所有的动态 MAC 地址

2. 根据下列描述信息填写正确的 BGP 邻居状态（Connect、OpenConfirm、Idle、Active）：
   a. 路由器尝试与邻居建立 TCP 三次握手。_____
   b. 路由器查找转发表以找到去往邻居的路径。_____
   c. 路由器找到去往邻居的路径并完成 TCP 三次握手。_____
   d. 路由器收到关于建立 BGP 会话的参数达成一致的消息。_____

3. 对于下列场景来说，OSPF 邻居关系分别会被卡在哪种状态？
   a. 手工配置了邻居，但是 ACL 阻塞了 OSPF 包。_____
   b. 两台路由器的 OSPF 认证方式不匹配。_____
   c. Hello 参数不匹配。_____
   d. 两台路由器的 MTU 不匹配。_____
4. **show ip ssh** 命令输出结果中显示的版本号 1.99 是什么意思？
   a. 仅启用 SSHv1
   b. 仅启用 SSHv2，但密钥长度为 512 比特
   c. 启用 SSHv2，但服务器也支持 SSHv1，以保持后向兼容性
   d. 启用 Cisco 专用的 SSH 版本
5. 使用 HSRP 时必须在入站访问列表中允许哪些组播地址（选择两项）？
   a. 使用 HSRPv1 时必须允许 224.0.0.2
   b. 使用 HSRPv1 时必须允许 224.0.0.10
   c. 使用 HSRPv2 时必须允许 224.0.0.2
   d. 使用 HSRPv2 时必须允许 224.0.0.10
6. 要将两台路由器（R1 和 R2）配置为 VRRP 组，但是却为它们错误地配置了不同的虚拟 IP 地址。R1 的虚拟 IP 地址被配置为 10.0.1.1，R2 的虚拟 IP 地址被配置为 10.0.1.2。那么在响应已配置的虚拟 IP 地址时，这两台路由器将分别响应哪个 MAC 地址？
   a. R1 = 0000.5e00.0101, R2 = 0000.5e00.0102
   b. R1 = 0000.5e00.0101, R2 = 0000.5e00.0101
   c. 各自的 MAC 地址
   d. R1 = 自己的 MAC, R2 = 0000.5e00.0101
7. 下面给出了 DHCP Snooping 的部分配置信息，请问接口 Fast Ethernet 0/2 允许哪些 DHCP 消息（选择两项）？

```
!
ip dhcp snooping
ip dhcp snooping vlan 10
!
interface FastEthernet0/1
switchport mode access
switchport access vlan 10
ip dhcp snooping trust
!
interface FastEthernet0/2
switchport mode access
switchport access vlan 10
!
```

   a. DHCP DISCOVER
   b. DHCP OFFER
   c. DHCP REQUEST
   d. DHCP ACK

8. 下面哪条命令可以将 ACL 应用于 vty 线路？

   a．**ip access-group**

   b．**access-group**

   c．**access-class**

   d．**ip access-class**

第 8 章

故障检测与排除案例研究：PILE 法务会计公司

本章将以图 8-1 所示拓扑结构为例来讨论 PILE 法务会计公司（一家虚构公司）的 5 个故障检测与排除案例。PILE 聘请了 SECHNIK 网络公司为其提供网络技术支持，作为 SECHNIK 网络公司的员工，需要解决客户（PILE 法务会计公司）报告的所有故障问题并记录在网络文档中。每个故障检测与排除案例均包含了一些配置差错，我们将按照现实世界的故障检测与排除场景来处理这些配置差错。为了提高学习效果，还将简要介绍本章用到的相关技术。

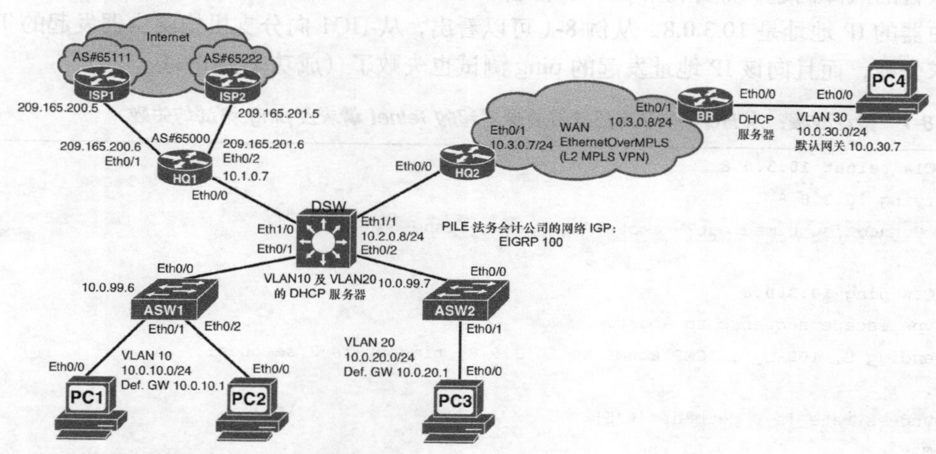

图 8-1　PILE 法务会计公司网络结构图

注：本章及随后章节给出的网络结构图均使用 Cisco 路由器来模拟服务器和 PC，请大家在分析案例中显示的输出结果时务必记住这一点。

PILE 法务会计公司的网络工程师 Carrie 为我们提供了以下注意事项：

- 如果要测试 Internet 连接，那么可以使用 IP 地址 209.165.200.129；
- 允许我们在排障过程中执行入侵式测试和破坏性测试；
- 由于我们在公司总部执行排障操作，无法访问分支机构路由器的控制台端口，因而可以使用 Telnet 访问分支机构路由器；
- 所有设备的 Telnet 密码和启用密码都是 C1sc0。

8.1 PILE 法务会计公司故障工单 1

PILE 法务会计公司是我们公司(SECHNIK 网络公司)的重要客户。我们的工程师 Peter 在周末对 PILE 网络做了一些优化,PILE 的网络工程师 Carrie 在周一报告了两个故障问题,并要求立即解决:

- PILE 的分支机构无法连接公司总部以及 Internet;
- ISP1 的连接丢失或出现故障后，经 ISP2 的连接无法提供备份 Internet 连接。

8.1.1 检测与排除 PILE 分支机构到公司总部及 Internet 的连接故障

根据 Carrie 报告的故障问题，PILE 的分支机构无法连接公司总部。由于分支机构站点需要通过总部连接 Internet，因而分支机构也无法连接 Internet。

1. 验证和定义故障

由于无法在 PILE 总部直接访问分支机构路由器的控制台线路，因而为了验证 Carrie 报告的故障问题，需要利用 Telnet 从总部的 HQ1 路由器访问分支机构路由器，分支机构路由器的 IP 地址是 10.3.0.8。从例 8-1 可以看出，从 HQ1 向分支机构路由器发起的 Telnet 请求失败，而且向该 IP 地址发起的 ping 测试也失败了（成功率为 0%）。

例 8-1 验证故障：从 HQ1 向分支机构路由器发起的 Telnet 请求及 ping 测试均失败

```
PC1# telnet 10.3.0.8
Trying 10.3.0.8 ...
% Connection timed out; remote host not responding

PC1# ping 10.3.0.8
Type escape sequence to abort.
Sending 5, 100-byte ICMP Echos to 10.3.0.8, timeout is 2 seconds:
.....
Success rate is 0 percent (0/5)
PC1#



HQ2# telnet 10.3.0.8
Trying 10.3.0.8 ... Open

User Access Verification
Password:
BR> exit

[Connection to 10.3.0.8 closed by foreign host]
HQ2#
```

PILE 网络工程师 Carrie 习惯于定期从她总部的 PC（PC1）访问分支机构路由器，发现自从 Peter 在周末对网络做了调整之后，就与分支机构失去了网络连接。

因而我们决定从路由器 HQ2 向分支机构路由器发起访问请求，路由器 HQ2 与分支机构路由器之间拥有更直接的 WAN 连接。从例 8-1 的后半部分可以看出，HQ2 能够成功访问 BR（Branch Router，分支机构路由器），表明 WAN 服务一切正常。

接下来从 BR 向总部的分布式交换机 DSW（10.2.0.8）发起扩展 ping 测试，用于 Internet 测试的 IP 地址是 209.165.200.129，使用 Ethernet 0/0 的 IP 地址作为源地址。BR 的 Ethernet 0/0 接口的 IP 地址 10.0.30.7 属于分支机构局域网的 IP 子网。例 8-2 显示了两次扩展 ping 测试的结果，可以看出两次 ping 测试均失败（成功率为 0%）。

例 8-2　验证故障：从 BR 向 HQ 和 Internet 发起的 ping 测试失败

```
BR# ping
Protocol [ip]:
Target IP address: 10.2.0.8
Repeat count [5]:
Datagram size [100]:
Timeout in seconds [2]:
Extended commands [n]: y
Source address or interface: 10.0.30.7
< ...output omitted... >
Sending 5, 100-byte ICMP Echos to 10.2.0.8, timeout is 2 seconds:
Packet sent with a source address of 10.0.30.7
.....
Success rate is 0 percent (0/5)
BR#
BR# ping
Protocol [ip]:
Target IP address: 209.165.200.129
Repeat count [5]:
Datagram size [100]:
Timeout in seconds [2]:
Extended commands [n]: y
Source address or interface: 10.0.30.7
< ...output omitted... >
Sending 5, 100-byte ICMP Echos to 209.165.200.129, timeout is 2 seconds:
Packet sent with a source address of 10.0.30.7
.....
Success rate is 0 percent (0/5)
BR#
```

验证了故障问题之后，就可以定义该故障：分支机构站点与总部之间存在 IP 连接性故障，从而进一步影响了分支机构的 Internet 连接。由于总部的设备不存在 Internet 连接故障，而且 HQ2 与 BR 路由器之间的 WAN 直连链路也正常，因而可以采用不假思索法，直接排查 IGP（Interior Gateway Protocol，内部网关协议）故障问题。

2. 收集信息

DSW 是总部站点的三层交换机，也是 PILE 网络的中心节点，因而需要首先收集 DSW 的相关信息。从例 8-3 可以看出，DSW 没有网络 10.0.30.0/24（分支机构 LAN 网络地址）的路由信息，但 DSW 的路由表中有网络 10.0.10.0/24（PC1 位于该网络中）的路由信息。

例 8-3 收集信息：检查 DSW 的路由表

```
DSW# show ip route
< ...output omitted... >
Gateway of last resort is 10.1.0.7 to network 0.0.0.0

D*    0.0.0.0/0 [90/281600] via 10.1.0.7, 00:04:48, Ethernet1/0
      10.0.0.0/8 is variably subnetted, 12 subnets, 3 masks
D        10.0.0.0/8 [90/281600] via 10.1.0.7, 00:04:48, Ethernet1/0
C        10.0.10.0/24 is directly connected, Vlan10
L        10.0.10.1/32 is directly connected, Vlan10
C        10.0.20.0/24 is directly connected, Vlan20
L        10.0.20.1/32 is directly connected, Vlan20
C        10.0.99.0/24 is directly connected, Vlan99
L        10.0.99.1/32 is directly connected, Vlan99
C        10.1.0.0/24 is directly connected, Ethernet1/0
L        10.1.0.8/32 is directly connected, Ethernet1/0
C        10.2.0.0/24 is directly connected, Ethernet1/1
L        10.2.0.8/32 is directly connected, Ethernet1/1
D        10.3.0.0/24 [90/307200] via 10.2.0.7, 00:05:52, Ethernet1/1
      209.165.200.0/24 is variably subnetted, 2 subnets, 2 masks
D        209.165.200.4/30 [90/307200] via 10.1.0.7, 00:04:48, Ethernet1/0
D        209.165.200.248/29 [90/281600] via 10.1.0.7, 00:04:48, Ethernet1/0
      209.165.201.0/30 is subnetted, 1 subnets
D        209.165.201.4 [90/307200] via 10.1.0.7, 00:04:48, Ethernet1/0
DSW# show ip route 10.30.0.0
Routing entry for 10.0.0.0/8
  Known via "eigrp 100", distance 90, metric 281600, type internal
  Redistributing via eigrp 100
  Last update from 10.1.0.7 on Ethernet1/0, 00:05:22 ago
  Routing Descriptor Blocks:
  * 10.1.0.7, from 10.1.0.7, 00:05:22 ago, via Ethernet1/0
      Route metric is 281600, traffic share count is 1
      Total delay is 1000 microseconds, minimum bandwidth is 10000 Kbit
```

```
     Reliability 0/255, minimum MTU 1500 bytes
     Loading 1/255, Hops 1
DSW#
```

目前已经收集到了重要信息：DSW 没有通过 IGP 从路由器 HQ2 收到去往分支机构站点的可达性信息。显然接下来应该检查 HQ2 的路由表信息，HQ2 应该经 WAN 链路通过 EIGRP（Enhanced Interior Gateway Routing Protocol，增强型内部网关路由协议）从 BR 收到去往 10.0.30.0/24 的可达性信息，但是从例 8-4 可以看出，HQ2 的路由表中并没有该路由项，也就是说，HQ2 并没有通过 EIGRP 100 收到该路由信息。

例 8-4　收集信息：检查 HQ2 的路由表

```
HQ2# show ip route
< ...output omitted... >
Gateway of last resort is 10.2.0.8 to network 0.0.0.0

D*    0.0.0.0/0 [90/307200] via 10.2.0.8, 00:07:13, Ethernet0/0
      10.0.0.0/8 is variably subnetted, 9 subnets, 3 masks
D        10.0.0.0/8 [90/307200] via 10.2.0.8, 00:07:13, Ethernet0/0
D        10.0.10.0/24 [90/281856] via 10.2.0.8, 00:07:51, Ethernet0/0
D        10.0.20.0/24 [90/281856] via 10.2.0.8, 00:07:51, Ethernet0/0
D        10.0.99.0/24 [90/281856] via 10.2.0.8, 00:07:51, Ethernet0/0
D        10.1.0.0/24 [90/307200] via 10.2.0.8, 00:08:17, Ethernet0/0
C        10.2.0.0/24 is directly connected, Ethernet0/0
L        10.2.0.7/32 is directly connected, Ethernet0/0
C        10.3.0.0/24 is directly connected, Ethernet0/1
L        10.3.0.7/32 is directly connected, Ethernet0/1
      209.165.200.0/24 is variably subnetted, 2 subnets, 2 masks
D        209.165.200.4/30 [90/332800] via 10.2.0.8, 00:07:13, Ethernet0/0
D        209.165.200.248/29 [90/307200] via 10.2.0.8, 00:07:13, Ethernet0/0
      209.165.201.0/30 is subnetted, 1 subnets
D        209.165.201.4 [90/332800] via 10.2.0.8, 00:07:13, Ethernet0/0
HQ2#
```

接下来最好在路由器 HQ2 上运行 **show ip protocols** 命令以进一步收集信息（如例 8-5 所示）。该命令显示了路由器 HQ2 的 IP 路由配置参数以及邻居邻接关系。可以看出 HQ2 虽然在正确的网络上激活了 EIGRP，但是路由信息源仅列出了一个网关（10.2.0.8），即 DSW。

为了确定 HQ2 与 BR 之间未能通过 WAN 建立邻居邻接关系的原因，可以使用 **debug eigrp packets** 命令（如例 8-6 所示）。HQ2 的 EIGRP 进程正在通过 Eth0/0 向 DSW 发送 Hello 包，并且通过 Eth0/1 经 WAN 链路向外发送 Hello 包，但 HQ2 仅从接口 Eth0/0 收到来自 DSW 的 Hello 包，而没有从接口 Eth0/1 收到经 WAN 链路发送来的 Hello 包。

*例8-5 收集信息：HQ2 的 **show ip protocols** 命令输出结果*

```
HQ2# show ip protocols
*** IP Routing is NSF aware ***

Routing Protocol is "eigrp 100"
  Outgoing update filter list for all interfaces is not set
  Incoming update filter list for all interfaces is not set
  Default networks flagged in outgoing updates
  Default networks accepted from incoming updates
  EIGRP-IPv4 Protocol for AS(100)
    Metric weight K1=1, K2=0, K3=1, K4=0, K5=0
    NSF-aware route hold timer is 240
    Router-ID: 10.3.0.7
    Topology : 0 (base)
      Active Timer: 3 min
      Distance: internal 90 external 170
      Maximum path: 4
      Maximum hopcount 100
      Maximum metric variance 1

  Automatic Summarization: disabled
  Maximum path: 4
  Routing for Networks:
    10.2.0.0/24
    10.3.0.0/24
  Routing Information Sources:
    Gateway         Distance      Last Update
    10.2.0.8              90      00:07:52
  Distance: internal 90 external 170
HQ2#
```

例8-6 收集信息：EIGRP 调试输出结果

```
HQ2# debug eigrp packets
    (UPDATE, REQUEST, QUERY, REPLY, HELLO, IPXSAP, PROBE, ACK, STUB, SIAQUERY,
SIAREPLY)
EIGRP Packet debugging is on
HQ2#
*Sep  4 16:20:25.843: EIGRP: Sending HELLO on Et0/0 - paklen 20
< ...output omitted... >
*Sep  4 16:20:29.305: EIGRP: Sending HELLO on Et0/1 - paklen 20
< ...output omitted... >
*Sep  4 16:20:30.293: EIGRP: Received HELLO on Et0/0 - paklen 20 nbr 10.2.0.8
< ...output omitted... >
```

```
*Sep  4 16:20:30.459: EIGRP: Sending HELLO on Et0/0 - paklen 20
< ...output omitted... >
*Sep  4 16:20:33.680: EIGRP: Sending HELLO on Et0/1 - paklen 20
< ...output omitted... >
*Sep  4 16:20:35.285: EIGRP: Received HELLO on Et0/0 - paklen 20 nbr 10.2.0.8
< ...output omitted... >
HQ2# no debug all
All possible debugging has been turned off
HQ2#
```

为了确定 BR 没有通过 WAN 链路向 HQ2 发送 Hello 包的原因，可以在路由器 BR 上运行 **show ip protocols** 命令（如例 8-7 所示）。可以看出 BR 虽然在连接分支机构 LAN（10.0.30.0/24）的接口 Eth0/0 上激活了 EIGRP，但显示的第二个 EIGRP 网络却是 10.3.0.0/32。

*例 8-7　收集信息：BR 的 **show ip protocols** 命令输出结果*

```
BR# show ip protocols
*** IP Routing is NSF aware ***

Routing Protocol is "eigrp 100"
  Outgoing update filter list for all interfaces is not set
  Incoming update filter list for all interfaces is not set
  Default networks flagged in outgoing updates
  Default networks accepted from incoming updates
  EIGRP-IPv4 Protocol for AS(100)
    Metric weight K1=1, K2=0, K3=1, K4=0, K5=0
    NSF-aware route hold timer is 240
    Router-ID: 10.3.0.8
    Topology : 0 (base)
      Active Timer: 3 min
      Distance: internal 90 external 170
      Maximum path: 4
      Maximum hopcount 100
      Maximum metric variance 1

  Automatic Summarization: disabled
  Maximum path: 4
  Routing for Networks:
    10.0.30.0/24
    10.3.0.0/32
  Routing Information Sources:
    Gateway         Distance      Last Update
  Distance: internal 90 external 170
BR#
```

3．分析信息

从路由器 BR 的 **show ip protocols** 命令输出结果可以看出，BR 的 Eth0/1 接口（面向 WAN）没有激活 EIGRP 进程。原因在于网络 10.3.0.0 使用的掩码是/32，导致接口地址与 10.3.0.0 的匹配长度为 32 比特时才会在该接口上启用路由进程。而接口 Eth0/1（IP 地址为 10.3.0.8/24）与 10.3.0.0 的匹配长度仅为 24 比特，而不是 32 比特。

4．提出推断并验证推断

根据上述信息分析结果，可以推断出应该将第二条 **network** 语句修改为 10.3.0.8/32，这样就与 BR Eth0/1 接口的 IP 地址的匹配长度达到了 32 比特，从而可以在面向 HQ2 的 WAN 链路上启用 EIGRP 进程。因此，接下来需要在 BR 路由器上根据上述故障推断修改 EIGRP 的配置（如例 8-8 所示）。

例 8-8 提出推断：修改 BR 的 EIGRP ***network*** *语句*

```
BR# show run | section router eigrp 100
router eigrp 100
 network 10.0.30.0 0.0.0.255
 network 10.3.0.0 0.0.0.0
BR# conf term
Enter configuration commands, one per line.  End with CNTL/Z.
BR(config)# router eigrp 100
BR(config-router)# no network 10.3.0.0 0.0.0.0
BR(config-router)# network 10.3.0.8 0.0.0.0
BR(config-router)# end
*Sep  4 16:23:42.533: %DUAL-5-NBRCHANGE: EIGRP-IPv4 100: Neighbor 10.3.0.8
(Ethernet0/1) is up: new adjacency
BR# wr
Building configuration...
[OK]
BR#
```

现在可以验证上述故障推断。首先在 BR 路由器上运行 **show ip eigrp neighbor** 命令（如例 8-9 所示），可以看出 HQ2 已经被列为 EIGRP 邻居（经 BR 的 Eth0/1 接口）。

例 8-9 验证推断：路由器 BR 与 HQ2 已经通过 WAN 连接建立 EIGRP 邻居关系

```
BR# show ip eigrp neighbors
EIGRP-IPv4 Neighbors for AS(100)
H   Address                 Interface              Hold Uptime   SRTT   RTO  Q  Seq
                                                   (sec)         (ms)       Cnt Num
0   10.3.0.7                Et0/1                    14 00:00:15   13   100  0  9
BR#
```

5. 解决故障

最后从 BR 发起扩展 ping 测试（将 Eth0/0 作为源接口），依次向 DSW（10.2.0.8）和 Internet（209.165.200.129）发起 ping 测试，从例 8-10 可以看出，两次 ping 测试均 100%成功，表明故障问题已解决。PILE 的分支机构站点已经能够经 WAN 链路通过 PILE 的总部站点访问 Internet。

例 8-10 解决故障：分支机构站点的 Internet 连接恢复正常

```
BR# ping
Protocol [ip]:
Target IP address: 10.2.0.8
Repeat count [5]:
Datagram size [100]:
Timeout in seconds [2]:
Extended commands [n]: y
Source address or interface: 10.0.30.7
< ...output omitted... >
Type escape sequence to abort.
Sending 5, 100-byte ICMP Echos to 10.2.0.8, timeout is 2 seconds:
Packet sent with a source address of 10.0.30.7
!!!!!
Success rate is 100 percent (5/5), round-trip min/avg/max = 1/1/5 ms
BR#
BR# ping
Protocol [ip]:
Target IP address: 209.165.200.129
Repeat count [5]:
Datagram size [100]:
Timeout in seconds [2]:
Extended commands [n]: y
Source address or interface: 10.0.30.7
< ...output omitted... >
Type escape sequence to abort.
Sending 5, 100-byte ICMP Echos to 209.165.200.129, timeout is 2 seconds:
Packet sent with a source address of 10.0.30.7
!!!!!
Success rate is 100 percent (5/5), round-trip min/avg/max = 1/2/7 ms
BR#
```

此时还需要在网络文档中记录上述排障过程并告诉 Carrie 故障问题已解决。

6. 检测与排除 EIGRP 邻接性故障

EIGRP 邻居关系的可能故障原因主要有下面这些。

- EIGRP 邻接邻居之间的电路（物理层或数据链路层）有问题。
- 邻居的 IP 地址/子网掩码错误。
- 邻居之间的 ASN（Autonomous System Number，自治系统号）不匹配。
- 邻居之间的 EIGRP 度量的 K 值不匹配。K1 和 K3 默认等于 1，K2、K4 和 K5 默认等于 0。修改 K 值会影响 EIGRP 度量计算公式中的带宽、时延、可靠性以及负荷等参数。
- 邻居的 **network** 语句错误。
- 接口可能会被配置为被动式接口（但实际上应该为主动式接口），从而导致无法建立 EIGRP 邻接关系。
- 邻居之间的 EIGRP 认证配置（认证方法或密钥）不匹配。
- ACL/防火墙可能阻止了邻居之间相互交换 EIGRP 消息。

Cisco IOS 的 **show ip protocols** 命令可以显示已配置的 ASN、K 值、路由的网络以及发现的网关（邻居）等信息。常见的 EIGRP 故障检测与排除命令主要有如下几条。

- **show ip eigrp neighbors**：该命令可以显示当前的 EIGRP 邻接关系。
- **show ip eigrp interfaces**：该命令可以显示激活了 EIGRP 的接口列表。
- **debug ip eigrp packets**：该命令可以查看本地路由器发送或收到的 EIGRP 包。

8.1.2 检测与排除 PILE 经 ISP2 的备份 Internet 连接故障

根据 Carrie 报告的故障问题，PILE 的 ISP1 连接出现故障或者出于测试目的而关闭后，经 ISP2 的 Internet 连接无法提供备份连接。这是一个非常严重的故障，必须部署永久解决方案。

1. 验证和定义故障

为了验证 Carrie 报告的故障问题，首先从 PC1 向 Internet 地址 209.165.200.129 发起 ping 测试。从例 8-11 可以看出，ping 测试 100%成功。接着在 Carrie 的许可下，我们关闭了 HQ1 的接口 Eth0/1（该接口连接 ISP1），然后再从 PC1 发起相同的 ping 测试。由于 ISP1 连接已经中断，因而 ping 测试失败，从而证实了 Carrie 报告的故障问题。

例 8-11　验证故障：在 ISP1 连接正常和中断的情况下分别测试 PILE 的 Internet 连接性

```
PC1> ping 209.165.200.129
Type escape sequence to abort.
Sending 5, 100-byte ICMP Echos to 209.165.200.129, timeout is 2 seconds:
!!!!!
Success rate is 100 percent (5/5), round-trip min/avg/max = 1/201/1004 ms
PC1>

HQ1# conf term
Enter configuration commands, one per line.  End with CNTL/Z.
HQ1(config)# int eth0/1
HQ1(config-if)# shut
HQ1(config-if)#
```

```
*Sep  5 15:56:53.852: %BGP-5-ADJCHANGE: neighbor 209.165.200.5 Down Interface flap
*Sep  5 15:56:53.852: %BGP_SESSION-5-ADJCHANGE: neighbor 209.165.200.5 IPv4 Unicast
  topology base removed from session  Interface flap
*Sep  5 15:56:55.852: %LINK-5-CHANGED: Interface Ethernet0/1, changed state to
  administratively down
*Sep  5 15:56:56.852: %LINEPROTO-5-UPDOWN: Line protocol on Interface Ethernet0/1,
  changed state to down
HQ1(config-if)#

PC1> ping 209.165.200.129
Type escape sequence to abort.
Sending 5, 100-byte ICMP Echos to 209.165.200.129, timeout is 2 seconds:
U.U.U

Success rate is 0 percent (0/5)
PC1>
```

因而可以将故障问题定义为：PILE 法务会计公司有两条分别经 ISP1 和 ISP2 的 Internet 连接，PILE 要求任一条 ISP 连接出现故障的情况下都能保证 Internet 连接的生存性。但经过验证后发现，经 ISP2 的 Internet 连接无法工作。在 ISP1 连接出现故障的情况下，PILE 公司的 Internet 连接将中断。

2. 收集信息

由于路由器 HQ1 到 ISP1 的 Internet 连接工作正常，而同一台路由器（HQ1）到 ISP2 的 Internet 连接无法工作，因而可以采用对比分析故障检测与排除法，首先检查路由器 HQ1 连接 ISP1 和 ISP2 的相关配置。

例 8-12 给出了路由器 HQ1 的 **show ip protocols** 命令输出结果，可以看出 HQ1 正在运行 BGP 65000，并且配置了两个邻居（209.165.200.5 和 209.165.201.5）。但是看起来只有一个邻居（209.165.200.5）运行正常，邻居 209.165.200.5 是 ISP1 的路由器。接下来需要确定 HQ1 与 209.165.201.5（ISP2 的路由器）的邻居关系异常的原因。

例 8-12　收集信息：检查 HQ1 的外部路由状态

```
HQ1# show ip protocols | section bgp
Routing Protocol is "bgp 65000"
  Outgoing update filter list for all interfaces is not set
  Incoming update filter list for all interfaces is not set
  IGP synchronization is disabled
 Automatic route summarization is disabled
 Neighbor(s):
   Address          FiltIn FiltOut DistIn DistOut Weight RouteMap
   209.165.200.5                                         RouteOu
   209.165.201.5                                         RouteOu
```

```
 Maximum path: 1
 Routing Information Sources:
   Gateway          Distance      Last Update
   209.165.200.5          20      00:00:00
 Distance: external 20 internal 200 local 200
HQ1#
```

利用 **show ip bgp summary** 命令可以收集 HQ1 与邻居（ISP1 和 ISP2）的 BGP 邻居关系状态信息（如例 8-13 所示）。可以看出 HQ1 与 ISP1（邻居 209.165.200.5）的 BGP 关系处于已建立状态，并且收到了 7 条前缀，与 ISP2（邻居 209.165.201.5）的 BGP 关系处于活跃状态。活跃状态表示 TCP 三次握手进程未完成导致 HQ1 与 ISP2 的 BGP 发言者无法建立邻居关系。

例 8-13 收集信息：检查 HQ1 的 BGP 邻居状态

```
HQ1# show ip bgp summary
BGP router identifier 10.10.10.10, local AS number 65000
BGP table version is 9, main routing table version 9
8 network entries using 1184 bytes of memory
8 path entries using 512 bytes of memory
8/8 BGP path/bestpath attribute entries using 1088 bytes of memory
7 BGP AS-PATH entries using 268 bytes of memory
0 BGP route-map cache entries using 0 bytes of memory
0 BGP filter-list cache entries using 0 bytes of memory
BGP using 3052 total bytes of memory
BGP activity 8/0 prefixes, 8/0 paths, scan interval 60 secs

Neighbor        V    AS MsgRcvd MsgSent   TblVer  InQ OutQ Up/Down  State/PfxRcd
209.165.200.5   4    65111      12       4        9    0    0 00:01:39        7
209.165.201.5   4    65222       0       0        1    0    0 never      Active
HQ1#
```

接下来需要确定邻居 209.165.201.5 是否可达。例 8-14 显示向该 IP 地址发起的 ping 测试成功。请注意，网络 209.165.201.0/24 连接在 HQ1 的接口 Eth0/2 上。

例 8-14 收集信息：在 HQ1 上检查邻居的可达性

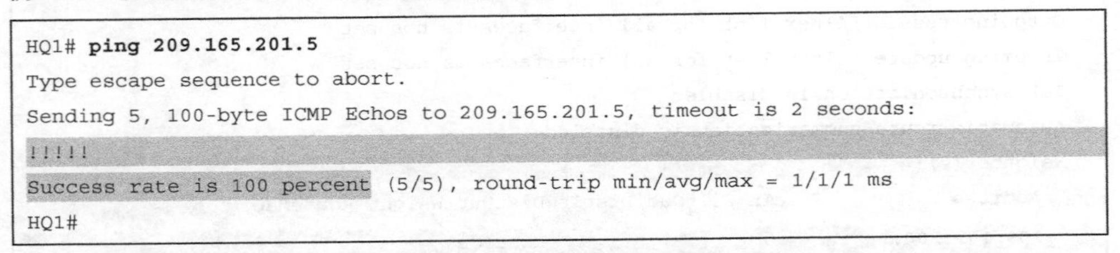

```
HQ1# ping 209.165.201.5
Type escape sequence to abort.
Sending 5, 100-byte ICMP Echos to 209.165.201.5, timeout is 2 seconds:
!!!!!
Success rate is 100 percent (5/5), round-trip min/avg/max = 1/1/1 ms
HQ1#
```

此时需要确定 HQ1 与 ISP2 的路由器之间是否应用了阻塞 TCP 三次握手进程的访问控

制列表。例 8-15 显示了 HQ1 的运行配置，可以看出接口 Eth0/1 和 Eth0/2 的入站方向均应用了访问列表 100。而且例 8-15 还显示了 **show access-list 100** 命令的输出结果，显示了该 ACL（Access Control List，访问控制列表）的内容。

例 8-15　收集信息：ACL 阻塞了 TCP 握手进程吗？

```
HQ1# show running-config | section interface
< ...output omitted... >
interface Ethernet0/1
 description ISP1
 ip address 209.165.200.6 255.255.255.252
 ip access-group 100 in
 ip nat outside
 ip inspect INSPECT out
 ip virtual-reassembly in
interface Ethernet0/2
 description ISP2
 ip address 209.165.201.6 255.255.255.252
 ip access-group 100 in
 ip nat outside
 ip inspect INSPECT out
 ip virtual-reassembly in
< ...output omitted... >
HQ1#
HQ1# show access-list 100
Extended IP access list 100
    10 permit tcp host 209.165.200.5 host 209.165.200.6 eq bgp
    20 permit tcp host 209.165.200.5 eq bgp host 209.165.200.6 (19 matches)
    30 permit tcp host 209.165.201.6 eq bgp host 209.165.201.5
    40 permit tcp host 209.165.201.6 host 209.165.201.5 eq bgp
    50 permit icmp any any echo-reply (5 matches)
HQ1#
```

3. 分析信息并提出推断

现在可以分析 ACL 100 的内容，该 ACL 同时应用于接口 Eth0/1（连接 ISP1）和 Eth0/2（连接 ISP2）上。ACL 100 的前两行允许从 209.165.200.5（ISP1）发送到 HQ1 的 TCP 流量，第一行列出的目的端口号为 BGP（179），第二行列出的源端口号为 BGP（179）。前两行看起来没有问题。需要注意的是，该 ACL 应用在入站方向上。ACL 100 的第三行允许从源地址 209.165.201.6（源端口为 BGP）向目的 IP 地址 209.165.201.5 发送的 TCP 包。由于 209.165.201.6 是 HQ1 Eth0/2 的 IP 地址，因而该行配置有误，导致无法从该地址收到 TCP 包。该行配置的源地址和目的地址正好相反，第四行也是如此。ACL 100 的第五行则允许 ICMP（Internet Control Message Protocol，Internet 控制报文协议）Echo-Reply

(回应应答）消息。

因而可以推断出应该修正 ACL 100 的第三行和第四行配置命令，这样就能完成 HQ1 与 ISP2 路由器之间的 TCP 握手进程，从而在这两台路由器之间建立 BGP 邻居关系。请注意，修正了 ACL 100 的第三行和第四行配置之后，不但 HQ1 与 ISP1 路由器之间能够建立 BGP 邻居关系，而且 HQ1 与 ISP2 路由器之间也应该能够建立 BGP 邻居关系。不过，由于 ACL 末尾默认拒绝全部，因而不允许除 ICMP Echo-Reply 之外的任何流量通过 Eth0/1 或 Eth0/2 接口进入 HQ1 路由器。因此，应该咨询 PILE 公司的 Carrie，是否需要为 ACL 100 添加适当的 permit 语句。不过，此时的排障目的是解决 BGP 的邻居故障问题。

4．验证推断

首先关闭路由器 HQ1 的接口 Eth0/1 和 Eth0/2，然后修正 ACL 100 的第三行和第四行的配置差错（如例 8-16 所示）。需要注意的是，事后还应该与 PILE 公司的 Carrie 进行充分沟通，看看是否需要进一步修改 ACL 100，从而允许除 BGP 及 IGMP Echo-Reply 消息之外的其他流量。

例 8-16 验证推断：修正 ACL 100 的配置

```
HQ1# conf t
Enter configuration commands, one per line.  End with CNTL/Z.
HQ1(config)# int range ether0/1-2
HQ1(config-if-range)# shut
HQ1(config-if-range)# end
< ...output omitted... >
HQ1#
HQ1# show access-list 100
Extended IP access list 100
    10 permit tcp host 209.165.200.5 host 209.165.200.6 eq bgp
    20 permit tcp host 209.165.200.5 eq bgp host 209.165.200.6 (19 matches)
    30 permit tcp host 209.165.201.6 eq bgp host 209.165.201.5
    40 permit tcp host 209.165.201.6 host 209.165.201.5 eq bgp
    50 permit icmp any any echo-reply (5 matches)
HQ1#
HQ1# conf term
Enter configuration commands, one per line.  End with CNTL/Z.
HQ1(config)# ip access-list extended 100
HQ1(config-ext-nacl)# no 30
HQ1(config-ext-nacl)# no 40
HQ1(config-ext-nacl)# permit tcp host 209.165.201.5 host 209.165.201.6 eq bgp
HQ1(config-ext-nacl)# permit tcp host 209.165.201.5 eq bgp host 209.165.201.6
```

```
HQ1(config-ext-nacl)# do show access-list 100
Extended IP access list 100
    10 permit tcp host 209.165.200.5 host 209.165.200.6 eq bgp
    20 permit tcp host 209.165.200.5 eq bgp host 209.165.200.6
    50 permit icmp any any echo-reply
    60 permit tcp host 209.165.201.5 host 209.165.201.6 eq bgp
    70 permit tcp host 209.165.201.5 eq bgp host 209.165.201.6
HQ1(config-ext-nacl)# no 50
HQ1(config-ext-nacl)# permit icmp any any echo-reply
HQ1(config-ext-nacl)# end
*Sep  5 16:41:43.159: %SYS-5-CONFIG_I: Configured from console by console
HQ1# conf t
Enter configuration commands, one per line.  End with CNTL/Z.
HQ1(config)# int range eth 0/1-2
HQ1(config-if-range)# no shut
HQ1(config-if-range)# end
< ...output omitted... >
*Sep  5 16:57:16.388: %BGP-5-ADJCHANGE: neighbor 209.165.201.5 Up
*Sep  5 16:57:27.747: %BGP-5-ADJCHANGE: neighbor 209.165.200.5 Up
HQ1#
HQ1# wr
Building configuration...
[OK]
HQ1#
```

修正了 ACL 100 的配置并启用了路由器 HQ1 的两个接口（Eth0/1 和 Eth0/2）之后（如例 8-16 所示），IOS 的控制台日志消息表明 HQ1 已经与两个 ISP 都建立了 BGP 会话。不过我们仍然在 HQ1 上运行了 **show ip bgp summary** 命令以进一步验证故障问题是否已解决（如例 8-17 所示）。输出结果列出了两个邻居，而且两个邻居均建立了 BGP 邻居关系，同时还从 209.165.200.5 和 209.165.201.5 分别收到了 7 条前缀和 8 条前缀。

例 8-17　验证推断：检查 BGP 邻居关系

```
HQ1# show ip bgp summary
BGP router identifier 10.10.10.10, local AS number 65000
BGP table version is 38, main routing table version 38
9 network entries using 1332 bytes of memory
16 path entries using 1024 bytes of memory
15/8 BGP path/bestpath attribute entries using 2040 bytes of memory
14 BGP AS-PATH entries using 536 bytes of memory
0 BGP route-map cache entries using 0 bytes of memory
0 BGP filter-list cache entries using 0 bytes of memory
BGP using 4932 total bytes of memory
BGP activity 23/14 prefixes, 30/14 paths, scan interval 60 secs
```

```
Neighbor        V    AS    MsgRcvd MsgSent   TblVer  InQ OutQ Up/Down  State/PfxRcd
209.165.200.5   4   65111    12       4        38     0    0  00:00:55        7
209.165.201.5   4   65222    15       6        38     0    0  00:01:07        8
HQ1#
```

5. 解决故障

现在可以验证 ISP1 出现故障后 PILE 公司 Internet 连接的生存性。如例 8-18 所示，在 HQ1 的接口 Eth0/1 和 Eth0/2 均正常的情况下向 IP 地址 209.165.200.129 发起 ping 测试，然后在关闭 HQ1 接口 Eth0/1（连接 ISP1）的情况下重复上述 ping 测试，可以看出所有 ping 测试均 100%成功。很明显，PILE 的冗余 Internet 连接已经完全正常。

例 8-18　解决故障：测试 PILE 的冗余 Internet 连接

```
PC1> ping 209.165.200.129
Type escape sequence to abort.
Sending 5, 100-byte ICMP Echos to 209.165.200.129, timeout is 2 seconds:
!!!!!
Success rate is 100 percent (5/5), round-trip min/avg/max = 1/202/1005 ms
PC1>


HQ1# conf t
Enter configuration commands, one per line.  End with CNTL/Z.
HQ1(config)# int eth 0/1
HQ1(config-if)# shut
HQ1(config-if)#
*Sep  5 17:02:37.200: %BGP-5-ADJCHANGE: neighbor 209.165.200.5 Down Interface flap
*Sep  5 17:02:37.200: %BGP_SESSION-5-ADJCHANGE: neighbor 209.165.200.5 IPv4 Unicast
  topology base removed from session  Interface flap
HQ1(config-if)#
*Sep  5 17:02:39.200: %LINK-5-CHANGED: Interface Ethernet0/1, changed state to
  administratively down
*Sep  5 17:02:40.204: %LINEPROTO-5-UPDOWN: Line protocol on Interface Ethernet0/1,
  changed state to down
HQ1(config-if)# end
HQ1#


PC1> ping 209.165.200.129
Type escape sequence to abort.
Sending 5, 100-byte ICMP Echos to 209.165.200.129, timeout is 2 seconds:
!!!!!
Success rate is 100 percent (5/5), round-trip min/avg/max = 1/1/1 ms
PC1>
```

```
HQ1# conf t
Enter configuration commands, one per line.  End with CNTL/Z.
HQ1(config)# int eth 0/1
HQ1(config-if)# no shut
HQ1(config-if)# end
HQ1# wr
```

此时还需要在网络文档中记录上述排障过程并告诉 Carrie 故障问题已解决。Carrie 还必须进一步修改 ACL 100 或者要求我们协助修改 ACL 100，否则该 ACL 将拒绝 BGP 及 IGMP Echo-Reply 消息之外的所有流量。

8.2 PILE 法务会计公司故障工单 2

本故障工单包括以下三个故障。

1. PILE 法务会计公司的一名用户直接联系我们（SECHNIK 网络公司），称他的 PC（PC3）无法通过 Telnet 方式访问 BR，希望尽快解决该问题。
2. PILE 公司的网络工程师 Carrie 急急忙忙地联系我们，称 PILE 的所有用户都无法访问 Internet。她说从 HQ1 能够 ping 通 IP 地址 209.165.201.129（该地址是 PILE 测试 Internet 连接性的地址）。
3. Carrie 报告了网络时间同步问题。她说 HQ1 路由器的时间没有与优选的 NTP（Network Time Protocol，网络时间协议）服务器（IP 地址为 209.165.201.193）实现同步。同时 Carrie 称有两台备份 NTP 服务器，它们的地址分别为 209.165.201.225 和 209.165.201.129。

8.2.1 检测与排除 Telnet 故障：从 PC3 到 BR

根据 PILE 法务会计公司 PC3 的用户报告的故障消息，他无法通过 Telnet 访问 BR。从例 8-19 可以看出，PC3 发起的 Telnet 请求失败。

例 8-19 验证故障：从 PC3 到 BR（分支机构）路由器的 Telnet 连接失败

```
PC3# Telnet 10.0.30.7
Trying 10.0.30.7 ...
% Connection refused by remote host

PC3#
```

1. 收集信息

利用组件替换法，我们决定从 PC1 向 BR 发起 Telnet 会话。从例 8-20 可以看出，PC1 到 BR（分支机构）路由器的 Telnet 连接成功，从而有机会检查 BR 的 vty 线路配置以收集更多有用信息。可以看出 vty 线路上应用了访问列表 10，因而需要继续检查访问列表 10

的配置信息（如例 8-20 所示）。访问列表 10 允许源自网络 10.0.10.0/24（VLAN 10）的会话，并且显式拒绝源自网络 10.0.20.0/24（VLAN 20）的会话，其中，PC3 就位于该网络中。有意思的是，访问列表 10 中还有一个备注，要求不应该允许 VLAN 20 的用户通过 Telnet 访问 BR 路由器。

例 8-20 收集信息：从 PC1 到 BR 路由器的 Telnet 连接成功

```
PC1# telnet 10.0.30.7
Trying 10.0.30.7 ... Open

User Access Verification


Password:
BR>en
Password:
BR#
BR# show running-config | section line vty
line vty 0 4
 access-class 10 in
 password c1sc0
 login
 transport input all
BR#
BR# show running-config | section access-list 10
access-list 10 permit 10.0.10.0 0.0.0.255
access-list 10 deny   10.0.20.0 0.0.0.255
access-list 10 remark USERS from VLAN 20 should not be allowed to Telnet in
BR#
```

因此可以断定网络没有问题。BR 的运行一切正常，拒绝了来自 VLAN 20 的所有 Telnet 请求。不过我们应该将收到的 Telnet 连接请求告诉 PILE 公司的 Carrie，让她与 PC3 的用户沟通公司的 Telnet 访问策略。

8.2.2 检测与排除 PILE 网络的 Internet 访问故障

该故障是由 PILE 的网络工程师 Carrie 报告的，她说 PILE 的所有用户都无法访问 Internet，因而迫切需要帮助。

1. 验证并定义故障

为了验证故障问题，我们决定从 PC1 向 Internet 连接测试 IP 地址 209.165.200.129 发起 ping 测试。从例 8-21 可以看出 PC1 向该 IP 地址发起该 ping 测试失败，但是从 HQ1 向该 IP 地址发起的 ping 测试 100%成功。

从用户的角度来看，已经验证了故障确实存在，可以将故障定义为：PILE 网络中的用户无法访问 Internet。接下来可以采用跟踪流量路径法开展排障工作，首先从 PC1 着手。

例 8-21　验证故障：从 PC1 和 HQ1 向测试 IP 地址发起 ping 测试

```
PC1# ping 209.165.200.129
Type escape sequence to abort.
Sending 5, 100-byte ICMP Echos to 209.165.200.129, timeout is 2 seconds:
.....
Success rate is 0 percent (0/5)
PC1#



HQ1# ping 209.165.200.129
Type escape sequence to abort.
Sending 5, 100-byte ICMP Echos to 209.165.200.129, timeout is 2 seconds:
!!!!!
Success rate is 100 percent (5/5), round-trip min/avg/max = 1/1/1 ms
HQ1#
```

2. 收集信息

首先检查 PC1 的以太网接口，以确定是否处于 up 状态并拥有 IP 地址，同时还要确定 PC1 是否配置了正确的默认网关，从而能够与子网外的设备进行通信。从例 8-22 可以看出，PC1 的接口 Ethernet 1/0 处于 up 状态，其 IP 地址为 10.0.10.2，默认网关为 10.0.10.1，IP 地址 10.0.10.1 属于 VLAN 10 中的 DSW。此外，PC1 向默认网关发起的 ping 测试 100%成功。

例 8-22　收集信息：检查 PC1 的以太网接口状态

```
PC1# show ip int brief
Interface                  IP-Address      OK? Method Status                Protocol
Ethernet0/0                10.0.10.3       YES DHCP   up                    up
< ...output omitted... >
PC1#
PC1# show ip route
Default gateway is 10.0.10.1

Host               Gateway           Last Use    Total Uses  Interface
ICMP redirect cache is empty
PC1#
PC1# ping 10.0.10.1
Type escape sequence to abort.
Sending 5, 100-byte ICMP Echos to 10.0.10.1, timeout is 2 seconds:
!!!!!
Success rate is 100 percent (5/5), round-trip min/avg/max = 1/1/1 ms
PC1#
```

接下来检查流量路径上的下一台设备，即多层交换机 DSW。从 DSW 向 209.165.200.129 发起的 ping 测试失败（如例 8-23 所示）。检查 DSW 的 IP 路由表后发现，DSW 有一个指向 IP 地址 10.1.0.7（是路由器 HQ1 连接 DSW 的接口 Eth0/0）的默认网关。

例 8-23 收集信息：检查 DSW 的 Internet 可达性

```
DSW# ping 209.165.200.129
Type escape sequence to abort.
Sending 5, 100-byte ICMP Echos to 209.165.200.129, timeout is 2 seconds:
.....
Success rate is 0 percent (0/5)
DSW#
DSW# show ip route
< ...output omitted... >
Gateway of last resort is 10.1.0.7 to network 0.0.0.0

D*    0.0.0.0/0 [90/281600] via 10.1.0.7, 00:09:28, Ethernet1/0
< ...output omitted... >
DSW#
```

很明显，现在应该检查路由器 HQ1，路由器 HQ1 是 DSW 的默认网关以及 PILE 的边缘路由器（拥有去往 Internet 的冗余连接）。例 8-24 给出了 **show ip interfaces brief** 命令的输出结果，可以看出 HQ1 的接口 Eth0/0 处于 up 状态，并且配置了正确的 IP 地址 10.1.0.7。HQ1 的其他接口（Eth0/1 和 Eth0/2）也处于 up 状态并拥有正确的 IP 地址。最后，例 8-24 显示了从 PC1 向 HQ1（10.1.0.7）发起的 ping 测试 100%成功。

例 8-24 收集信息：检查 HQ1 的接口状态和可达性

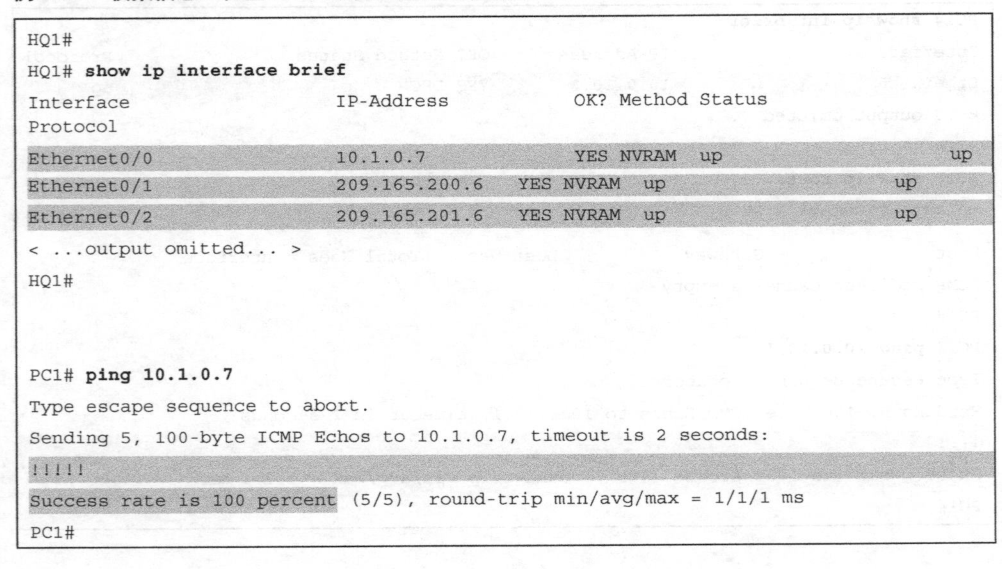

```
HQ1#
HQ1# show ip interface brief
Interface                  IP-Address          OK? Method Status
Protocol
Ethernet0/0                10.1.0.7            YES NVRAM  up                    up
Ethernet0/1                209.165.200.6    YES NVRAM  up                  up
Ethernet0/2                209.165.201.6    YES NVRAM  up                  up
< ...output omitted... >
HQ1#



PC1# ping 10.1.0.7
Type escape sequence to abort.
Sending 5, 100-byte ICMP Echos to 10.1.0.7, timeout is 2 seconds:
!!!!!
Success rate is 100 percent (5/5), round-trip min/avg/max = 1/1/1 ms
PC1#
```

3. 分析信息，排除潜在故障原因并进一步收集信息

从收集到的上述信息可以看出，网络内部不存在路由和可达性故障，而且 DSW 正确地指向了 HQ1 并将 HQ1 作为默认网关，因而可以排除网络内部的路由问题。因此，为了推进排障工作，还必须收集更多有用信息。

首先检查路由器 HQ1 与 ISP1 和 ISP2 路由器之间的 BGP 邻居关系（如例 8-25 所示），可以看出这两个邻居关系均已建立，并且从这两个邻居均收到了 7 条前缀。然后在 BGP 表和 IP 路由表中查找 IP 地址 209.165.200.129，从例 8-25 可以看出这两个表中都有该前缀。

例 8-25　收集信息：检查 BGP 表和邻居表

```
HQ1# show ip bgp summary
< ...output omitted... >
Neighbor        V    AS    MsgRcvd  MsgSent   TblVer  InQ OutQ  Up/Down   State/PfxRcd
209.165.200.5   4    65111   29       22        10     0    0   00:16:47       7
209.165.201.5   4    65222   29       22        10     0    0   00:16:58       7
HQ1#
HQ1# show ip bgp  209.165.200.129
BGP routing table entry for 209.165.200.128/26, version 3
Paths: (2 available, best #1, table default)
  Not advertised to any peer
  Refresh Epoch 1
  65111 65333 78 1012 48 126
    209.165.200.5 from 209.165.200.5 (209.165.200.5)
      Origin IGP, localpref 100, valid, external, best
  Refresh Epoch 1
  65222 65333 78 1012 48 126
    209.165.201.5 from 209.165.201.5 (209.165.201.5)
      Origin IGP, localpref 100, valid, external
HQ1#
HQ1#
HQ1# show ip route 209.165.200.129
Routing entry for 209.165.200.128/26
  Known via "bgp 65000", distance 20, metric 0
  Tag 65111, type external
  Last update from 209.165.200.5 00:17:07 ago
  Routing Descriptor Blocks:
  * 209.165.200.5, from 209.165.200.5, 00:17:07 ago
      Route metric is 0, traffic share count is 1
      AS Hops 6
      Route tag 65111
      MPLS label: none
HQ1#
```

最后，检查 HQ1 的 BGP 进程以确定 HQ1 是否将 PILE 的内部全局 IP 地址宣告给了 ISP 对等体。该地址是 PILE 网络的公有/已注册 IP 地址，为了保证能够从外部访问 PILE 网络，必须将该 IP 地址宣告出去，因而使用 **show ip bgp 209.165.200.248/29** 命令（如例 8-26 所示），可以看出该前缀位于 BGP 表中，并且下一跳为 0.0.0.0，表明这是一条本地前缀，但是该前缀却被显示为“Not advertised to any peer”（没有宣告给任何对等体）。

例 8-26　收集信息：检查本地前缀的宣告情况

```
HQ1# show ip bgp 209.165.200.248
BGP routing table entry for 209.165.200.248/29, version 5
Paths: (1 available, best #1, table default)
  Not advertised to any peer
  Refresh Epoch 1
  Local
    0.0.0.0 from 0.0.0.0 (10.10.10.10)
      Origin IGP, metric 0, localpref 100, weight 32768, valid, sourced, local, best
HQ1#
```

接下来检查 HQ1 的运行配置，重点检查 BGP 配置段落（如例 8-27 所示）。可以看出这两个 eBGP（external BGP，外部 BGP）对等体都应用了一个出站访问列表（RouteOut）。例 8-27 还显示了该访问列表的配置信息，可以看出该访问列表只有一条 **deny** 语句，该语句拒绝宣告所有前缀。

例 8-27　收集信息：检查 HQ1 的 BGP 配置

```
HQ1# show running-config | section bgp
router bgp 65000
 bgp router-id 10.10.10.10
 bgp log-neighbor-changes
 bgp redistribute-internal
 network 209.165.200.248 mask 255.255.255.248
 neighbor 209.165.200.5 remote-as 65111
 neighbor 209.165.200.5 distribute-list RouteOut out
 neighbor 209.165.201.5 remote-as 65222
 neighbor 209.165.201.5 distribute-list RouteOut out
access-list 100 permit tcp host 209.165.200.5 host 209.165.200.6 eq bgp
access-list 100 permit tcp host 209.165.200.5 eq bgp host 209.165.200.6
access-list 100 permit tcp host 209.165.201.5 eq bgp host 209.165.201.6
access-list 100 permit tcp host 209.165.201.5 host 209.165.201.6 eq bgp
HQ1#
HQ1# show access-list RouteOut
Standard IP access list RouteOut
    10 deny   209.165.200.248, wildcard bits 0.0.0.7 (1 match)
HQ1#
```

4. 提出并验证推断

应用在 HQ1 的两个 eBGP 对等体上的出站访问列表 RouteOut 有一条拒绝语句，拒绝了前缀 209.165.200.248（通配符掩码为 0.0.0.7）。其他前缀也被隐式拒绝全部语句拒绝了。因而可以推断出应该将访问列表中的语句从 **deny** 语句更改为 **permit** 语句，这样 HQ1 就可以仅宣告属于 PILE 的前缀，而不宣告其他前缀。按照例 8-28 修改访问列表，清除 HQ1 的 BGP 会话并利用 **show ip bgp 209.165.200.248/29** 命令进行再次检查，可以看出此时已经将该前缀宣告给了两个邻居。

例 8-28　提出并验证推断：修正出站过滤器

```
HQ1# config term
Enter configuration commands, one per line.  End with CNTL/Z.
HQ1(config)# ip access-list standard RouteOut
HQ1(config-std-nacl)# no 10
HQ1(config-std-nacl)# permit 209.165.200.248 0.0.0.7
HQ1(config-std-nacl)# end
HQ1#
Sep  9 02:06:28.621: %SYS-5-CONFIG_I: Configured from console by console
HQ1# clear ip bgp *
< ...output emitted... >
HQ1#
HQ1# show ip bgp 209.165.200.248/29
BGP routing table entry for 209.165.200.248/29, version 5
Paths: (1 available, best #1, table default)
  Advertised to update-groups:
     2
  Refresh Epoch 1
  Local
    0.0.0.0 from 0.0.0.0 (10.10.10.10)
      Origin IGP, metric 0, localpref 100, weight 32768, valid, sourced, local, best
HQ1#
```

5. 解决故障

现在需要从 HQ1（将内部接口作为源端）和 PC1 检查 Internet 测试地址（209.165.200.129）的可达性（如例 8-29 所示），可以看出所有 ping 测试均 100%成功。

例 8-29　解决故障：Internet 可达性已恢复

```
HQ1# ping 209.165.200.129 source ethernet 0/0
Type escape sequence to abort.
Sending 5, 100-byte ICMP Echos to 209.165.200.129, timeout is 2 seconds:
Packet sent with a source address of 10.1.0.7
```

```
!!!!!
Success rate is 100 percent (5/5), round-trip min/avg/max = 1/1/1 ms
HQ1#

PC1# ping 209.165.200.129
Type escape sequence to abort.
Sending 5, 100-byte ICMP Echos to 209.165.200.129, timeout is 2 seconds:
!!!!!
Success rate is 100 percent (5/5), round-trip min/avg/max = 1/1/2 ms
PC1#
```

此时还需要在网络文档中记录上述排障过程并告诉 Carrie 故障问题已解决。

6. 检测与排除 BGP 故障

可以采取以下方式对 BGP 的入站和出站更新进行过滤。

1. 将 **distribute-list** *access-list* 命令应用于邻居的入站或出站方向。

   neighbor *ip-address* **distribute-list** *access-list-number* { **in** | **out** }

   如果使用标准访问列表，那么就只能基于前缀（而不能基于子网掩码）进行过滤。如果使用扩展访问列表，那么就可以基于前缀和子网掩码进行过滤。

2. 将 **distribute-list** *prefix-list* 命令应用于邻居的入站或出站方向。

   neighbor *ip-address* **distribute-list** *prefix -list-number* { **in** | **out** }

   Cisco IOS 在处理前缀列表方面更为有效，而且在语法上比 IP 扩展列表更简单。

3. 将 **route-map** *route-map-name* 命令应用于邻居的入站或出站方向。

   neighbor *ip-address* **route-map** *route-map-name* { **in** | **out** }

   除了过滤机制，还可以利用路由映射修改发送或接收的路由更新的 BGP 属性。

4. 将 **ilter-list** *as-path-ACL-number* 命令应用于邻居的入站或出站方向。

   neighbor *ip-address* **filter-list** *as-path-ACL-number* { **in** | **out** }

   利用 AS-Path ACL 可以自定义正则表达式，从而根据 BGP 的 AS-Path 属性来过滤 BGP 更新。

请注意，如果在 BGP 邻居上同时应用了前缀列表、AS-Path ACL 以及路由映射，那么这些应用于入站更新的过滤工具的优先级顺序依次为前缀列表（最优）、AS-Path ACL（次优）、路由映射（最末）。但是对于出站更新来说，其优先级顺序依次为路由映射（最优）、AS-Path ACL（次优）、前缀列表（最末）。

常见的 BGP 故障诊断命令主要有下面几条。

- **show ip bgp**：该命令可以显示 BGP 表。

- **show ip bgp summary**：该命令可以显示路由器与每个已配置邻居之间的 BGP 邻居关系的状态，输出结果的最后一列显示了 BGP 会话的状态。对于已建立的 BGP 会话来说，会显示已经收到的前缀数量，而不是会话状态（已建立）。
- **show ip bgp neighbors** *neighbor-ip-address* [**routes** | **advertised-routes**]：利用 **routes** 选项，该命令可以显示从特定邻居接收到的前缀；利用 **advertised-routes** 选项，该命令可以显示宣告给特定邻居的前缀。
- **debug ip bgp updates**：该命令可以实时查看发送和接收到的更新。如果希望查看有意义的事件，可以使用 **debug ip bgp events** 命令。

8.2.3 检测与排除 PILE 网络的 NTP 故障

PILE 法务会计公司的网络工程师 Carrie 告诉我们，她在 HQ1 路由器上配置了 NTP。一共有三台 NTP 服务器：IP 地址为 209.165.201.193 的服务器必须用作主用 NTP 服务器；IP 地址为 209.165.201.225 和 209.165.201.129 的服务器应该用作备用服务器。但 Carrie 发现路由器 HQ1 并没有与主用 NTP 服务器实现时间同步。

1．验证故障

为了验证故障问题，可以使用 **show ntp status** 命令（如例 8-30 所示）。可以看出 HQ1 的时钟虽然已经同步，但基准时钟源是 209.165.201.225，该地址是备用 NTP 服务器的 IP 地址。因而确定了故障问题，而且与 Carrie 报告的故障问题完全一致。

例 8-30　验证故障：检查路由器 HQ1 的 NTP 状态

```
HQ1# show ntp status
Clock is synchronized, stratum 2, reference is 209.165.201.225
nominal freq is 250.0000 Hz, actual freq is 250.0000 Hz, precision is 2**10
ntp uptime is 88100 (1/100 of seconds), resolution is 4000
reference time is D7BA39F5.26A7F008 (18:40:17.131 PST Tue Sep 9 2014)
clock offset is 0.0000 msec, root delay is 0.00 msec
root dispersion is 7.35 msec, peer dispersion is 3.44 msec
loopfilter state is 'CTRL' (Normal Controlled Loop), drift is 0.000000004 s/s
system poll interval is 128, last update was 40 sec ago.
HQ1#
```

2．收集信息

首先检查路由器 HQ1 的 NTP 配置信息。例 8-31 显示了 HQ1 运行配置中的 NTP 配置段落，可以看出 NTP 配置完全正确。因而接下来运行 **show ntp associations** 命令（如例 8-31 所示）。该命令列出了已配置的 NTP 服务器，在服务器 IP 地址前的第 1 列显示的标志指明了每台 NTP 服务器的关联状态。可以看出服务器 209.165.201.129 旁边显示的是“*~”，“~”表示已配置，“*”表示它是一个对等体。服务器 209.165.201.225 旁边显示的是“+~”，“~”

表示已配置，"+"表示它是一台候选设备。最后，服务器 209.165.201.193 旁边仅显示了"~"，虽然"~"表示已配置，但是没有显示该服务器的关联状态，因而必须确定该服务器是否可达。

例 8-31 收集信息：检查 NTP 服务器的运行状态

```
HQ1# show running-config | include ntp
ntp server 209.165.201.129
ntp server 209.165.201.225
ntp server 209.165.201.193 prefer
HQ1#
HQ1# show ntp associations
  address         ref clock       st   when   poll reach  delay  offset    disp
*~209.165.201.129 .LOCL.           1    47     64     1  1.000   0.500 189.44
+~209.165.201.225 .LOCL.           1    46     64     1  0.000   0.000 189.45
 ~209.165.201.193 .INIT.          16     -     64     0  0.000   0.000 15937.
 * sys.peer, # selected, + candidate, - outlyer, x falseticker, ~ configured
HQ1#
HQ1# ping 209.165.201.193
Type escape sequence to abort.
Sending 5, 100-byte ICMP Echos to 209.165.201.193, timeout is 2 seconds:
!!!!!
Success rate is 100 percent (5/5), round-trip min/avg/max = 1/1/1 ms
HQ1#
```

为了检查主用 NTP 服务器的可达性，可以向 IP 地址 209.165.201.193 发起 ping 测试（如例 8-31 所示）。可以看出 ping 测试 100%成功。

3．分析信息并进一步收集信息

根据收集到的上述信息可以知道，HQ1 被正确配置为使用 209.165.201.193 作为优选的 NTP 服务器。虽然该 NTP 服务器也可达，但 **show ntp status** 命令的输出结果表明未关联该服务器，因而可以排除服务器的物理层、数据链路层以及网络层可达性故障，需要进一步收集信息并找出上层故障原因。从 **debug ntp packets** 命令的输出结果可以看出（如例 8-32 所示），NTP 包发送给了备用 NTP 服务器，并且从这些备用 NTP 服务器收到了响应消息。虽然这些 NTP 包也发送给了主用 NTP 服务器，但是没有从主用 NTP 服务器收到响应消息，因而必须找出妨碍 HQ1 与主用 NTP 服务器之间进行正常 NTP 通信（使用 UDP 和端口号 123）的设备。

由于路由器 HQ1 有两个接口（Eth0/1 和 Eth0/2）面向外部邻居（ISP1 和 ISP2），因而接下来的信息收集步骤就是查看这些接口是否应用了 ACL。从 HQ1 的运行配置可以看出（如例 8-33 所示），接口 Eth0/1 和 Eth0/2 的入站方向应用了访问列表 100。检查访问列表 100 的内容后发现（如例 8-33 所示），该 ACL 仅允许来自备用服务器的 UDP 包。

例 8-32 收集更多信息：利用 NTP 包调试功能

```
HQ1# debug ntp packet
NTP packets debugging is on
HQ1#
Sep 10 02:37:21.155: NTP message sent to 209.165.201.193, from interface 'NULL'
  (0.0.0.0).
Sep 10 02:37:24.155: NTP message sent to 209.165.201.129, from interface
  'Ethernet0/1' (209.165.200.6).
Sep 10 02:37:24.155: NTP message received from 209.165.201.129 on interface
  'Ethernet0/1' (209.165.200.6).
HQ1#
Sep 10 02:37:26.150: NTP message sent to 209.165.201.225, from interface
  'Ethernet0/1' (209.165.200.6).
Sep 10 02:37:26.151: NTP message received from 209.165.201.225 on interface
  'Ethernet0/1' (209.165.200.6).
HQ1#
```

例 8-33 收集信息：检查 HQ1 接口上应用的过滤器

```
HQ1# show running-config interface eth 0/1 | include access-group
 ip access-group 100 in
HQ1# show running-config interface eth 0/2 | include access-group
 ip access-group 100 in
HQ1#
HQ1# show access-list 100
Extended IP access list 100
    10 permit tcp host 209.165.200.5 host 209.165.200.6 eq bgp
    20 permit tcp host 209.165.200.5 eq bgp host 209.165.200.6
    30 permit tcp host 209.165.201.5 eq bgp host 209.165.201.6
    40 permit tcp host 209.165.201.5 host 209.165.201.6 eq bgp
    50 permit udp host 209.165.201.129 any
    60 permit udp host 209.165.201.225 any
    70 permit icmp 209.165.0.0 0.0.255.255 any
HQ1#
```

4. 提出并验证推断

根据最后收集到的信息可以知道，访问列表 100（应用于 HQ1 的外部接口 Eth0/1 和 Eth0/2 上）没有配置允许接收来自优选 NTP 服务器的 UDP 包的 **permit** 语句，因而可以推断出应该在访问列表中添加一条 **permit** 语句，以允许接收来自优选 NTP 服务器的 UDP 包。例 8-34 显示了修改访问列表 100 的配置示例。从 **debug ntp packets** 命令的输出结果可以看出，此时已经收到了优选的 NTP 服务器发送的 NTP 响应消息（这些响应消息曾经被阻塞）。

例 8-34　提出推断：修改 ACL 100 以允许接收来自优选 NTP 服务器的 NTP 包

```
HQ1# conf t
Enter configuration commands, one per line.  End with CNTL/Z.
HQ1(config)# ip access-list extended 100
HQ1(config-ext-nacl)# 45 permit udp host 209.165.201.193 any
HQ1(config-ext-nacl)# end
HQ1#
Sep 10 02:43:02.561: %SYS-5-CONFIG_I: Configured from console by console
HQ1# debug ntp packet
NTP packets debugging is on
HQ1#
Sep 10 02:43:58.147: NTP message sent to 209.165.201.193, from interface
  'Ethernet0/1' (209.165.200.6).
Sep 10 02:43:58.148: NTP message received from 209.165.201.193 on interface
  'Ethernet0/1' (209.165.200.6).
< ...output omitted... >
HQ1# no debug all
All possible debugging has been turned off
HQ1# wr
Building configuration...
[OK]
HQ1#
```

5. 解决故障

再次在路由器 HQ1 上运行 **show ntp status** 命令（如例 8-35 所示），此时 HQ1 的时钟处于同步状态，并且基准时钟源为 209.165.201.193。此外，在例 8-35 的 **show ntp associations** 命令输出结果中还可以看出，优选的 NTP 服务器的 IP 地址（209.165.201.193）旁边显示了字符"*~"，表示 209.165.201.193 是一台已配置的 NTP 服务器，并且是路由器 HQ1 的当前对等体，表明故障问题已解决。

例 8-35　解决故障：与优选 NTP 服务器同步

```
HQ1# show ntp status
Clock is synchronized, stratum 2, reference is 209.165.201.193
nominal freq is 250.0000 Hz, actual freq is 250.0000 Hz, precision is 2**10
ntp uptime is 77100 (1/100 of seconds), resolution is 4000
reference time is D7BA39F5.26A7F008 (18:46:13.151 PST Tue Sep 9 2014)
clock offset is 0.0000 msec, root delay is 0.00 msec
root dispersion is 7.35 msec, peer dispersion is 3.44 msec
loopfilter state is 'CTRL' (Normal Controlled Loop), drift is 0.000000004 s/s
system poll interval is 128, last update was 43 sec ago.
HG1#
```

```
HQ1# show ntp associations

  address         ref clock       st   when   poll reach  delay  offset    disp
+~209.165.201.129 .LOCL.           1     42    128   377  0.000   0.000   2.868
+~209.165.201.225 .LOCL.           1    116    128   177  0.000   0.000   2.800
*~209.165.201.193 .LOCL.           1      55      128      3  0.000    0.000  3.446
 * sys.peer, # selected, + candidate, - outlyer, x falseticker, ~ configured
HQ1#
```

此时还需要在网络文档中记录上述排障过程并告诉 Carrie 故障问题已解决。

6. 检测与排除 NTP 故障

NTP 广泛应用于网络设备的时钟同步应用场合。NTP 属于客户端/服务器协议，NTP 服务器使用精确的时间源。客户端则利用 NTP 与服务器进行通信并获取正确的时间信息。检测与排除 NTP 故障时应注意以下内容。

- NTP 使用 UDP 端口 123，因而 ACL 必须允许 UDP 端口 123。
- 建议启用 NTP 包认证机制。NTP 使用 MD5 认证方式，因而需要确定认证方式以及 MD5 密钥是否匹配。
- NTP 使用 UTC（Universal Coordinated Time，世界协调时）来同步时钟。为了保证 Cisco 网络设备拥有正确的本地时间，应该使用 **clock timezone** *zone hours-offset* [**minutes-offset**]命令。如果希望配置夏令时，那么就要使用 **clock summer-time** *zone* **recurring** 命令。
- 如果无法访问 NTP 服务器，那么网络设备将无法同步其时钟。应该使用 **ntp server** *ip-address* **prefer** 命令来配置主用 NTP 服务器，并且用不携带关键字 **prefer** 的该命令来配置多个备用服务器。
- 如果网络设备处于高 CPU 利用率状态，那么就可能无法处理 NTP 包，从而导致时钟无法同步。
- 如果客户端与服务器之间的偏移量过大，那么客户端实现其时钟同步的时间将过长或者无法实现同步。应该利用 **clock set** *hh:mm:ss day month year* 命令手工将路由器的时钟设置为接近正确的本地时间。
- NTP 使用层级的概念来描述设备与授权时间源之间相隔的跳数。层级在 1~15 之间。如果 NTP 客户端与层级 15 的 NTP 服务器进行同步，那么将无法同步，因为层级 16 无效。

8.3 PILE 法务会计公司故障工单 3

本故障工单起源于 PILE 法务会计公司网络中的泛洪现象破坏了交换机 DSW、ASW1 和 ASW2。虽然 PILE 的网络工程师 Carrie 替换了网络设备并恢复了关键 PC（VLAN 10 中的 PC）的连接性，但是仍然向我们报告了以下网络故障并寻求帮助。

- PC3 无法访问 Internet，VLAN 10 中的 PC1 和 PC2 能够 ping 通 209.165.201.129，但是 PC3 无法 ping 通 209.165.201.129。
- PC4（位于分支机构网络中）也无法访问 Internet，该用户试图访问 Cisco.com 上的 Cisco 网页。

8.3.1 检测与排除灾难恢复后 PC3 无法访问 Internet 的故障

根据 Carrie 报告的故障，在替换了交换机 ASW1、ASW2 以及 DSW 并恢复了 PILE 网络之后，PC3 无法访问 Internet，因而要求我们协助解决该故障，Carrie 称 VLAN 10 中的 PC1 和 PC2 能够访问 Internet。

1．验证故障

与往常一样，故障检测与排除的第一步都是验证故障问题。从例 8-36 可以看出，从 VLAN 20 中的 PC3 向 Internet 测试 IP 地址 209.165.201.129 发起的 ping 测试失败，但是从 VLAN 10 中的 PC1 和 PC2 发起的 ping 测试 100%成功。

例 8-36　验证故障：PC3 无法 ping 通 209.165.201.129（Internet）

```
PC3# ping 209.165.201.129
Type escape sequence to abort.
Sending 5, 100-byte ICMP Echos to 209.165.201.129, timeout is 2 seconds:
.....
Success rate is 0 percent (0/5)
PC3#


PC1# ping 209.165.201.129
Type escape sequence to abort.
Sending 5, 100-byte ICMP Echos to 209.165.201.129, timeout is 2 seconds:
!!!!!
Success rate is 100 percent (5/5), round-trip min/avg/max = 1/202/1006 ms
PC1#


PC2# ping 209.165.201.129
Type escape sequence to abort.
Sending 5, 100-byte ICMP Echos to 209.165.201.129, timeout is 2 seconds:
!!!!!
Success rate is 100 percent (5/5), round-trip min/avg/max = 1/202/1006 ms
PC2#
```

验证了故障问题之后，可以采用自底而上故障检测与排除法，首先从 PC3 开始确定其无法访问 Internet 的原因。

2．收集信息（第一轮）

利用 **show ip interface brief** 命令可以显示 PC3 的以太网接口状态（如例 8-37 所示），可以看出 PC3 的以太网接口处于 up 状态，并且拥有正确的 VLAN 20 的 IP 地址。但是从 **show ip route** 命令的输出结果可以看出，PC3 的 IP 地址并不是从 DHCP（Dynamic Host Configuration Protocol，动态主机配置协议）获得的，PC3 没有默认网关！

例 8-37 收集信息：PC3 没有被配置为 DHCP 客户端

```
PC3# show ip int brief
Interface                    IP-Address        OK? Method    Status
Protocol
Ethernet0/0                  10.0.20.3         YES NVRAM  up                    up
< ...output omitted... >
PC3#
PC3# show ip route
Default gateway is not set

Host                 Gateway              Last Use    Total Uses  Interface
ICMP redirect cache is empty
PC3#
```

3．分析信息，提出并验证第一个推断

PC3 必须被配置为 DHCP 客户端，但目前的 IP 地址却是手工配置的，而且没有配置默认网关。显然，没有默认网关，PC3 就无法与子网外的任何设备进行通信。

因而我们需要修正 PC3 的配置，将其配置为 DHCP 客户端，然后再检查 PC3 是否通过 DHCP 获得了正确的 IP 地址、子网掩码以及默认网关等信息，并检查其是否能够访问 Internet。这就是我们当前得到的故障推断以及验证推断的方式。

例 8-38 给出了根据上述故障推断修正 PC3 配置信息的配置示例。配置修改完成后，PC3 成功地通过 DHCP 获得了 IP 地址、子网掩码和默认网关，但这些地址对位于 VLAN 20 中的 PC3 来说并不合适。

由于 PC3 是从 DHCP 服务器（DSW）获得其 IP 地址的，因而可以断定不存在连接性故障或低层网络故障，此时需要采取其他故障检测与排除法。可以考虑采用跟踪流量路径法来找出 PC3 通过 DHCP 获得错误 IP 地址信息的原因。从例 8-39 可以看出，当我们登录到 ASW2 之后，弹出的提示符却显示该交换机为 ASW1，而且还看到一条消息称 VLAN 99 中存在重复地址 10.0.99.6。在该交换机上检查 VLAN 99 后发现，该交换机有 VLAN 1、VLAN 10 和 VLAN 99，但是却没有 VLAN 20。此外，从例 8-39 可以看出，连接 PC3 的接口 Ethernet 0/1 属于 VLAN 10！从而解释了 PC3 从 DHCP 服务器获得错误 IP 地址信息的原因。

例 8-38 提出并验证推断：将 PC3 配置为 DHCP 客户端

```
PC3# conf t
Enter configuration commands, one per line.  End with CNTL/Z.
PC3(config)# int eth 0/0
PC3(config-if)# ip address dhcp

*Sep 11 02:38:01.359: %DHCP-6-ADDRESS_ASSIGN: Interface Ethernet0/0 assigned DHCP
  address 10.0.10.4, mask 255.255.255.0, hostname PC3

PC3(config-if)# end
PC3#
*Sep 11 02:38:21.573: %SYS-5-CONFIG_I: Configured from console by console
PC3#
PC3# show ip int brief
Interface                  IP-Address      OK? Method Status                Protocol
Ethernet0/0                10.0.10.5       YES DHCP   up                    up
< ...output omitted... >
```

例 8-39 进一步收集信息：检查 PC3 的接入交换机

```
ASW1#

Sep 11 01:59:11.254: %IP-4-DUPADDR: Duplicate address 10.0.99.6 on Vlan99, sourced
  by aabb.cc80.8e00

ASW1# show vlan brief

VLAN Name                             Status    Ports
---- -------------------------------- --------- -------------------------------
1    default                          active    Et0/3, Et1/0, Et1/1, Et1/2
                                                Et1/3, Et2/0, Et2/1, Et2/2
                                                Et2/3, Et3/0, Et3/1, Et3/2
                                                Et3/3, Et4/0, Et4/1, Et4/2
                                                Et4/3, Et5/0, Et5/1, Et5/2
                                                Et5/3
10   VLAN0010                         active    Et0/1, Et0/2
99   VLAN0099                         active
< ...output omitted... >
ASW1#
```

4．提出并验证第二个推断

根据上述信息（连接到 ASW2 之后收集到的信息，如交换机提示符显示该交换机名称为 ASW1），可以推断出 Carrie 在替换了交换机 ASW1、ASW2 以及 DSW 之后，将 ASW1

的配置同时应用到了交换机 ASW1 和 ASW2。该故障推断解释了日志消息显示存在重复地址、VLAN 20 不存在、Eth0/1 属于 VLAN 10 以及 PC3 从 DHCP 服务器收到错误 IP 地址信息的原因。

从例 8-40 可以看出，首先利用 ASW2 的硬拷贝备份配置并在 ASW2 上输入正确的配置命令，然后利用 **show vlan brief** 和 **show interface trunk** 命令验证故障修复情况。从这些命令的输出结果来看似乎完全正确，但是在 PC3 上发起 IP 地址续租操作后却发现，此时 PC3 根本无法通过 DHCP 获取 IP 地址信息。

例 8-40　提出并验证推断：修正 ASW2 的配置

```
ASW1# conf t
Enter configuration commands, one per line.  End with CNTL/Z.
ASW1(config)# hostname ASW2
ASW2(config)# vlan 20
ASW2(config-vlan)# exit
ASW2(config)# interface vlan 99
ASW2(config-if)# ip address 10.0.99.7 255.255.255.0
ASW2(config-if)# exit
ASW2(config)# int eth 0/1
ASW2(config-if)# switchport access vlan 20
ASW2(config-if)# int eth 0/2
ASW2(config-if)# switchport access vlan 20
ASW2(config-if)# end
ASW2# wr
Building configuration...
Compressed configuration from 2237 bytes to 1213 bytes[OK]
ASW2#
ASW2# show vlan brief

VLAN Name                             Status    Ports
---- -------------------------------- --------- -------------------------------
1    default                          active    Et0/3, Et1/0, Et1/1, Et1/2
                                                Et1/3, Et2/0, Et2/1, Et2/2
                                                Et2/3, Et3/0, Et3/1, Et3/2
                                                Et3/3, Et4/0, Et4/1, Et4/2
                                                Et4/3, Et5/0, Et5/1, Et5/2
                                                Et5/3
10   VLAN0010                         active
20   VLAN0020                         active    Et0/1, Et0/2
99   VLAN0099                         active
< ...output omitted... >
ASW2#
ASW2# show interfaces trunk
```

```
Port        Mode             Encapsulation  Status        Native vlan
Et0/0       on               802.1q         trunking      99

Port        Vlans allowed on trunk
Et0/0       1-4094

Port        Vlans allowed and active in management domain
Et0/0       1,10,20,99

Port        Vlans in spanning tree forwarding state and not pruned
Et0/0       1,10,20,99
ASW2#

PC3# conf term
Enter configuration commands, one per line.  End with CNTL/Z.
PC3(config)# int eth 0/0
PC3(config-if)# shut
PC3(config-if)# no shut
PC3(config-if)# end
*Sep 11 02:44:44.238: %LINK-5-CHANGED: Interface Ethernet0/0, changed state to
  administratively down
*Sep 11 02:44:46.585: %LINK-3-UPDOWN: Interface Ethernet0/0, changed state to up
*Sep 11 02:44:46.808: %SYS-5-CONFIG_I: Configured from console by console
PC3# show ip int brief
Interface              IP-Address      OK? Method Status                Protocol
Ethernet0/0            unassigned      YES DHCP   up                    up
< ...output omitted... >
PC3#
```

5. 进一步收集信息（第二轮）

此时还需要利用跟踪流量路径法来检查 DSW 的 DHCP 配置信息。从例 8-41 可以看出，DSW 配置了正确的地址池，而且其他配置对于 VLAN 10 和 VLAN 20 来说也完全正确。

例 8-41　进一步收集信息：DSW 的 DHCP 配置

```
DSW# show running-config | section dhcp
ip dhcp excluded-address 10.0.10.1
ip dhcp excluded-address 10.0.20.1
ip dhcp pool VLAN10POOL
 network 10.0.10.0 255.255.255.0
 default-router 10.0.10.1
 dns-server 209.165.201.209
ip dhcp pool VLAN20POOL
 network 10.0.20.0 255.255.255.0
```

```
 default-router 10.0.20.1
 dns-server 209.165.201.209
DSW#
```

为了弄清楚 DHCP 服务器（DSW）没有向 PC3 提供 IP 地址租约的详细原因，可以使用 **debug ip dhcp server packet** 命令（如例 8-42 所示）。可以看出 DSW 一直在接收 DHCP DISCOVER 消息，但是却没有发送 DHCP OFFER 响应消息，因而促使我们检查 DSW 是否有接口位于 VLAN 20（子网 10.0.39.0/24）中。从例 8-42 中 **show ip interface** 命令的输出结果可以看出，DSW 拥有一个处于 up 状态的 SVI（VLAN 20），但是 IP 地址却被错误地配置为 10.20.0.1（应该为 10.0.20.1）。

例 8-42　进一步收集信息：在交换机 DSW 上调试 DHCP

```
DSW# debug ip dhcp server packet
DHCP server packet debugging is on.
DSW#
Sep 11 02:47:42.210: DHCPD: DHCPDISCOVER received from client 0063.6973.636f.2d61.61
  62.622e.6363.3030.2e38.3430.302d.4574.302f.30 on interface Vlan20.
Sep 11 02:47:45.706: DHCPD: DHCPDISCOVER received from client 0063.6973.636f.2d61.61
  62.622e.6363.3030.2e38.3430.302d.4574.302f.30 on interface Vlan20.
Sep 11 02:47:49.714: DHCPD: DHCPDISCOVER received from client 0063.6973.636f.2d61.61
  62.622e.6363.3030.2e38.3430.302d.4574.302f.30 on interface Vlan20.
DSW#
DSW# show ip int brief
Interface              IP-Address      OK? Method Status                Protocol
< ...output omitted... >
Vlan1                  unassigned      YES unset  administratively down down
Vlan10                 10.0.10.1       YES NVRAM  up                    up
Vlan20                 10.20.0.1       YES NVRAM  up                    up
Vlan99                 10.0.99.1       YES NVRAM  up                    up
DSW#
```

6. 提出并验证第三个推断

我们的下一个故障推断就是修正交换机 DSW 上接口 VLAN 20 的 IP 地址（如例 8-43 所示）。修正了 IP 地址并收到 DHCP DISCOVER 消息之后，DSW 就能够向外发送 DHCP OFFER 消息了。然后收到 DHCP REQUEST 消息，最后由 DHCP ACK 消息完成整个 DHCP 进程。接下来在 DSW 上禁用 DHCP 调试操作并保存配置，然后开始测试 PC3 的配置以及运行状况。

7. 解决故障

利用 **show ip interface brief** 和 **show ip route** 命令可以验证 PC3 的 IP 配置信息（如例 8-44 所示）。此时 PC3 已经通过 DHCP 获得了正确的 IP 地址、子网掩码和默认网关，但是必须在确认了 PC3 可以访问 Internet 之后，才能证实故障问题已解决。例 8-44 显示 PC3 向 Internet 测试 IP 地址 209.165.201.129 发起的 ping 测试 100%成功。

例 8-43 提出并验证推断：修正 DSW 的配置

```
DSW# conf t
Enter configuration commands, one per line.  End with CNTL/Z.
DSW(config)# interface vlan 20
DSW(config-if)# ip address 10.0.20.1 255.255.255.0
DSW(config-if)# end
DSW# debug ip dhcp server packet
DHCP server packet debugging is on.
DSW#
Sep 11 02:52:41.928: DHCPD: DHCPDISCOVER received from client
< ...output omitted... >
Sep 11 02:52:43.944: DHCPD: Sending DHCPOFFER to client
< ...output omitted... >
Sep 11 02:52:43.945: DHCPD: DHCPREQUEST received from client
< ...output omitted... >
Sep 11 02:52:43.945: DHCPD: Sending DHCPACK to client
< ...output omitted... >
DSW# no debug all
All possible debugging has been turned off
DSW# wr
```

例 8-44 解决故障：PC3 的 Internet 连接性已经恢复正常

```
PC3# show ip int brief
Interface                  IP-Address      OK? Method Status                Protocol
Ethernet0/0                10.0.20.3       YES DHCP   up                    up
< ...output omitted... >
PC3# show ip route
Default gateway is 10.0.20.1

Host               Gateway           Last Use    Total Uses  Interface
ICMP redirect cache is empty
PC3# ping 209.165.201.129
Type escape sequence to abort.
Sending 5, 100-byte ICMP Echos to 209.165.201.129, timeout is 2 seconds:
!!!!!
Success rate is 100 percent (5/5), round-trip min/avg/max = 1/201/1005 ms
PC3#
```

此时还需要在网络文档中记录上述排障过程并告诉 Carrie 故障问题已解决，PC3 的 Internet 连接性已经恢复正常。

8. 灾难恢复的最佳实践

虽然灾难是不可避免的，但通常难以预测，而且灾难的类型和量级也千差万别，灾难发生后的影响程度可大可小，可能仅会造成少量中断，也可能会造成几天甚至几个月的运行中断（大灾难）。为了在灾难发生后快速有效地恢复全部网络功能，所有的企业都必须制定灾难恢复计划。灾难恢复的成功率、速度以及效率在很大程度上取决于灾难恢复计划/网络文档的质量以及需求的可用性。

灾难恢复进程可以依次分为以下阶段。

1. **激活阶段**：评估并宣布灾难影响的情况。
2. **执行阶段**：对于受灾难影响的每个实体，执行相应的灾难恢复进程。
3. **重构阶段**：恢复原始系统，终止执行阶段。

如果在执行阶段需要替换被破坏、损坏或者有故障的设备，那么必须具备以下条件：

- 供替换的硬件；
- 所有设备的当前软件版本信息；
- 当前设备的配置数据；
- 将软件和配置导入新设备的工具（即使网络不可用）；
- 软件许可（如果适用）；
- 安装软件、配置及许可所需的流程信息。

如果上述条件不具备，那么将严重影响网络恢复正常运行的时间。为了确保上述条件在需要时能够全部到位，应遵循以下准则：

- 在网络设计阶段为关键点引入冗余机制，以确保设备或链路的单点故障不会造成全网中断；
- 制定详细且易于实施的灾难恢复计划；
- 确保拥有全面、最新、可访问且易于使用的网络文档。

网络文档应包含以下信息。

- **网络拓扑结构图**：包括网络的物理结构图和逻辑结构图。
- **连接规范**：以文档、表格或数据库的方式列出所有相关的物理连接（如跳线）、到服务提供商的连接以及所有电源连接信息。
- **设备列表**：以文档、表格或数据库形式列出所有设备（包括器件编号和序列号）、已安装的软件版本以及软件许可信息（如果适用）。
- **IP 地址文档**：以文档、表格或数据库形式列出并描述 IP 网络、子网以及所有在用的 IP 地址。
- **设备配置**：包括所有设备的配置数据（如果可能的话，甚至还可以包含之前的所有配置）。
- **设计文档**：以文档方式解释所有设计选择的决策理由。

对于特定的商业应用来说，可能还需要部署备用基础设施。通常应该将备用基础设备部署在地理位置相距较远的地方，以保证能够在地震、海啸等大型灾难发生后进行灾难恢复。

9. 检测与排除 Inter-VLAN 路由故障

Inter-VLAN 路由（VLAN 间路由）可以通过多层交换机或路由器来实现。将二层交换机以 802.1Q 中继方式连接到路由器并配置该路由器执行 Inter-VLAN 路由时，就构建了一个单臂路由（router-on-a-stick）模型。

在多层交换机上，可以利用 **no switchport** 命令配置物理三层接口，也可以配置逻辑三层接口（称为 SVI[Switched Virtual Interface，交换式虚接口]），只要与 SVI 相关联的 VLAN 端口中有一个端口处于 up 状态，该 SVI 就处于 up 状态。如果要创建 SVI，需要使用 **interface vlan** *vlan-id* 命令。为了实现 VLAN 间路由，必须使用 **ip routing** 命令在全局范围内启用路由。在多层交换机上验证 inter-VLAN 路由时，通常需要用到以下命令。

- **show vlan [brief]**：该命令可以检查 VLAN 数据库。
- **show vlan** *vlan-id*：该命令可以验证指定 VLAN 的信息。
- **show interfaces trunk**：该命令可以验证中继的配置是否正确以及中继两端的本征 VLAN 是否匹配。
- **show ip interface brief**：该命令可以验证多层交换机上的 SVI 接口状态。
- **ip config /all**：该命令可以验证（微软）主机的默认网关是否指向相对应的 SVI 接口的 IP 地址并验证子网掩码是否匹配。

如果要利用单臂路由模型提供 Inter-VLAN 路由，那么就需要将路由器的一个接口配置为中继接口并与同样配置为中继接口的交换机接口进行互连。路由器为每个 VLAN 分配一个子接口，并为每个子接口都分配一个 VLAN 号以及用于该 VLAN（IP 子网）的正确 IP 地址。在路由器上验证 Inter-VLAN 路由时，通常需要用到以下命令。

- **show ip** *interface.subinterface*：该命令可以验证路由器的子接口。
- **show ip interface brief**：该命令可以验证子接口的状态和配置信息。
- **show vlan [brief]**和 **show vlan** *vlan-id*：该命令可以验证 VLAN 的存在性及其状态信息。
- **ip config /all**：该命令可以验证（微软）主机的默认网关是否指向相对应的路由器子接口并验证子网掩码是否匹配。

8.3.2 检测与排除 PC4 无法访问 Cisco.com 的故障

本故障是 Carrie 执行灾难恢复任务之后联系我们 SECHNIK 工程师时提出的，称 PILE 分支机构站点内的 PC4 用户无法访问 Internet，该用户最后希望访问的网站是 Cisco.com。我们需要深入分析该问题，如果确实存在故障，那么就解决该故障。

1. 验证故障并选择排障方法

为了验证故障问题，我们需要从总部站点远程访问 PC4。由于 PC4 被配置为 DHCP 客户端，因而必须首先找出 PC4 的 IP 地址。由于 BR（Branch Router，分支机构路由器）是分支机构站点的 DHCP 服务器，而且 PC4 是其唯一的客户端，因而只要简单地 Telnet 到 BR 上并检查其 DHCP 绑定表，即可找到 PC4 的 IP 地址。在 BR 上运行 **show ip dhcp binding** 命令后可以发现（如例 8-45 所示），PC4 的 IP 地址为 10.0.30.2。接下来 Telnet 到 PC4（如果 PC4 是一台真正的 PC，那么就需要使用远程桌面连接）并向 Cisco.com 发起 ping 测试。

例 8-45　验证故障：从 PC4 向 Cisco.com 发起的 ping 测试失败

```
PC1# telnet 10.0.30.7
Trying 10.0.30.7 ... Open
User Access Verification
Password:
*Sep 12 01:06:46.803: %DHCP-6-ADDRESS_ASSIGN: Interface Ethernet0/0 assigned DHCP
  address 10.0.10.3, mask 255.255.255.0, hostname PC1
Password:
BR> en
Password:
BR# show ip dhcp binding
Bindings from all pools not associated with VRF:
IP address      Client-ID/              Lease expiration        Type
                Hardware address/
                User name
10.0.30.2       0063.6973.636f.2d61.    Sep 12 2014 05:06 PM    Automatic
                6162.622e.6363.3030.
                2e37.3330.302d.4574.
                302f.30
BR# exit
PC1# telnet 10.0.30.2
Trying 10.0.30.2 ... Open
User Access Verification
Password:
PC4> enable
Password:
PC4# ping www.cisco.com
Translating "www.cisco.com"...domain server (255.255.255.255)
% Unrecognized host or address, or protocol not running.
PC4#
```

从例 8-45 可以看出，在向 Cisco.com 发起 ping 测试的时候，PC4 试图通过广播（255.255.255.255）域名解析操作将域名解析为 IP 地址。域名解析操作失败后，PC4 生成了一条“% unrecognized host or address, or protocol not running”消息。很明显PC4存在域名解析故障，不过我们还要继续收集更多信息以确定是否还有其他故障。由于能够从总部站点成功访问PC4，从而断定低层协议运行正常，因此可以采用自顶而下法，首先排查域名解析故障。

2. 收集信息并分析信息

从PC4向Internet测试IP地址（209.165.201.129）发起ping测试（如例8-46所示），可以看出ping测试100%成功，表明不存在Internet连接性故障。

例8-46　收集信息：PC4能够ping通Internet测试IP地址

```
XxxPC4# ping 209.165.201.129
Type escape sequence to abort.
Sending 5, 100-byte ICMP Echos to 209.165.201.129, timeout is 2 seconds:
!!!!!
Success rate is 100 percent (5/5), round-trip min/avg/max = 1/1/2 ms
PC4#
```

根据前面收集到的信息可以知道，PC4利用IP广播（255.255.255.255）而不是DNS服务器试图将Cisco.com解析为IP地址之后，向Cisco.com发起的ping测试失败，此时我们更加确信本故障的根源就是域名解析故障。

接下来检查BR的DHCP服务器配置信息，以确定其是否被配置为将DHCP服务器的IP地址（209.165.201.209）提供给DHCP客户端。从例8-47可以看出，PC4能够ping通DNS服务器，表明DNS服务器处于活跃状态且PC4能够到达该DNS服务器。但是从例8-47还可以看出BR的DHCP服务器配置中缺少了DHCP服务器的命令行。

例8-47　收集信息：DHCP服务器（BR）配置

```
PC4# ping 209.165.201.209
Type escape sequence to abort.
Sending 5, 100-byte ICMP Echos to 209.165.201.209, timeout is 2 seconds:
!!!!!
Success rate is 100 percent (5/5), round-trip min/avg/max = 1/1/2 ms
PC4#



BR# show run | section dhcp
ip dhcp excluded-address 10.0.30.1
ip dhcp excluded-address 10.0.30.7
ip dhcp pool VLAN30POOL
 network 10.0.30.0 255.255.255.0
 default-router 10.0.30.7
BR#
```

3. 提出并验证推断

根据目前已经收集到的信息，可以推断出应该在 BR 的 DHCP 服务器配置中添加命令 **dns-server 209.165.201.209**（如例 8-48 所示）。修改了 DHCP 服务器的配置之后，需要续租 PC4 的 DHCP 租约，以保证 PC4 能够获得 DNS 服务器的地址。

例 8-48 提出推断：向 DHCP 配置中添加 DNS 服务器

```
BR# conf term
Enter configuration commands, one per line.  End with CNTL/Z.
BR(config)# ip dhcp pool VLAN30POOL
BR(dhcp-config)# dns-server 209.165.201.209
BR(dhcp-config)# end
BR# wr
Building configuration...
[OK]
BR#


PC4#renew dhcp ethernet 0/0
```

4. 解决故障

续租了 PC4 的 IP DHCP 租约之后，再次向 Cisco.com 发起 ping 测试（如例 8-49 所示）。此时 Cisco.com 被成功解析为 IP 地址 209.165.201.209（通过 DHCP 获得的 DNS 地址），而且向 Cisco.com 发起 ping 测试也完全成功。

例 8-49 解决故障：PC4 能够以域名方式 ping 通 Cisco.com

```
PC4# renew dhcp ethernet 0/0
PC4# ping www.cisco.com
Translating "www.cisco.com"...domain server (209.165.201.209) [OK]
Type escape sequence to abort.
Sending 5, 100-byte ICMP Echos to 209.165.201.209, timeout is 2 seconds:
!!!!!
Success rate is 100 percent (5/5), round-trip min/avg/max = 1/1/2 ms
PC4#
```

此时还需要在网络文档中记录上述排障过程并告诉 Carrie 故障问题已解决，PC4 的 Internet 连接性已经恢复正常。本故障仅仅是 BR 的 DHCP 服务器配置出了问题，致使其无法向 DHCP 客户端提供 DNS 服务器地址。

5. 检测与排除 DNS 故障

DNS 协议的作用是将完全限定域名（fully qualified domain name）解析为 IP 地址。利

用 **ip name-server** *ip-address* 命令可以将 Cisco 路由器配置为 DNS 服务器的客户端。与 DNS 相关的常见故障如下所示。

- **没有配置 DNS 服务器：** 典型的错误消息是“% Unrecognized host or address, or protocol not running”，此时可以利用 IOS 命令 **show running-config | include name-server** 检查设备的 DNS 服务器配置信息。
- **DNS 服务器的 IP 地址配置错误：** 此时可以验证去往 DNS 服务器的连接性，确保为 DNS 服务器配置正确的 IP 地址。
- **验证域名解析状态：** 利用 **[no] IP domain-lookup** 命令可以在 Cisco IOS 设备上启用或禁用 IP 域名解析特性。
- **验证默认域名：** 利用 **show hosts** 命令可以显示默认域名。
- **验证是否配置了 IP 域名列表：** 该列表定义了一个域名列表，依次利用这些域名解析非限定主机名。如果配置了域名列表，那么将不使用默认域名。需要检查域名列表是否覆盖了已配置的域名，从而将已配置的域名排除在查询范围之外。
- **仅无法解析某个特定域名：** 此时可能是 DNS 服务器的数据库有问题，需要联系 DNS 服务器的管理员。
- **DNS 服务器可达，但域名解析失败：** 可能是 ACL 或防火墙阻塞了 DNS 消息，此时应检查出站和入站访问列表。DNS 消息发送到 UDP 或 TCP 端口 53，访问列表可能阻塞了该端口。

6. 远程设备管理节点

如果通过串行控制台端口或者 SSH 或 Telnet 等远程终端协议连接到设备上，那么就可以使用 IOS CLI（Command Line Interface，命令行）直接配置设备。如果已经有了配置文件，那么还可以采用另一种方式配置 Cisco 设备，即使用 **copy** 或 **configure replace** 命令。包含新命令的配置文件可能位于设备闪存中，也可以通过 TFTP 或 FTP 服务器恢复配置文件。不过在任何情况下，都要保证安全存储并采用安全的传输协议。

将配置文件复制到运行配置中时，**copy** 命令会将源文件与当前运行配置进行合并，因而源文件不需要是一个完整的设备配置文件。与此相反，**configure replace** 命令则采取智能文件比较方式。源文件必须是一个完整的配置文件，因为源文件会替换当前运行配置。**configure replace** 命令使用语篇配置差异（Contextual Configuration Diff）工具。该工具对于大多数配置变更操作来说都没有问题，但是对于某些特定应用场合来说却并不适合，因而在使用过程中必须格外小心。

如果配置变更操作产生了非期望结果，那么就必须将配置回退到之前已知且正常的状态。如果配置变更完成后没有立即保存新配置，先前正常工作的配置还位于 NVRAM 中，那么就可以撤销配置变更操作。如果仍然能够访问设备并记录了所有变更操作，那么就可以按照网络文档的记录情况回退变更操作。此外，也可以重新加载设备，但这种方式会产生一定的设备宕机时间。如果配置变更后无法访问设备，也无法连接该设备，那么这将是一个巨大挑战！

一个好的建议配置方式是始终回退到最后正常工作的状态。自动回退方式通常基于变更发生前设置的定时器或者事件/条件检测机制，在超时或者出现特定事件时自动触发配置变更操作或者重新加载设备，在这之前可以更改配置并验证配置变更结果。如果配置结果符合预期，那么就可以取消自动回退机制。自动回退机制提供了以下两种配置选项。

- **reload in** [*hh:*] *mm* [*text*]或 **reload at** *hh:mm* [*month day* | *day month*] [*text*]命令（使用 **reload** 命令进行回退）：在实施变更操作之前输入这些命令，然后再根据需要对设备进行配置。只要没有保存配置变更操作，设备就能在重新加载的时候回退到先前配置。如果配置变更操作已完成，那么就可以使用 **reload cancel** 命令来终止即将进行的重新加载操作。如果配置变更操作导致连接中断，那么在设备重新加载之后将恢复原来的配置。
- **configure replace** *url* **time** *seconds* 命令（使用 **configure replace** 命令进行回退）：在实施变更操作之前输入该命令，然后再根据需要配置设备。只要没有保存配置变更操作，设备就能在重新加载的时候回退到先前配置。利用该命令可以使用启动配置之外的其他配置来重新加载设备，如果配置变更操作已完成，那么就可以使用 **configure confirm** 命令来终止即将进行的回退操作。利用 **configure revert** { **now** | **timer** { *minutes* | *idle minutes* }}命令可以更新或者加速回退定时器。

8.4 PILE 法务会计公司故障工单 4

PILE 法务会计公司需要在全球范围内新连接 47 个分支机构。PILE 的网络工程师 Carrie 研究后认为 EIGRP 更加稳定，而且了解了 EIGRP 的末梢配置方式，因而决定重新配置当前唯一的一台 BR，让 BR 通过 EIGRP 末梢配置方式仅宣告直连网络和汇总网络。Carrie 的计划是先进行概念验证，然后在需要连接这 47 个新加入的分支机构时，只要在所有的新 BR 上重复上述配置操作即可，但 Carrie 联系我们（SECHNIK 公司的员工）并寻求以下帮助：

- 重新配置了 EIGRP 之后，BR 无法访问 Internet，需要重新恢复 Internet 连接；
- Carrie 无法通过 Telnet 访问 ASW2，但是可以访问其他网络设备。

8.4.1 检测与排除重新配置 EIGRP 后分支机构站点的 Internet 连接故障

Carrie 利用从网上学到的 **eigrp stub** 命令重新配置了 BR 之后，告诉我们分支机构出现了 Internet 连接性故障。我们需要验证该故障问题，如果故障属实，那么还需要找出故障原因并解决该故障。

1. 验证故障

为了验证故障问题，需要访问 BR。从例 8-50 可以看出，从 PC1 通过 Telnet 方式访问 BR 失败，但是可以从路由器 HQ1 通过 Telnet 方式访问 BR。接下来从 BR 向 Internet 测试 IP 地址（209.165.200.129）发起的 ping 测试也失败（如例 8-50 所示），从而验证了本故障问题。

例 8-50 验证故障：从分支机构向 Internet 发起的 ping 测试失败

```
PC1> en
PC1# telnet 10.3.0.8
Trying 10.3.0.8 ...
% Connection timed out; remote host not responding
PC1#

HQ2# telnet 10.3.0.8
Trying 10.3.0.8 ... Open

User Access Verification
Password:
BR> en
Password:
BR# ping 209.165.200.129
Type escape sequence to abort.
Sending 5, 100-byte ICMP Echos to 209.165.200.129, timeout is 2 seconds:
.....
Success rate is 0 percent (0/5)
BR#
```

2. 收集信息

为了确定 Internet 连接性故障的范围是仅限于分支机构还是全网范围，可以分别从路由器 HQ2 和 PC1 向 Internet 发起 ping 测试（如例 8-51 所示）。可以看出这两次 ping 测试均 100%成功。本次信息收集过程相当于组件替换法。

例 8-51 收集信息：从 HQ2 和 PC1 向 Internet 发起的 ping 测试成功

```
PC1# ping 209.165.200.129
Type escape sequence to abort.
Sending 5, 100-byte ICMP Echos to 209.165.200.129, timeout is 2 seconds:
!!!!!
Success rate is 100 percent (5/5), round-trip min/avg/max = 1/1/3 ms
PC1#

HQ2# ping 209.165.200.129
Type escape sequence to abort.
Sending 5, 100-byte ICMP Echos to 209.165.200.129, timeout is 2 seconds:
!!!!!
Success rate is 100 percent (5/5), round-trip min/avg/max = 1/1/1 ms
HQ2#
```

目前已经知道 PILE 总部的 Internet 连接完全正常，因而可以采用分而治之法继续开展排障工作，重点关注分支机构路由器与总部 HQ2 路由器之间的路由问题。

3. 进一步收集并分析信息

首先检查路由器 HQ2 与 BR 之间的邻居关系状态。在这两台路由器上运行 **show ip eigrp neighbors** 命令（如例 8-52 所示）。运行 EIGRP（ASN 1）的路由器 BR 的输出结果显示没有邻居，运行 EIGRP（ASN 100）的路由器 HQ2 的输出结果显示只有一个邻居（通过接口 Ethernet 0/0）。

例 8-52　收集信息：在 BR 和 HQ2 上显示 IP EIGRP 邻居

```
BR# show ip eigrp neighbors
EIGRP-IPv4 VR(PILE_BRANCH) Address-Family Neighbors for AS(1)
BR#


HQ2# show ip eigrp neighbors
EIGRP-IPv4 Neighbors for AS(100)
H   Address              Interface          Hold Uptime    SRTT   RTO  Q   Seq
                                            (sec)          (ms)        Cnt Num
0   10.2.0.8             Et0/0                12 00:09:21     8   100  0   7
HQ2#
```

从以上信息可以看出，BR 配置的 EIGRP ASN 1 与 HQ2 配置的 EIGRP ASN 100（该 EIGRP ASN 是 PILE 网络文档记录的 ASN）不匹配，因而接下来应该检查这两台路由器运行配置中的 EIGRP 配置段落（如例 8-53 所示）。

例 8-53　收集信息：显示 BR 和 HQ2 的运行配置

```
BR# show running-config | section router eigrp
router eigrp PILE_BRANCH
 !
 address-family ipv4 unicast autonomous-system 1
  !
  topology base
  exit-af-topology
  network 0.0.0.0
 exit-address-family
BR#


HQ2# show running-config | section router eigrp
router eigrp 100
 network 10.2.0.0 0.0.0.255
 network 10.3.0.0 0.0.0.255
 eigrp stub connected summary
HQ2#
```

从 BR 的运行配置可以看出，该路由器的 EIGRP 采用了新的命名式配置方式。在该命名式配置中，地址簇 IPv4 的单播 ASN 被错误指定为 1，并在该地址簇中利用 **network 0.0.0.0** 语句在所有 BR 接口上都激活了 EIGRP。出现这种情况的最可能原因是 Carrie 希望能够在最近将要接入的 47 台 BR 上使用该配置。

从路由器 HQ2 的运行配置可以看出，该路由器的 EIGRP 采用了传统配置方式（而不是命名式配置方式），配置了正确的 ASN 100，而且还以正确的通配符掩码配置了两条精确的 **network** 语句。但奇怪的是，路由器 HQ2 的 EIGRP 配置中包含了 EIGRP 末梢配置。出现这种情况的原因可能是 Carrie 希望在分支机构利用 EIGRP 的该优化选项，但看起来 Carrie 在错误的路由器 HQ2（而不是 BR）上输入了该命令。

4. 提出并验证推断

根据收集到的上述信息，可以推断出应该用正确的 ASN 100 来重新配置 BR 的 EIGRP 命名式配置。

虽然可以保留 **network 0.0.0.0** 语句，但是必须提醒 Carrie 这样做会在所有接口上都激活 EIGRP。而且此外还存在一个风险，如果分支机构配置了指向本地接口（而不是下一跳）的静态默认路由，那么在配置了 **network 0.0.0.0** 语句的情况下，将不会向总部宣告该默认路由。

此外，还必须删除 HQ2 运行配置中的 **eigrp stub** 语句，并将其添加到 BR 的 EIGRP 配置中。

例 8-54 给出了修正 BR 配置中 IPv4 地址簇的 ASN 的配置示例。从 **show ip eigrp neighbors** 命令的输出结果可以看出，路由器 HQ2（10.3.0.7）已经是邻接邻居。

例 8-54 提出并验证推断：修正 BR 配置中的 ASN

```
BR# conf term
Enter configuration commands, one per line.  End with CNTL/Z.
BR(config)# router eigrp PILE_BRANCH
BR(config-router-af)# no address-family ipv4 unicast autonomous-system 1
BR(config-router)# address-family ipv4 unicast autonomous-system 100
BR(config-router-af)# topology base
BR(config-router-af-topology)# exit
BR(config-router-af)# network 0.0.0.0
Sep 16 06:27:33.001: %DUAL-5-NBRCHANGE: EIGRP-IPv4 100: Neighbor 10.3.0.8
  (Ethernet0/1) is up: new adjacency
BR(config-router-af)# end
BR# show ip eigrp neighbor
EIGRP-IPv4 VR(PILE_BRANCH) Address-Family Neighbors for AS(100)
H   Address                    Interface              Hold Uptime   SRTT   RTO  Q  Seq
                                                      (sec)         (ms)       Cnt Num
```

```
0   10.3.0.7                 Et0/1                         14 00:00:28   11   100  0  8
BR#
BR# ping 209.165.200.129
Type escape sequence to abort.
Sending 5, 100-byte ICMP Echos to 209.165.200.129, timeout is 2 seconds:
.....
Success rate is 0 percent (0/5)
BR# show ip route
< ...output omitted... >
Gateway of last resort is not set

      10.0.0.0/8 is variably subnetted, 5 subnets, 2 masks
C        10.0.30.0/24 is directly connected, Ethernet0/0
L        10.0.30.7/32 is directly connected, Ethernet0/0
D        10.2.0.0/24 [90/1536000] via 10.3.0.7, 00:04:31, Ethernet0/1
C        10.3.0.0/24 is directly connected, Ethernet0/1
L        10.3.0.8/32 is directly connected, Ethernet0/1
BR#
```

从例 8-54 还可以看出，修正了 BR 的 EIGRP ASN 之后，虽然此时 BR 已经与路由器 HQ2 建立了邻接关系，但是从 BR 向 Internet 测试地址 209.165.200.129 发起的 ping 测试仍然失败。检查 BR 的路由表后发现，BR 仅从路由器 HQ2 收到了单个网络（10.2.0.0/24），而没有收到默认路由。

因而需要从 HQ2 的 EIGRP 配置中删除 **eigrp stub** 语句，并将该语句添加到 BR 的配置中。例 8-55 显示了 HQ2 及 BR 的配置修改情况。配置修改完成后显示 BR 的路由表，可以看出 BR 正在从 HQ2 接收路由以及默认路由。

例 8-55　提出并验证推断：从 HQ2 的 EIGRP 配置中删除 eigrp stub 语句并将其添加到 BR 配置中

```
HQ2# conf term
Enter configuration commands, one per line.  End with CNTL/Z.
HQ2(config)# router eigrp 100
HQ2(config-router)# no eigrp stub connected summary
< ...output omitted... >
HQ2(config-router)# end
HQ2# wr
Building configuration...
[OK]
Sep 16 06:36:31.998: %SYS-5-CONFIG_I: Configured from console by console
HQ2#

BR# conf term
Enter configuration commands, one per line.  End with CNTL/Z.
BR(config)# router eigrp PILE_BRANCH
```

```
BR(config-router)# !
BR(config-router)# address-family ipv4 unicast autonomous-system 100
BR(config-router-af)# !
BR(config-router-af)# eigrp stub
BR(config-router-af)#
Sep 16 06:39:36.088: %DUAL-5-NBRCHANGE: EIGRP-IPv4 100: Neighbor 10.3.0.8
  (Ethernet0/1) is down: Interface PEER-TERMINATION receivedend
BR# wr
Building configuration...
[OK]
BR# show ip route
< ...output omitted... >
Gateway of last resort is 10.3.0.7 to network 0.0.0.0

D*    0.0.0.0/0 [90/2048000] via 10.3.0.7, 00:01:18, Ethernet0/1
      10.0.0.0/8 is variably subnetted, 10 subnets, 3 masks
D        10.0.0.0/8 [90/2048000] via 10.3.0.7, 00:01:18, Ethernet0/1
D        10.0.10.0/24 [90/1541120] via 10.3.0.7, 00:01:18, Ethernet0/1
D        10.0.20.0/24 [90/1541120] via 10.3.0.7, 00:01:18, Ethernet0/1
C        10.0.30.0/24 is directly connected, Ethernet0/0
L        10.0.30.7/32 is directly connected, Ethernet0/0
D        10.0.99.0/24 [90/1541120] via 10.3.0.7, 00:01:18, Ethernet0/1
D        10.1.0.0/24 [90/2048000] via 10.3.0.7, 00:01:18, Ethernet0/1
D        10.2.0.0/24 [90/1536000] via 10.3.0.7, 00:01:18, Ethernet0/1
C        10.3.0.0/24 is directly connected, Ethernet0/1
L        10.3.0.8/32 is directly connected, Ethernet0/1
      209.165.200.0/24 is variably subnetted, 2 subnets, 2 masks
D        209.165.200.4/30 [90/2560000] via 10.3.0.7, 00:01:18, Ethernet0/1
D        209.165.200.248/29 [90/2048000] via 10.3.0.7, 00:01:18, Ethernet0/1
      209.165.201.0/30 is subnetted, 1 subnets
D        209.165.201.4 [90/2560000] via 10.3.0.7, 00:01:18, Ethernet0/1
BR#
```

5. 解决故障

可以从分支机构测试 Internet 连接性以确定故障问题是否已解决。从例 8-56 可以看出，此时已经可以从 PC1 通过 Telnet 访问 BR。通过 Telnet 方式访问 BR 之后，以 BR Eth0/0 接口的 IP 地址（10.0.30.7）为源地址向 Internet 测试地址发起 ping 测试（如例 8-56 所示），可以看出 ping 测试成功，表明故障问题已解决。

例 8-56　解决故障：从分支机构站点向 Internet 发起的 ping 测试成功

```
PC1# telnet 10.0.30.7
Trying 10.0.30.7 ... Open
```

```
User Access Verification
Password:
BR> en
Password:
BR# ping 209.165.200.129 source 10.0.30.7
Type escape sequence to abort.
Sending 5, 100-byte ICMP Echos to 209.165.200.129, timeout is 2 seconds:
Packet sent with a source address of 10.0.30.7
!!!!!
Success rate is 100 percent (5/5), round-trip min/avg/max = 1/1/1 ms
BR#
```

此时还需要在网络文档中记录上述排障过程并告诉 Carrie 故障问题已解决。

6. EIGRP 的末梢配置

EIGRP 的末梢配置选项可以为末梢站点提供更快的收敛速度，该特性对于星型拓扑结构来说非常有用。在星型拓扑结构中，一个或多个分支站点的路由器将连接到中心站点的路由器上，分支站点之间可能不进行通信，也可能通过中心站点进行通信。中心路由器发出的流量通常不会将分支站点中的远程路由器作为转接路径。

将路由器配置为 EIGRP 末梢路由器时，远程分支路由器将仅与邻居（位于中心站点）共享部分路由信息。如果在分支站点的路由器上应用不含可选关键字的 **eigrp stub** 命令，那么路由器将仅宣告其直连路由和汇总路由。**eigrp stub** 命令提供了如下可选关键字。

- **eigrp stub connected**：远程路由器仅宣告直连路由。
- **eigrp stub static**：远程路由器仅宣告静态路由。
- **eigrp stub redistribute**：远程路由器仅宣告通过路由重分发方式从其他协议进入 EIGRP 的路由。
- **eigrp stub summary**：远程路由器仅宣告汇总路由。
- **eigrp stub receive-only**：远程路由器不宣告任何路由。

7. 新的 EIGRP 命名式配置

目前 Cisco 路由器支持两种 EIGRP 配置方式。第一种配置方式就是传统配置方式，称为 EIGRP 自治系统配置方式。第二种配置方式称为 EIGRP 命名式配置方式。使用自治系统配置方式时，必须在 config-router 模式下输入一些命令，然后在 config-interface 模式下输入一些命令，而且对于每种地址簇（IPv4/IPv6）来说，都必须配置一个独立的 EIGRP 进程。使用新的命名式配置方式时，单个 EIGRP 进程可以同时处理 IPv4 和 IPv6 地址簇，而且与接口相关的命令也可以在 EIGRP 路由进程中每种地址簇的适当子模式下进行配置。使用新的命名式配置方式配置 EIGRP 时，EIGRP 路由进程提供了以下三种子模式。

- **地址簇配置模式**：该模式用于配置通用的 EIGRP 参数（如 **network** 语句）、手工配置的邻居以及默认度量。每种地址簇都有自己的子模式。
- **地址簇接口配置模式**：该模式用于配置与接口相关的 EIGRP 参数，如带宽、水平分割以及认证方式等。配置接口参数时，既可以通过配置默认接口的方式应用于所有接口，也可以针对特定接口进行单独配置。请注意，地址簇的特定接口配置会覆盖地址簇的接口默认配置，而地址簇的接口默认配置会覆盖地址簇的工厂默认接口配置。
- **地址簇拓扑结构配置模式**：该模式可以为 EIGRP 拓扑结构表提供配置选项，如管理距离、重分发以及负载均衡。主路由表是通过基础拓扑结构建立起来的。

EIGRP 命名式配置方式的好处之一就是验证命令与配置命令相似，前面加上关键字 **show** 即可。常见的 EIGRP 验证命令主要有下面几条。

- **show eigrp plugins**：显示 EIGRP 配置及地址簇等一般性信息。
- **show ip eigrp topology**：显示 EIGRP 的拓扑结构表。
- **show eigrp address-family** { **ipv4** | **ipv6** } [*autonomous-system-number*] [**multicast**] **accounting**：显示相应地址簇的前缀记账信息。
- **show eigrp address-family interfaces detail** [*interface-type interface-number*] ：显示激活了 EIGRP 的接口的详细信息。
- **show eigrp address-family topology route-type summary**：显示所有汇总路由的信息。

8.4.2 检测与排除管理性访问 ASW2 的故障

PILE 的网络工程师 Carrie 联系我们（SECHNIK 公司的员工）并寻求以下帮助：PC1 无法通过 Telnet 访问 ASW2，但是可以通过 Telnet 访问其他网络设备。

1. 验证故障

为了验证 Carrie 报告的故障问题，可以从 PC1 向 ASW2（10.0.99.7）发起 Telnet 访问请求。从例 8-57 可以看出连接超时，但是从 PC1 向 ASW1（10.0.99.6）和 DSW（10.0.10.1）发起 Telnet 访问请求均成功。

因而验证了 Carrie 报告的故障问题确实存在。

2. 收集信息

由于已经知道 PC1 无法通过 Telnet 访问 ASW2，因而决定采取分而治之法并检查是否可以 ping 通 ASW2（如例 8-58 所示）。可以看出从 PC1 向交换机 ASW2 发起的 ping 测试失败，但是从 ASW1 向 ASW2 发起的 ping 测试成功。请记住，ASW1 和 ASW2 的管理地址（分别是 10.0.99.7 和 10.0.99.6）属于同一个 IP 子网。

例 8-57　验证故障：PC1 无法通过 Telnet 访问 ASW2

```
PC1# telnet 10.0.99.7
Trying 10.0.99.7 ...
% Connection timed out; remote host not responding
PC1# telnet 10.0.99.6
Trying 10.0.99.6 ... Open
User Access Verification
Password:
ASW1> exit
[Connection to 10.0.99.6 closed by foreign host]
PC1# telnet 10.0.10.1
Trying 10.0.10.1 ... Open
User Access Verification
Password:
DSW> exit
[Connection to 10.0.10.1 closed by foreign host]
PC1#
```

例 8-58　收集信息：从 PC1 向 ASW2 发起的 ping 测试失败

```
PC1# ping 10.0.99.7
Type escape sequence to abort.
Sending 5, 100-byte ICMP Echos to 10.0.99.7, timeout is 2 seconds:
.....
Success rate is 0 percent (0/5)
PC1#

ASW1# ping 10.0.99.7
Type escape sequence to abort.
Sending 5, 100-byte ICMP Echos to 10.0.99.7, timeout is 2 seconds:
.!!!!
Success rate is 80 percent (4/5), round-trip min/avg/max = 1/3/8 ms
ASW1#
```

由于从 ASW1 向 ASW2 发起的 ping 测试成功，因而可以断定不存在物理层和数据链路层故障。由于 PC1 能够通过 Telnet 方式访问 ASW1，但是却无法访问 ASW2（与 ASW1 位于同一个子网），因而可以断定也不存在路由故障。为了确定从子网 10.0.99.0/24 外部无法访问 ASW2 却可以访问 ASW1 的原因，可以考虑采用对比分析法来对比 ASW1 与 ASW2 的配置信息。例 8-59 给出了交换机 ASW1 的 **show ip route** 命令输出结果，可以看出交换机 ASW1 将 10.0.99.1（交换机 DSW 的接口 VLAN 99）配置为默认网关。

*例 8-59 收集信息：ASW1 的 **show ip route** 命令输出结果*

```
ASW1# show ip route
Default gateway is 10.0.99.1
Host               Gateway          Last Use     Total Uses  Interface
ICMP redirect cache is empty
ASW1#
```

接下来访问交换机 ASW2 并运行 **show ip route** 命令（如例 8-60 所示），可以看出与 ASW1 不同，交换机 ASW2 没有配置默认网关。

*例 8-60 收集信息：ASW2 的 **show ip route** 命令输出结果*

```
ASW2# show ip route
Default gateway is not set
Host               Gateway          Last Use     Total Uses  Interface
ICMP redirect cache is empty
ASW2#
```

3. 提出并验证推断

根据收集到的上述信息（交换机 ASW2 没有配置默认网关），可以推断出应该在交换机 ASW2 上配置默认网关地址 10.0.99.1（与 ASW1 的配置一样）。例 8-61 显示了在交换机 ASW2 上运行 **ip default-gateway** 命令的情况，从随后运行的 **show ip route** 命令输出结果可以看出，ASW2 的默认网关已经正确显示为 10.0.99.1。

例 8-61 验证推断：在 ASW2 上配置默认网关

```
ASW2# conf t
Enter configuration commands, one per line.  End with CNTL/Z.
ASW2(config)# ip default-gateway 10.0.99.1
ASW2(config)# end
ASW2# sh
*Sep 17 04:11:09.539: %SYS-5-CONFIG_I: Configured from console by console
ASW2# show ip route
Default gateway is 10.0.99.1
Host               Gateway          Last Use     Total Uses  Interface
ICMP redirect cache is empty
ASW2#
```

4. 解决故障

此时可以从 PC1 再次向 ASW2 发起 Telnet 会话（如例 8-62 所示）。可以看出此时 PC1 不但能够 ping 通 ASW2，而且能够通过 Telnet 方式访问 ASW2，表明故障问题已解决。

例 8-62　解决故障：PC1 能够通过 Telnet 方式访问 10.0.99.7（ASW2）

```
PC1# ping 10.0.99.7
Type escape sequence to abort.
Sending 5, 100-byte ICMP Echos to 10.0.99.7, timeout is 2 seconds:
!!!!!
Success rate is 100 percent (5/5), round-trip min/avg/max = 1/202/1007 ms
PC1# telnet 10.0.99.7
Trying 10.0.99.7 ... Open
User Access Verification
Password:
ASW2> exit
[Connection to 10.0.99.7 closed by foreign host]
PC1#
```

此时还需要在网络文档中记录上述排障过程并告诉 Carrie 故障问题已解决。

5．在二层和多层设备上提供默认路由

如果要在 Cisco 网络设备上安装默认路由，那么可以采取如下配置方式。

- **ip default-network** *network-number*：该命令可以指定充当默认路由的网络。在设备上启用了路由进程之后就可以使用该命令。为了保证该命令能够起作用，要求路由表中必须有指定的网络号。如果满足该条件，那么就会为该命令指定的网络号的主类网络自动创建一条默认路由表项。请注意，**ip default-network** *network-number* 命令是一个有类别命令。如果为命令中的网络号使用无类别网络掩码，那么就不会设置默认网关，也不会向路由表添加默认路由。仅当网络号使用的是有类别网络地址时，才会设置默认网关。由于该命令是一个有类别命令，因而属于已过时的命令，不再使用。
- **ip route 0.0.0.0 0.0.0.0** { *ip-address* | *interface-type interface-number* [*ip-address*]}：该命令也被称为静态默认命令，其作用是设置默认网关。如果指定了下一跳 IP 地址，那么该下一跳 IP 地址必须可达（基于 IP 路由表信息），否则将不会在 IP 路由表中安装该静态路由。
- **ip default-gateway** *ip-address*：该命令仅适用于二层交换机，或者没有运行 **ip routing** 命令的多层交换机，或者通过 **no ip routing** 命令关闭了 IP 路由特性的路由器。对于多层交换机或路由器来说，只要启用了 IP 路由特性，该命令就会立即失效。

需要注意的是，三层路由设备也可以通过动态路由协议接收默认路由。

8.5　PILE 法务会计公司故障工单 5

PILE 法务会计公司的网络工程师 Carrie 联系我们（SECHNIK 公司的员工），提出了她

所关心的问题并寻求帮助。她对于 PILE 网络仅通过单台边缘（前端）路由器连接 Internet 表示担心，因而为公司总部站点购买了第二台边缘路由器（HQ0），然后让路由器 HQ0 连接 ISP1，同时让 HQ1 仍然连接 ISP2（如图 8-2 所示）。Carrie 称在为 HQ1 做故障测试时，发现 HQ0 并没有正确处理和转发流量，而是丢弃了这些流量。因此，Carrie 希望我们能够为 PILE 设计一个全功能的、可靠的 Internet 连接方案，在 HQ0 或 HQ1 任一条路径出现故障时都能保持 Internet 连接的可用性。

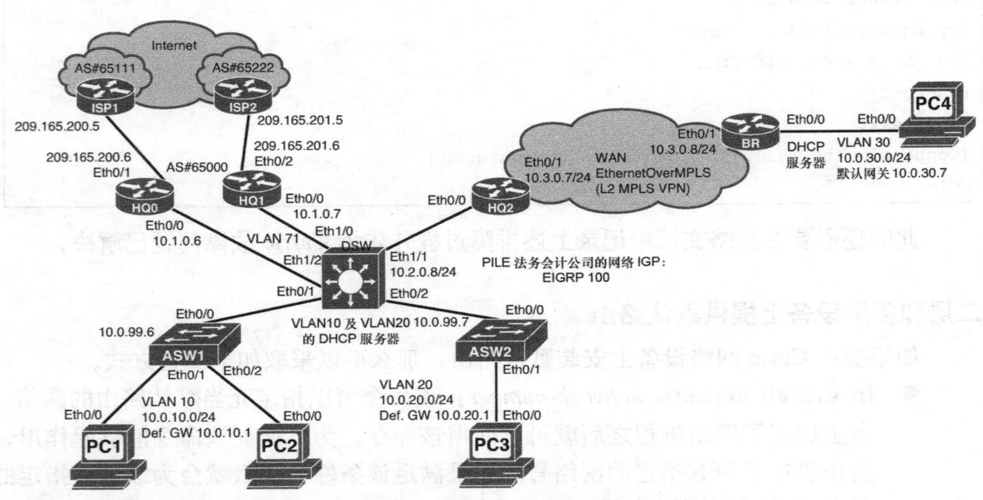

图 8-2 安装了第二台边缘路由器的 PILE 法务会计公司网络结构图

Carrie 还提出了另一个她所关心的问题，也就是自己的电脑（PC1）需要通过 Telnet 方式管理性访问所有网络设备，但最近发现 PC3 的用户也能并且曾经通过 Telnet 方式访问了 BR，而实际上并不允许这么做。也就是说，PC3 可以访问 Internet，也可以 ping 通所有设备，但是不能通过 Telnet 或 SSH 方式访问网络设备。

8.5.1 检测与排除由新的边缘路由器 HQ0 提供的冗余 Internet 接入故障

根据 Carrie 描述的故障问题，可以知道 Carrie 最近安装的第二台边缘路由器（HQ0）并没有在路由器 HQ1 出现故障时维持 PILE 网络的 Internet 连接性。

1. 验证并定义故障

在验证 PILE 网络缺乏冗余 Internet 连接之前，首先需要验证由路由器 HQ1 提供的主用 Internet 连接是否正常。从例 8-63 可以看出，PC1 向 Internet 测试 IP 地址（209.165.200.129）发起的 ping 测试 100%成功。

接下来可以通过关闭路由器 HQ1 的 Eth0/0 接口（LAN/内部）来验证 Carrie 所报告的故障问题。该操作可以中断由路由器 HQ1 为 PILE 提供的 Internet 接入链路。从例 8-63 可以看出，此时 PC1 向 Internet 测试 IP 地址 209.165.200.129 发起的 ping 测试失败。

例 8-63 验证故障：由新的边缘路由器 HQ0 提供的冗余 Internet 连接不起作用

```
PC1# ping 209.165.200.129
Type escape sequence to abort.
Sending 5, 100-byte ICMP Echos to 209.165.200.129, timeout is 2 seconds:
!!!!!
Success rate is 100 percent (5/5), round-trip min/avg/max = 1/1/2 ms
PC1#

HQ1# conf t
Enter configuration commands, one per line.  End with CNTL/Z.
HQ1(config)# interface ethernet 0/0
HQ1(config-if)# shut
Sep 18 05:51:38.015: %DUAL-5-NBRCHANGE: EIGRP-IPv4 100: Neighbor 10.1.0.6
  (Ethernet0/0) is down: interface down
Sep 18 05:51:38.017: %DUAL-5-NBRCHANGE: EIGRP-IPv4 100: Neighbor 10.1.0.254
  (Ethernet0/0) is down: interface down
Sep 18 05:51:40.017: %LINK-5-CHANGED: Interface Ethernet0/0, changed state to
  administratively down
Sep 18 05:51:41.021: %LINEPROTO-5-UPDOWN: Line protocol on Interface Ethernet0/0,
  changed state to down
HQ1(config-if)# end
HQ1#

PC1# ping 209.165.200.129
Type escape sequence to abort.
Sending 5, 100-byte ICMP Echos to 209.165.200.129, timeout is 2 seconds:
.....
Success rate is 0 percent (0/5)
PC1#
```

至此已经验证了 Carrie 提出的故障问题。新安装的路由器 HQ0 为 PILE 提供的 Internet 连接不起作用，因而无法提供冗余的 Internet 连接路径。由于在 HQ1 提供的 Internet 连接路径正常时，PC1 不存在 Internet 连接故障，因而可以采取跟踪流量路径法开展故障排查工作。

2. 收集信息

利用路由跟踪技术可以查看数据包被丢弃之前从 PC1 到 Internet 测试地址所经过的路径。从例 8-64 可以看出，该数据包在被丢弃之前经过了两跳，第一跳是 PC1 的默认网关（10.0.10.1），即交换机 DSW，第二跳（10.1.0.6）是新安装的边缘路由器 HQ0，因而接下来访问 10.1.0.6（HQ0）以收集更多有用信息。

例8-64 收集信息：从PC1向Internet发起ping测试

```
PC1# show ip route
Default gateway is 10.0.10.1
< ...output omitted... >
PC1# trace 209.165.200.129
Type escape sequence to abort.
Tracing the route to 209.165.200.129
VRF info: (vrf in name/id, vrf out name/id)
  1 10.0.10.1 1 msec 1 msec 0 msec
  2 10.1.0.6 1 msec 1 msec 1 msec
  3  *  *  *
  4  *  *  *
  5  *  *  *
PC1# telnet 10.1.0.6
Trying 10.1.0.6 ... Open
User Access Verification
Password:
HQ0>en
Password:
HQ0#
```

收集HQ0的信息时，最好首先检查该边缘路由器的IP路由表（如例8-65所示）。可以看出HQ0可以通过下一跳209.165.200.5到达很多Internet目的地。接下来利用**show ip bgp summary**命令检查HQ0的BGP邻居信息。其中，209.165.200.5是HQ0的外部BGP邻居，是ISP1的BGP路由器（连接HQ0）。最后利用**show ip bgp neighbor 209.165.200.5 advertised-routes**命令来确定路由器HQ0向ISP宣告了哪些前缀。从例8-65可以看出，HQ0根本就没有向外部BGP邻居宣告任何路由。

例8-65 收集信息：检查边缘路由器HQ0的路由表

```
HQ0# show ip route
< ...output omitted.. >
      209.165.200.0/24 is variably subnetted, 5 subnets, 5 masks
C        209.165.200.4/30 is directly connected, Ethernet0/1
L        209.165.200.6/32 is directly connected, Ethernet0/1
B        209.165.200.128/26 [20/0] via 209.165.200.5, 00:22:21
B        209.165.200.192/27 [20/0] via 209.165.200.5, 00:22:21
S        209.165.200.248/29 is directly connected, Null0
      209.165.201.0/24 is variably subnetted, 4 subnets, 3 masks
B        209.165.201.128/25 [20/0] via 209.165.200.5, 00:22:21
B        209.165.201.192/28 [20/0] via 209.165.200.5, 00:22:21
B        209.165.201.208/28 [20/0] via 209.165.200.5, 00:22:21
B        209.165.201.224/27 [20/0] via 209.165.200.5, 00:22:21
```

```
HQ0# show ip bgp summary
< ...output omitted... >
Neighbor        V    AS MsgRcvd MsgSent   TblVer  InQ OutQ  Up/Down   State/PfxRcd
10.1.0.7        4 65000       0       0        1    0    0 00:13:40  Active
209.165.200.5   4 65111      38      29       12    0    0 00:23:57       7
HQ0# show ip bgp neighbor 209.165.200.5 advertised-routes
Total number of prefixes 0
HQ0#
```

接下来需要确定 HQ 路由器需要向 Internet（ISP）宣告 PILE 法务会计公司的哪些公有前缀，因而可以查看 HQ0 运行配置中的 NAT 配置段落（如例 8-66 所示）。发现 NAT（Network Address Translation，网络地址转换）池中只有 200.165.200.250。看起来 NAT 配置没有问题，因而需要确定 HQ0 为何没有将前缀 200.165.200.250 宣告给 ISP。

例 8-66　收集信息：必须宣告哪些公有前缀

```
HQ0# show running-config | section nat
 ip nat inside
 ip nat outside
ip nat pool NAT 209.165.200.250 209.165.200.250 netmask 255.255.255.252
ip nat inside source list 1 pool NAT overload
HQ0#
HQ0# show run | begin interface Ethernet
interface Ethernet0/0
 ip address 10.1.0.6 255.255.255.0
 ip nat inside
 ip virtual-reassembly in
!
interface Ethernet0/1
 description ISP1
 ip address 209.165.200.6 255.255.255.252
 ip access-group 100 in
 ip nat outside
 ip inspect INSPECT out
 ip virtual-reassembly in
!
< ...output omitted... >
HQ0# show access-list 1
Standard IP access list 1
    10 permit 10.0.0.0, wildcard bits 0.255.255.255 (49 matches)
HQ0#
```

接下来检查路由器 HQ0 的 BGP 路由配置（如例 8-67 所示）。可以看出路由器 HQ0 配置了一条精确的 **network** 语句来试图宣告 PILE 的公有前缀 209.165.200.250/32。

*例 8-67 收集信息：检查 BGP 的 **network** 语句*

```
HQ0# show run | section router bgp
router bgp 65000
 bgp router-id 10.10.10.9
 bgp log-neighbor-changes
 bgp redistribute-internal
 network 209.165.200.250 mask 255.255.255.255
 neighbor 10.1.0.7 remote-as 65000
 neighbor 10.1.0.7 next-hop-self
 neighbor 209.165.200.5 remote-as 65111
 neighbor 209.165.200.5 distribute-list RouteOut out
HQ0#
```

由于确认了 HQ0 的 BGP 配置中确实为前缀 209.165.200.250/32 配置了一条 **network** 语句，因而接下来需要确定该前缀是否位于 HQ0 的 IP 路由表中。仅当前缀 209.165.200.250/32 位于 IP 路由表中时，BGP 才会宣告该前缀。在 IP 路由表中搜索该前缀后发现（如例 8-68 所示），前缀 209.165.200.250/32 并不在 IP 路由表中，但 IP 路由表中有一条关于前缀 209.165.200.248/29 的静态路由（经 Null0），因而接下来在运行配置中验证了该前缀（如例 8-68 底部所示）。

例 8-68 收集信息：检查 HQ0 的路由表

```
HQ0# show ip route 209.165.200.250
Routing entry for 209.165.200.248/29
  Known via "static", distance 1, metric 0 (connected)
  Redistributing via eigrp 100
  Advertised by eigrp 100 metric 900000 10 255 1 1500
  Routing Descriptor Blocks:
  * directly connected, via Null0
      Route metric is 0, traffic share count is 1
HQ0#
HQ0# show run | include 209.165.200.248 255.255.255.248
ip route 209.165.200.248 255.255.255.248 Null0
HQ0#
```

3. 提出并验证推断

看起来从 HQ0 的路由表中发现的静态路由出现了输入错误，而且由于前缀 209.165.200.250/32 不在 HQ0 的路由表中，因而 BGP 不会宣告该前缀。因此可以推断出应该删除该错误的静态路由并替换成正确的静态路由。例 8-69 显示了删除错误静态路由并添加正确的指向 Null0 的静态路由的配置示例。此时 BGP 就可以将该前缀宣告给 ISP 对等体了。例 8-69 的最后一段验证了该前缀宣告情况。可以看出，修正了静态路由配置之后，HQ0 的 BGP 路由进程已经将前缀 209.165.200.250/32 宣告给了邻居 209.165.200.5。

例 8-69 验证推断：修正错误的静态路由

```
HQ0# conf term
Enter configuration commands, one per line.  End with CNTL/Z.
HQ0(config)# no ip route 209.165.200.248 255.255.255.248 Null0
HQ0(config)# ip route 209.165.200.250 255.255.255.255 Null0
HQ0(config)# end
HQ0# show ip bgp neigh 209.165.200.5 advertised-routes
BGP table version is 13, local router ID is 10.10.10.9
Status codes: s suppressed, d damped, h history, * valid, > best, i - internal,
              r RIB-failure, S Stale, m multipath, b backup-path, f RT-Filter,
              x best-external, a additional-path, c RIB-compressed,
Origin codes: i - IGP, e - EGP, ? - incomplete
RPKI validation codes: V valid, I invalid, N Not found

     Network          Next Hop            Metric LocPrf Weight Path
 *>  209.165.200.250/32  0.0.0.0                  0         32768 i

Total number of prefixes 1
HQ0#
```

4. 解决故障

为了验证故障问题是否已解决，可以从 PC1 再次向地址 209.165.200.129 发起 ping 测试（如例 8-70 所示），可以看出 ping 测试成功。然后启用路由器 HQ1 的接口 Eth0/0 并重复上述 ping 测试，可以看出本次 ping 测试也成功。最后，关闭路由器 HQ0 的接口 Eth0/0 并重复上述 ping 测试，可以看出本次 ping 测试也成功。因而可以断定 HQ1 或 HQ0 任一台路由器出现故障后都能访问 Internet。

此时还需要在网络文档中记录上述排障过程并告诉 Carrie 故障问题已解决。

例 8-70 解决故障：经 HQ0 和 HQ1 都能访问 Internet

```
PC1# ping 209.165.200.129
Type escape sequence to abort.
Sending 5, 100-byte ICMP Echos to 209.165.200.129, timeout is 2 seconds:
!!!!!
Success rate is 100 percent (5/5), round-trip min/avg/max = 1/1/2 ms
PC1#


HQ1# conf t
Enter configuration commands, one per line.  End with CNTL/Z.
```

```
HQ1(config)# interface eth 0/0
HQ1(config-if)# no shut
HQ1(config-if)# end
Sep 18 06:40:29.434: %LINK-3-UPDOWN: Interface Ethernet0/0, changed state to up
Sep 18 06:40:30.441: %LINEPROTO-5-UPDOWN: Line protocol on Interface Ethernet0/0,
  changed state to up
Sep 18 06:40:30.626: %DUAL-5-NBRCHANGE: EIGRP-IPv4 100: Neighbor 10.1.0.254
  (Ethernet0/0) is up: new adjacency
Sep 18 06:40:30.644: %DUAL-5-NBRCHANGE: EIGRP-IPv4 100: Neighbor 10.1.0.6
  (Ethernet0/0) is up: new adjacency
Sep 18 06:40:31.034: %SYS-5-CONFIG_I: Configured from console by console
HQ1# wr
Building configuration...
[OK]
HQ1#

PC1# ping 209.165.200.129
Type escape sequence to abort.
Sending 5, 100-byte ICMP Echos to 209.165.200.129, timeout is 2 seconds:
!!!!!
Success rate is 100 percent (5/5), round-trip min/avg/max = 1/1/1 ms
PC1#

HQ0# conf t
Enter configuration commands, one per line.  End with CNTL/Z.
HQ0(config)# inter eth0/0
HQ0(config-if)# shut
HQ0(config-if)#
Sep 18 06:45:49.697: %DUAL-5-NBRCHANGE: EIGRP-IPv4 100: Neighbor 10.1.0.7
  (Ethernet0/0) is down: interface down
Sep 18 06:45:49.699: %DUAL-5-NBRCHANGE: EIGRP-IPv4 100: Neighbor 10.1.0.254
  (Ethernet0/0) is down: interface down
Sep 18 06:45:51.695: %LINK-5-CHANGED: Interface Ethernet0/0, changed state to
  administratively down
Sep 18 06:45:52.696: %LINEPROTO-5-UPDOWN: Line protocol on Interface Ethernet0/0,
  changed state to down
HQ0(config-if)#

PC1# ping 209.165.200.129
Type escape sequence to abort.
Sending 5, 100-byte ICMP Echos to 209.165.200.129, timeout is 2 seconds:
!!!!!
Success rate is 100 percent (5/5), round-trip min/avg/max = 1/1/1 ms
PC1#
```

5. 检测与排除 BGP 路由选择故障

当 BGP 表存在多条去往相同目的地的路径时，Cisco 设备上的 BGP 进程将通过以下进程比较路径并选择最佳路径。

1. 对于去往特定 IP 目的地的路径来说，仅当该路径是下一跳而且通过本地路由器的路由表可达，才会在最佳路径选择中选择该路径。
2. 优选权重（weight）最大的路径。权重是 Cisco 的专有属性，仅对所配置的路由器具有本地意义，不会宣告给任何邻居设备。默认权重为 0，但本地路由的权重为 32768。
3. 优选本地优先级（local preference）最高的路径。通常利用本地优先级实现自治系统范围内的路由策略，将优选出口点设置为一个或多个 IP 目的地。本地优先级仅宣告给 iBGP（internal BGP，内部 BGP）邻居。默认本地优先级值为 100，但是也可以利用 **default local-preference** 命令修改本地优先级数值。
4. 优选本地生成的路径。由本地发起的路径在 BGP 表中显示的下一跳 IP 地址值为 0.0.0.0。
5. 优选 AS-Path 属性最短的路径。如果输入了 **bgp bestpath as-path ignore** 命令，那么将略过这一步。
6. 优选路由来源代码最小的路径。IGP(i) 小于 EGP(e)，EGP(e) 小于 INCOMPLETE/UNKNOWN(?)。
7. 优选 MED（Multi-Exit Discriminator，多出口鉴别符）值最小的路径。在默认情况下，仅当从同一个自治系统收到多条路径时，才比较这些路径的 MED 值。如果希望 BGP 比较来自不同 ASN 的路径，那么就需要使用 **bgp always-compare-med** 命令。
8. 优选 eBGP 路径，次选 iBGP 路径。
9. 对于多条 iBGP 路径来说，优选由最近（基于 IGP 度量）的 IGP 邻居宣告的路径。
10. 对于多条 eBGP 路径来说，优选在 BGP 表中时间最长的路径，该路径被认为是最稳定的路径。
11. 优选由路由器 ID 较小的邻居宣告的路径。
12. 优选由 IP 地址较小的邻居宣告的路径。此时对比的是邻居配置中使用的 IP 地址。

命令 **show ip bgp** 可以显示 BGP 表的相关信息。对于 BGP 表中的每条前缀路径来说，可以显示下一跳、MED、度量、本地优先级、权重、AS-Path 以及来源代码等 BGP 属性。如果某路径有效，那么就会在该行的开头标记“*”，而最佳路径则会标记“>”。如果要显示特定 BGP 前缀的详细信息，可以使用 **show ip bgp** *prefix* 命令。

命令 **show ip bgp neighbors** *ip-address* **received-routes** 可以显示从特定邻居接收到的所有路由。如果要使用该命令，就必须为邻居配置 BGP 入站软重置（soft reconfiguration inbound）选项。启用了软重置选项之后，路由器在将策略应用于接收到的路由之前，会存储接收到的所有路由。更改了 BGP 策略之后，可以将更改后的策略应用于这些已存储的路由上。由于不需要重启 BGP 会话，因而该方式非常有用。

如果要重启与邻居之间的 BGP 会话，可以使用 **clear ip bgp ***命令。由于该命令将重置所有 BGP 会话，因而应避免在生产网络中使用该命令。如果仅希望重启与特定邻居之间的 BGP 会话，那么可以使用 **clear ip bgp** *ip-address* 命令，不过也不建议在生产网络中使用该命令。路由刷新命令（**clear ip bgp neighbor** *neighbor-ip* **in** 或 **clear ip bgp neighbor** *neighbor-ip* **out**）也能完成类似任务，但是对网络的破坏程度较低。

8.5.2 检测与排除非授权 Telnet 访问故障

Carrie 请求协助解决的最后一个故障问题就是 PC3 的用户能够通过 Telnet 方式访问 BR。虽然 Carrie 认为自己已经对 Telnet 的访问控制做了必要的配置工作，但是看起来并没有起作用。

1. 验证故障

为了验证故障问题，可以从 PC3 向 BR 发起 Telnet 访问请求。从例 8-71 可以看出 Telnet 连接失败。

例 8-71 验证故障：从 PC3 向 BR 发起 Telnet 访问请求

```
PC3# telnet 10.3.0.8
Trying 10.3.0.8 ...
% Connection refused by remote host
PC3#
```

因而可以判断出 PC3 无法通过 Telnet 方式直接访问 BR。不过，PC3 也能通过其他设备间接访问 BR。

2. 收集信息

由于无法从 PC3 直接通过 Telnet 方式访问 BR，因而需要检查 BR 的配置信息，并根据 BR 的配置信息来确定允许哪些 IP 地址通过 Telnet 方式访问 BR。例 8-72 显示了 BR 的 vty 线路配置信息，可以看出 vty 线路上应用了命令 **access-class 10 in**。访问列表 10 允许 IP 子网 10.0.10.0/24（VLAN 10）以及 IP 子网 10.3.0.0/24 中的设备。

IP 子网 10.3.0.0/24 位于 BR 与路由器 HQ2 的 WAN 链路上。目前仅从该子网分配了两个 IP 地址，一个地址分配给了 BR，另一个地址分配给了路由器 HQ2。接下来需要确定 PC3 是否能够通过 Telnet 方式访问路由器 HQ2（10.3.0.7）。从例 8-73 可以看出，PC3 能够通过 Telnet 方式访问路由器 HQ2，然后经 HQ2，最终以 Telnet 方式访问路由器 HQ2（10.3.0.8）。

例 8-72　检查 BR 的 vty 线路配置

```
BR# show run
< ...output omitted... >
access-list 10 permit 10.0.10.0 0.0.0.255
access-list 10 deny   10.0.20.0 0.0.0.255
access-list 10 remark USERS from VLAN 20 should not be allowed to telnet in
access-list 10 permit 10.3.0.0 0.0.0.255
!
< ...output omitted... >
!
line vty 0 4
 access-class 10 in
 password c1sc0
 login
 transport input all
BR#
```

例 8-73　测试 PC3 是否能够通过 Telnet 方式访问路由器 HQ2

```
PC3# telnet 10.3.0.7
Trying 10.3.0.7 ... Open
User Access Verification
Password:
HQ2>en
Password:
HQ2# telnet 10.3.0.8
Trying 10.3.0.8 ... Open
User Access Verification
Password:
BR>
```

3. 进一步收集信息并分析信息

此时需要确定 PC3 能够通过 Telnet 方式访问路由器 HQ2 的原因。从例 8-74 可以看出，应用在 HQ2 vty 线路上的命令 **access-class 10 in** 仅允许与访问列表 10 相匹配的 IP 地址进行 Telnet 访问。不过检查访问列表 10 的内容后发现，第一条语句允许所有与地址 10.0.0.0 拥有 16 比特匹配长度的 IP 地址。将该语句与 BR 的访问列表 10（如例 8-61 所示）进行对比后可以看出，该语句出现了配置错误，实际上应该仅允许 IP 子网 10.0.10.0/24（VALN 10）进行 Telnet 访问。

例 8-74 检查路由器 HQ2 的配置

```
HQ2# show running-config | section line vty
line vty 0 4
 access-class 10 in
 password c1sc0
 login
 transport input all
HQ2# show access-list 10
Standard IP access list 10
    10 permit 10.0.0.0, wildcard bits 0.0.255.255
    20 deny   10.0.20.0, wildcard bits 0.0.0.255
HQ2#
```

4. 提出并验证推断

根据收集到的上述信息，可以推断出路由器 HQ2 的访问列表 10 出现了配置错误。必须删除 HQ2 的访问列表 10 中的第一条语句，并替换成允许所有与地址 10.0.10.0（VALN 10）拥有 24 比特匹配长度的 IP 地址。例 8-75 给出了修改 HQ2 访问列表 10 的配置示例。

例 8-75 修正 HQ2 的访问列表 10 配置

```
HQ2# conf term
Enter configuration commands, one per line.  End with CNTL/Z.
HQ2(config)# ip access-list standard 10
HQ2(config-std-nacl)# no 10
HQ2(config-std-nacl)# 10 permit 10.0.10.0 0.0.0.255
HQ2(config-std-nacl)# end
HQ2#
*Sep 19 05:27:50.805: %SYS-5-CONFIG_I: Configured from console by console
HQ2# show access-list 10
Standard IP access list 10
    10 permit 10.0.10.0, wildcard bits 0.0.0.255
    20 deny   10.0.20.0, wildcard bits 0.0.0.255
HQ2# wr
Building configuration...
[OK]
HQ2#
```

5. 解决问题

接下来需要确定修正后的访问列表是否会阻塞 PC3 向路由器 HQ2 发起的 Telnet 访问请求。从例 8-76 可以看出，PC3 向路由器 HQ2 发起的 Telnet 访问请求失败。然后从 PC3 直接向 BR 发起 Telnet 访问请求，但是该请求也失败。

例 8-76　修正 HQ2 的访问列表 10 配置

```
PC3# telnet 10.2.0.7
Trying 10.2.0.7 ...
% Connection refused by remote host

PC3# telnet 10.2.0.8
Trying 10.2.0.8 ...
% Connection refused by remote host

PC3#
```

此时还需要在网络文档中记录上述排障过程并告诉 Carrie 故障问题已解决。

6. 检测与排除管理平面故障

加强网络设备管理平面安全性的最佳实践如下所示。

- **使用复杂密码。**密码长度至少为 8 个字符，可以利用 **security password min-length** 命令强制限定密码的最小长度，密码中应该包含数字、大小写字母以及符号。
- **必须对试图访问网络设备的用户进行认证。**Cisco AAA（Authentication, Authorization, and Accounting，认证、授权和审记）允许在设备本地存储登录凭证或者将登录凭证存储到远程集中服务器上。可以使用 **aaa new-model** 命令启用 AAA 服务器。最好使用 TACACS+或 RADIUS 远程服务器（使用 **tacacs** 或 **radius server** 命令），并且在远程服务器不可用时使用本地数据库进行认证（使用 **aaa authentication login default group radius local** 命令）。
- **RBAC（Role-Based Access Control，基于角色的访问控制）的目的是定义拥有特定权限的角色并将用户账号分配给这些角色。**可以在自定义的特权级别或者解析视图下部署 RBAC。利用 **privilege** *mode* { **level level** | **reset** } *command-string* 命令可以为指定命令设置特权级别。利用解析视图可以部署更加精细化的 RBAC，创建视图的命令是 **parser view** *view-name*。
- **远程配置设备时，应该始终使用加密的管理协议。**加密的管理协议主要有 SSH 和 HTTPS。应该使用 SSH 版本 2，此时可以利用 **ip ssh version 2** 命令进行配置。如果仅启用 SSH，那么可以在 vty 线路配置模式下使用 **transport input ssh** 命令。使用 GUI 管理设备时，可以利用 **ip http secure-server** 命令来启用 HTTPS。
- **利用事件日志可以了解 Cisco IOS 设备的运行状态。**可以将日志输出结果导出到多种目的地，包括控制台、vty 线路、缓存、SNMP 服务器以及 syslog 服务器。利用 **service timestamps log datetime** 命令可以在日志消息中包含日期和时间。
- **利用 ntp server** *ip-address* **命令可以将网络设备与其他设备进行时钟同步。**这样做的好处是可以将记录于不同系统日志中的事件进行精确关联。

- **建议使用 SNMPv3 来监控和管理网络设备。**SNMPv3 使用安全模型和安全级别的概念。使用 SNMPv2c 的时候，需要使用复杂的团体字符串，而且还应该限制（利用 ACL）通过 SNMP 方式访问需要访问的主机。不要为读取访问使用团体 public，不要为读写访问使用团体 private，这些都是常见的默认团体字符串。
- **为了保护路由器的 IOS 映像或启动配置被意外或恶意篡改，Cisco 提供了弹性配置特性。**该特性可以为路由器的 IOS 映像及运行配置提供一份安全拷贝。启用了该特性之后，将无法远程禁用该特性。为了保护 IOS 映像，可以使用 **secure boot-image** 命令。为了保护设备配置，可以使用 **secure boot-config** 命令。

8.6 本章小结

本章根据图 8-3 所示拓扑结构讨论了 PILE 法务会计公司（一家虚构公司）的 5 个故障工单。

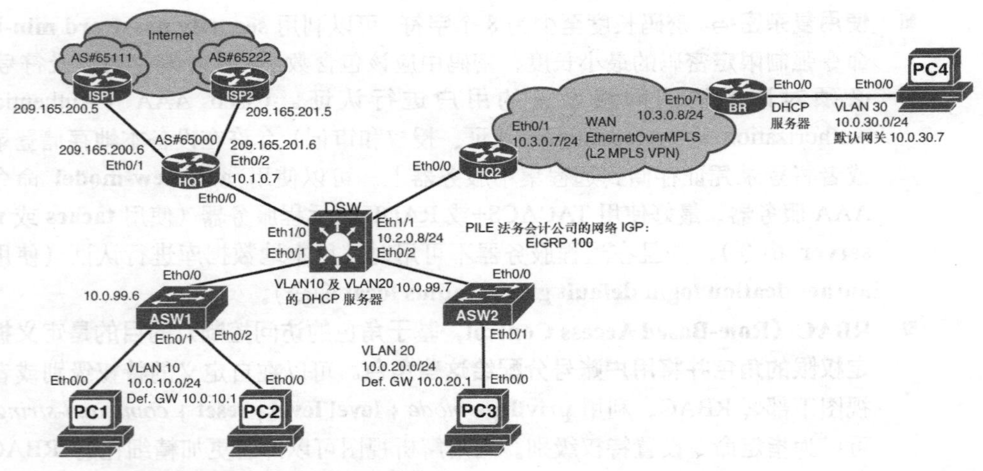

图 8-3 PILE 法务会计公司网络结构图

SECHNIK 网络公司为 PILE 提供技术支持。作为 SECHNIK 公司的员工，我们解决了客户报告的所有故障问题。

故障工单 1：PILE 法务会计公司是我们公司（SECHNIK 网络公司）的重要客户。我们的工程师 Peter 在周末对 PILE 网络做了一些优化。PILE 的网络工程师 Carrie 在周一报告了两个故障问题，并要求立即解决。

1. PILE 的分支机构无法连接公司总部以及 Internet。

   解决方案：我们发现故障原因是 BR 的 EIGRP 配置中存在无效 **network** 语句，因而修正了该语句并激活了 BR 面向总部的 WAN 侧的 EIGRP，从而 BR 至总部及 Internet 的连接恢复正常。

2. ISP1 的连接丢失或出现故障后，经 ISP2 的连接无法提供备份 Internet 连接。

解决方案：我们发现故障原因是路由器 HQ1 的边缘接口（Eth0/1 和 Eth0/2）应用了错误的访问列表，阻止了来自 ISP2 的 BGP 消息。

故障工单 2：本故障工单包括三个问题。首先，PILE 法务会计公司的一名用户直接联系我们（SECHNIK 网络公司），抱怨他的 PC（PC3）无法通过 Telnet 方式访问 BR，他希望尽快解决该问题。其次，PILE 公司的网络工程师 Carrie 急急忙忙地联系我们，称 PILE 的所有用户都无法访问 Internet。最后，HQ1 路由器的时间与优选的 NTP 服务器不同步。这三个故障问题的解决方案如下。

1. PC3 无法通过 Telnet 方式访问 BR。

解决方案：我们发现没有问题，BR 工作正常，但 BR 拒绝从 VLAN 20（PC3 位于该 VLAN 中）发起的 Telnet 连接请求。

2. 虽然 PILE 的所有用户都无法访问 Internet，但路由器 HQ1 能够访问 Internet。

解决方案：我们发现为路由器 HQ1 的 eBGP 邻居应用的出站访问列表阻止宣告 PILE 的本地网络，从而导致 PILE 网络不可达（从 Internet 方向）。

3. 路由器 HQ1 的时间与优选的 NTP 服务器不同步。

解决方案：我们发现故障原因是路由器 HQ1 的边缘接口（Eth0/1 和 Eth0/2）上应用的访问列表阻塞了来自优选 NTP 服务器的 NTP 消息。

故障工单 3：本故障工单起源于 PILE 法务会计公司网络中的泛洪现象破坏了交换机 DSW、ASW1 和 ASW2。虽然 PILE 的网络工程师 Carrie 替换了网络设备并恢复了关键 PC（VLAN 10 中的 PC）的连接性，但仍然向我们报告了以下网络故障并寻求帮助。

1. Carrie 替换了交换机 DSW、ASW1 和 ASW2，并恢复了 PILE 的关键工作站之后，PC3 无法访问 Internet，但是 Carrie 称 VLAN 10 中的 PC1 和 PC2 能够访问 Internet。

解决方案：我们发现在灾难恢复阶段，错误地将交换机 ASW1 的备份配置复制到了 ASW2 上，此外还发现交换机 DSW 上的 VLAN 20 的 IP 地址有误。

2. Carrie 报告称 PC4（位于分支机构网络中）的用户无法访问 Internet，具体而言，该用户无法访问的网站是 Cisco.com。

解决方案：我们发现 BR 的 DHCP 服务器配置中缺少了 DNS 服务器命令，因而终端主机（DHCP 客户端）没有 DNS 服务器进行域名解析。

故障工单 4：PILE 法务会计公司需要在全球范围内新连接 47 个分支机构。PILE 的网络工程师 Carrie 经过研究后认为 EIGRP 更加稳定，而且了解了 EIGRP 的末梢配置方式，因而决定重新配置当前唯一的一台 BR，让 BR 通过 EIGRP 末梢配置方式仅宣告直连网络和汇总网络。Carrie 的计划是先进行概念验证，然后在需要连接这 47 个新加入的分支机构时，只要在所有的新 BR 上重复上述配置操作即可，但 Carrie 联系我们（SECHNIK 公司的员工）并寻求帮助。下面是相应的故障问题以及解决方案。

1. 重新配置了 EIGRP 之后，BR 无法访问 Internet。

   解决方案：我们发现BR 的 EIGRP ASN 配置有误，而且错误地在总部路由器（而不是 BR）上配置了 **eigrp stub** 命令。

2. Carrie（使用 PC1）无法通过 Telnet 访问交换机 ASW2，但是可以访问其他网络设备。

   解决方案：我们发现交换机 ASW2 没有配置默认网关。

故障工单 5：PILE 法务会计公司的网络工程师 Carrie 为公司总部站点购买了第二台边缘路由器（HQ0）并让路由器 HQ0 连接 ISP1，同时让 HQ1 仍然连接 ISP2。Carrie 称在执行 HQ1 故障测试时，发现 HQ0 并没有正确处理和转发流量，而是丢弃了这些流量。因而 Carrie 希望我们协助解决该问题。此外，Carrie 还提出了另一个她所关心的问题，她需要自己的电脑（PC1）能够通过 Telnet 方式管理性访问所有网络设备，但最近发现 PC3 的用户也能并曾经通过 Telnet 方式访问了 BR。Carrie 称 PC3 可以访问 Internet，也可以 ping 通所有设备，但是不允许通过 Telnet 或 SSH 方式访问网络设备。这两个故障问题的解决方案如下。

1. Carrie 报告称新路由器 HQ0 无法为 PILE 网络提供冗余 Internet 连接。

   解决方案：我们发现故障原因是 BGP 没有宣告 NAT 内部全局地址（因为该前缀不在 IP 路由表中），因而解决措施是将静态路由指向 Null0。

2. 在没有“官方”授权的情况下，PC3 能够通过第一跳方式 Telnet 到其他网络设备上。

   解决方案：我们发现故障原因是在路由器 HQ2 的 vty 线路上应用了错误的 ACL。

8.7 复习题

1. 如何阻止在特定接口上与其他路由器建立 EIGRP 邻接性，但同时仍然可以通过 EIGRP 路径进程宣告该网络？

   a. 使用正确的 **no network** *network* [*mask*]命令

   b. 使用 **no auto-summary** 命令

   c. 使用 **passive-interface** 命令

   d. 使用 **passive-interface default** 命令

2. 下面哪种四层配置错误会导致 BGP 会话的 TCP 握手进程失败？

   a. 丢弃相关 TCP 包的访问列表或防火墙

   b. BGP 认证方式配置错误

   c. BGP 路由器之间的时钟不同步

   d. BGP 邻居的会话参数不一致

3. 如果两台路由器之间的 BGP 邻居关系处于活跃状态，那么意味着什么呢？

   a. 邻居处于 up 状态，BGP 处于正常工作状态

   b. 路由器正试图与邻居建立 TCP/BGP 会话

   c. 本地路由器正主动与邻居交换路由更新

   d. 本地路由器正在等待邻居对于发送的关于丢失路径的查询的响应消息

4. 对于入站 BGP 更新来说，下面哪一项正确指定了前缀列表、AS-Path 访问列表以及路由映射的正确应用顺序？
   a. 前缀列表、路由映射、AS-Path 访问列表
   b. 路由映射、前缀列表、AS-Path 访问列表
   c. 前缀列表、AS-Path 访问列表、路由映射
   d. AS-Path 访问列表、前缀列表、路由映射
5. BGP 的出站 **distribute-list** 命令通常应用于配置中的哪个位置？
   a. 应用于出站接口上
   b. 应用于全局配置中
   c. 应用于 BGP 配置下的 **neighbor** 命令上
   d. 以上均不对
6. 以下输出结果中哪台 NTP 服务器被用作时钟同步？

```
address ref clock st when poll reach delay offset disp
~192.165.100.101 .INIT. 16 - 1024 0 0.000 0.000 15937.
*~192.165.100.102 .LOCL. 1 615 1024 377 0.000 0.000 2.036
+~192.165.100.103 .LOCL. 1 509 1024 377 0.000 0.000 2.016
```

   a. 192.165.100.101
   b. 192.165.100.102
   c. 192.165.100.103
   d. 127.127.0.1 a.
7. 假设主机 10.0.3.33 向 DNS 服务器 8.8.8.8 发送了一条 DNS 查询消息，那么响应消息到达后将与访问列表中的哪一行相匹配？

```
access-list 100 permit udp host 8.8.8.8 eq 53 10.0.3.33 0.0.0.255 eq 53
access-list 100 permit udp any 10.0.3.33 0.0.0.31 eq 53
access-list 100 permit udp any eq 53 10.0.3.3 0.0.0.31
access-list 100 permit udp any 10.0.3.32 0.0.0.31
```

   a. 第 1 行
   b. 第 2 行
   c. 第 3 行
   d. 第 4 行
8. 假设已经建立了一个配置归档且配置信息如下所示，那么选项 **write-memory** 的目的是什么？

```
R1# show running-config | section archive
archive
path tftp://10.1.152.1/R1-config
write-memory
time-period 10080
```

   a. 应该在远程位置的非易失性存储器中创建归档
   b. 在将运行配置复制到 NVRAM 中的时候，将触发创建一个运行配置的归档拷贝

c. 添加到归档中的新文件应该覆盖之前添加的旧文件

9. 假设在不使用任何选项进行配置文件自动归档的情况下创建了配置归档，那么如何将文件添加到归档中？

   a. 输入 **copy startup-config archive** 命令

   b. 输入 **archive config** 命令

   c. 输入 **copy running-config archive** 命令

   d. 默认即可完成

10. 假设以 SSH 方式通过 Serial 0/0 接口地址访问了远程路由器。访问该设备之后的第一件事就是检查是否有当前运行配置的备份，发现存在一个归档文件（该归档文件是在运行 **write** 命令后自动创建的），而且该归档文件是最新文件。运行了 **reload in 120** 命令之后两分钟，SSH 连接中断并且无法恢复 SSH 会话。想起来退出前刚刚更改了接口 Serial 0/0 的 IP 地址，那么该如何恢复远程连接呢？

    a. 除非有人物理访问该设备来帮助你，否则将无法访问该设备

    b. 路由器将在 118 分钟后重启，之后就可以访问该设备

    c. 路由器将在 120 分钟后重启，之后就可以访问该设备

    d. 达到 120 秒钟超时时间之后，路由器将重启。等到路由器重启完成后，就可以再次访问该设备

11. 假设正在配置路由器，使用 **no ip routing** 命令禁用了路由进程之后，又运行了 **ip default-gateway 10.55.47.88** 命令，那么在输入 **show ip route** 命令之后将会看到什么？

    a. 默认网关将被设置为 10.55.47.88，且路由表为空

    b. 将会出现一条被标记为默认路由候选路由的新静态路由

    c. 路由表没有变化，因为使用的命令不正确

    d. 路由表没有变化，因为路由器的路由表没有任何表项

12. Cisco 路由器的本地优先级属性的默认值是多少？

    a. 0

    b. 50

    c. 100

    d. 200

13. 如果在路由器上配置了静态路由命令 **ip route 10.10.0.0 255.255.0.0 Null0**，那么下面哪条 **network** 命令会将路由注入到 BGP 中（宣告）？

    a. **network 10.0.0.0**

    b. **network 10.10.0.0**

    c. **network 10.0.0.0 mask 255.0.0.0**

    d. **network 10.10.0.0 mask 255.255.0.0**

第 9 章

故障检测与排除案例研究：POLONA 银行

本章将以图 9-1 所示拓扑结构为例来讨论 POLONA 银行（一家虚构公司）的 5 个故障检测与排除案例。POLONA 聘请了 SECHNIK 网络公司为其提供网络技术支持。作为 SECHNIK 网络公司的员工，需要解决客户报告的所有故障问题并记录在网络文档中。每个故障检测与排除案例均包含了一些配置差错，我们将按照现实世界的故障检测与排除场景来处理这些配置差错。为了提高学习效果，还将简要介绍本章用到的相关技术。

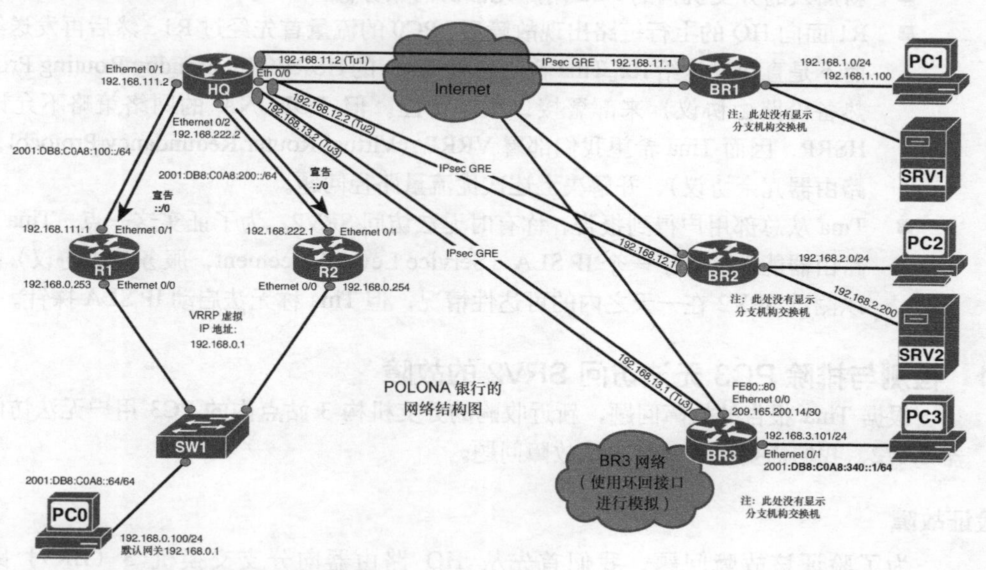

图 9-1　POLONA 银行网络结构图

POLONA 银行的员工为我们提供了以下注意事项。

- 如果要测试 IPv4 Internet 连接，那么可以使用 IP 地址 209.165.200.45。如果要测试 IPv6 Internet 连接，那么可以使用 IPv6 地址 2001:DB8:D1A5:C92D::1。
- 由于我们是在客户安排的维护窗口内执行故障检测与排除任务，因而允许我们在排障过程中执行入侵式测试和破坏性测试。

- 由于我们在公司总部执行排障操作，无法访问分支机构路由器的控制台端口，因而可以通过 Telnet 访问分支机构路由器。
- 所有设备的 Telnet 密码和启用密码都是 C1sc0。

注：本章及随后章节给出的网络结构图均使用 Cisco 路由器来模拟服务器和 PC，请大家在分析案例中显示的输出结果时务必记住这一点。

9.1 POLONA 银行故障工单 1

POLONA 银行是我们公司（SECHNIK 网络公司）的重要客户。POLONA 银行的总部站点连接了两个分支机构，但 POLONA 银行近期通过收购方式又新增加了一个分支机构（分支机构 3）。新增加的分支机构配置的路由协议是 EIGRP，而总部及其他两个分支机构配置的路由协议是 OSPF。POLONA 银行希望尽快对 EIGRP 进行重新配置。

POLONA 银行的网络工程师 Tina 刚刚联系我们，并报告了 POLONA 网络的以下故障问题，请求立即解决。

- 新加入的分支机构的 PC3 用户无法访问服务器 SRV2。
- R1 面向 HQ 的上行链路出现故障后，PC0 的流量首先经过 R1，然后再发送给 R2，而不是直接发送给 R2。Tina 希望利用 Cisco 的 HSRP（Hot Standby Routing Protocol，热备份路由协议）来部署接口跟踪特性。但 POLONA 的网络策略不允许配置 HSRP，因而 Tina 希望我们部署 VRRP（Virtual Router Redundancy Protocol，虚拟路由器冗余协议），并解决上述次优流量路径问题。
- Tina 从总部用户得到报告，称有时无法访问 SRV2。为了证实这一点，Tina 在 HQ 路由器能上配置了一个 IP SLA（Service Level Agreement，服务等级协议）探针，以测试 SRV2 在一天之内的可达性情况，但 Tina 称无法启动 IP SLA 探针。

9.1.1 检测与排除 PC3 无法访问 SRV2 的故障

根据 Tina 报告的故障问题，新近收购的分支机构 3 站点内的 PC3 用户无法访问服务器 SRV2，我们需要检查并解决该故障问题。

1．验证故障

为了验证该故障问题，我们首先从 HQ 路由器向分支交换机 3（BR3）路由器（192.168.3.101）发起 Telnet 请求。从例 9-1 可以看出，Telnet 连接成功，表明路由器 HQ 与路由器 BR3 之间经 Internet 的 IPSec-GRE（IP Security Generic Routing Encapsulation，IP 安全-通用路由封装）隧道工作正常。然后访问路由器 BR3，并以 BR3 的 LAN 接口（该接口连接 PC3）为源接口向服务器 SRV2 发起 ping 测试。可以看出 ping 测试失败，从而验证了 Tina 报告的故障问题。接下来关闭 Telnet 会话并从路由器 HQ 向服务器 SRV2 发起 ping 测试。从例 9-1 可以看出，ping 测试 100%成功，表明路由器 HQ 与 BR2 之间经 Internet 的 IPSec-GRE 隧道工作正常。

例 9-1 验证故障：从分支机构 3 的 LAN 无法到达 SRV2

```
HQ# telnet 192.168.3.101
Trying 192.168.3.101 ... Open
User Access Verification
Password:
BR3> en
Password:
BR3# ping 192.168.2.200 source 192.168.3.101
Type escape sequence to abort.
Sending 5, 100-byte ICMP Echos to 192.168.2.200, timeout is 2 seconds:
Packet sent with a source address of 192.168.3.101
U.U.U
Success rate is 0 percent (0/5)
BR3# exit
[Connection to 192.168.3.101 closed by foreign host]
HQ# ping 192.168.2.200
Type escape sequence to abort.
Sending 5, 100-byte ICMP Echos to 192.168.2.200, timeout is 2 seconds:
!!!!!
Success rate is 100 percent (5/5), round-trip min/avg/max = 5/5/6 ms
HQ#
```

由于 HQ 与分支机构之间的 Internet 连接以及 IPSec-GRE 隧道工作正常，因而本故障问题的原因可能是内部网络问题，如路由问题。因而可以利用跟踪流量路径法来检查可能存在的路由问题。

2. 收集信息

重新访问路由器 BR3 并检查其路由表（如例 9-2 所示），可以看出路由器 BR3 没有通过 EIGRP 学到总部以及其他分支机构网络。从路由器 BR3 的 **show ip protocols** 命令的输出结果可以看出，路由器 BR3 的 EIGRP 配置没有问题，而且 **show ip eigrp neighbors** 命令的输出结果表明 HQ（192.168.13.2）是 BR3 的邻接邻居。

例 9-2 收集信息：检查 BR3 的路由配置

```
BR3# show ip route eigrp
< ...output omitted... >
Gateway of last resort is 209.165.200.13 to network 0.0.0.0

BR3# show ip protocols
*** IP Routing is NSF aware ***
Routing Protocol is "eigrp 100"
  Outgoing update filter list for all interfaces is not set
```

```
  Incoming update filter list for all interfaces is not set
< ...output omitted... >
  Routing for Networks:
    172.16.0.0
    192.168.3.0
    192.168.13.0
  Routing Information Sources:
    Gateway         Distance      Last Update
  Distance: internal 90 external 170
BR3# show ip eigrp neighbors
EIGRP-IPv4 Neighbors for AS(100)
H   Address                 Interface              Hold Uptime   SRTT   RTO  Q  Seq
                                                   (sec)         (ms)       Cnt Num
0   192.168.13.2            Tu3                      10 00:05:13    5  1470  0  3
BR3#
```

接下来将重点转向路由器HQ。在路由器HQ上运行**show ip protocols**命令（如例9-3所示），可以看出HQ在去往BR3（192.168.13.0）的链路上启用了EIGRP，与路由器BR3（192.168.13.1）建立了邻居关系/邻接性，并且将OSPF 1重分发到EIGRP中。

例9-3 收集信息：检查HQ的路由配置

```
HQ# show ip protocols
*** IP Routing is NSF aware ***
Routing Protocol is "eigrp 100"
  Outgoing update filter list for all interfaces is not set
  Incoming update filter list for all interfaces is not set
  Default networks flagged in outgoing updates
  Default networks accepted from incoming updates
  Redistributing: ospf 1
  EIGRP-IPv4 Protocol for AS(100)
    Metric weight K1=1, K2=0, K3=1, K4=0, K5=0
    NSF-aware route hold timer is 240
    Router-ID: 192.168.10.1
    Topology : 0 (base)
      Active Timer: 3 min
      Distance: internal 90 external 170
      Maximum path: 4
      Maximum hopcount 100
      Maximum metric variance 1
  Automatic Summarization: disabled
  Maximum path: 4
  Routing for Networks:
    192.168.13.0
  Routing Information Sources:
```

```
  Gateway          Distance       Last Update
  192.168.13.1          90        00:09:06
 Distance: internal 90 external 170

Routing Protocol is "ospf 1"
  Outgoing update filter list for all interfaces is not set
  Incoming update filter list for all interfaces is not set
  Router ID 192.168.10.1
  It is an autonomous system boundary router
 Redistributing External Routes from,
   eigrp 100, includes subnets in redistribution
< ...output omitted... >
HQ#
```

检查 HQ 的路由表后可以看出 HQ 的路由表中有 OSPF 路由。由于路由表中存在 OSPF 路由（如例 9-4 所示），因而应该将这些路由重分发到 EIGRP 中并宣告给 BR3（只要它们拥有正确的种子度量）。因此，接下来应该显示 HQ 的运行配置并检查重分发命令行。

例 9-4　收集信息：检查 HQ 的配置

```
HQ# show ip route
< ...output omitted... >
Gateway of last resort is 209.165.200.1 to network 0.0.0.0
< ...output omitted... >
D        172.16.19.0 [90/27008000] via 192.168.13.1, 00:12:02, Tunnel3
D        172.16.20.0 [90/27008000] via 192.168.13.1, 00:12:02, Tunnel3
O     192.168.0.0/24 [110/20] via 192.168.222.1, 00:11:56, Ethernet0/2
                     [110/20] via 192.168.111.1, 00:12:06, Ethernet0/1
      192.168.1.0/25 is subnetted, 2 subnets
O        192.168.1.0 [110/1010] via 192.168.11.1, 00:11:56, Tunnel1
O        192.168.1.128 [110/1010] via 192.168.11.1, 00:11:56, Tunnel1
      192.168.2.0/25 is subnetted, 2 subnets
O        192.168.2.0 [110/1010] via 192.168.12.1, 00:11:56, Tunnel2
O        192.168.2.128 [110/1010] via 192.168.12.1, 00:11:56, Tunnel2
< ...output omitted... >
HQ#
HQ# show running-config | section router eigrp
router eigrp 100
 network 192.168.13.0
 redistribute ospf 1
HQ#
```

3. 分析信息，提出并验证推断

从路由器 HQ 的配置可以看出，虽然 EIGRP 被配置为将 OSPF 重分发到 EIGRP 中，但是由于没有配置种子度量值，致使路由重分发没有起作用，因而可以推断出应该修改 OSPF 到 EIGRP 的重分发配置以包含正确的种子度量值。例 9-5 给出了路由器 HQ 的配置修改示例。配置修改完成后，重新连接路由器 BR3 并检查其 IP 路由表（如例 9-5 所示），可以看出 BR3 正在通过 EIGRP 接收 HQ 以及其他分支机构站点的网络信息。

例 9-5 验证推断：检查 BR3 的 IP 路由表

```
HQ# conf term
Enter configuration commands, one per line.  End with CNTL/Z.
HQ(config)# router eigrp 100
HQ(config-router)# redistribute ospf 1 metric 1500 100 255 1 1500
HQ(config-router)# end
HQ# wr
Building configuration...
[OK]
HQ#
HQ# telnet 192.168.3.101
Trying 192.168.3.101 ... Open
User Access Verification
Password:
BR3> en
Password:
BR3# show ip route eigrp
< ...output omitted... >
Gateway of last resort is 209.165.200.13 to network 0.0.0.0
D EX  192.168.0.0/24 [170/26905600] via 192.168.13.2, 00:01:29, Tunnel3
      192.168.1.0/25 is subnetted, 2 subnets
D EX     192.168.1.0 [170/26905600] via 192.168.13.2, 00:01:29, Tunnel3
D EX     192.168.1.128 [170/26905600] via 192.168.13.2, 00:01:29, Tunnel3
      192.168.2.0/25 is subnetted, 2 subnets
D EX     192.168.2.0 [170/26905600] via 192.168.13.2, 00:01:29, Tunnel3
D EX     192.168.2.128 [170/26905600] via 192.168.13.2, 00:01:29, Tunnel3
D EX  192.168.11.0/24 [170/26905600] via 192.168.13.2, 00:01:29, Tunnel3
D EX  192.168.12.0/24 [170/26905600] via 192.168.13.2, 00:01:29, Tunnel3
      192.168.111.0/30 is subnetted, 1 subnets
D EX     192.168.111.0 [170/26905600] via 192.168.13.2, 00:01:29, Tunnel3
      192.168.222.0/30 is subnetted, 1 subnets
D EX     192.168.222.0 [170/26905600] via 192.168.13.2, 00:01:29, Tunnel3
BR3#
```

4．解决故障

最后，再次以 BR3 的 LAN 接口地址为源端，从路由器 BR3 向服务器 SRV2 发起 ping 测试，从例 9-6 可以看出 ping 测试成功。此时分支机构 3 的站点已经能够访问 POLONA

网络的其他站点，表明故障问题已解决。

例 9-6 解决故障：分支机构 3 的站点连接恢复正常

```
BR3# ping 192.168.2.100 source 192.168.3.101
Type escape sequence to abort.
Sending 5, 100-byte ICMP Echos to 192.168.2.100, timeout is 2 seconds:
Packet sent with a source address of 192.168.3.101
!!!!!
Success rate is 100 percent (5/5), round-trip min/avg/max = 2/6/10 ms
BR3#
```

此时还需要在网络文档中记录上述排障过程并告诉 Tina 故障问题已解决。

5. 检测与排除路由重分发故障

如果前缀没有从一个路由进程被重分发到另一个路由进程，那么就必须首先检查 **redistribute** 命令是否使用了正确的进程号来引用正确的路由进程。此外还必须检查这些路由是否被错误配置的分发列表或路由映射过滤掉了。从一个路由进程到另一个路由进程的重分发操作需要为被重分发的路由配置种子度量。OSPF 的默认种子度量是 20，而 EIGRP 和 RIP 在默认情况下没有默认种子度量。可以为这些路由协议设置默认种子度量，也可以在重分发命令行中为这些路由协议指定唯一的度量值。请注意，仅当前缀位于 IP 路由表/转发表中时，才能将这些前缀从一个进程重分发到另一个进程中。下面列出了与常见路由协议相关的重分发注意事项。

- **EIGRP**：与其他动态路由协议不同，EIGRP 不会为任何重分发的路由自动设置默认度量。如果没有指定默认度量或者手工设置度量值，那么 EIGRP 就认为度量值为 0，从而不会宣告被重分发的路由。此外，EIGRP 不会自动汇总外部路由，除非路由表中的直连路由或内部 EIGRP 路由来自与外部路由相同的主网络。如果 EIGRP 末梢（stub）路由器需要重分发路由，那么就必须利用 **eigrp stub redistributed** 命令显式配置这么做。
- **OSPF**：将路由重分发到 OSPF 中时，必须使用参数 **subnets** 来区分有类别网络和无类别网络的重分发行为。其他路由协议分发到 OSPF 中时，如果被重分发的网络是子网，那么就必须在 OSPF 配置下定义关键字 **subnets**。如果没有添加关键字 **subnets**，那么 OSPF 在生成外部 LSA（Link-State Advertisement，链路状态宣告）时将会忽略所有子网化路由。将直连路由或静态路由重分发到 OSPF 时也会出现这种情况，此时需要采用相同的配置规则，也就是必须输入关键字 **subnets**，这样才能重分发子网化路由。
- **BGP**：将 IGP（Interior Gateway Protocol，内部网关协议）路由、静态路由以及直连路由重分发到 BGP 时，必须仔细过滤这些被重分发的路由，以免将无效/私有网络泄露到 BGP 表中，并被宣告给外部 BGP 邻居。

9.1.2 检测与排除部署了接口跟踪特性的 VRRP 故障

根据 POLONA 银行的 Tina 报告的故障问题，路由器 R1 面向路由器 HQ 的上行链路出现故障后，PC0 的流量将首先去往 R1，然后再发送给 R2，而不是直接发送给 R2。Tina 希望解决该次优路由问题。也就是说，R1 面向 HQ 的上行链路出现故障后，流量应该直接去往 R2。此外，Tina 希望利用 HSRP 的接口跟踪特性来解决该故障问题，但 POLONA 的网络策略不允许配置 HSRP，因而 Tina 希望我们部署 VRRP 来解决上述故障问题。

1．验证故障

为了验证该故障问题，首先从 PC0 向 Internet 测试 IP 地址发起路由跟踪操作，此时 R1 去往路由器 HQ 的上行链路处于 up 且正常运行状态。从例 9-7 可以看出，流量路径正确（经路由器 R1 和 HQ），但是关闭了 R1 的 Ethernet 0/1 接口（上行连接 HQ）之后，流量将首先去往 R1（192.168.0.253），然后再发送给 HQ（192.168.222.2）（如例 9-7 所示）。

例 9-7 验证故障：R1 的上行链路出现故障后，从 PC0 去往 Internet 的流量采用了次优路径

```
PC0# trace 209.165.201.45
Type escape sequence to abort.
Tracing the route to 209.165.201.45
VRF info: (vrf in name/id, vrf out name/id)
  1 192.168.0.253 1 msec 1 msec 0 msec
  2 192.168.111.2 1 msec 1 msec 1 msec
  3 209.165.200.1 1 msec 2 msec *
PC0#

R1(config)# int eth 0/1
R1(config-if)# shutdown
R1(config-if)#

PC0# trace 209.165.201.45
Type escape sequence to abort.
Tracing the route to 209.165.201.45
VRF info: (vrf in name/id, vrf out name/id)
  1 192.168.0.253 1 msec 1 msec 0 msec
  2 192.168.0.254 0 msec
    192.168.222.2 1005 msec 0 msec
  3 209.165.200.1 1 msec 2 msec *
PC0#
```

因而验证了 Tina 报告的上述故障问题，接下来需要检查路由器 R1 和 R2 的 VRRP 配置以及对象跟踪特性。

2. 收集信息

收集信息的第二步是在路由器 R1 上运行 **show vrrp** 命令（如例 9-8 所示）。可以看出接口 Ethernet 0/0 配置了 VRRP 组 1，R1 是该 VRRP 组的主路由器，优先级为 110，但 VRRP 组 1 没有配置对象跟踪特性。此外，运行 **show track** 命令后发现没有显示任何结果，表明此时没有跟踪到任何对象。

例 9-8 收集信息：检查路由器 R1 的 VRRP 配置

```
R1# show vrrp
Ethernet0/0 - Group 1
  State is Master
  Virtual IP address is 192.168.0.1
  Virtual MAC address is 0000.5e00.0101
  Advertisement interval is 1.000 sec
  Preemption enabled
  Priority is 110
  Master Router is 192.168.0.253 (local), priority is 110
  Master Advertisement interval is 1.000 sec
  Master Down interval is 3.570 sec
R1# show track
R1#
```

收集信息的第二步是在路由器 R2 上运行 **show vrrp** 命令（如例 9-9 所示）。可以看出接口 Ethernet 0/0 配置了 VRRP 组 1，R2 是该 VRRP 组的备份路由器，优先级为 100。

例 9-9 收集信息：检查路由器 R2 的 VRRP 配置

```
R2# show vrrp
Ethernet0/0 - Group 1
  State is Backup
  Virtual IP address is 192.168.0.1
  Virtual MAC address is 0000.5e00.0101
  Advertisement interval is 1.000 sec
  Preemption enabled
  Priority is 100
  Master Router is 192.168.0.253, priority is 110
  Master Advertisement interval is 1.000 sec
  Master Down interval is 3.609 sec (expires in 3.402 sec)
R2#
```

3. 分析信息

根据收集到的上述信息可以知道，路由器 R1 和 R2 的 Ethernet 0/0 接口都正确配置了 VRRP 组 1。R1 被选举为主路由器，拥有较高的优先级 110。R2 被指派为备份路由器，拥有默认优先级100。但是由于没有在R1上配置对象跟踪特性，因而R1的Ethernet 0/0接口（上行连接HQ）出现故障后并没有触发R1递减其优先级，从而允许R2抢占并成为主路由器。

4. 提出并验证推断

据此可以推断出应该登录路由器R1并且为接口Ethernet 0/0的线路协议创建一个跟踪对象1。然后配置R1的VRRP组1，在所创建对象出现故障后将R1的优先级递减20。由于VRRP默认启用“抢占”特性（与HSRP不同），因而R1的优先级递减20（从110递减为90）之后，优先级为100的R2将抢占R1的角色并成为VRRP组1新的主路由器。

例9-10给出了配置跟踪对象1并且在跟踪对象1出现故障后将R1的优先级递减20的配置示例。从例9-10还可以看出，关闭了R1的Ethernet 0/0接口之后，R1的优先级下降为90（因为“Track object 1 state Down”），并且优先级为100的192.168.0.254（R2）成为VRRP组1的主路由器（如命令 **show vrrp** 的输出结果所示）。

例9-10 验证推断：在R1的VRRP组1配置中配置并测试对象跟踪特性

```
R1# config term
Enter configuration commands, one per line.  End with CNTL/Z.
R1(config)# track 1 interface ethernet 0/1 line-protocol
R1(config-track)# exit
R1(config)# interface ethernet 0/0
R1(config-if)# vrrp 1 track 1 decrement 20
R1(config-if)# end
Sep 23 22:47:49.853: %SYS-5-CONFIG_I: Configured from console by console
R1#wr
Building configuration...
[OK]
R1# conf term
Enter configuration commands, one per line.  End with CNTL/Z.
R1(config)# interface ethernet 0/1
R1(config-if)# shutdown
< ...output omitted... >
R1(config-if)# end
Sep 23 22:48:40.393: %SYS-5-CONFIG_I: Configured from console by console
R1# show vrrp
Ethernet0/0 - Group 1
  State is Backup
  Virtual IP address is 192.168.0.1
  Virtual MAC address is 0000.5e00.0101
  Advertisement interval is 1.000 sec
  Preemption enabled
```

```
Priority is 90  (cfgd 110)
  Track object 1 state Down decrement 20
Master Router is 192.168.0.254, priority is 100
Master Advertisement interval is 1.000 sec
Master Down interval is 3.570 sec (expires in 3.215 sec)
R1#
```

5. 解决故障

关闭了 R1 的 Ethernet 0/1 接口（上行连接 HQ）之后，需要检查 PC0 去往 Internet 测试地址的流量是不是可以直接到达 R2。例 9-11 给出了 PC0 到 209.165.201.45（Internet 测试 IP 地址）的路由跟踪结果。可以看出第一跳为 192.168.0.254（路由器 R2 Ethernet 0/0 的 IP 地址），表明故障问题已解决。

例 9-11　解决故障：测试 R1 上行链路出现故障后的流量路径

```
PC0# trace 209.165.201.45
Type escape sequence to abort.
Tracing the route to 209.165.201.45
VRF info: (vrf in name/id, vrf out name/id)
  1 192.168.0.254 0 msec 0 msec 0 msec
  2 192.168.222.2 1 msec 1 msec 0 msec
  3 209.165.200.1 1 msec 2 msec *
PC0#
```

此时必须恢复 R1 的接口 Ethernet 0/1，同时还需要在网络文档中记录上述排障过程并告诉 Tina 故障问题已解决。

6. FHRP 跟踪选项

HSRP 的接口跟踪特性允许 HSRP 进程监控路由器指定接口的状态，并据此更改特定 HSRP 组的 HSRP 优先级。如果指定接口的线路协议中断，那么将递减该路由器的 HSRP 优先级，从而允许其他拥有较高优先级的 HSRP 路由器成为主路由器（如果启用了抢占特性）。如果要配置 HSRP 接口跟踪特性，可以使用 **standby** [*group*] **track interface** [*priority*]命令。如果多个被跟踪接口均出现故障，那么优先级将递减累积值。如果显式设置了递减值，那么在被跟踪接口出现故障后，优先级将递减该设定值，而且递减运算是累积性的。如果没有显式设置递减值，那么每个被跟踪接口出现故障后，优先级均将递减 10。

对象跟踪特性可以创建被跟踪对象。FHRP（如 HSRP、GLBP[Gateway Load Balancing Protocol，网关负载均衡协议]或 VRRP）可以在被跟踪对象出现故障或中断后调整其行为（如降低优先级）。对象跟踪特性会监控被跟踪对象的状态，并且向感兴趣的客户端进程（如 HSRP、GLBP 或 VRRP）通告所发生的任何变化情况。

在跟踪 CLI（Command-Line Interface，命令行界面）下需要为每个被跟踪对象都指定一个唯一的编号，客户端进程（如 HSRP、GLBP 和 VRRP）利用该编号来跟踪指定对象。跟踪进程会周期性地轮询被跟踪对象，以发现值变化情况并将出现的任何变化情况都通告给感兴趣的客户端进程。既可以立即通告，也可以在指定的延时时间之后通告。某些客户端可以跟踪相同的对象，并在对象状态发生变化后采取不同的响应操作。此外，还可以跟踪列表中的对象组合，利用加权阈值或百分比阈值来度量列表的状态，可以采用布尔逻辑来组合对象。如果被跟踪列表使用了布尔函数 AND，那么仅当列表中的每个对象均处于 up 状态时，被跟踪对象才处于 up 状态。如果被跟踪列表使用了布尔函数 OR，那么只要列表中有一个对象处于 up 状态，被跟踪对象就处于 up 状态。

既可以跟踪接口的线路协议状态，也可以跟踪接口的 IP 路由状态。跟踪接口的 IP 路由状态时，必须满足以下三个条件才能保证对象处于 up 状态。

1．必须启用 IP 路由并在接口上激活 IP 路由。

2．接口的线路协议必须处于 up 状态。

3．接口的 IP 地址必须已知。

如果上述任一个条件不满足，那么 IP 路由就处于 down 状态。

利用 IP SLA 探针的对象跟踪特性，客户端进程（如 HSRP、GLBP 和 VRRP）可以跟踪 IP SLA 对象的输出结果，并利用这些信息触发相应的操作（如降低优先级）。

如果要显示跟踪进程所跟踪的对象信息，那么可以使用以下命令：

show track [*object-number* [**brief**] | **interface** [**brief**] | **ip route** [**brief**] | **resolution** | **timers**]

该命令提供了如下可选参数。

- **brief**：显示与前一个关键字相关联的单行信息。
- **interface**：显示被跟踪的接口对象。
- **ip route**：显示被跟踪的 IP 路由对象。
- **resolution**：显示被跟踪参数的分辨率。
- **timers**：显示轮询间隔定时器。

9.1.3 检测与排除 IP SLA 探针无法启动的故障

POLONA 银行的网络工程师 Tina 报告称她在 HQ 路由器上配置了一个 IP SLA 探针，希望利用该 SLA 探针来测试一天之内服务器 SRV2 的可达性，但 Tina 不清楚为何无法激活 SLA 探针，因而寻求帮助。

1．验证故障

为了验证该故障问题，必须访问路由器 HQ 并运行 **show ip sla application** 命令，以确定路由器 HQ 配置了多少个 IP SLA 探针以及激活了多少个 IP SLA 探针。例 9-12 显示了路由器 HQ 的命令输出结果。

*例 9-12 验证故障：HQ 的 **show ip sla application** 命令输出结果*

```
HQ# show ip sla application
        IP Service Level Agreements
Version: Round Trip Time MIB 2.2.0, Infrastructure Engine-III

Supported Operation Types:
        icmpEcho, path-echo, path-jitter, udpEcho, tcpConnect, http
        dns, udpJitter, dhcp, ftp, VoIP, rtp, lsp Group, icmpJitter
        lspPing, lspTrace, 802.1agEcho VLAN, Port
        802.1agJitter VLAN, Port, pseudowirePing, udpApp, wspApp
        mcast, generic

Supported Features:
        IPSLAs Event Publisher

IP SLAs low memory water mark: 26972932
Estimated system max number of entries: 19755

Estimated number of configurable operations: 19324
Number of Entries configured   : 1
Number of active Entries       : 0
Number of pending Entries      : 0
Number of inactive Entries     : 1
Time of last change in whole IP SLAs: 22:44:10.690 EDT Tue Sep 23 2014

HQ#
```

路由器 HQ 的 **show ip sla application** 命令输出结果列出了一个表项，但是激活项却为 0（未激活项为 1），因而验证了 Tina 在路由器 HQ 上配置的一个（且仅配置了一个）IP SLA 探针处于未激活状态。

2．收集信息

对于本故障问题来说，收集信息的第一步最好是使用 **show ip sla configuration** 命令。从例 9-13 可以看出，路由器 HQ 上配置的一个也是唯一一个 SLA 探针就是发送到 192.168.1.200（SRV2）的 ICMP（Internet Control Message Protocol，Internet 控制报文协议）echo（回应）消息。输出结果中的 Schedule（调度计划）段落显示了“Next Scheduled Start Time: Pending Trigger.”。此外，例 9-13 还显示了 **show ip sla statistics** 命令以及 **show ip sla statistics aggregated** 命令的输出结果。前一条命令显示已配置的 IP SLA 的运行 TTL（Time To Live，生存时间）为 0，而后一条命令则显示 IP SLA 还没有开始运行。

*例 9-13 收集信息：HQ 的 **show ip sla configuration** 命令输出结果*

```
HQ# show ip sla configuration
IP SLAs Infrastructure Engine-III
Entry number: 1
Owner:
Tag:
Operation timeout (milliseconds): 5000
Type of operation to perform: icmp-echo
Target address/Source address: 192.168.1.200/0.0.0.0
Type Of Service parameter: 0x0
Request size (ARR data portion): 28
Verify data: No
Vrf Name:
Schedule:
   Operation frequency (seconds): 30  (not considered if randomly scheduled)
   Next Scheduled Start Time: Pending trigger
   Group Scheduled : FALSE
   Randomly Scheduled : FALSE
< ...output omitted... >
HQ#
HQ# show ip sla statistics
IPSLAs Latest Operation Statistics
IPSLA operation id: 1
Number of successes: Unknown
Number of failures: Unknown
Operation time to live: 0

HQ# show ip sla statistics aggregated
IPSLAs aggregated statistics
IPSLA operation id: 1
Type of operation: icmp-echo
Operation has not started
HQ#
```

3．提出并验证推断

根据收集到的上述信息，可以推断出 IP SLA 探针无法启动的原因在于 Tina 没有为该探针配置必须的调度计划。为了验证该故障推断，可以显示并检查路由器 HQ 的运行配置中的 SLA 段落（如例 9-14 所示）。可以看出确实没有为已配置的 IP SLA 1 配置调度计划，因而需要为 IP SLA 1 添加相应的调度计划（如例 9-14 所示）。

例 9-14 验证推断：查看 HQ 运行配置中的 SLA 段落

```
HQ# show running-config | section sla
ip sla auto discovery
ip sla 1
 icmp-echo 192.168.1.200
 frequency 30
HQ#
HQ# conf term
Enter configuration commands, one per line.  End with CNTL/Z.
HQ(config)# ip sla schedule 1 life forever start-time now
HQ(config)# end
HQ# wr
Building configuration...
[OK]
HQ#
Sep 24 02:51:42.401: %SYS-5-CONFIG_I: Configured from console by console
HQ#
```

4. 解决故障

在路由器 HQ 上为 IP SLA 1 添加了调度计划之后，可以在 HQ 上再次运行 **show ip sla application** 命令（如例 9-15 所示），此时的输出结果显示已配置了一个 SLA 探针并且处于激活状态。此外，**show ip sla statistics** 命令的输出结果还显示了 IP SLA 1 的最近启动时间，并且运行 TTL 为永不结束，表明故障问题已解决。

例 9-15 解决故障：IP SLA 1 已经启动

```
HQ# show ip sla application
        IP Service Level Agreements
Version: Round Trip Time MIB 2.2.0, Infrastructure Engine-III
Supported Operation Types:
        icmpEcho, path-echo, path-jitter, udpEcho, tcpConnect, http
        dns, udpJitter, dhcp, ftp, VoIP, rtp, lsp Group, icmpJitter
        lspPing, lspTrace, 802.1agEcho VLAN, Port
        802.1agJitter VLAN, Port, pseudowirePing, udpApp, wspApp
        mcast, generic

Supported Features:
        IPSLAs Event Publisher

IP SLAs low memory water mark: 26972932
Estimated system max number of entries: 19755
```

```
Estimated number of configurable operations: 19121
Number of Entries configured      : 1
Number of active Entries          : 1
Number of pending Entries         : 0
Number of inactive Entries        : 0
Time of last change in whole IP SLAs: 22:51:37.325 EDT Tue Sep 23 2014

HQ# show ip sla statistics
IPSLAs Latest Operation Statistics

IPSLA operation id: 1
        Latest RTT: 2 milliseconds
Latest operation start time: 22:53:07 EDT Tue Sep 23 2014
Latest operation return code: OK
Number of successes: 3
Number of failures: 1
Operation time to live: Forever

HQ#
```

接下来需要保存 HQ 的配置，并在网络文档中记录上述排障过程，同时告诉 Tina 故障问题已解决。

5. 检测与排除 IP SLA 故障

如果要部署 Cisco IOS IP SLA，那么必须执行如下任务。

1. 启用 Cisco IOS IP SLA 的响应器（如果需要）。
2. 配置所需的 Cisco IOS IP SLA 操作类型。
3. 配置特定 Cisco IOS IP SLA 操作类型所支持的各种选项。
4. 配置阈值条件（如果需要）。
5. 设置 Cisco IOS IP SLA 的运行调度计划，然后让其运行一段时间以收集统计信息。

常用的 IP SLA **show** 和 **debug** 命令主要有：

- **show ip sla application**
- **show ip sla configuration**
- **show ip sla statistics [aggregated]**

9.2 POLONA 银行故障工单 2

POLONA 银行是我们公司（SECHNIK 网络公司）的重要客户。POLONA 银行的总部站点连接了两个分支机构，但 POLONA 银行近期通过收购方式又新增加了一个分支机构（分支机构 3）。新增加的分支机构配置的路由协议是 EIGRP，而总部及其他两个分支机构配置的路由协议是 OSPF。POLONA 银行希望尽快对 EIGRP 进行重新配置。

POLONA 银行的网络工程师 Tina 刚刚联系我们，并报告了 POLONA 网络的以下故障问题，请求立即解决。

- 虽然 BR3 被配置为汇总分支机构 3 的网络，并且仅将汇总路由宣告给路由器 HQ，但路由器 HQ 的路由表中仍然安装了分支机构 3 的所有网络（172.16.x.x）。
- PC0 无法访问 IPv6 Internet。
- 分支机构 3 的设备均无法访问 IPv6 Internet。

9.2.1 检测与排除 BR3 的路由汇总故障

根据 Tina 报告的故障问题，虽然路由器 BR3 的 EIGRP 被配置为汇总分支机构 3 的网络，但路由器 HQ 仍然收到了所有明细路由。Tina 希望我们协助解决路由器 BR3 的 EIGRP 路由汇总问题。

1. 验证故障

为了验证该故障问题，最好首先检查路由器 HQ 的 IP 路由表（如例 9-16 所示）。可以看出分支机构 3 的网络 172.16.0.0 的子网都在 HQ 的路由表中，表明路由汇总机制没有起作用，从而验证了 Tina 报告的故障问题。

例 9-16 验证故障：检查 HQ 的路由表以确定是否有分支机构的子网信息

```
HQ# show ip route
< ...output omitted... >
Gateway of last resort is 209.165.200.1 to network 0.0.0.0
S*     0.0.0.0/0 [1/0] via 209.165.200.1
       172.16.0.0/24 is subnetted, 20 subnets
D         172.16.1.0 [90/27008000] via 192.168.13.1, 00:00:08, Tunnel3
D         172.16.2.0 [90/27008000] via 192.168.13.1, 00:00:08, Tunnel3
D         172.16.3.0 [90/27008000] via 192.168.13.1, 00:00:08, Tunnel3
< ...output omitted... >
D         172.16.18.0 [90/27008000] via 192.168.13.1, 00:00:08, Tunnel3
D         172.16.19.0 [90/27008000] via 192.168.13.1, 00:00:08, Tunnel3
D         172.16.20.0 [90/27008000] via 192.168.13.1, 00:00:08, Tunnel3
< ...output omitted... >
HQ#
```

2. 收集信息

由于必须在接口配置模式下配置 EIGRP 汇总机制，因而接下来需要检查 BR3 的配置信息并搜索“ip summary-address”。从例 9-17 可以看出，虽然 BR3 面向路由器 HQ 的隧道接口上并没有配置汇总地址，但是在 BR3 的接口 Ethernet 0/0 上却看到了汇总地址配置命令行。路由器 BR3 的 **show ip eigrp neighbors** 命令输出结果证实 BR3 确实通过其 Tunnel3 接口与路由器 HQ（192.168.13.2）建立了邻居邻接性。

例9-17 收集信息：检查BR3的路由汇总配置

```
BR3# show running-config | include interface|summary-address
interface Tunnel3
interface Ethernet0/0
 ip summary-address eigrp 100 172.16.0.0 255.255.0.0
< ...output omitted... >
BR3#
BR3# show ip eigrp neighbor
EIGRP-IPv4 Neighbors for AS(100)
H  Address                  Interface              Hold Uptime   SRTT   RTO  Q  Seq
                                                   (sec)         (ms)       Cnt Num
0  192.168.13.2             Tu3                      11 00:06:10    5  1470  0  4
BR3#
```

3．分析信息

前面已经证实HQ与BR3之间存在正常的EIGRP邻接关系，并且确实在交换路由信息，但同时发现BR3的EIGRP路由汇总命令并没有配置在BR3的Tunnel3接口上，而是配置在了BR3的Ethernet 0/0接口上。如果采用传统的EIGRP配置方式，那么就必须删除Ethernet 0/0接口上的路由汇总命令，并将该命令应用到Tunnel3接口上。如果采用命名式EIGRP配置方式，那么就需要将 **summary-address** 命令放到地址簇接口配置模式下。例9-18显示了路由器BR3的EIGRP配置段落，可以看出路由器BR3的EIGRP配置采用的是传统（自治系统号）配置方式。

例9-18 确定路由器BR3的EIGRP配置方式

```
BR3# show run | section eigrp 100
router eigrp 100
 network 172.16.0.0
 network 192.168.3.0
 network 192.168.13.0
BR3#
```

4．提出并验证推断

根据收集到的上述信息，可以推断出应该从BR3的Ethernet 0/0接口配置中删除 **summary-address** 命令，并将该命令应用到Tunnel3接口上。请注意，Ethernet 0/0接口上应用的路由汇总命令包含了所有的B类网络172.16.0.0/16，除非希望在分支机构3的站点内使用该B类网络的所有子网，否则这将是一条错误的汇总路由，可能会在未来造成路由故障。例9-19给出了在BR3的Tunnel3接口上应用路由汇总的配置示例，但是必须记下这个问题并与Tina进行讨论。

例 9-19 验证推断：替换路由汇总命令

```
BR3# conf term
Enter configuration commands, one per line.  End with CNTL/Z.
BR3(config)# interface ethernet 0/0
BR3(config-if)# no ip summary-address eigrp 100 172.16.0.0 255.255.0.0
BR3(config-if)# exit
BR3(config)# interface tunnel 3
BR3(config-if)# ip summary-address eigrp 100 172.16.0.0 255.255.0.0
BR3(config-if)# end
BR3# wr
Sep 25 01:44:35.587: %DUAL-5-NBRCHANGE: EIGRP-IPv4 100: Neighbor 192.168.13.1
(Tunnel3) is resync: peer graceful-restart
Building configuration...
[OK]
BR3#
BR3# show ip route
< ...output omitted... >
Gateway of last resort is 209.165.200.13 to network 0.0.0.0
S*    0.0.0.0/0 [1/0] via 209.165.200.13
      172.16.0.0/16 is variably subnetted, 41 subnets, 3 masks
D        172.16.0.0/16 is a summary, 00:01:21, Null0
< ...output omitted... >
BR3#
```

按照例 9-19 方式修改配置之后，BR3 的路由表中已经包含一条指向 Null0 的网络 172.16.0.0/16，这样就可以避免将去往该网络中不存在（或中断）的子网的数据包发送给（且遵循默认路由）其他目的地。

5. 解决故障

此时可以检查路由器 HQ 的路由表以确定子网 172.16.0.0/16 是否已经被抑制以及 BR3 是否仅向路由器 HQ 发送汇总地址。例 9-20 显示了路由器 HQ 的路由表信息，可以看出输出结果与预想的一致，表明故障问题已解决。

例 9-20 解决故障：路由器 HQ 仅收到汇总地址

```
HQ# show ip route
< ...output omitted... >
Gateway of last resort is 209.165.200.1 to network 0.0.0.0
S*    0.0.0.0/0 [1/0] via 209.165.200.1
D     172.16.0.0/16 [90/27008000] via 192.168.13.1, 00:03:27, Tunnel3
O     192.168.0.0/24 [110/20] via 192.168.222.1, 00:13:21, Ethernet0/2
                     [110/20] via 192.168.111.1, 00:13:11, Ethernet0/1
< ...output omitted... >
HQ#
```

接下来需要在网络文档中记录上述排障过程，并告诉 Tina 故障问题已解决。此外，还应该记得与 Tina 就 BR3 配置的汇总地址的精确性进行讨论。

6. 检测与排除 EIGRP 路由汇总故障

路由汇总可以减小路由表的大小。路由表越小，路由更新消耗的带宽就越少，路由更新的频率也就相对越低。

EIGRP 路由汇总特性的一种应用形式是在网络边界进行自动汇总（仅限于有类别汇总）。也可以采用手工方式对有类别和无类别网络进行 EIGRP 路由汇总。如果部署的是传统（自治系统号）EIGRP 配置方式，那么将默认启用有类别自动汇总。如果要关闭自动汇总机制，可以使用 **no auto-summary** 命令。如果要检查自动汇总机制是否处于激活状态以及 EIGRP 进程包含了哪些网络，可以使用 **show ip protocols | section eigrp** 命令。

配置手工汇总机制时，仅当汇总路由中至少有一个正确子网位于 IP 路由表中时，才会宣告该汇总路由。汇总路由的度量值取自度量值最小的子网。如果使用传统（自治系统号）EIGRP 配置方式，那么就在接口配置下应用 EIGRP 汇总地址。如果使用命名式 EIGRP 配置方式，那么就在 EIGRP 进程中的地址簇的 **af-interface** *interface* 段落应用汇总地址。

如果路由表中没有特定汇总路由，那么就需要检查该汇总路由及其网络掩码是否包含了路由表中更精确的网络。手工配置汇总路由时，通常不应该将汇总路由的范围配置得过大，而应该仅将现有网络或者计划在近期添加进来的网络包含在内。

9.2.2 检测与排除 PC0 的 IPv6 Internet 连接故障

POLONA 银行的网络工程师 Tina 报告称 PC0 无法访问 IPv6 Internet，要求我们协助解决该故障问题。

1. 验证故障

为了验证该故障问题，需要访问 PC0 并向 IPv6 Internet 测试地址 2001:DB8:D1A5:C92D::1 发起 ping 测试。从例 9-21 可以看出 ping 测试失败，因而验证了本故障问题。

例 9-21 验证故障：向 IPv6 Internet 测试地址发起的 ping 测试失败

```
PC0# ping 2001:DB8:D1A5:C92D::1
Type escape sequence to abort.
Sending 5, 100-byte ICMP Echos to 2001:DB8:D1A5:C92D::1, timeout is 2 seconds:

UUUUU
Success rate is 0 percent (0/5)
PC0#
```

2. 收集信息

为了选择合适的故障检测与排除方法并开始收集信息，可以先检查并确定 PC0 的 Ethernet 0/0 接口是否处于 up 状态，是否拥有 IPv6 地址和默认网关，以及是否可以直达其默认网关。例 9-22 显示了 PC0 的检查结果。可以看出 Ethernet 0/0 接口确实处于 up 状态，并且配置了 IPv6 地址（2001:DB8:C0A8::64/64）和默认网关（FE80::11），而且还能 ping 通默认网关。

例 9-22　收集信息：检查 PC0 的 Ethernet 0/0 及 IPv6 状态

```
PC0# show ipv6 interface brief
Ethernet0/0               [up/up]
    FE80::A8BB:CCFF:FE00:A800
    2001:DB8:C0A8::64
< ...output omitted... >
PC0#
PC0# show ipv6 route
IPv6 Routing Table - default - 4 entries
< ...output omitted... >
ND  ::/0 [2/0]
     via FE80::11, Ethernet0/0
< ...output omitted... >
PC0#
PC0# ping FE80::11
Output Interface: ethernet0/0
Type escape sequence to abort.
Sending 5, 100-byte ICMP Echos to FE80::11, timeout is 2 seconds:
Packet sent with a source address of FE80::A8BB:CCFF:FE00:A800%Ethernet0/0
!!!!!
Success rate is 100 percent (5/5), round-trip min/avg/max = 1/1/1 ms
PC0#
```

由于没有发现物理层或数据链路层故障，因而接下来重点检查三层（网络层）故障并采用跟踪流量路径法，检查路由器 R1 和 R2 以收集相关信息。这两台路由器都必须拥有 IPv6 Internet 连接，并且从 POLONA 的网络文档可以看出，这两台路由器应该通过 RIPng 从路由器 HQ 接收一条默认路由。从例 9-23 可以看出，R1 无法 ping 通 IPv6 Internet 测试地址，而且没有去往该目的地址的精确路由或默认路由。R2 的情况与 R1 完全一样，为了简化起见，就没有在例 9-23 中显示 R2 的相关信息。

接下来可以检查去往 Internet 的路径上的下一跳，即路由器 HQ。从例 9-24 可以看出，路由器 HQ 向 IPv6 Internet 测试地址发起的 ping 测试 100%成功，而且 HQ 的 IPv6 路由表显示有一条静态默认路由，负责转发去往该 Internet 目的地址的数据包。从 **show ipv6 protocols** 命令输出结果中的 RIP 段落可以看出，已经在相应的接口上启用了 RIPng。但是从 **show ipv6 rip ccnp** 命令显示的 RIPng 配置来看，路由器 HQ 并没有按照预期生成默认路由。

例9-23 收集信息：检查R1和R2的IPv6路由表

```
R1# ping 2001:DB8:D1A5:C92D::1
Type escape sequence to abort.
Sending 5, 100-byte ICMP Echos to 2001:DB8:D1A5:C92D::1, timeout is 2 seconds:
% No valid route for destination
Success rate is 0 percent (0/1)
R1# show ipv6 route 2001:DB8:D1A5:C92D::1
% Route not found
R1# show ipv6 route
IPv6 Routing Table - default - 6 entries
< ...output omitted... >
C   2001:DB8:C0A8::/64 [0/0]
     via Ethernet0/0, directly connected
L   2001:DB8:C0A8::FD/128 [0/0]
     via Ethernet0/0, receive
C   2001:DB8:C0A8:100::/64 [0/0]
     via Ethernet0/1, directly connected
L   2001:DB8:C0A8:100::1/128 [0/0]
     via Ethernet0/1, receive
R   2001:DB8:C0A8:200::/64 [120/2]
     via FE80::A8BB:CCFF:FE00:ED00, Ethernet0/0
     via FE80::10, Ethernet0/1
L   FF00::/8 [0/0]
     via Null0, receive
R1#
```

例9-24 收集信息：检查路由器HQ的IPv6配置

```
HQ# ping 2001:DB8:D1A5:C92D::1
Type escape sequence to abort.
Sending 5, 100-byte ICMP Echos to 2001:DB8:D1A5:C92D::1, timeout is 2 seconds:
!!!!!
Success rate is 100 percent (5/5), round-trip min/avg/max = 1/1/1 ms
HQ# show ipv6 route
IPv6 Routing Table - default - 8 entries
< ...output omitted... >
S   ::/0 [1/0]
     via FE80::1, Ethernet0/0
< ...output omitted... >
HQ# show ipv6 protocols | section rip
IPv6 Routing Protocol is "rip ccnp"
  Interfaces:
    Ethernet0/2
    Ethernet0/1
```

```
   Redistribution:
     None
HQ# show ipv6 rip ccnp
RIP process "ccnp", port 521, multicast-group FF02::9, pid 343
     Administrative distance is 120. Maximum paths is 16
     Updates every 30 seconds, expire after 180
     Holddown lasts 0 seconds, garbage collect after 120
     Split horizon is on; poison reverse is off
     Default routes are not generated
     Periodic updates 45, trigger updates 1
     Full Advertisement 2, Delayed Events 0
   Interfaces:
     Ethernet0/2
     Ethernet0/1
   Redistribution:
     None
HQ#
```

3. 分析信息

根据收集到的上述信息，可以看出路由器 R1、R2 和 HQ 的 IPv6 编址及 RIPng 路由配置均正确，而且 HQ 可以利用静态默认路由实现 IPv6 Internet 的可达性，但是路由器 R1 和 R2 均没有精确或默认 IPv6 Internet 路径。看起来应该是 HQ 没有将默认路由宣告给路由器 R1 和 R2。

4. 提出并验证推断

据此可以推断出应该修改路由器 HQ 的接口 Ethernet 0/1 和 Ethernet 0/2 的配置，使其在面向路由器 R1 和 R2 的方向上分别生成一条默认路由。例 9-24 给出了相应的配置示例。而且还可以看出 R1 已经通过 RIPng 从 HQ 收到了一条默认路由（R2 也收到了一条默认路由，但是例 9-25 没有显示 R2 的相关信息）。

例 9-25　提出推断：配置 HQ 以宣告默认路由

```
HQ# conf term
Enter configuration commands, one per line.  End with CNTL/Z.
HQ(config)# interface ethernet 0/1
HQ(config-if)# ipv6 rip ccnp default-information originate
HQ(config-if)# interface ethernet 0/2
HQ(config-if)# ipv6 rip ccnp default-information originate
HQ(config-if)# end
Sep 25 04:11:47.600: %SYS-5-CONFIG_I: Configured from console by console
HQ# wr
Building configuration...
```

```
[OK]
HQ#

R1# show ipv6 route
IPv6 Routing Table - default - 7 entries
< ...output omitted... >
R   ::/0 [120/2]
     via FE80::10, Ethernet0/1
< ...output omitted... >
R1#
```

5．解决故障

回到 PC0 并向 IPv6 Internet 测试地址发起 ping 测试，以验证 IPv6 Internet 的连接性。从例 9-26 可以看出，ping 测试 100%成功，表明故障问题已解决。

例 9-26　解决故障：PC0 已经能够到达 IPv6 Internet

```
PC0# ping 2001:DB8:D1A5:C92D::1
Type escape sequence to abort.
Sending 5, 100-byte ICMP Echos to 2001:DB8:D1A5:C92D::1, timeout is 2 seconds:
!!!!!
Success rate is 100 percent (5/5), round-trip min/avg/max = 1/1/1 ms
PC0#
```

此时还需要在网络文档中记录上述排障过程，并告诉 Tina 故障问题已解决。

6．检测与排除 RIPng 故障

RIPng 是一种以跳数为度量单位的距离向量路由协议，使用纯 IPv6 包以及周知组播地址（FF02::9）进行路由交换，使用 UDP（User Datagram Protocol，用户数据报协议）作为传输协议，端口号为 521。

在检测与排除 RIPng 故障之前，必须确定已经在设备上启用了 IPv6 路由，并且在接口上配置了 IPv6 地址。

如果 RIPng 路由没有出现在 IPv6 路由表中，那么应该：

- 检查接口是否启用了 RIPng。必须在参与 RIPng 进程的每个接口上均显式启用具有相同进程 ID 的 RIPng；
- 检查接口是否处于运行（up）状态；
- 检查缺失的路由是否超过了 15 跳，由于 RIPng 的最大范围是 15 跳，因而超过 15 跳的网络被认为不可达；
- 检查 RIPng 是否传播了默认路由。请注意，如果使用 **ipv6 rip** *name* **default-route only** 命令来配置默认路由宣告，那么将会抑制非默认路由网络的路由更新；

- 检查 IPv6 ACL 是否阻塞了 RIPng 流量（ACL 必须允许 IPv6 组播地址 FF02::9 以及 UDP 端口 512）。

如果没有宣告默认路由，那么就应该检查路由器是否配置了默认路由宣告机制。对于 RIPng 来说，必须在向外宣告默认路由的接口上配置默认路由宣告机制。如果 RIPng 没有实现负载均衡，那么就应该检查 RIPng 配置中 **maximum-path** 命令的配置值。如果 **maximum-path** 被配置为 1，那么就会关闭负载均衡功能。此外，还应该检查是否通过 RIPng 收到了去往目的地的多条路由，而且这些路由是否拥有相同的度量值。RIPng 只能通过等价路径实现负载均衡功能。

常见的 RIPng 故障检测与排除命令主要有下面几个。

- **show ipv6 route [rip]**：该命令可以显示 IPv6 路由表中的 RIPng 表项。
- **show ipv6 rip** [*name*] **[database]**：该命令可以显示当前 IPv6 RIPng 进程的相关信息。
- **show ipv6 protocols | section rip**：该命令可以显示 RIPng 的基本信息。
- **debug ipv6 rip**：该 **debug** 命令可以显示 RIPng 路由处理过程中的调试消息。

9.2.3 检测与排除 BR3 的 IPv6 Internet 连接故障

POLONA 银行的网络工程师 Tina 告诉我们，新收购的分支机构 3 无法访问 IPv6 Internet。虽然 Tina 开展了故障调查工作，但是一无所获，希望我们能够解决该故障问题。

1. 验证故障

为了验证该故障问题，我们通过 Telnet 方式访问分支机构 3 的路由器（BR3），由于通过 Telnet 方式登录 BR3 成功，因而可以排除总部站点到分支机构 3 站点之间的物理层或数据链路层连接故障。接着从路由器 BR3 以 Ethernet 0/1（LAN）接口为源接口向 IPv6 Internet 测试地址发起 ping 测试，从例 9-27 可以看出 ping 测试失败。在不以 Ethernet 0/1 接口为源接口的情况下重复该 ping 测试，仍然失败。表明本故障问题确实存在，但 IPv6 Internet 连接性故障并不仅限于分支机构 3 的 LAN，这是因为路由器 BR3 的 ping 测试均失败（与源接口无关）。

例 9-27　验证故障：从 BR3 向 Internet 发起的 IPv6 ping 测试失败

```
BR3# ping 2001:db8:d1a5:c92d::1 source ethernet 0/1
Type escape sequence to abort.
Sending 5, 100-byte ICMP Echos to 2001:DB8:D1A5:C92D::1, timeout is 2 seconds:
Packet sent with a source address of 2001:DB8:C0A8:340::1
.....
Success rate is 0 percent (0/5)
BR3#
BR3# ping 2001:db8:d1a5:c92d::1
Type escape sequence to abort.
Sending 5, 100-byte ICMP Echos to 2001:DB8:D1A5:C92D::1, timeout is 2 seconds:
.....
Success rate is 0 percent (0/5)
BR3#
```

2．收集信息

收集信息的第一步就是检查路由器BR3的IPv6路由表（如例9-28所示）。可以看出路由器BR3只有一条使用静态默认路由（::/0）的路径去往Internet，下一跳为FE80::1，出接口为Ethernet 0/0。从**show ipv6 interface brief**命令的输出结果可以看出，接口Ethernet 0/0处于up状态，但是向该静态默认路由的下一跳地址（FE80::1）发起的ping测试却失败了。

例9-28 收集信息：检查BR3的IPv6路由表

```
BR3# show ipv6 route
IPv6 Routing Table - default - 24 entries
< ...output omitted... >
S   ::/0 [1/0]
     via FE80::1, Ethernet0/0
< ...output omitted... >
C   2001:DB8:C0A8:340::/64 [0/0]
     via Ethernet0/1, directly connected
L   2001:DB8:C0A8:340::1/128 [0/0]
     via Ethernet0/1, receive
L   FF00::/8 [0/0]
     via Null0, receive
BR3#
BR3#
BR3# show ipv6 int brief
Ethernet0/0            [up/up]
    FE80::40
Ethernet0/1            [up/up]
    FE80::40
    2001:DB8:C0A8:340::1
< ...output omitted... >
BR3#
BR3#
BR3# ping FE80::1
Output Interface: Ethernet0/0
Type escape sequence to abort.
Sending 5, 100-byte ICMP Echos to FE80::1, timeout is 2 seconds:
Packet sent with a source address of FE80::40%Ethernet0/0
.....
Success rate is 0 percent (0/5)
BR3#
```

为了确定向静态默认路由的下一跳地址FE80::1发起的ping测试失败的原因，我们激活了**debug ipv6 packet**命令并再次通过Ethernet 0/0接口向FE80::1发起ping测试。从例9-29可以看出，下一跳地址解析（解析为MAC地址）失败，因为入站数据包被名为

from_Internet 的 ACL 丢弃了。

*例 9-29 收集信息：运行 **debug ipv6 packet** 命令并且再次向 FE80::1 发起 ping 测试*

```
BR3# terminal  monitor
BR3# debug ipv6 packet
BR3# ping FE80::1
Output Interface: Ethernet0/0
Type escape sequence to abort.
Sending 5, 100-byte ICMP Echos to FE80::1, timeout is 2 seconds:
Packet sent with a source address of FE80::40%Ethernet0/0
< ...output omitted... >
Sep 25 21:56:38.434: IPv6-Sas: SAS picked source FE80::40 for FE80::1 (Ethernet0/0)
Sep 25 21:56:38.434: IPv6-Fwd: Destination lookup for FE80::1 : i/f=Ethernet0/0,
  nexthop=FE80::1
Sep 25 21:56:38.434: IPV6: source FE80::40 (local)
Sep 25 21:56:38.434: dest FE80::1 (Ethernet0/0)
Sep 25 21:56:38.434: traffic class 0, flow 0x0, len 120+0, prot 58, hops 6
  originating
Sep 25 21:56:38.434: IPv6-Fwd: Encapsulation postponed, performing resolution
Sep 25 21:56:38.435: IPv6-ACL: Discarding incoming packet by acl from_Internet
  (admin policy)
< ...output omitted... >
BR3# no debug ipv6 packet
```

接下来需要确定名为 from_Internet 的 ACL 的应用位置以及该 ACL 的配置信息。从例 9-30 可以看出，名为 from_Internet 的 ACL 应用在接口 Ethernet 0/0 的入站方向，因而该 ACL 必须允许来自 Internet 的流量。

例 9-30 收集信息：检查访问列表的内容

```
BR3# show running-config | include interface|traffic-filter
< ...output omitted... >
interface Ethernet0/0
 ipv6 traffic-filter from_Internet in
< ...output omitted... >
BR3#
BR3#
BR3# show ipv6 access-list
IPv6 access list from_Internet
    permit ipv6 any 2001:DB8:C0A8:340::/64 sequence 10
    < ...output omitted... >
    permit ipv6 any host 2001:DB8:AC10:1300::1 sequence 200
    permit ipv6 any host 2001:DB8:AC10:1400::1 sequence 210
    deny ipv6 any any (118 matches) sequence 220
BR3#
```

3．分析信息

名为 from_Internet 的 IPv6 ACL（应用在接口 Ethernet 0/0 入站方向）配置了很多 **permit** 语句，允许去往分支机构路由器环回接口和 Ethernet 0/1 接口的所有 IPv6 源端（来自 Internet）。该 ACL 的最后一条语句是显式拒绝所有语句，该显式拒绝所有语句将丢弃 BR3 的邻居（HQ）发送给 BR3 的 NA（Neighbor Advertisement，邻居宣告）消息，该 NA 消息是 BR3 的 NS（Neighbor Solicitation，邻居请求）消息的响应消息。

NA 和 NS 消息是 ICMPv6 消息，其作用是执行 IPv6 地址到 MAC 地址的解析操作，与 IPv4 地址到 MAC 地址解析操作中的 ARP-Request 和 ARP-Reply 消息类似。只要不在 IPv6 ACL 的最后一行显式输入拒绝全部语句，那么 IPv6 ACL 将隐式允许 NS 和 NA 消息。如果在 IPv6 ACL 的最后显式输入拒绝全部语句，那么就必须在 IPv6 ACL 最后的显式 **deny** 语句之前输入显式允许 NS 和 NA 消息的 **permit** 语句。

4．提出并验证推断

根据收集到的上述信息以及分析结果，可以推断出以下两种可能的故障解决方案。

1．删除名为 from_Internet 的 IPv6 ACL 最后的显式 **deny** 语句。

2．在显式拒绝全部语句之前，为 ICMP NA 和 NS 消息添加两条 **permit icmp** 语句。

例 9-31 给出了删除 IPv6 ACL 中显式拒绝 220 语句的配置示例。

例 9-31　提出推断：在 IPv6 ACL 中允许 ICMPv6 NA 和 NS 消息

```
BR3# conf term
Enter configuration commands, one per line.  End with CNTL/Z.
BR3(config)# ipv6 access-list from_Internet
BR3(config-ipv6-acl)# no sequence 220
BR3(config-ipv6-acl)# end
BR3# wr
Building configuration...
[OK]
BR3#
```

5．解决故障

此时可以检查分支机构 3 的站点是否能够访问 IPv6 Internet。从例 9-32 可以看出，以路由器 BR3 的 Ethernet 0/1 为源接口向 IPv6 Internet 测试地址发起的 ping 测试 100%成功，表明故障问题已解决。

此时还需要在网络文档中记录上述排障过程，并告诉 Tina 故障问题已解决。

例 9-32 解决故障：从 BR3 测试 IPv6 Internet 的可达性

```
BR3# ping 2001:DB8:D1A5:C92D::1  source Ethernet0/1
Type escape sequence to abort.
Sending 5, 100-byte ICMP Echos to 2001:DB8:D1A5:C92D::1, timeout is 2 seconds:
Packet sent with a source address of 2001:DB8:C0A8:340::1
!!!!!
Success rate is 100 percent (5/5), round-trip min/avg/max = 1/4/10 ms
BR3#
```

6. 检测与排除 ACL 故障

检测与排除 ACL 故障时，应考虑以下问题：

- 确定 ACL 是否存在；
- 确定 ACL 的应用位置；
- 确定 ACL 的应用方向（入站或出站方向）；
- 阅读并分析每条访问列表语句，注意通配符掩码的含义及其常见错误；
- 特别要注意 ACL 语句的顺序，精确语句必须位于通用性语句之前；
- 如果要收集被拒绝流量的计数器，必须利用 **log** 选项配置显式拒绝语句；
- 如果没有显式允许特定流量，那么该流量将被拒绝（ACL 的最后一条语句是隐式拒绝全部）；
- IPv6 ACL 允许 ICMPv6 NS 和 NA 消息，除非配置了显式拒绝语句；
- ACL 语句中的关键字 **log** 的作用是让路由器在特定访问列表表项出现匹配时将消息记录到系统日志中，记录的事件信息包括与该访问列表表项相匹配的数据包的详细信息；
- 不存在的 ACL 会允许所有流量，但是空 ACL 却会拒绝所有流量。对于 IPv6 来说，空 ACL 将允许所有流量，但是如果在空 IPv6 ACL 中添加了注释，那么该空 ACL 将拒绝所有流量；
- IPv4 ACL 可以通过 **ip access-group** 命令应用到接口上，而 IPv6 ACL 则需要通过 **ipv6 traffic-filter** 命令应用到接口上。

以下 IOS 命令可以收集已配置 ACL 的相关信息。

- **show access-list**：该命令可以显示所有已配置的访问列表（IPv4 和 IPv6）及其内容。
- **show ip access-list**：该命令可以显示所有已配置的 IPv4 访问列表及其内容，包括每条语句的命中次数。
- **show ipv6 access-list**：该命令可以显示所有已配置的 IPv6 访问列表及其内容，包括每条语句的命中次数。

如果要确定 ACL 的应用位置以及应用方向，可以使用以下命令。

- **show running-config | include line|access-class**：该命令可以显示访问线路（vty、控制台）以及已配置的用于控制该线路流量的访问列表。
- **show running-config | include interface|access-group**：如果包含了关键字 **interface** 或 **access-group**，那么该命令将显示组成 **show running-config** 命令输出结果的所有命令行。
- **show ip interface** *interface-type interface-number*：该命令可以显示接口以及应用于该接口的 IPv4 访问列表（每个方向最多只能应用一条 ACL）。
- **show running-config | include interface|traffic-filter**。
- **show ipv6 interface** *interface-type interface-number*：该命令可以显示接口以及应用于该接口的 IPv6 访问列表（每个方向最多只能应用一条 ACL）。
- **show running-config | include [** *ACL-number* **|** *ACL-name* **|]**：该命令可以显示访问列表的其他应用，如位于 NAT 配置命令行中的 ACL。

9.3 POLONA 银行故障工单 3

POLONA 银行是我们公司（SECHNIK 网络公司）的重要客户。POLONA 银行的总部站点连接了两个分支机构，但 POLONA 银行近期通过收购方式又新增加了一个分支机构（分支机构 3）。新增加的分支机构配置的路由协议是 EIGRP，而总部及其他两个分支机构配置的路由协议是 OSPF。POLONA 银行希望尽快对 EIGRP 进行重新配置。

POLONA 银行的网络工程师 Tina 刚刚联系我们并报告了 POLONA 网络的以下故障问题，请求立即解决。

- 分支机构 1 失去了去往总部站点的 IP 连接性。PC1 的用户报告称从 PC1 向 PC0 发起的 ping 测试失败，但是在最近的网络升级之前，PC1 还能够 ping 通 PC0。
- 将新的分支机构路由器 BR3 的路由协议迁移到 OSFP area 3 之后，强制要求 area 3（分支机构 3）的路由必须以汇总路由的形式（172.16.0.0/16）宣告给总部站点中的路由器（R1 和 R2），但总部站点中的路由器 R1 仍然收到了分支机构 3 的子网路由更新。
- 分支机构路由器 BR1 必须使用本地认证方式来认证远程登录请求。试图通过 Telnet 方式登录 BR1 时，应该会提示输入用户名和密码，但 BR1 仅要求输入密码。

9.3.1 检测与排除分支机构 1 与总部站点之间的 IP 连接性故障

POLONA 银行的网络工程师 Tina 报告称分支机构 1 失去了去往总部站点的 IP 连接性，例如，PC1 无法 ping 通 PC0。但是在最近的网络升级之前，分支机构 1 还能正常访问总部站点。POLONA 网络最近做了升级之后，总部站点与分支机构 3 的路由器建立了 OSPF（而不是 EIGRP）邻接关系。

1. 验证故障

由于无法通过访问 PC1（位于分支机构 1 的站点内）的方式来验证故障问题，因而考虑访问 PC0 和 PC1。从例 9-33 可以看出，从 PC0 向 PC1 发起的 ping 测试失败。

例 9-33　验证故障：测试 PC0（位于总部站点）到 PC1 的可达性

```
PC0# ping 192.168.1.100
Type escape sequence to abort.
Sending 5, 100-byte ICMP Echos to 192.168.1.100, timeout is 2 seconds:
U.U.U
Success rate is 0 percent (0/5)
PC0#
```

由于该故障是在总部站点将路由协议改造为 OSPF 之后才出现的，因而可以采用分而治之法，从网络层（三层）开始进行故障检测与排除工作。

2. 收集信息

首先最好检查路由器 HQ 的路由表以确定是否有 OSPF 路径去往 192.168.1.100（PC1 的 IP 地址）。从例 9-34 可以看出，HQ 没有去往 192.168.1.100 的路径。

例 9-34　收集信息：检查 HQ 的路由表

```
HQ# show ip route 192.168.1.100
% Network not in table
HQ#
```

接下来需要确定 HQ 为什么没有通过 OSPF 学到分支机构 1 的网络信息。从例 9-35 可以看出，**show ip ospf neighbor** 命令仅列出了经 Tunnel2 和 Tunnel3 接口的两个邻居，而没有经 Tunnel1 接口的邻居。另外两个 OSPF 邻居是本地（LAN）邻居（R1 和 R2）。

例 9-35　收集信息：检查 HQ 的 OSPF 邻居列表

```
HQ# show ip ospf neighbor
Neighbor ID      Pri   State        Dead Time   Address          Interface
192.168.222.1     1    FULL/DR      00:00:30    192.168.222.1    Ethernet0/2
192.168.111.1     1    FULL/DR      00:00:30    192.168.111.1    Ethernet0/1
209.165.200.10    0    FULL/  -     00:00:34    192.168.12.1     Tunnel2
172.16.20.1       0    FULL/  -     00:00:35    192.168.13.1     Tunnel3
HQ#
```

此时需要确定 BR1 为什么没有成为路由器 HQ 的 OSPF 邻居，因而利用 **show ip interface brief** 命令来检查 HQ 的接口状态。从例 9-36 可以看出，虽然列出了路由器 HQ 的 Tunnel1 接口，但是该接口没有配置 IP 地址。

例 9-36 收集信息：检查 HQ 的 IP 接口状态

```
HQ# show ip interface brief
Interface              IP-Address      OK? Method Status                Protocol
Ethernet0/0            209.165.200.2   YES NVRAM  up                    up
Ethernet0/1            192.168.111.2   YES NVRAM  up                    up
Ethernet0/2            192.168.222.2   YES NVRAM  up                    up
Ethernet0/3            unassigned      YES NVRAM  administratively down down
Loopback0              192.168.10.1    YES NVRAM  up                    up
NVI0                   209.165.200.2   YES unset  up                    up
Tunnel1                unassigned      YES unset  up                    up
Tunnel2                192.168.12.2    YES NVRAM  up                    up
Tunnel3                192.168.13.2    YES NVRAM  up                    up
HQ#
```

3. 提出并验证推断

根据收集到的上述信息，可以推断出路由器 HQ 与路由器 BR1 之间未建立 OSPF 邻接性的原因之一就是 HQ 的 Tunnel1 接口没有 IP 地址（192.168.11.2），因而需要为 HQ 的 Tunnel1 接口添加 IP 地址并向隧道端点地址（192.168.11.1）发起 ping 测试。从例 9-37 可以看出 ping 测试成功，但 **show ip ospf neighbor** 命令的输出结果仍然没有将 BR1 列为邻居。

例 9-37 提出并验证推断：为 HQ 的 Tunnel1 接口添加 IP 地址

```
HQ# conf t
Enter configuration commands, one per line.  End with CNTL/Z.
HQ(config)# interface tunnel 1
HQ(config-if)# ip address 192.168.11.2 255.255.255.0
HQ(config-if)# end
HQ#
Sep 30 02:02:46.303: %SYS-5-CONFIG_I: Configured from console by console
HQ# ping 192.168.11.1
Type escape sequence to abort.
Sending 5, 100-byte ICMP Echos to 192.168.11.1, timeout is 2 seconds:
!!!!!
Success rate is 100 percent (5/5), round-trip min/avg/max = 5/5/6 ms
HQ# show ip ospf neighbor
Neighbor ID     Pri   State           Dead Time   Address         Interface
192.168.222.1     1   FULL/DR         00:00:35    192.168.222.1   Ethernet0/2
192.168.111.1     1   FULL/DR         00:00:34    192.168.111.1   Ethernet0/1
209.165.200.10    0   FULL/  -        00:00:32    192.168.12.1    Tunnel2
172.16.20.1       0   FULL/  -        00:00:34    192.168.13.1    Tunnel3
HQ#
```

4．进一步收集信息

虽然为路由器 HQ 的 Tunnel1 接口添加了正确的 IP 地址，但是 HQ 仍然没有与 BR1 建立邻接关系，因而必须检查路由器 HQ 的 OSPF 配置信息并确定 OSPF **network** 命令是否在 Tunnel1 接口上激活了 OSPF。例 9-38 显示了 **show IP OSPF interface Tunnel1** 命令的输出结果，可以看出响应消息为“OSPF not configured in this interface”。此外，从例 9-38 还可以看出，路由器 HQ 的配置中缺少了 Tunnel1 接口的 OSPF **network** 语句。

例 9-38　进一步收集信息：检查 HQ 的 OSPF 配置

```
HQ# show ip ospf interface tunnel 1
%OSPF: OSPF not enabled on Tunnel1
HQ#
HQ# show run | section router ospf
router ospf 1
 redistribute static subnets
 network 192.168.12.0 0.0.0.255 area 2
 network 192.168.13.0 0.0.0.255 area 3
 network 192.168.111.0 0.0.0.255 area 0
 network 192.168.222.0 0.0.0.255 area 0
HQ#
```

5．提出并验证另一个推断

此时可以提出第二个故障推断：在路由器 HQ 的配置中增加一条 OSPF **network** 语句，以便在 Tunnel1 接口上激活 OSPF。例 9-39 给出了将网络 192.168.11.0 添加到路由器 HQ 的 OSPF 配置中的配置示例。从例 9-39 可以看出，配置修改完成后，路由器 HQ 与 BR1 经 Tunnel1 接口建立了 OSPF 邻居关系。

例 9-39　提出并验证另一个推断：修正 HQ 的 OSPF 配置

```
HQ# conf term
Enter configuration commands, one per line.  End with CNTL/Z.
HQ(config)# router ospf 1
HQ(config-router)# network 192.168.11.0 0.0.0.255 area 1
HQ(config-router)# end
Sep 30 02:06:22.555: %OSPF-5-ADJCHG: Process 1, Nbr 209.165.200.6 on Tunnel1 from
  LOADING to FULL, Loading Done
Sep 30 02:06:40.722: %SYS-5-CONFIG_I: Configured from console by console
HQ# show ip ospf neighbor
Neighbor ID     Pri   State           Dead Time   Address         Interface
192.168.222.1     1   FULL/DR         00:00:39    192.168.222.1   Ethernet0/2
192.168.111.1     1   FULL/DR         00:00:33    192.168.111.1   Ethernet0/1
209.165.200.6     0   FULL/  -        00:00:39    192.168.11.1    Tunnel1
```

```
209.165.200.10    0   FULL/  -        00:00:34    192.168.12.1    Tunnel2
172.16.20.1       0   FULL/  -        00:00:36    192.168.13.1    Tunnel3
HQ# wr
Building configuration...
[OK]
HQ#
```

6. 解决故障

修正了路由器HQ的OSPF路由故障之后，可以检查PC1与PC0之间是否已经可达。从例9-40可以看出，PC0此时已经能够ping通PC1，表明故障问题已解决。

例9-40 解决故障：从PC0向PC1发起ping测试

```
PC0# ping 192.168.1.100
Type escape sequence to abort.
Sending 5, 100-byte ICMP Echos to 192.168.1.100, timeout is 2 seconds:
!!!!!
Success rate is 100 percent (5/5), round-trip min/avg/max = 1/1/2 ms
PC0#
```

此时还需要在网络文档中记录上述排障过程，并告诉Tina故障问题已解决。

7. 检测与排除GRE隧道故障

GRE可以将网络层数据包封装到IP包中，并在IP报头（用于识别净荷）的后面插入一个特殊的GRE报头。如果要配置GRE隧道，可以使用IOS命令**interface Tunnel** *tunnel-id*，此外还必须使用**tunnel** *source ip-address* | *source-interface*命令来指定隧道源IP地址或源接口，并使用**tunnel destination** *ip-address*来指定隧道目的IP地址。虽然命令**tunnel mode gre ip**可以指定隧道模式/类型，但默认隧道模式是GRE。

GRE隧道的主要作用如下所示。

- 可以传输（隧道化）IP包、非IP包、单播包、组播包以及广播包。
- 如果网络中部署的路由协议对跳数有限制，那么就可以利用GRE来作为变通方案。
- 可以连接不连续子网。
- 可以在WAN链路上构建VPN。

常见的GRE故障如下所示。

- **GRE源IP地址对于远程主机来说不可达：**检查隧道是否配置了正确的源IP地址或源接口，也可以检查端点主机之间的骨干网的路由情况。
- **GRE目的IP地址对于本地主机来说不可达：**检查隧道是否配置了正确的目的IP地址，也可以检查主机之间是否可达。
- **路由环路：**如果去往隧道目的端的最佳路由需要经过隧道本身，那么就会出现路由环路，此时将会导致隧道接口出现翻动现象。在极端情况下，路由器可能会崩溃并重启。

- **GRE 流量被 ACL 拒绝了**：GRE 的 IP 协议号是 47，因而使用 GRE 时，访问列表必须允许该协议号。
- **由于增加了 GRE 报头，导致数据包被分段**：MTU（Maximum Transmission Unit，最大传输单元）是 1500 字节，GRE 报头是 24 字节，因而增加了 GRE 报头之后，MTU 将被缩减到 1476 字节。任何大于 1476 字节的数据包都将被分段，从而产生处理时延并增加 CPU 使用率。

常见的 GRE 故障检测与排除命令如下所示。

- **show interfaces Tunnel** *tunnel-id*：该命令可以显示接口状态、隧道 IP 地址、隧道模式（对于 GRE 隧道来说，应该是 GRE/IP）、隧道源端和目的端以及其他隧道参数。
- **show ip interface Tunnel** *tunnel-id*：该命令可以显示隧道接口的 IP 参数。
- **debug tunnel**：该命令可以获得隧道调试信息并查看与隧道相关的事件。

9.3.2 检测与排除分支机构 3 的路由汇总故障

POLONA 银行的分支机构 3 从 EIGRP 迁移到了 OSPF（area 3）。客户的路由策略要求不能将分支机构 3 的明细路由宣告给总部站点的路由器（R1 和 R2），但是 Tina 报告称 R1 路由器收到的路由不是 172.16.0.0/16，而是分支机构 3 站点内的各个子网，因而希望按照他们的路由策略解决该故障。

1. 验证故障并选择方法

为了验证故障问题，必须首先检查路由器 R1 的路由表（如例 9-41 所示）。可以看出 R1 的路由表中存在网络 172.16.0.0/16 的子网，因而验证了故障问题。

例 9-41 验证故障：检查 R1 的 IP 路由表

```
R1# show ip route
< ...output omitted... >
Gateway of last resort is 0.0.0.0 to network 0.0.0.0

S*    0.0.0.0/0 is directly connected, Ethernet0/1
      172.16.0.0/32 is subnetted, 20 subnets
O IA     172.16.1.1 [110/1011] via 192.168.111.2, 00:01:04, Ethernet0/1
O IA     172.16.2.1 [110/1011] via 192.168.111.2, 00:01:04, Ethernet0/1
O IA     172.16.3.1 [110/1011] via 192.168.111.2, 00:01:04, Ethernet0/1
O IA     172.16.4.1 [110/1011] via 192.168.111.2, 00:01:04, Ethernet0/1
O IA     172.16.5.1 [110/1011] via 192.168.111.2, 00:01:04, Ethernet0/1
O IA     172.16.6.1 [110/1011] via 192.168.111.2, 00:01:04, Ethernet0/1
O IA     172.16.7.1 [110/1011] via 192.168.111.2, 00:01:04, Ethernet0/1
O IA     172.16.8.1 [110/1011] via 192.168.111.2, 00:01:04, Ethernet0/1
O IA     172.16.9.1 [110/1011] via 192.168.111.2, 00:01:04, Ethernet0/1
O IA     172.16.10.1 [110/1011] via 192.168.111.2, 00:01:04, Ethernet0/1
```

```
O IA    172.16.11.1 [110/1011] via 192.168.111.2, 00:01:04, Ethernet0/1
O IA    172.16.12.1 [110/1011] via 192.168.111.2, 00:01:04, Ethernet0/1
O IA    172.16.13.1 [110/1011] via 192.168.111.2, 00:01:04, Ethernet0/1
O IA    172.16.14.1 [110/1011] via 192.168.111.2, 00:01:04, Ethernet0/1
O IA    172.16.15.1 [110/1011] via 192.168.111.2, 00:01:04, Ethernet0/1
O IA    172.16.16.1 [110/1011] via 192.168.111.2, 00:01:04, Ethernet0/1
O IA    172.16.17.1 [110/1011] via 192.168.111.2, 00:01:04, Ethernet0/1
O IA    172.16.18.1 [110/1011] via 192.168.111.2, 00:01:04, Ethernet0/1
O IA    172.16.19.1 [110/1011] via 192.168.111.2, 00:01:04, Ethernet0/1
O IA    172.16.20.1 [110/1011] via 192.168.111.2, 00:01:04, Ethernet0/1
< ...output omitted... >
R1#
```

很明显不存在物理层和数据链路层连接故障。目前看来故障原因可能是路由协议（OSPF）配置错误，因而可以采用不假思索法直接检查路由器的 OSPF 配置信息。检查顺序基于跟踪流量路径技术，因而必须首先检查路由器 HQ 的路由表。

2. 收集信息

收集信息的第一步就是检查路由器 HQ 的 IP 路由表（如例 9-42 所示）。可以看出路由表中存在网络 172.16.0.0/16 的大量子网，并且拥有相同的下一跳地址（192.168.13.1）和出接口（Tunnel3）。这些子网都是从分支机构 3 的路由器 BR3（192.168.13.1）学到的。

例 9-42 收集信息：检查路由器 HQ 的路由表

```
HQ# show ip route
< ...output omitted... >
Gateway of last resort is 209.165.200.1 to network 0.0.0.0

S*    0.0.0.0/0 [1/0] via 209.165.200.1
      172.16.0.0/32 is subnetted, 20 subnets
O        172.16.1.1 [110/1001] via 192.168.13.1, 00:04:34, Tunnel3
O        172.16.2.1 [110/1001] via 192.168.13.1, 00:04:34, Tunnel3
O        172.16.3.1 [110/1001] via 192.168.13.1, 00:04:34, Tunnel3
O        172.16.4.1 [110/1001] via 192.168.13.1, 00:04:34, Tunnel3
O        172.16.5.1 [110/1001] via 192.168.13.1, 00:04:34, Tunnel3
O        172.16.6.1 [110/1001] via 192.168.13.1, 00:04:34, Tunnel3
O        172.16.7.1 [110/1001] via 192.168.13.1, 00:04:34, Tunnel3
O        172.16.8.1 [110/1001] via 192.168.13.1, 00:04:34, Tunnel3
O        172.16.9.1 [110/1001] via 192.168.13.1, 00:04:34, Tunnel3
O        172.16.10.1 [110/1001] via 192.168.13.1, 00:04:34, Tunnel3
O        172.16.11.1 [110/1001] via 192.168.13.1, 00:04:34, Tunnel3
O        172.16.12.1 [110/1001] via 192.168.13.1, 00:04:34, Tunnel3
O        172.16.13.1 [110/1001] via 192.168.13.1, 00:04:34, Tunnel3
O        172.16.14.1 [110/1001] via 192.168.13.1, 00:04:34, Tunnel3
```

```
O        172.16.15.1 [110/1001] via 192.168.13.1, 00:04:34, Tunnel3
O        172.16.16.1 [110/1001] via 192.168.13.1, 00:04:34, Tunnel3
O        172.16.17.1 [110/1001] via 192.168.13.1, 00:04:34, Tunnel3
O        172.16.18.1 [110/1001] via 192.168.13.1, 00:04:34, Tunnel3
O        172.16.19.1 [110/1001] via 192.168.13.1, 00:04:34, Tunnel3
O        172.16.20.1 [110/1001] via 192.168.13.1, 00:04:34, Tunnel3
< ...output omitted... >
HQ#
```

接下来以 Telnet 方式登录路由器 BR3 并检查其 OSPF 配置。例 9-43 显示了 BR3 的 **show ip ospf** 命令输出结果。可以看出 BR3 的所有接口均被配置在 area 3 中，没有任何接口在 area 0 中处于激活状态，而且配置的区域范围是 172.16.0.0/16。例 9-43 还显示了 **show run | section ospf** 命令的输出结果，也证实了上述问题：在 area 3 中配置了三条激活所有 BR3 接口的 **network** 语句，并且配置了一条携带 IP 地址 172.16.0.0 的 **area 0 range** 命令。

由于路由器 BR3 的所有接口均配置在 area 3 中，因而该路由器不是 OSPF ABR（Area Border Router，区域边界路由器）。接下来应该检查路由器 HQ 的配置信息以确定该路由器是否被指派为 area 3 的 OSPF ABR。例 9-44 显示了路由器 HQ 的运行配置中的 OSPF 段落。可以看出该路由器的部分接口在 area 0 中处于激活状态，还有一些接口处于 area 1、area 2 和 area 3 中，因而路由器 HQ 是 area 3 的 OSPF ABR。

例 9-43　收集信息：检查路由器 BR3 的 OSPF 配置

```
BR3# show ip ospf
 Routing Process "ospf 1" with ID 172.16.20.1
< ...output omitted... >
 Reference bandwidth unit is 100 mbps
    Area BACKBONE(0) (Inactive)
        Number of interfaces in this area is 0
        Area has no authentication
        SPF algorithm last executed 00:07:18.208 ago
        SPF algorithm executed 1 times
        Area ranges are
           172.16.0.0/16 Passive Advertise
        Number of LSA 0. Checksum Sum 0x000000
< ...output omitted... >
        Flood list length 0
    Area 3
        Number of interfaces in this area is 22 (20 loopback)
        Area has no authentication
        SPF algorithm last executed 00:07:08.207 ago
        SPF algorithm executed 1 times
        Area ranges are
        Number of LSA 11. Checksum Sum 0x02CCAF
```

```
< ...output omitted... >
      Flood list length 0
BR3#
BR3# show run | section ospf
router ospf 1
 area 0 range 172.16.0.0 255.255.0.0
 network 172.16.0.0 0.0.255.255 area 3
 network 192.168.3.0 0.0.0.255 area 3
 network 192.168.13.0 0.0.0.255 area 3
BR3#
```

例9-44 收集信息：检查路由器HQ的OSPF配置

```
HQ# show run | section ospf
router ospf 1
 redistribute static subnets
 network 192.168.11.0 0.0.0.255 area 1
 network 192.168.12.0 0.0.0.255 area 2
 network 192.168.13.0 0.0.0.255 area 3
 network 192.168.111.0 0.0.0.255 area 0
 network 192.168.222.0 0.0.0.255 area 0
HQ#
```

3. 分析信息并提出推断

根据收集到的上述信息，路由器BR3是area 3的内部OSPF路由器，因而不应该在该路由器上配置**area 0 range**命令。不过，由于路由器HQ是area 3的OSPF ABR，因而应该在该路由器上配置**area 3 range**命令。因此可以推断出应该删除BR3的OSPF配置中的**area 0 range**命令，并为路由器HQ的OSPF配置添加该命令。

4. 验证推断并解决故障

从例9-45可以看出，从BR3的OSPF配置中删除了**area 3 range 172.16.0.0 255.255.0.0**命令并且将该命令添加到路由器HQ的OSPF配置中之后，路由器R1就不再收到172.16.0.0的子网，表明故障问题已解决。

此时还需要在网络文档中记录上述排障过程，并告诉Tina故障问题已解决。

例9-45 解决故障：再次检查路由器R1的路由表

```
BR3# conf term
Enter configuration commands, one per line.  End with CNTL/Z.
BR3(config)# router ospf 1
BR3(config-router)# no area 0 range 172.16.0.0 255.255.0.0
BR3(config-router)# end
BR3# wr
```

```
Building configuration...
[OK]
BR3#

HQ# conf term
Enter configuration commands, one per line.  End with CNTL/Z.
HQ(config)# router ospf 1
HQ(config-router)# area 3 range 172.16.0.0 255.255.0.0
HQ(config-router)# end
HQ# wr
Building configuration...
[OK]
HQ#
Oct  1 20:22:47.893: %SYS-5-CONFIG_I: Configured from console by console
HQ#

R1# show ip route
< ...output omitted... >
S*    0.0.0.0/0 is directly connected, Ethernet0/1
O IA  172.16.0.0/16 [110/1011] via 192.168.111.2, 00:01:37, Ethernet0/1
      192.168.0.0/24 is variably subnetted, 2 subnets, 2 masks
C        192.168.0.0/24 is directly connected, Ethernet0/0
L        192.168.0.253/32 is directly connected, Ethernet0/0
< ...output omitted... >
R1#
```

5. OSPF 汇总技巧与命令

路由汇总就是将多条路由聚合为单条路由宣告，OSPF 的路由汇总包括以下两种类型。

- **区域间路由汇总：**区域间路由汇总发生在 ABR 上，由 ABR 对指定直连区域的路由进行汇总。区域间路由汇总对于通过重分发操作注入到 OSPF 的外部路由来说不起作用。虽然可以在任意两个区域之间配置路由汇总，但是最好在面向骨干区域的方向进行路由汇总，这样一来，骨干区域就可以接收聚合地址。如果要在 ABR 上进行路由汇总，可以使用 **area** *area-id* **range** *ip-address mask* 命令。其中，*area-id* 是包含待汇总网络的区域，*ip-address* 和 *mask* 是将要被宣告的实际汇总网络。
- **外部路由汇总：**外部路由汇总专门针对通过重分发方式注入到 OSPF 的外部路由进行的汇总。该类路由汇总发生在 OSPF ASBR（Autonomous System Boundary Router，自治系统边界路由器）上。其中，ASBR 是将其他路由进程的路由重分发到 OSPF 中的路由器。如果要在 ASBR 上进行外部路由汇总，可以使用 **summary-address** *ip-address mask* 命令。

有关 OSPF 路由汇总故障的检测与排除技巧及命令如下所示。

- 利用 **show ip route** 命令在 OSPF 路由器上检查路由表，以确定路由表中是否有明细路由或者汇总路由。在执行路由汇总的路由器上检查路由表时，应该查看指向接口 Null0 的汇总路由，路由器会自动生成该路由以防止出现次优路由或者路由环路。

- 利用 **show ip ospf** 命令在 ABR 路由器上检查 OSPF 的状态，以确定哪些区域配置了路由汇总。
- 利用 **show ip ospf summary-address** 命令在 ASBR 路由器上检查汇总了哪些外部路由。该命令能够查看 ASBR 路由器配置的所有的汇总地址。
- 利用 **show ip ospf database summary** 命令检查 Type 3 LSA（汇总 LSA）。该命令可以查看所有汇总 LSA 的汇总网络地址、掩码、度量以及其他参数。
- 利用 **show ip ospf database external** 命令检查 Type 5 LSA（外部 LSA）。该命令可以查看所有外部 LSA 的网络地址、掩码、度量以及其他参数。

9.3.3 检测与排除路由器 BR1 的 AAA 认证故障

Tina 在分支机构 1 路由器上配置了 AAA 认证机制，计划利用 RADIUS 服务器为 Telnet 客户端进行集中认证。如果 RADIUS 服务器处于 down 或不可达状态，那么就使用本地认证方式。由于 RADIUS 服务器目前还不可用，因而 Tina 决定先采用本地用户认证方式。输入了相应的命令之后，Tina 希望通过 Telnet 方式访问分支机构 1 路由器的时候，应该提示输入用户名和密码，但分支机构 1 路由器却仅提示输入密码。因此 Tina 请求我们协助解决该问题，并且提供了测试用的用户名/密码（admin/c1sc0）。

1. 验证故障

为了验证故障问题，我们以 Telnet 方式访问路由器 BR1（如例 9-46 所示）。可以看出 BR1 仅提示输入密码，而不是提示输入用户名和密码，从而验证了 Tina 报告的故障问题。

例 9-46 验证故障：以 Telnet 方式访问路由器 BR1

```
HQ# 192.168.11.1
Trying 192.168.11.1 ... Open


User Access Verification

Password:
BR1>
```

接下来可以采用自顶而下法来开展排障工作，首先检查路由器 BR1 的 vty 线路配置信息。

2. 收集信息

为了检查 BR1 的 vty 线路配置信息，可以在路由器 BR1 上运行 **show running-config | section line vty** 命令。从例 9-47 可以看出，vty 线路配置了 **login** 命令以及 **password c1sc0**

命令，因而在访问 vty 线路的时候，只会提示输入密码（需要输入的登录密码是 c1sc0）。

例 9-47 收集信息：检查 BR1 的 vty 线路配置

```
BR1# show running-config | section line vty
line vty 0 4
 password c1sc0
 login
 transport input all
BR1#
BR1# show run | include aaa
no aaa new-model
BR1#
```

从例 9-47 还可以看出，在 BR1 的运行配置中搜索关键字 **aaa** 时，仅发现一条命令行，显示还没有在路由器 BR1 上启用 AAA。

3. 提出推断

根据收集到的上述信息，可以提出以下故障推断：

- 必须使用 **aaa new-model** 命令在 BR1 上启用 AAA；
- 需要在 BR1 的全局配置模式下输入 **aaa authentication login default local** 命令，保证默认认证方式将基于本地配置的用户名和密码。

利用 **aaa new-model** 命令配置 AAA 服务时，所有 vty 线路将立即启用本地认证方式。输入该命令之后，打开新的 Telnet 或 SSH 会话时，就会利用路由器的本地数据库对用户进行认证。因此，应该首先检查是否配置了本地用户账号（和密码），否则将无法访问路由器。

在修改远程设备的访问控制配置之前，出于回退目的，最好使用 **reload in** [*hh*:]*mm* 命令，这样路由器就能重新加载并回退到先前配置（如果配置出错导致自己无法登录该设备）。请注意，如果配置修改成功，那么一定要记得利用 **reload cancel** 命令取消重新加载操作。

4. 验证推断并解决故障

从例 9-48 可以看出，首先确定已经在本地定义了用户名 admin，其次利用 **aaa new-model** 命令启用了 AAA 服务，最后将路由器 BR1 配置为使用本地认证作为默认认证方式。

例 9-48 验证推断：在路由器 BR1 上配置 AAA

```
BR1# conf term
Enter configuration commands, one per line.  End with CNTL/Z.
BR1(config)# aaa new-model
BR1(config)# AAA authentication login default local
BR1(config)# end
BR1# wr
Building configuration...
[OK]
BR1#
```

配置修改完成后，再次尝试以 Telnet 方式访问路由器 BR1（如例 9-49 所示）。可以看出此时已经提示输入用户名和密码，表明故障问题已解决。

例 9-49 解决故障：以 Telnet 方式访问路由器 BR1

```
HQ# 192.168.11.1
Trying 192.168.11.1 ... Open

User Access Verification

Username: admin
Password:

BR1>
```

此时还需要在网络文档中记录上述排障过程，并告诉 Tina 故障问题已解决。

5. 检测与排除 AAA 故障

AAA 服务可以对路由器或交换机管理平面的访问操作提供控制机制。可以使用本地用户数据库或远程服务器上的数据库（利用 TACACS+或 RADIUS 协议）。TACACS+是 Cisco 专有协议，运行在 TCP 端口 49 上。RAIDUS 是 IETF 标准，认证功能运行在 UDP 端口 1812（或 1645）上。审记功能运行在 UDP 端口 1813（或 1646 上）。最常见也是最佳部署方式是使用集中式 AAA 服务器作为主用认证方式，同时将本地认证作为备份认证方式，在 AAA 服务器处于 down 或不可达状态时提供认证服务。如果要在 Cisco 路由器上启用 AAA 服务，那么可以使用 **aaa new-model** 命令，然后可以利用 **aaa authentication**、**aaa authorization** 以及 **aaa accounting** 等命令（配合相应的参数）配置优选的 AAA 方法。利用 TACACS+和 RADIUS 服务器部署集中式认证机制时，可能会遇到以下问题。

- **服务器出现故障或服务器不可达**：为了避免 AAA 服务器不可达时出现的设备无法访问故障，需要将本地认证方式作为备用认证方式。最多可以定义 4 种认证方式。
- **预共享密钥不匹配**：TACACS+和 RADIUS 都要求在网络设备与 AAA 服务器之间配置预共享密钥。如果 AAA 服务器与客户端（网络设备）的预共享密钥不匹配，那么就无法执行认证操作。
- **服务器拒绝用户登录凭证**：可以检查服务器日志以确定用户是否通过了认证/授权，或者因为错误的用户名或密码而被拒绝了。

除了上述常见故障之外，有时还可能会出现 RADIUS 端口不匹配故障。Cisco 默认使用 UDP 端口 1645 和 1646，而标准指定的 UDP 端口则是 1812 和 1813。虽然服务器通常会同时侦听这两组端口，但仍然应该检查 RADIUS 使用的端口号。

如果要检查 AAA 服务的配置信息，那么可以使用 **show running-config | include aaa** 命令。如果要确定已经启用了 AAA 服务，那么该命令的输出结果中应包含 **aaa new-model** 命令。

命令 **debug aaa authentication** 对于故障检测与排除操作来说非常有用。该命令可以显示访问路由器时与认证过程相关的事件信息，可以看到提交的用户账号、认证方式以及用户请求的访问类型（控制台或 vty）。如果希望了解有关授权进程的更多信息，可以使用 **debug aaa authorization** 命令。该命令可以显示用户请求的服务以及授权方式等信息。如果要调试 AAA 服务器事件，可以使用 **debug tacacs** 或 **debug radius** 命令。

9.4 POLONA 银行故障工单 4

POLONA 银行是我们公司（SECHNIK 网络公司）的重要客户。POLONA 银行的总部站点连接了三个分支机构。其中，第三个分支机构是 POLONA 银行近期刚刚收购的。POLONA 银行的网络工程师是 Tina。

Tina 在周末将 IPv6 路由从 RIPng 更改为 OSPFv3，这样一来，POLONA 银行网络的 IPv4 和 IPv6 路由均使用 OSPF，而且 Tina 对分支机构路由器实施了精细化地 OSPF 控制措施。但是做完上述工作之后，Tina 发现网络中仍然存在两个问题，因而联系我们（SECHNIK 网络公司）请求解决以下问题：

- PC0 无法访问 IPv6 Internet 站点；
- 虽然 Tina 将分支机构区域配置为完全末梢区域（Totally Stub Area），但所有分支机构路由器的路由表中都出现了大量区域间路由。

9.4.1 检测与排除 PC0 的 IPv6 Internet 连接性故障

POLONA 银行的网络工程师 Tina 将 IPv6 路由协议从 RIPng 迁移到了 OSPFv3，但是迁移工作完成之后，有些用户抱怨出现了 Internet 连接性问题，例如，PC0 根本就无法访问 IPv6 Internet。因此 Tina 请求我们协助分析并尽量解决该故障。

1．验证故障并选择方法

为了验证故障问题，可以从 PC0 向 IPv6 Internet 可达性测试地址 2001:DB8:D1A5:C92D::1 发起 ping 测试。从例 9-50 可以看出，ping 测试完全失败，从而验证了故障问题。

例 9-50 验证故障：从 PC0 向 IPv6 测试地址发起 ping 测试

```
PC0# ping 2001:DB8:D1A5:C92D::1
Type escape sequence to abort.
Sending 5, 100-byte ICMP Echos to 2001:DB8:D1A5:C92D::1, timeout is 2 seconds:
UUUUU
Success rate is 0 percent (0/5)
PC0#
```

考虑到 Tina 在周末更改了网络中的 IPv6 路由协议，因而很自然地想到网络可能出现了 IPv6 路由问题。为此可以采用跟踪流量路径法，逐跳检查 PC0 的流量路径（从默认网关开始），以确定路由问题的根源。

2. 收集信息

收集信息的第一步应该是检查 PC0 的默认网关。从例 9-51 可以看出，PC0 拥有一条指向 IPv6 链路本地地址 FE80::12 的默认路由（经接口 Ethernet 0/0）。

例 9-51 收集信息：检查 PC0 的默认网关

```
PC0# show ipv6 route
IPv6 Routing Table - default - 4 entries
< ...output omitted... >
ND  ::/0 [2/0]
     via FE80::12, Ethernet0/0
C   2001:DB8:C0A8::/64 [0/0]
     via Ethernet0/0, directly connected
L   2001:DB8:C0A8::64/128 [0/0]
     via Ethernet0/0, receive
L   FF00::/8 [0/0]
     via Null0, receive
PC0#
```

此时可以检查 PC0 的邻居表以确定与 IPv6 地址 FE80::12 相对应的 MAC 地址。例 9-52 显示了 **show ipv6 neighbors** 命令的输出结果。从该邻居表（与 IPv4 的 ARP 缓存相似）可以看出，与 IPv6 地址 FE80::12 相对应的 MAC 地址是 aabb.cc00.dc00。

例 9-52 收集信息：确定与 FE80::12 相对应的 MAC 地址

```
PC0# show ipv6 neighbors
IPv6 Address                               Age Link-layer Addr State Interface
FE80::11                                     4 aabb.cc00.db00  STALE Et0/0
FE80::12                                     2 aabb.cc00.dc00  STALE Et0/0
2001:DB8:C0A8::FE                            2 aabb.cc00.dc00  STALE Et0/0
PC0#
```

接下来检查 SW1 的 MAC 地址表以确定学到 MAC 地址 aabb.cc00.dc00 的接口，然后可以从 **show cdp neighbors** 命令的输出结果中看出 SW1 的该接口连接了哪台设备。从例 9-53 可以看出，MAC 地址 aabb.cc00.dc00 是通过 SW1 的 Eth0/2 接口学到的，而且 R2（接口 Eth0/0）是 SW1 在该接口上的邻接邻居。

例 9-53 收集信息：检查 SW1 的 MAC 地址表

```
SW1# show mac address-table
          Mac Address Table
-------------------------------------------

Vlan    Mac Address       Type        Ports
----    -----------       --------    -----
```

```
 1    0000.5e00.0101    DYNAMIC     Et0/1
 1    aabb.cc00.c200    DYNAMIC     Et0/0
 1    aabb.cc00.db00    DYNAMIC     Et0/1
 1    aabb.cc00.dc00    DYNAMIC     Et0/2
Total Mac Addresses for this criterion: 4
SW1#
SW1# show cdp neighbors
Capability Codes: R - Router, T - Trans Bridge, B - Source Route Bridge
                  S - Switch, H - Host, I - IGMP, r - Repeater, P - Phone,
                  D - Remote, C - CVTA, M - Two-port Mac Relay
Device ID        Local Intrfce     Holdtme    Capability  Platform  Port ID
R2                    Eth 0/2           156             R                Linux
Uni   Eth 0/0
R1                    Eth 0/1           160             R                Linux
Uni   Eth 0/0
SW1#
```

例 9-54 显示了 R2 的 **show ipv6 interfaces** 命令输出结果，证实 IPv6 地址 FE80::12 确实属于 R2 的接口 Eth0/0。由于已经确认 R2（接口 Eth0/0）是 PC0 的默认网关，因而可以测试该路由器的 IPv6 Internet 可达性。从例 9-55 可以看出，从 R2 向 IPv6 Internet 可达性测试地址发起的 ping 测试失败（因为 R2 没有去往该目的地的路由）。

例 9-54　收集信息：检查 R2 的 IPv6 接口

```
R2# show ipv6 interface brief
Ethernet0/0              [up/up]
    FE80::12
    2001:DB8:C0A8::FE
Ethernet0/1              [up/up]
    FE80::12
    2001:DB8:C0A8:200::1
Ethernet0/2              [administratively down/down]
    unassigned
Ethernet0/3              [administratively down/down]
    unassigned
R2#
R2# ping 2001:DB8:D1A5:C92D::1
Type escape sequence to abort.
Sending 5, 100-byte ICMP Echos to 2001:DB8:D1A5:C92D::1, timeout is 2 seconds:

% No valid route for destination
Success rate is 0 percent (0/1)
R2#
```

由于 R2（和 R1）应该从路由器 HQ 收到一条默认路由，因而必须检查 R2 和 HQ 是否建立了 OSPF 邻接性以及 HQ 是否被配置为向外宣告默认路由。从例 9-56 可以看出，路由器 HQ（路由器 ID 是 192.168.10.1）与 R2 是处于 Full（完全建立）状态的 IPv6 OSPF 邻居（经 R2 的接口 Eth0/1），这一点与 POLONA 银行的网络结构图完全一致。检查例 9-56 显示的 HQ 运行配置（IPv6 路由段落）后可以发现，IPv6 路由器 OSPF 1 并没有被配置为向外宣告默认路由。

例 9-55　收集信息：检查 R2 与路由器 HQ 之间的邻接性

```
R2# show ipv6 ospf neighbor

        OSPFv3 Router with ID (192.168.222.1) (Process ID 1)

Neighbor ID     Pri   State           Dead Time   Interface ID    Interface
192.168.10.1      1   FULL/BDR        00:00:37    5               Ethernet0/1
R2#

HQ# show running-config | section ipv6 router
ipv6 router ospf 1
HQ#
```

3. 分析信息以及提出并验证推断

根据收集到的上述信息，可以推断出路由器 HQ 的 IPv6 OSPF（进程 1）应该被配置为宣告默认路由。例 9-56 给出了在 HQ 的配置中添加 **default-information originate** 命令的配置示例。配置修改完成后，R2 能够到达 IPv6 Internet，但 PC0 仍然无法访问 IPv6 Internet。

例 9-56　提出推断：配置 HQ 以宣告默认路由

```
HQ# conf term
Enter configuration commands, one per line.  End with CNTL/Z.
HQ(config)# ipv6 router ospf 1
HQ(config-rtr)# default-information originate
HQ(config-rtr)# end
HQ# wr
Building configuration...
[OK]
Oct  2 00:27:35.340: %SYS-5-CONFIG_I: Configured from console by console
HQ#

R2#
R2# ping 2001:DB8:D1A5:C92D::1
Type escape sequence to abort.
Sending 5, 100-byte ICMP Echos to 2001:DB8:D1A5:C92D::1, timeout is 2 seconds:
!!!!!
```

```
Success rate is 100 percent (5/5), round-trip min/avg/max = 1/4/19 ms
R2#

PC0#
PC0# ping 2001:DB8:D1A5:C92D::1
Type escape sequence to abort.
Sending 5, 100-byte ICMP Echos to 2001:DB8:D1A5:C92D::1, timeout is 2 seconds:
.....
Success rate is 0 percent (0/5)
PC0#
```

虽然解决了部分故障问题，但是仍然需要进一步收集有用信息以确定 PC0 无法访问 IPv6 Internet 的原因。

4. 进一步收集信息

此时应该检查 PC0 是否能够到达路由器 HQ。从例 9-57 可以看出，从 PC0 向 HQ 地址 2001:DB8:C0A8:200::2 发起的 ping 测试失败。

例 9-57 收集信息：PC0 是否能够到达路由器 HQ？

```
PC0# ping 2001:DB8:C0A8:200::2
Type escape sequence to abort.
Sending 5, 100-byte ICMP Echos to 2001:DB8:C0A8:200::2, timeout is 2 seconds:
.....
Success rate is 0 percent (0/5)
PC0#
```

到目前为止已经确定路由器 R2 是 PC0 的默认网关，并且 R2 能够利用从路由器 HQ 收到的默认路由到达 IPv6 Internet，因而接下来应该检查路由器 HQ 是否有路由回到 PC0 所在的网络。从例 9-58 可以看出，路由器 HQ 并没有去往 PC0 的地址的路径，HQ 的路由表中的默认路由（指向 FE80::1 且经接口 Eth0/0）面向的是 Internet 服务提供商（而不是 PC0）。

例 9-58 收集信息：HQ 是否拥有返回 PC0 的 IPv6 路径？

```
HQ#
HQ# show ipv6 route 2001:DB8:C0A8::6
Routing entry for ::/0
  Known via "static", distance 1, metric 0
  Route count is 1/1, share count 0
  Routing paths:
    FE80::1, Ethernet0/0
      Last updated 00:23:18 ago
HQ#
```

5. 分析信息以及提出并验证推断

由于 HQ 没有去往 PC0 的地址的确切路径，从而可以推断出路由器 R2 没有宣告该网络。因此必须修改 R2 的配置，让其宣告该网络。从例 9-59 的 R2 运行配置可以看出，R2 的 Eth0/0 接口上没有激活 IPv6 OSPF，因而需要在 R2 的 Eth0/0 接口上激活 IPv6 OSPF 1 进程。在 R2 的 Eth0/0 接口上激活了 IPv6 OSPF 进程之后（如例 9-59 所示），PC0 就能够访问 IPv6 Internet 可达性测试地址了。

例 9-59 提出推断：在 R2 的 Eth0/0 接口上激活 IPv6 OSPF

```
R2# show running-config interface ethernet 0/0
Building configuration...
Current configuration : 204 bytes
!
interface Ethernet0/0
 ip address 192.168.0.254 255.255.255.0
 ipv6 address FE80::12 link-local
 ipv6 address 2001:DB8:C0A8::FE/64
 ipv6 nd prefix 2001:DB8:C0A8::/64 300 300
 vrrp 1 ip 192.168.0.1
end
R2#
R2# conf term
Enter configuration commands, one per line.  End with CNTL/Z.
R2(config)# interface ethernet 0/0
R2(config-if)# ipv6 ospf 1 area 0
R2(config-if)# end
R2# wr
Building configuration...
Oct  2 00:37:28.309: %SYS-5-CONFIG_I: Configured from console by console[OK]
R2#

PC0# ping  2001:DB8:D1A5:C92D::1
Type escape sequence to abort.
Sending 5, 100-byte ICMP Echos to 2001:DB8:D1A5:C92D::1, timeout is 2 seconds:
!!!!!
Success rate is 100 percent (5/5), round-trip min/avg/max = 1/1/1 ms
PC0#
```

6. 解决故障

虽然看起来故障已经解决了，但是还必须弄明白故障原因。尽管 R2 没有将其直连网络宣告给路由器 HQ，但路由器 R1 也一样没有将该网络宣告给路由器 HQ。根据 POLONA 银行的网络设计方案，路由器 R1 和 R2 都连接 HQ，而且都应该将该网络（PC0 所处的网络）宣告给 HQ。

目前我们只修正了 R2 的配置错误，还必须检查并修正 R1 的配置（如果有必要的话）。从例 9-60 可以看出，与 R2 相似，R1 的 Eth0/0 接口上也没有激活 IPv6 OSPF 进程，因而需要修正 R1 的配置。最后，检查路由器 HQ 的 IPv6 路由表（如例 9-60 所示），可以看出 HQ 目前已经拥有两条（而不仅仅是一条）经路由器 R1 和 R2 的路径去往 PC0，表明故障问题已彻底解决。

此时还需要在网络文档中记录上述排障过程，并告诉 Tina 故障问题已解决。

例 9-60 解决故障：PC0 已经拥有冗余的 IPv6 Internet 连接

```
R1# show running-config interface ethernet0/0
Building configuration.
Current configuration : 254 bytes
!
interface Ethernet0/0
 ip address 192.168.0.253 255.255.255.0
 ipv6 address FE80::11 link-local
 ipv6 address 2001:DB8:C0A8::FD/64
 ipv6 nd prefix 2001:DB8:C0A8::/64 300 300
 vrrp 1 ip 192.168.0.1
 vrrp 1 priority 110
 vrrp 1 track 1 decrement 20
end
R1#
R1# conf term
Enter configuration commands, one per line.  End with CNTL/Z.
R1(config)# interface ethernet 0/0
R1(config-if)# ipv6 ospf 1 area 0
*Oct  2 00:45:42.600: %OSPFv3-5-ADJCHG: Process 1, Nbr 192.168.222.1 on Ethernet0/0
from LOADING to FULL, Loading Done
R1(config-if)# end
R1# wr
Building configuration..
[OK]
R1#
*Oct  2 00:45:48.529: %SYS-5-CONFIG_I: Configured from console by console
R1#

HQ# show ipv6 route 2001:DB8:C0A8::/64
Routing entry for 2001:DB8:C0A8::/64
  Known via "ospf 1", distance 110, metric 20, type intra area
  Route count is 2/2, share count 0
  Routing paths:
    FE80::12, Ethernet0/2
      Last updated 00:01:55 ago
```

```
FE80::11, Ethernet0/1
  Last updated 00:01:06 ago
HQ#
```

7. 检测与排除 IPv6 OSPF 故障

OSPFv3 的操作方式与 OSPFv2 相似，主要区别如下。

- **协议的处理基于线路（而不是子网）**：可以在两台路由器之间的单条链路上配置多个 IP 子网，即使不共享同一个 IPv6 子网的 OSPFv3 邻居之间也能建立邻接关系。
- **OSPFv3 的路由器 ID 是一个点分十进制格式的数值**：路由器 ID 不能是 IPv6 地址。如果路由器仅启用了 IPv6 协议，那么就必须手工指定路由器 ID，否则 OSPFv3 进程将无法启动。
- **单条链路支持多实例**：OSPFv3 可以在单条链路上使用多实例。利用实例 ID（记录在 OSPFv3 包头中）来区分各个实例。
- **使用链路本地地址**：OSPFv3 路由器使用链路本地地址作其 Hello 包的源地址。IPv6 路由器中的 OSPFv3 路由的下一跳地址也使用链路本地地址。
- **使用不同的组播地址**：组播地址 FF00::5 的作用是寻址所有 OSPFv3 路由器，而组播地址 FF00::6 的作用是寻址所有 OSPFv3 指派路由器。
- **使用 IPSec 进行认证**：虽然 OSPFv3 没有专用的认证机制，但是使用 IPSec 来认证 OSPF 包。

如果要创建 OSPFv3 进程，可以使用全局配置模式命令 **ipv6 router ospf** *process-id*。如果没有手工指定路由器 ID，那么路由器将使用最大的 IP 地址（优选 Loopback 地址）作为路由器 ID。如果路由器没有 IPv4 地址，那么 OSPFv3 进程将无法启动。可以在路由器配置模式下使用 **router-id** *router-id* 命令来手工配置路由器 ID。如果要在特定接口上激活 OSPFv3，可以在接口配置模式下使用 **ipv6 ospf** *process-id* **area** *area* 命令。

利用 **show ipv6 ospf** *process-id* 命令可以显示 OSPFv3 的全局配置信息，如路由器 ID、定时器以及路由器配置的区域等。如果要显示路由器的 OSPFv3 邻居，可以使用 **show ipv6 ospf neighbor** 命令，该命令的输出结果与 OSPFv2 的邻居表类似，可以显示邻居 ID、优先级、状态、失效时间、接口 ID 以及用于建立邻接关系的接口等信息。如果要显示启用了 OSPFv3 的接口列表，可以使用 **show ipv6 ospf interface** 命令，该命令的输出结果不仅列出了所有启用了 OSPFv3 的接口，而且还显示了每个接口所配置的区域、路由器 ID、OSPF 网络类型以及每个接口的定时器等信息。如果要显示特定 LSA 的详细信息，可以使用 **show ipv6 ospf database** *lsa-type* **adv-router** *router-id* 命令。如果要查看 OSPFv3 Hello 包，可以使用 **debug ipv6 ospf hello** 命令。如果要查看所有 OSPF 包，则可以使用 **debug ipv6 ospf packet** 命令。

9.4.2 检测与排除分支机构完全末梢区域的功能异常故障

Tina 了解到完全末梢区域中的 OSPF 路由器不会收到任何外部路由或区域间路由，只能从它们区域的 ABR 收到默认路由，因而认为非常适合 POLONA 银行的分支机构站点。但是在分支机构站点部署了完全末梢区域之后，Tina 发现分支机构路由器仍然接收了大量区域间路由，因而联系我们请求解决该故障问题，希望该 OSPF 完全末梢区域能够正常工作。

1. 验证故障并选择方法

为了验证故障问题，通过 Telnet 方式访问所有分支机构路由器并显示它们的路由表。从例 9-61 可以看出，分支机构 1 路由器的路由表中出现了大量 OSPF 区域间路由（O IA）。

由于分支机构 2 和分支机构 3 路由器与此相似，因而为了简化起见，就没有在例 9-61 中显示相关信息。至此已经验证了 Tina 报告的故障问题，接下来需要解决该故障问题。除非我们能够发现其他线索，否则只能先从路由器 HQ 以及分支机构路由器的 OSPF 配置入手。

例 9-61　验证故障：检查分支机构路由器的路由表

```
BR1# show ip route
< ...output omitted... >
Gateway of last resort is 192.168.11.2 to network 0.0.0.0

O*IA  0.0.0.0/0 [110/1001] via 192.168.11.2, 00:01:02, Tunnel1
O IA  172.16.0.0/16 [110/2001] via 192.168.11.2, 00:00:57, Tunnel1
O IA  192.168.0.0/24 [110/1020] via 192.168.11.2, 00:01:02, Tunnel1
      192.168.1.0/24 is variably subnetted, 4 subnets, 2 masks
C        192.168.1.0/25 is directly connected, Ethernet0/1
L        192.168.1.101/32 is directly connected, Ethernet0/1
C        192.168.1.128/25 is directly connected, Ethernet0/2
L        192.168.1.201/32 is directly connected, Ethernet0/2
      192.168.2.0/25 is subnetted, 2 subnets
O IA     192.168.2.0 [110/2010] via 192.168.11.2, 00:00:57, Tunnel1
O IA     192.168.2.128 [110/2010] via 192.168.11.2, 00:00:57, Tunnel1
O IA  192.168.3.0/24 [110/2010] via 192.168.11.2, 00:00:57, Tunnel1
      192.168.11.0/24 is variably subnetted, 2 subnets, 2 masks
C        192.168.11.0/24 is directly connected, Tunnel1
L        192.168.11.1/32 is directly connected, Tunnel1
O IA  192.168.12.0/24 [110/2000] via 192.168.11.2, 00:00:57, Tunnel1
O IA  192.168.13.0/24 [110/2000] via 192.168.11.2, 00:00:57, Tunnel1
      192.168.111.0/30 is subnetted, 1 subnets
O IA     192.168.111.0 [110/1010] via 192.168.11.2, 00:01:02, Tunnel1
      192.168.222.0/30 is subnetted, 1 subnets
O IA     192.168.222.0 [110/1010] via 192.168.11.2, 00:01:02, Tunnel1
      209.165.200.0/24 is variably subnetted, 3 subnets, 3 masks
S        209.165.200.0/24 [1/0] via 209.165.200.5
C        209.165.200.4/30 is directly connected, Ethernet0/0
L        209.165.200.6/32 is directly connected, Ethernet0/0
BR1#
```

2. 收集信息

由于正在排查OSPF完全末梢区域的配置问题，因而收集信息的第一步就是检查ABR（即路由器HQ）的OSPF进程。例9-62显示了路由器HQ的**show ip ospf**命令输出结果。可以看出对于所有的area 1、area 2和area 3来说，HQ都有一个接口在该区域中处于激活状态，并且每个区域均被显式为末梢区域。

例9-62 收集信息：检查ABR路由器（HQ）的OSPF进程

```
HQ# show ip ospf
 Routing Process "ospf 1" with ID 192.168.10.1
< ...output omitted... >
    Area 1
        Number of interfaces in this area is 1
        It is a stub area
< ...output omitted... >
    Area 2
        Number of interfaces in this area is 1
        It is a stub area
< ...output omitted... >
    Area 3
        Number of interfaces in this area is 1
        It is a stub area
< ...output omitted... >
HQ#
```

由于我们知道应该将这些区域均配置为完全末梢区域，而不仅仅是末梢区域，因而需要检查HQ运行配置中的OSPF段落以确定究竟为area 1、area 2和area 3配置了哪些命令。例9-63显示了路由器HQ的运行配置中的OSPF段落，可以看出这些区域都配置了**area** *area-number* **stub**命令。

例9-63 收集信息：检查ABR路由器（HQ）的运行配置

```
HQ# show running-config | section router ospf 1
router ospf 1
 area 1 stub
 area 2 stub
 area 3 stub
 area 3 range 172.16.0.0 255.255.0.0
 redistribute static subnets
 network 192.168.11.0 0.0.0.255 area 1
 network 192.168.12.0 0.0.0.255 area 2
 network 192.168.13.0 0.0.0.255 area 3
 network 192.168.111.0 0.0.0.255 area 0
 network 192.168.222.0 0.0.0.255 area 0
HQ#
```

接下来需要检查分支机构路由器的配置信息。例 9-64 显示了分支机构 1 路由器的配置信息。可以看出分支机构 1 路由器的 OSPF 进程配置了命令 **area 1 stub no-summary**。由于分支机构 2 和分支机构 3 路由器的配置与此相似，因而为了简化起见，就没有在例 9-64 中显示相关信息。

例 9-64　收集信息：检查分支机构路由器的运行配置

```
BR1# show run | section router ospf 1
router ospf 1
 area 1 stub no-summary
 network 192.168.1.0 0.0.0.255 area 1
 network 192.168.11.0 0.0.0.255 area 1
BR1#
```

3. 分析信息

从路由器 HQ（OSPF ABR）的 OSPF 配置信息可以看出，该路由器为 area 1、area 2 和 area 3 都配置了 **area** *area-number* **stub** 命令。如果希望将指定区域配置为末梢区域，那么就必须在该区域的所有路由器上都配置该命令（骨干区域 area 0 除外）。由于希望将这些区域配置为完全末梢区域，因而需要在 ABR（仅 ABR）上配置携带关键字 **no-summary** 的 **stub** 命令。也就是说，需要在 ABR 上为这三个区域配置 **area** *area-number* **stub no-summary** 命令，但分支机构路由器 1、2、3 却配置了 **area** *area-number* **stub no-summary** 命令。由于这些路由器不是 ABR，因而不需要在这些路由器上使用关键字 **no-summary**。不过对于非 ABR 路由器来说，使用关键字 **no-summary** 也不会造成任何影响。

4. 提出并验证推断

根据收集到的上述信息，可以推断出要将 OSPF area 1、area 2 和 area 3 配置为完全末梢区域，就需要修改 ABR（路由器 HQ）的配置，也就是在路由器 HQ 的 OSPF 配置模式下为这三个区域的 **area** *area-number* **stub** 命令的末尾添加关键字 **no-summary**。

例 9-65 给出了路由器 HQ 的配置修改示例。修改完成后，从路由器 HQ 的 **show ip ospf** 命令的输出结果可以看出，这三个区域均为末梢区域，而且区域内均没有汇总 LSA。也就是说，area 1、area 2 和 area 3 已被正确配置为完全末梢区域。

例 9-65　提出并验证推断

```
HQ# conf term
Enter configuration commands, one per line.  End with CNTL/Z.
HQ(config)# router ospf 1
HQ(config-router)# area 1 stub no-summary
HQ(config-router)# area 2 stub no-summary
HQ(config-router)# area 3 stub no-summary
HQ(config-router)# end
HQ# wr
```

```
Building configuration...
[OK]
Oct  3 01:53:45.521: %SYS-5-CONFIG_I: Configured from console by console
HQ#
HQ# show ip ospf
 Routing Process "ospf 1" with ID 192.168.10.1
< ...output omitted... >
    Area 1
        Number of interfaces in this area is 1
        It is a stub area, no summary LSA in this area
< ...output omitted... >
    Area 2
        Number of interfaces in this area is 1
        It is a stub area, no summary LSA in this area
< ...output omitted... >
    Area 3
        Number of interfaces in this area is 1
        It is a stub area, no summary LSA in this area
< ...output omitted... >
HQ#
```

5. 解决故障

此时需要通过 Telnet 方式访问分支机构路由器并确定这些路由器不再接收任何 OSPF 区域间路由（汇总 LSA）。例 9-66 显示了分支机构路由器 1（BR1）的 **show ip route ospf** 命令输出结果。可以看出 BR1 路由表中唯一的 OSPF 路由就是从 ABR 接收到的默认路由（因为该区域是末梢/完全末梢区域）。由于分支机构 2 和分支机构 3 路由器与此相似，因而为了简化起见，就没有在例 9-66 中显示相关信息。至此表明故障问题已解决。

例 9-66　解决故障：汇总 LSA 和外部 LSA 没有进入完全末梢区域（仅由 ABR 注入了一条默认路由）

```
BR1# show ip route ospf
Codes: L - local, C - connected, S - static, R - RIP, M - mobile, B - BGP
       D - EIGRP, EX - EIGRP external, O - OSPF, IA - OSPF inter area
       N1 - OSPF NSSA external type 1, N2 - OSPF NSSA external type 2
       E1 - OSPF external type 1, E2 - OSPF external type 2
       i - IS-IS, su - IS-IS summary, L1 - IS-IS level-1, L2 - IS-IS level-2
       ia - IS-IS inter area, * - candidate default, U - per-user static route
       o - ODR, P - periodic downloaded static route, H - NHRP, l - LISP
       + - replicated route, % - next hop override

Gateway of last resort is 192.168.11.2 to network 0.0.0.0

O*IA  0.0.0.0/0 [110/1001] via 192.168.11.2, 00:04:45, Tunnel1
BR1#
```

此时还需要在网络文档中记录上述排障过程，并告诉 Tina 故障问题已解决。

6. OSPF 末梢区域

OSPF 允许将某些区域配置为末梢区域。将区域配置为末梢区域之后，ABR 就会过滤外部路由，仅由 ABR 向这些区域注入默认路由。如果要将区域配置为末梢区域，那么就必须在 OSPF 路由器配置模式下为该区域内的所有路由器都配置 **area** *area-id* **stub** 命令。

可以将末梢区域转化为完全末梢区域。此时除了外部路由之外，ABR 还会阻止区域间路由进入完全末梢区域。如果要将末梢区域配置为完全末梢区域，可以在 ABR 上配置 **area** *area-number* **stub no-summary** 命令，同时在该区域的其他所有路由器上均配置 **area** *area-id* **stub** 命令。

在检测与排除路由器末梢特性故障时，**show ip ospf** *process-id* 命令显得非常有用。如果为特定区域配置了末梢特性，那么将会在输出结果中看到“It is a stub area”。如果被配置为完全末梢区域，那么将会在输出结果中看到“It is a stub area, no summary LSA in this area”。

命令 **show ip ospf database** 可以查看路由器的 OSPF 数据库信息。如果区域被配置为末梢区域，那么该区域就不应该出现 Type 5 和 Type 7 LSA，但是会看到一条 ID 为 0.0.0.0 的 Type 3 LSA，这就是由 ABR 注入的默认路由。此外该数据库中还能看到其他汇总 LSA。如果区域被配置为完全末梢区域，那么数据库中只能看到一条汇总 LSA：ID 为 0.0.0.0 的 LSA，也就是由 ABR 注入的默认路由。

末梢区域的内部路由器的路由表中不应该出现任何 O E1 或 O E2（OSPF 外部）路由。如果该区域是完全末梢区域，那么路由表中还不应该出现 O IA（OSPF 区域间）路由。

如果要观察路由器 OSPF Hello 消息的交换过程，可以使用 **debug ip ospf hello** 命令。如果相同区域内的邻接路由器的 OSPF 区域类型不一致，那么就会出现“OSPF: Hello from 192.168.23.2 with mismatched Stub/Transit area option bit”等类似消息。如果看到这类消息，那么就应该检查这两台邻接路由器的末梢配置信息。

9.5 本章小结

本章根据图 9-2 所示拓扑结构讨论了 POLONA 银行（一家虚构公司）的 4 个故障工单。

POLONA 银行是我们公司（SECHNIK 网络公司）的重要客户。POLONA 银行的总部站点连接了两个分支机构，但 POLONA 银行近期通过收购方式又新增加了一个分支机构（分支机构 3）。新收购的分支机构配置的路由协议是 EIGRP，而总部及其他两个分支机构配置的路由协议是 OSPF，POLONA 银行希望尽快对 EIGRP 进行重新配置。POLONA 银行的网络工程师是 Tina。

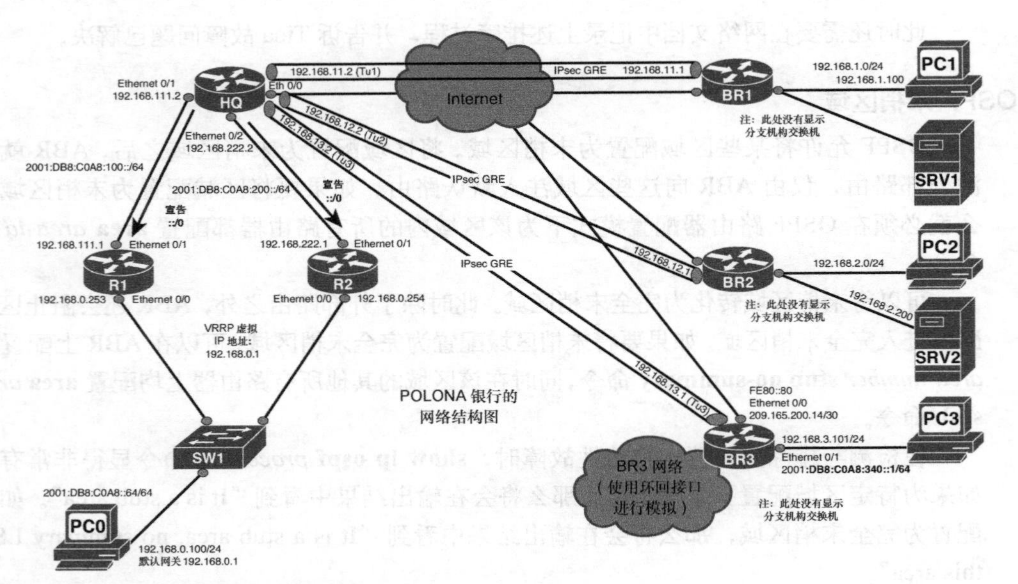

图 9-2　POLONA 银行网络结构图

故障工单 1：Tina 联系我们并报告了 POLONA 网络的以下故障问题，请求立即解决。

1. 新加入的分支机构的 PC3 用户无法访问服务器 SRV2。

   解决方案：在路由器 HQ 上修改 OSPF 到 EIGRP 的路由重分发配置，以包含正确的种子度量值。

2. R1 面向 HQ 的上行链路出现故障后，PC0 的流量先经过 R1，然后再发送给 R2，而不是直接发送给 R2。Tina 希望利用 Cisco 的 HSRP 来部署接口跟踪特性，但 POLONA 的网络策略不允许配置 HSRP，因而 Tina 希望我们部署 VRRP，并且解决次优流量路径问题。

   解决方案：在路由器 R1 上为接口 Ethernet 0/1 的线路线路创建跟踪对象 1，同时配置 R1 的 VRRP 组，在被创建的跟踪对象 1 出现故障后将 R1 的优先级递减 20。与 HSRP 不同，VRRP 默认启用抢占特性，因而 R1 的优先级从 110 递减 20 变成 90 之后，优先级为 100 的 R2 将抢占 R1 的角色，成为 VRRP 组 1 的主路由器。

3. Tina 从总部用户得到报告，称有时无法访问 SRV2。为了证实这一点，Tina 在 HQ 路由器能上配置了一个 IP SLA 探针，以测试 SRV2 在一天之内的可达性情况，但 Tina 称无法启动 IP SLA 探针。

   解决方案：IP SLA 探针无法启动的原因是 Tina 没有为探针配置调度计划，因而需要在路由器 HQ 上为 IP SLA 1 配置缺失的调度计划。

故障工单 2：POLONA 银行的网络工程师 Tina 刚刚联系我们并报告了 POLONA 网络的以下故障问题，请求立即解决。

1. 虽然 BR3 被配置为汇总分支机构 3 的网络并且仅将汇总路由宣告给路由器 HQ，但是路由器 HQ 的路由表中仍然安装了分支机构 3 的所有网络（172.16.x.x）。

   解决方案：删除 BR3 Ethernet 0/0 接口配置中的 **ip eigrp summary-address** 命令，并将该命令添加到 Tunnel3 接口上。

2. PC0 无法访问 IPv6 Internet。

   解决方案：修改路由器 HQ 的接口 Ethernet 0/1 和 Ethernet 0/2 的配置，以便在面向路由器 R1 和 R2 的方向上分别生成一条默认路由。

3. 分支机构 3 的设备均无法访问 IPv6 Internet。

   解决方案：删除路由器 BR3 的 IPv6 ACL（名为 from_Internet）底部的显式拒绝语句。该显式拒绝语句将丢弃 BR3 的邻居（HQ）发送给 BR3 的 NA 消息，该 NA 消息是 BR3 的 NS 消息的响应消息。

故障工单 3：POLONA 银行的网络工程师 Tina 刚刚联系我们并报告了 POLONA 网络的以下故障问题，请求立即解决。

1. 分支机构 1 失去了去往总部站点的 IP 连接性。PC1 的用户报告称从 PC1 向 PC0 发起的 ping 测试失败，但是在最近的网络升级之前，PC1 还能够 ping 通 PC0。

   解决方案：路由器 HQ 与路由器 BR1 之间未建立 OSPF 邻接关系的第一个原因是路由器 HQ 的 Tunnel1 接口缺失了 IP 地址（192.168.11.2）。此外还必须在路由器 HQ 的配置中添加一条 OSPF **network** 语句，以便在 Tunnel1 接口上启用 OSPF。

2. 将新的分支机构路由器 BR3 的路由协议迁移到 OSFP area 3 之后，强制要求 area 3（分支机构 3）的路由必须以汇总路由的形式（172.16.0.0/16）宣告给总部站点中的路由器（R1 和 R2），但是总部站点中的路由器 R1 仍然收到了分支机构 3 的子网路由更新。

   解决方案：删除 BR3 的 OSPF 配置中的 **area 0 range** 命令，并将该命令添加到路由器 HQ 的 OSPF 配置中。必须在 ABR 上配置该命令。

3. 分支机构路由器 BR1 必须使用本地认证方式来认证远程登录请求。试图通过 Telnet 方式登录 BR1 时，应该会提示输入用户名和密码，但是 BR1 仅要求输入密码。

   解决方案：在 BR1 上运行 **aaa new-model** 命令以启用 AAA 服务，并在 BR1 的全局配置模式下运行 **aaa authentication login default local** 命令，使得默认认证方式基于本地配置的用户名和密码。

故障工单 4：Tina 在周末将 IPv6 路由从 RIPng 更改为 OSPFv3。这样一来，POLONA 银行网络的 IPv4 和 IPv6 路由使用的都是 OSPF，并且 Tina 对分支机构路由器实施了精细化地 OSPF 控制措施。但是做完上述工作之后，Tina 发现网络中仍然存在两个问题，因而联系我们（SECHNIK 网络公司）请求帮助。Tina 希望解决的问题如下。

1. PC0 无法访问 IPv6 Internet 站点。

   解决方案：修改路由器 HQ 的 IPv6 OSPF（进程 1）配置，以便向 R1 和 R2 宣告默认路由。由于路由器 R2 没有宣告其直连网络（PC0 所处的网络），因而需要加以修改。此外，发现路由器 R1 也是如此，因而也要加以修改。

2. 虽然 Tina 将分支机构区域配置为完全末梢区域，但是所有分支机构路由器的路由表中都出现了大量区域间路由。

   解决方案：在路由器 HQ 的 OSPF 配置模式下为这三个区域的 **area** *area-number* **stub** 命令的末尾添加关键字 **no-summary**。

9.6 复习题

1. 如果希望 OSPF 路由器宣告静态默认路由 0.0.0.0 0.0.0.0，那么应该使用下面哪条 CLI 命令？

   a. **redistribute static subnets**

   b. **default-information originate**

   c. **redistribute default**

   d. **redistribute static default**

2. 下面的 **traceroute** 命令输出结果的含义是什么？

```
PC0> traceroute 209.165.201.45
Type escape sequence to abort.
Tracing the route to 209.165.201.45
VRF info: (vrf in name/id, vrf out name/id)
  1 192.168.0.253 0 msec 0 msec 1 msec
  2 192.168.0.253 !H !H *
```

   a. !H 表示主机不可达

   b. IP 地址为 192.168.0.253 的路由器响应了该 ICMP 请求

   c. *表示网络不可达

   d. !H 表示主机中断测试

3. 下面哪条 **show ip sla** 命令能够显示成功和失败的测试次数？

   a. **show ip sla statistics**

   b. **show ip sla application**

   c. **show ip sla confi guration**

   d. **show ip sla results**

4. 假设通过 **ipv6 address fe80::123 link-local** 命令以链路本地地址配置了路由器，但是在 ping 其他链路本地地址时，路由器为何会提示输入源接口？

   a. 这是使用 IPv6 地址进行 ping 测试时的默认行为，目的是确定使用哪个 IPv6 地址作为源地址

   b. 已配置的链路本地地址属于设备，而不属于特定接口。这是路由器确定从哪个接口和链路本地地址发起 ping 测试的唯一方式

   c. 路由器在访问列表（如果接口上配置了访问列表）中使用接口信息来允许从链路本地地址返回的流量

   d. 路由器不知道哪个接口能够去往希望 ping 的链路本地地址，因而必须手工设置源接口

5．下面哪些 IPv4 和 IPv6 命令能够正确地将 ACL 应用到接口上？（选择两项）

a．**ipv6 traffi c-fi lter list2 out**

b．**ipv6 access-class cisco in**

c．**ip access-class out**

d．**ipv6 access-class 12 in**

e．**ip access-group 101 out**

6．TACACS+使用的协议和端口是什么？

a．TCP/47

b．TCP/49

c．UDP/1645

d．UDP/1812

7．下面哪种 OSPF 路由器负责区域间路由汇总？

a．ASBR

b．ABR

c．骨干路由器

d．末梢路由器

8．下面有关 GRE 的描述最正确的是哪一项？

a．GRE 添加了一个新的 IP 头部，封装原始 IP 包并在 IP 包末尾添加了一个 GRE 头部

b．GRE 添加了一个新的 IP 头部，插入一个 GRE 头部并封装原始 IP 包

c．GRE 使用原始 IP 头部并在 IP 包末尾添加了一个 GRE 头部

d．GRE 使用原始 IP 头部并在 IP 头部和净荷之间插入一个 GRE 头部

9．OSPFv3 在路由表中安装路由时，使用下面哪种 IPv6 地址作为下一跳地址？

a．链路本地地址

b．全局地址

c．唯一本地地址

d．私有地址

10．如果配置了完全末梢区域，那么 ABR 将会过滤哪些类型的 OSPF 路由？（选择两项）

a．默认路由

b．区域间路由

c．区域内路由

d．外部路由

e．主机路由

第 10 章

故障检测与排除案例研究：RADULKO 运输公司

本章将以图 10-1 所示拓扑结构为例来讨论 RADULKO 运输公司（一家虚构公司）的 5 个故障检测与排除案例。RADULKO 聘请了 SECHNIK 网络公司为其提供网络技术支持。作为 SECHNIK 网络公司的员工，需要解决客户报告的所有故障问题并记录在网络文档中。每个故障检测与排除案例均包含了一些配置差错，我们将按照现实世界的故障检测与排除场景来处理这些配置差错。为了提高学习效果，还将简要介绍本章用到的相关技术。

注：本章及先前章节给出的网络结构图均使用 Cisco 路由器来模拟服务器和 PC，请大家在分析案例中显示的输出结果时务必记住这一点。

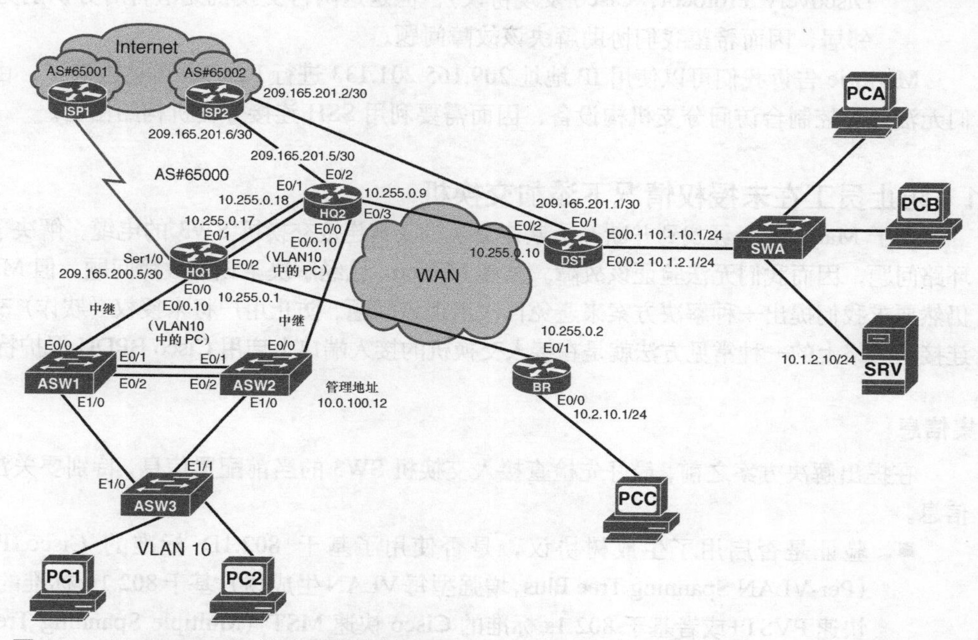

图 10-1　RADULKO 运输公司网络结构图

10.1 RADULKO 运输公司故障工单 1

RADULKO 运输公司的网络工程师 Marjorie 联系我们并提出了以下三个故障问题，请求立即解决。

- RADULKO 运输公司的网络存在二层环路问题。Marjorie 将故障隔离在总部的交换机 SW3 上并断开惹出麻烦的电缆。故障原因是某个员工希望自己的桌面能够拥有更多的端口，因而将一台小型交换机连接到交换机 SW3 上。Marjorie 希望我们提供解决方案以杜绝这类事件再次发生。
- RADULKO 运输公司的远程站点（分发中心）有一些特殊服务器需要通过 Internet 定期更新它们的数据库。公司购买并在总部安装了一台防火墙之后，其路由策略要求所有去往 Internet 的用户流量都必须通过总部站点。但是对于分发中心的这些服务器来说，为了保证更新功能的正常运行，必须将这些服务器的流量直接发送给 Internet。因而 Marjorie 在 DST（Distribution Center Router，分发中心路由器）上配置了策略路由，将所有去往 Internet 的 PC 流量都发送给总部站点，而所有去往 Internet 且由服务器生成的流量则直接发送给 Internet。Marjorie 报告称，虽然她的策略路由起作用了，但 PCA 无法访问本地服务器 SRV，因而希望我们在不破坏策略路由的基础上解决该故障问题。
- Marjorie 发现虽然 SW2 连接了 SW3 且这两台交换机均启用了 CDP（Cisco Discovery Protocol，Cisco 发现协议），但是这两台交换机无法将对方识别为 CDP 邻居，因而希望我们协助解决该故障问题。

Marjorie 告诉我们可以使用 IP 地址 209.165.201.133 进行 Internet 可达性测试。由于我们无法通过控制台访问分支机构设备，因而需要利用 SSH 连接分支机构路由器。

10.1.1 防止员工在未授权情况下添加交换机

由于 Marjorie 已经找到并断开了欺诈交换机及其连接交换机 SW3 的电缆，解决了桥接环路问题，因而我们无法验证该故障。虽然 Marjorie 已经解决了该类故障问题，但 Marjorie 仍然要求我们提出一种解决方案来避免再次出现该问题。防止用户将未授权（欺诈）交换机连接到网络上的一种常见方法就是在接入交换机的接入端口上启用 Cisco BPDU 保护特性。

1. 收集信息

在提出解决方案之前，最好先检查接入交换机 SW3 的当前配置信息，特别要关注以下信息。

- 验证是否启用了生成树协议，是否使用了基于 802.1D 标准的 Cisco PVST+(Per-VLAN Spanning Tree Plus，增强型每 VLAN 生成树)、基于 802.1w 标准的 Cisco 快速 PVST+或者基于 802.1s 标准的 Cisco 快速 MST（Multiple Spanning Tree，多生成树）。

- 验证哪些端口被配置并指派为接入端口以及这些接入端口所属的 VLAN。
- 验证是否以及在何处应用了生成树增强选项。

例 10-1 显示了 SW3 的部分运行配置，主要显示的是接口及生成树配置命令。

例 10-1　SW3 运行配置中的接口及生成树配置命令

```
SW3# show running-config | include interface | spanning-tree
spanning-tree mode rapid-pvst
spanning-tree extend system-id
interface Ethernet0/0
 spanning-tree portfast edge
 spanning-tree bpduguard enable
interface Ethernet0/1
 spanning-tree portfast edge
 spanning-tree bpduguard enable
interface Ethernet0/2
 spanning-tree portfast edge
 spanning-tree bpduguard enable
interface Ethernet0/3
 spanning-tree portfast edge
 spanning-tree bpduguard enable
< ...output omitted... >
interface Ethernet2/0
 spanning-tree portfast edge
 spanning-tree bpdufilter enable
 spanning-tree bpduguard enable
interface Ethernet2/1
 spanning-tree portfast edge
 spanning-tree bpdufilter enable
 spanning-tree bpduguard enable
interface Ethernet2/2
 spanning-tree portfast edge
 spanning-tree bpdufilter enable
 spanning-tree bpduguard enable
interface Ethernet2/3
 spanning-tree portfast edge
 spanning-tree bpdufilter enable
 spanning-tree bpduguard enable
< ...output omitted... >
SW3#
```

2．分析信息

从例 10-1 的输出结果可以看出，SW3 使用的生成树模式是快速 PVST，而且所有接入

端口都配置了 **spanning-tree portfast edge** 命令。请注意，仅应该在连接终端主机设备的端口上配置该命令。这里所说的终端主机设备指的是终结 VLAN 并且交换机端口不从这些设备接收 STP BPDU（Bridge Protocol Data Unit，桥接协议数据单元）的设备，如工作站、服务器以及未配置桥接协议的路由器接口。不过这些接口很快都进入了转发状态，而且没有生成拓扑结构变更通告，从而导致 MAC 地址表被清空。

此外，接入端口上还配置了 **spanning-tree bpduguard enable** 命令。配置了该命令之后，如果接口收到了 BPDU，那么就会关闭该端口（接口）。该命令是防止用户将未授权交换机连接到接入端口上的一种有效手段。

请注意，SW3 的接入端口 Ethernet 2/0~Ethernet 2/3 也配置了 **spanning-tree bpdufilter enable** 命令（如例 10-1 所示）。如果在端口上显式配置了 PortFast-edge BPDU 过滤机制，那么该端口就不会发送任何 BPDU，并且会丢弃接收到的所有 BPDU。在连接交换机的端口上显式配置 PortFast-edge BPDU 过滤机制会产生桥接环路，这是因为该端口会忽略接收到的所有 BPDU 并进入转发状态。

如果在交换机接口上同时配置了 **bpduguard** 和 **bpdufilter** 命令，那么将优选 **bpdufilter** 命令。也就是说，如果收到了 BPDU，那么接口并不会被关闭，而是忽略 BPDU 并保持转发状态。

3. 提出推断并解决故障

根据收集到的上述信息以及分析结果，可以推断出必须删除 SW3 接入端口 Ethernet 2/0～Ethernet 2/3 上配置的 **spanning-tree bpdufilter enable** 命令。此前 RADULKO 公司的员工曾经将一台交换机连接到 SW3 的其中两个接口上，从而产生了桥接环路，Marjorie 能够解决桥接环路的唯一方式就是找到并断开将欺诈交换机连接到 SW3 的电缆。例 10-2 给出了从这些接口删除多余命令的配置示例。

例 10-2　删除多余的生成树 bpdufilter 命令

```
SW3# conf term
Enter configuration commands, one per line.  End with CNTL/Z.
SW3(config)# interface range ethernet 2/0-3
SW3(config-if-range)# no spanning-tree bpdufilter enable
SW3(config-if-range)# end
SW3#
*Oct 14 23:40:22.519: %SYS-5-CONFIG_I: Configured from console by console
SW3# wr
Building configuration...
[OK]
SW3#
```

此时还需要在网络文档中记录上述排障过程并告诉 RADULKO 公司的 Marjorie 故障问题已解决。

4. 检测与排除 STP 故障

STP（Spanning Tree Protocol，生成树协议）是运行在网桥和 LAN 交换机上的二层协议，基于 IEEE 802.1D 标准及规范。STP 的主要功能是确保网络无环路，而且所有设备都拥有一条通信路径。此外，生成树还能监控网络故障以及拓扑结构的变化情况，以无环路方式维护所有设备的连通性。目前大多数 Cisco LAN 交换机都支持以下生成树模式。

- **PVST+**：该模式基于 IEEE 802.1D 标准以及 Cisco 的专有扩展，是大多数交换机的默认生成树模式，用在所有基于以太网端口的 VLAN 上。每个 VLAN 都有一个独立的 STP 实例。
- **PVRST+或快速 PVST+**：该生成树模式基于 RSTP（Rapid Spanning Tree Protocol，快速生成树协议），遵循 IEEE 802.1w 标准。由于 RSTP 的假设条件是交换机之间的连接均为点对点全双工连接，因而接口的角色及状态决策采用“提议/挑战/接受（proposal/challenge/accept）”的协商机制，而不是定时器和超时机制，因此 RSTP 的收敛速度更快（亚秒级）。
- **MSTP**：该生成树模式基于 IEEE 802.1s 标准。当前的 MSTP（Multiple Spanning Tree Protocol，多生成树协议）是快速生成树，但是也允许将多个 VLAN 映射为单个生成树实例，从而大大减少活跃 STP 实例的数量。

通过检查交换机的运行配置，即可验证交换机上运行的生成树模式。

配置错误、硬件故障以及拓扑结构的异常变化都可能会产生与 STP 相关的如下故障：

- 转发环路；
- 次优流量流；
- 拓扑结构频繁变化导致的过量泛洪；
- 与收敛时间相关的故障。

常见的生成树故障检测与排除命令如下所示。

- **show spanning-tree**：该命令不仅能检查生成树组件的状态以及相应的参数值，而且还可以显示所有 VLAN 或 MST 实例的生成树状态。如果要检查指定 VLAN 或 MST 实例的状态，那么就可以使用 **show spanning-tree vlan** *vlan-id* 命令或 **show spanning-tree mst** *instance-id* 命令。
- **show spanning-tree summary**：该命令可以验证 STP 启用的所有功能特性，而且还能显示处于阻塞、侦听、学习和转发状态的接口数量。
- **show spanning-tree mst configuration**：该命令可以显示指定 MST 实例所配置的 VLAN 情况。

虽然检测与排除 STP 故障能够帮助隔离并发现某些特定故障的根源，但是部署以下稳定性机制能够有效避免网络出现转发环路。

- **PortFast**：该功能特性能够让交换机端口直接跳过侦听和学习状态，立即进入生成树转发状态。可以使用 **spanning-tree portfast default** 命令在全局范围内启用 PortFast 特性，也可以使用接口配置模式命令 **spanning-tree portfast** 为单个接口启用 PortFast 特性。如果在全局范围内启用了 PortFast 特性，那么就可以在所有非中继端口上启用 PortFast 特性。如果要验证接口的 PortFast 状态，可以使用 **show spanning-tree interface interface-id portfast** 命令。
- **PortFast BPDU 保护**：该功能特性可以在非中继端口收到 BPDU 后，将这些非中继端口置入 Err-Disabled（差错禁用）状态，从而避免转发环路。可以使用 **spanning-tree portfast bpduguard default** 命令在全局范围内启用 BPDU 保护特性，此时将在所有 PortFast 端口上启用 BPDU 保护特性。此外，也可以在不启用 PortFast 特性的情况下，使用 **spanning-tree bpduguard enable** 命令在单个接口上启用 BPDU 保护特性。如果要将接口从 Err-disabled 状态恢复正常，那么可以使用 **shutdown** 或 **no shutdown** 命令，也可以使用 **errdisable recovery cause bpduguard** 命令，让交换机自动恢复处于 err-disabled 状态的接口。
- **BPDU 过滤**：可以在全局范围或者单个接口上启用该功能特性。不同的配置方式会有不同的运行方式。如果使用 **spanning-tree portfast bpdufilter default** 命令在全局范围内启用了 BPDU 过滤特性，那么将会在 PortFast 接口上启用 BPDU 过滤特性。该命令将阻止接口发送或接收 BPDU。交换机在开始过滤出站 BPDU 之前，如果链路恢复正常，那么接口仍会发送一些 BPDU。如果启用了 PortFast 特性的接口收到了 BPDU，那么该接口将失去其 PortFast 运行状态并禁用 BPDU 过滤特性。此外，也可以在不启用 PortFast 特性的情况下，使用 **spanning-tree bpdufilter enable** 命令在单个接口上启用 BPDU 过滤特性。该命令将阻止接口发送或接收 BPDU，这一点在功能上与禁用 STP 相同，会导致生成树环路。需要注意的是，BPDU 过滤是一种非常特殊的工具，适用于一些特殊场合。例如，如果要将两个使用不同类型 STP 的二层域进行合并，那么就需要在互连链路上过滤这两种协议。
- **环路保护**：在网络发生故障而产生单向链路的时候，环路保护机制可以防止替换端口或根端口成为指派端口。使用全局配置模式命令 **spanning-tree loopguard default** 可以启用该功能特性。
- **根保护**：对于交换式网络来说，网桥 ID 最小的交换机将成为根网桥。如果要防止连接到交换机特定端口上的其它交换机成为根网桥，那么就可以使用根保护特性。如果在端口上启用了根保护特性，而且通过生成树计算使得该接口被选为根端口，那么根保护特性会将该接口置入根不一致（Root Inconsistent）状态，相当于阻塞了该端口。如果收到了网桥 ID 更大的 BPDU，那么该端口将会从根不一致状态恢复正常。可以使用 **spanning-tree guard root** 命令在接口上启用根保护特性。

> 注：BA（Bridge Assurance，网桥确保）是一种比根保护特性更新更好的功能特性（如果相邻的两台交换机均支持该特性）。在点对点全双工链路的两侧启用了 BA 特性之后，两台交换机都会发送BPDU，而且这两台交换机都期望收到对端的BPDU。一旦收到了对端的BPDU，就会刷新BPDU定时器。如果没有刷新，那么定时器就会超时并进入 BKN（Broken，中断）状态（因为 BA 不一致）。BA 可以为物理链路和逻辑链路（包括单向链路）提供故障保护。

10.1.2 检测与排除策略路由故障

RADULKO 运输公司最近购买并在总部安装了一台防火墙，此后制定的路由策略要求所有去往 Internet 的用户流量都必须通过总部站点，从而穿越总部的防火墙。

RADULKO 的分发中心有一些特殊服务器需要通过 Internet 定期更新它们的数据库，但是为了保证分发中心中这些服务器更新功能的正常运行，必须将这些服务器的流量直接发送给 Internet。

因而 Marjorie 在路由器 DST 上配置了策略路由，使得所有去往 Internet 的 PC 流量都发送到总部站点，而所有去往 Internet 的由服务器生成的流量则直接发送给 Internet。

Marjorie 报告称，虽然 PBR（Policy-Based Routing，策略路由）起作用了，但 PCA 无法访问位于分发中心的本地服务器 SRV，因而希望我们在不破坏 PBR 配置的基础上解决该故障问题。

1. 验证并定义故障

为了验证故障问题，必须访问位于分发中心的 PCA 并向服务器 SRV 发起 ping 测试（如例 10-3 所示）。与 Marjorie 描述的一样，从 PCA 向服务器 SRV 发起的 ping 测试失败，从而验证了本故障问题。

例 10-3 验证故障：PCA 无法 ping 通位于分发中心的 SRV

```
PCA# ping 10.1.2.10
Type escape sequence to abort.
Sending 5, 100-byte ICMP Echos to 10.1.2.10, timeout is 2 seconds:
.....
Success rate is 0 percent (0/5)
PCA#
```

接下来可以定义故障并开展信息收集工作。故障定义如下：自从部署了 PBR 以强制要求去往 Internet 的流量必须路由到总部站点之后，PCA 就无法连接本地服务器 SRV。

2. 收集信息

由于需要解决路由器 DST 的非期望路由行为（自从在 DST 上部署了 PBR 之后就出现了该故障），因而最好首先收集路由器 DST 的相关信息。

首先检查路由器 DST 的路由表（如例 10-4 所示）。该路由器拥有一条静态默认路由，将所有流量都发送给 10.255.0.9,（该地址是路由器 HQ2 穿越 WAN 的接口地址）。由于路由器 DST 配置了 PBR，需要对服务器 SRV 发送给 Internet 的流量实施策略路由，因而必须检查其 PBR 配置。从 **show ip policy** 命令的输出结果可以看出，接口 Ethernet 0/0.2（该接口是接收服务器 SRV 流量的接口）应用了名为 SRV-INET-RM 的策略（路由映射）。

例 10-4 收集信息：检查路由器 DST 的路由表和 PBR 配置

```
DST# show ip route
< ...output omitted... >
Gateway of last resort is 10.255.0.9 to network 0.0.0.0
S*    0.0.0.0/0 [1/0] via 10.255.0.9
    10.0.0.0/8 is variably subnetted, 14 subnets, 3 masks
< ...output omitted... >
    209.165.201.0/24 is variably subnetted, 2 subnets, 2 masks
C       209.165.201.0/30 is directly connected, Ethernet0/1
L       209.165.201.1/32 is directly connected, Ethernet0/1
DST#
DST# show ip policy
Interface              Route map
Ethernet0/0.2  SRV-INET-RM
DST#
DST# show route-map SRV-INET-RM
route-map SRV-INET-RM, permit, sequence 10
  Match clauses:
    ip address (access-lists): SRV-INET
  Set clauses:
    ip next-hop 209.165.201.2
  Policy routing matches: 4 packets, 472 bytes
DST# show access-list SRV-INET
Extended IP access list SRV-INET
    10 permit ip 10.1.2.0 0.0.0.255 any (8 matches)
DST#
```

从路由映射 SRV-INET-RM 的内容可以看出，所有与 IP 访问列表 SRV-INET 相匹配的流量都将被发送（策略路由）到下一跳 IP 地址 209.165.201.2。例 10-4 显示了 IP 访问列表 SRV-INET 的内容，可以看出该访问列表将匹配所有源自子网 10.1.2.0/24（服务器 SRV 位于该子网中）的流量。

3．分析信息

我们知道 PC 和服务器 SRV 位于分发中心的不同 IP 子网中，并且它们都将路由器 DST 作为默认网关，这就意味着 PC 发送给服务器 SRV 的流量以及响应流量都将经过路由器 DST。

根据收集到的上述信息，可以看出如果 PCA 的流量被转发给服务器 SRV 且 SRV 返回了响应信息，那么服务器 SRV 的响应信息将被策略路由到 IP 地址 209.165.201.2（ISP2），致使 PCA 无法收到服务器 SRV 返回的任何响应信息。

4. 提出并验证推断

据此可以推断出应该修改 IP 访问列表 SRV-INET（PBR 的路由映射 SRV-INET-RM 使用的访问列表），不对服务器 SRV 发送给内部网络（10.0.0.0）的流量进行策略路由。因而在 IP 访问列表 SRV-INET 的现有 **permit** 语句之前插入一条 **deny** 语句（如例 10-5 所示）。该 **deny** 语句将匹配所有来自 IP 子网 10.1.2.0/24 且去往网络 10.0.0.0/8 的所有子网的流量。

例 10-5 提出并验证推断：修改 IP 访问列表

```
DST# conf term
Enter configuration commands, one per line.  End with CNTL/Z.
DST(config)# ip access-list extended SRV-INET
DST(config-ext-nacl)# 5 deny ip 10.1.2.0 0.0.0.255 10.0.0.0 0.255.255.255
DST(config-ext-nacl)# end
DST#
DST# show access-list SRV-INET
Extended IP access list SRV-INET
    5 deny ip 10.1.2.0 0.0.0.255 10.0.0.0 0.255.255.255
    10 permit ip 10.1.2.0 0.0.0.255 any (8 matches)
DST# wr
Building configuration...
[OK]
DST#
```

修改了 PBR 的配置之后，除了去往内部目的地的流量之外，路由器 DST 会将来自服务器 SRV 所在子网的流量都直接发送给 ISP2。

5. 解决故障

此时必须确定 PCA 能够与服务器 SRV 进行通信，并且 PCA 发送到 Internet 的流量能够发送到路由器 HQ2，而服务器 SRV 发送到 Internet 的流量则被直接发送给路由器 ISP2（209.165.201.2）。从例 10-6 可以看出，PCA 已经能够 ping 通服务器 SRV，而且 PCA 发送到 Internet 的流量已经发送给总部路由器（HQ2）。服务器 SRV 也能成功到达 Internet，并且利用路由器 ISP2 将其流量直接发送给 Internet。

由于 PCA 已经能够到达服务器 SRV，而且策略路由也按照预期方式进行运行，因而可以确定故障问题已解决。此时还需要在网络文档中记录上述排障过程并告诉 RADULKO 公司的 Marjorie 故障问题已解决。

例 10-6 解决故障

```
PCA# ping 10.1.2.10
Type escape sequence to abort.
Sending 5, 100-byte ICMP Echos to 10.1.2.10, timeout is 2 seconds:
!!!!!
Success rate is 100 percent (5/5), round-trip min/avg/max = 1/1/1 ms
PCA#
PCA# trace 209.165.201.133
Type escape sequence to abort.
Tracing the route to 209.165.201.133
VRF info: (vrf in name/id, vrf out name/id)
  1 10.1.10.1 1 msec 1 msec 1 msec
  2 10.255.0.9 1 msec 1 msec 0 msec
< ...output omitted... >
PCA#

SRV# ping 209.165.201.133
Type escape sequence to abort.
Sending 5, 100-byte ICMP Echos to 209.165.201.133, timeout is 2 seconds:
!!!!!
Success rate is 100 percent (5/5), round-trip min/avg/max = 1/1/1 ms
SRV#
SRV# trace  209.165.201.133
Type escape sequence to abort.
Tracing the route to 209.165.201.133
VRF info: (vrf in name/id, vrf out name/id)
  1 10.1.2.1 1 msec 1 msec 1 msec
  2 209.165.201.2 1 msec 1 msec 1 msec
< ...output omitted... >
SRV#
```

6. 检测与排除 PBR 故障

检测与排除 PBR 故障时，需要注意以下内容。

- **检查路径控制的路由映射语句**：如果数据包与 **deny route-map** 语句相匹配，那么就不进行策略路由。如果数据包与 **permit route-map** 语句相匹配，那么就应用该语句的 **set** 命令。
- **检查流量匹配的配置信息**：如果使用 ACL 或前缀列表来定义将要策略路由的流量，那么就需要检查 ACL 以了解需要对哪些流量进行策略路由。
- **检查对匹配流量实施的操作**：需要了解 PBR 路由映射所应用的 **set** 语句。
- **检查路由映射的应用方式**：由于策略路由仅适用于入站数据包，因而必须将路由映射应用在接收待实施策略路由的流量的接口上。

10.1.3 检测与排除邻居发现故障

RADULKO 的网络工程师 Marjorie 报告称，虽然 SW2（位于 RADULKO 总部）连接了 SW3，并且在这两台交换机上都启用了 CDP，但是这两台设备无法将对方识别为 CDP 邻居，因而希望我们解决该故障问题。

1. 验证并定义故障

为了验证故障问题，需要访问交换机 SW2 和 SW3 并运行 **show cdp neighbor** 命令（如例 10-7 所示）。

例 10-7　验证故障：显示 SW2 和 SW3 上的 CDP 邻居

```
SW2# show cdp neighbors
Capability Codes: R - Router, T - Trans Bridge, B - Source Route Bridge
                  S - Switch, H - Host, I - IGMP, r - Repeater, P - Phone,
                  D - Remote, C - CVTA, M - Two-port Mac Relay

Device ID        Local Intrfce     Holdtme    Capability  Platform  Port ID
SW1              Eth 0/2           153              R S   Linux Uni Eth 0/2
SW1              Eth 0/1           153              R S   Linux Uni Eth 0/1

SW2#


SW3# show cdp neighbors
Capability Codes: R - Router, T - Trans Bridge, B - Source Route Bridge
                  S - Switch, H - Host, I - IGMP, r - Repeater, P - Phone,
                  D - Remote, C - CVTA, M - Two-port Mac Relay
Device ID        Local Intrfce     Holdtme    Capability  Platform  Port ID
SW1              Eth 1/0           128              R S   Linux Uni Eth 1/0

SW3#
```

SW2 应该能够通过接口 Ethernet 1/0 将 SW3 视为 CDP 邻居，SW3 则应该能够通过接口 Ethernet 1/1 将 SW2 视为 CDP 邻居。虽然这两台交换机均启用了 CDP，但是都没能通过这些接口将对方视为自己的 CDP 邻居，因而验证了 Marjorie 报告的故障问题。

故障定义如下：总部交换机 SW2 与 SW3 分别通过各自的接口 Ethernet 1/0 与 Ethernet 1/1 相邻，虽然都启用了 CDP，但是都无法通过这些接口看到对方。

2. 收集信息

由于 SW2 的 Ethernet 1/0 接口连接了 SW3，SW3 的 Ethernet 1/1 接口连接了 SW2，因

而收集信息的第一步就是检查这些交换机接口是否启用了 CDP。因为这两台交换机虽然都运行了 CDP，但某些特定接口可能会禁用了 CDP。例 10-8 显示了 SW2 的 **show cdp interface | include Ethernet 1/0** 命令输出结果以及 SW3 的 **show cdp interface | include Ethernet 1/1** 命令输出结果。

例 10-8 收集信息：显示 SW2 和 SW3 上的 CDP 接口

```
SW2# show cdp interface | include Ethernet1/0
Ethernet1/0 is up, line protocol is up
SW2#


SW3# show cdp interface | include Ethernet1/1
SW3#
```

从例 10-8 的输出结果可以看出，SW2 的 Ethernet 1/0 接口启用了 CDP，而 SW3 的 Ethernet 1/1 接口却禁用了 CDP。

3．提出并验证推断

根据收集到的上述信息，可以推断出必须在 SW3 的 Ethernet 1/1 接口上启用 CDP，SW2 与 SW3 才能通过它们之间的互连连接将对方视为 CDP 邻居。例 10-9 给出了在 SW3 的 Ethernet 1/1 接口上启用 CDP 的配置示例。在该接口上启用了 CDP 之后，**show cdp interface | include Ethernet 1/1** 命令的输出结果中就显示了该接口。

例 10-9 提出并验证推断：在 SW3 的 Ethernet 1/1 接口上启用 CDP

```
SW3# conf term
Enter configuration commands, one per line.  End with CNTL/Z.
SW3(config)# interface ethernet 1/1
SW3(config-if)# cdp enable
SW3(config-if)# end
SW3# show cdp interface | include Ethernet1/1
Ethernet1/1 is up, line protocol is up
SW3#
```

4．解决故障

接下来需要确定 SW2 和 SW3 是否已经将对方视为 CDP 邻居。例 10-10 显示了这两台交换机的 **show cdp neighbor** 命令输出结果。可以看出 SW2 已经通过其 Ethernet 1/0 接口将 SW3 视为 CDP 邻居，而且 SW3 也通过其 Ethernet 1/1 接口将 SW2 视为 CDP 邻居，表明故障问题已解决。

例 10-10 解决故障：显示 SW2 和 SW3 的 CDP 邻居

```
SW2# show cdp neighbors
Capability Codes: R - Router, T - Trans Bridge, B - Source Route Bridge
                  S - Switch, H - Host, I - IGMP, r - Repeater, P - Phone,
                  D - Remote, C - CVTA, M - Two-port Mac Relay
Device ID   Local Intrfce     Holdtme    Capability    Platform    Port ID
HQ2           Eth 0/0         163          R           Linux Uni   Eth 0/0
SW1           Eth 0/2         145          R S         Linux Uni   Eth 0/2
SW1           Eth 0/1         174          R S         Linux Uni   Eth 0/1
SW3           Eth 1/0         139          R S         Linux Uni   Eth 1/1
SW2#


SW3# show cdp neighbors
Capability Codes: R - Router, T - Trans Bridge, B - Source Route Bridge
                  S - Switch, H - Host, I - IGMP, r - Repeater, P - Phone,
                  D - Remote, C - CVTA, M - Two-port Mac Relay
Device ID    Local Intrfce      Holdtme    Capability   Platform     Port ID
SW1            Eth 1/0           157          R S        Linux Uni    Eth 1/0
SW2            Eth 1/1           173          R S        Linux Uni    Eth 1/0
SW3#
SW3# wr
Building configuration...
[OK]
SW3#
```

此时还需要在网络文档中记录上述排障过程并告诉RADULKO公司的Marjorie故障问题已解决。

5. 检测与排除 CDP 和 LLDP 故障

CDP/LLDP（Link Layer Discovery Protocol，链路层发现协议）的常见故障就是设备无法看到其一个或多个 CDP/LLDP 邻居。检测与排除 CDP 或 LLDP 故障时，应注意以下问题。

- 检查所有设备是否都是 Cisco 设备或者网络中是否存在非 Cisco 的其他厂商设备。如果网络中存在多厂商设备，那么就选择 LLDP。
- 检查是否在全局范围内启用了 CDP/LLDP，而且是否在需要启用 CDP/LLDP 的接口上禁用了CDP/LLDP。**[no] cdp run** 命令的作用是在全局启用/禁用 CDP。**[no] cdp enable** 命令的作用是在特定接口上启用/禁用 CDP。LLDP 也有相似的配置命令。
- 检查 CDP/LLDP 的定时器值。如果 CDP/LLDP 的保持时间被配置为小于更新定时器，那么设备将会周期性地丢失其 CDP/LLDP 邻接关系。

常见的 CDP/LLDP 故障检测与排除命令如下所示。

- **show cdp** 和 **show lldp**：显示全局协议信息，包括定时器、保持时间信息以及协议版本。
- **show cdp entry** 和 **show lldp entry**：显示特定邻居设备的相关信息，包括设备 ID、协议和地址、平台、接口、保持时间以及版本。
- **show cdp interface** 和 **show lldp interface**：显示启用了 CDP 或 LLDP 协议的接口的相关信息，包括状态信息以及与定时器和保持时间相关的信息。
- **show cdp neighbors** 和 **show lldp neighbors**：显示邻居设备的详细信息，包括设备类型、设备名称、MAC 地址或序列号、本地互连接口、剩余保持时间间隔、产品编号、邻居互连接口以及端口号。
- **show cdp neighbors detail**、**show lldp neighbors detail**：显示邻居的一些额外详细信息，包括网络地址、启用的协议以及软件版本。
- **show cdp traffic, show lldp traffic**：显示设备之间的流量信息，如发送和接收的数据包总数以及每种协议的宣告数量。
- **debug cdp, debug lldp**：显示实时交换的协议消息。

10.2 RADULKO 运输公司故障工单 2

RADULKO 运输公司的网络工程师 Marjorie 联系我们，请求协助解决网络中最近出现的故障问题，Marjorie 提出的故障问题如下。

- 交换机 SW2 在周末被盗了，后来在仓库中找到一台旧交换机，并将被盗交换机的配置文件复制到该交换机中。但是将该交换机连接到网络中时，PC1 和 PC2（位于 VLAN 10）无法访问网络，VLAN 100 也消失不见，而且创建了一些不认识的 VLAN（33、44、87、153）。
- 分支机构路由器 BR 失去了去往其他网络的 IPv6 连接，也无法访问 IPv6 Internet。
- 虽然路由器 HQ1 上的 MP-BGP 工作正常，但路由器 HQ2 与 ISP2 的路由器之间无 IPv6 会话。
- Marjorie 告诉我们可以使用 209.165.201.133 进行 IPv4 Internet 可达性测试，使用 2001:DB8:0:D::100 进行 IPv6 Internet 可达性测试，而且由于我们无法通过控制台访问分支机构设备，因而需要通过 SSH 连接分支机构路由器。

10.2.1 检测与排除 VLAN 以及 PC 连接性故障

根据 Marjorie 报告的故障信息，在 Marjorie 配置了新交换机 SW2 并将其连接到网络中后，PC1 和 PC2（位于 VLAN 10）无法访问网络，VLAN 100 也消失不见，而且还出现了一些她不认识的新 VLAN（33、44、87、153）。我们需要调查并尽可能解决该故障，并向 RADULKO 的 Marjorie 报告排障情况。

1. 验证故障

为了验证故障问题，可以从 PC1 向 Marjorie 提供的 IP 地址（209.165.201.133）发起 ping 测试。从例 10-11 可以看出，ping 测试失败，而且 PC1 的以太网接口上根本就没有 IP 地址。PC2 的情况与此相同，为简化起见，本例没有显示 PC2 的验证结果。

前面已经验证了 Marjorie 报告的故障问题，接下来需要收集相关信息。由于 PC1 和 PC2 的接口均处于 up 状态，因而可以采取自底而上法，从数据链路层开始进行排障。

例 10-11　验证故障：测试 PC1 和 PC2 的网络连接性

```
PC1# ping 209.165.201.133
% Unrecognized host or address, or protocol not running.

PC1# show ip interface brief
Interface              IP-Address      OK? Method Status                Protocol
Ethernet0/0            unassigned      YES DHCP   up                    up
PC1#
```

2. 收集信息

首先收集 PC1 和 PC2 所连接的交换机 SW3 的信息。例 10-12 显示了交换机 SW3 的 **show vlan** 命令输出结果，证实了 Marjorie 对于 VLAN 10 的描述，而且 VLAN 100 也消失不见了，同时还出现了不认识的 VLAN 33、44、87 和 153。

例 10-12　收集信息：检查 VLAN 数据库

```
SW3# show vlan

VLAN Name                             Status    Ports
---- -------------------------------- --------- -------------------------------
1    default                          active    Et1/2, Et1/3, Et3/0, Et3/1
                                                Et3/2, Et3/3, Et4/0, Et4/1
                                                Et4/2, Et4/3, Et5/0, Et5/1
                                                Et5/2, Et5/3
33   VLAN0033                         active
44   VLAN0044                         active
87   VLAN0087                         active
153  VLAN0153                         active
< ...output omitted... >
SW3#
```

收集信息的下一步是验证 VTP（Virtual Trunking Protocol，虚拟中继协议）是否有问题。在交换机 SW3 和 SW2 上运行 **show vtp status** 命令（如例 10-13 所示），可以看出这两台交换机都处于服务器模式，而且 VTP 域名均相同（cisco）。

例 10-13 收集信息：检查交换机 SW3 和 SW2 的 VTP 状态及角色

```
SW3# show vtp status
VTP Version                     : 3 (capable)
Configuration Revision          : 7
Maximum VLANs supported locally : 1005
Number of existing VLANs        : 9
VTP Operating Mode              : Server
VTP Domain Name                 : cisco
< ...output omitted...>
SW3#


SW2# show vtp status
VTP Version                     : 3 (capable)
Configuration Revision          : 7
Maximum VLANs supported locally : 1005
Number of existing VLANs        : 9
VTP Operating Mode              : Server
VTP Domain Name                 : cisco
< ...output omitted... >
SW2#
```

3. 分析信息

根据收集到的上述信息，可以推断出 Marjorie 在库房中找到并连接到网络中以替代被盗交换机 SW2 角色的交换机，其 VTP 文件的配置修订号大于交换机 SW1 和 SW2。由于这些交换机的 VTP 域名都相同，因而交换机 SW2 的 VTP 文件（配置修订号最高）被复制到了 SW1 和 SW2，这就是 VLAN 10 和 VLAN 100 消失不见以及出现了 VLAN 33、44、87 以及 153 的原因。

4. 提出并验证推断

因此必须添加 VLAN 10 和 VLAN 100，并删除 VLAN 33、44、87 以及 153。例 10-14 给出了在交换机 SW2 上增删相应 VLAN 的配置示例。从例 10-14 的交换机 SW3 的 **show vlan** 命令输出结果可以看出，该配置通过 VTP 传播给了其他交换机。

例 10-14 提出推断：删除不需要的 VLAN 并添加需要的 VLAN

```
SW2# conf t
Enter configuration commands, one per line.  End with CNTL/Z.
SW2(config)# no vlan 33
% Applying VLAN changes may take few minutes.  Please wait...
```

```
SW2(config)# no vlan 44
% Applying VLAN changes may take few minutes.  Please wait...
SW2(config)# no vlan 87
% Applying VLAN changes may take few minutes.  Please wait...
SW2(config)# no vlan 153
% Applying VLAN changes may take few minutes.  Please wait...
SW2(config)# vlan 10
SW2(config-vlan)# exit
% Applying VLAN changes may take few minutes.  Please wait...
SW2(config)# vlan 100
SW2(config-vlan)# exit
% Applying VLAN changes may take few minutes.  Please wait...
SW2(config)# exit
SW2#

SW3# show vlan

VLAN Name                             Status    Ports
---- -------------------------------- --------- -------------------------------
1    default                          active    Et1/2, Et1/3, Et3/0, Et3/1
                                                Et3/2, Et3/3, Et4/0, Et4/1
                                                Et4/2, Et4/3, Et5/0, Et5/1
                                                Et5/2, Et5/3
10   VLAN0010                         active    Et0/0, Et0/1, Et0/2, Et0/3
                                                Et2/0, Et2/1, Et2/2, Et2/3
100  VLAN0100                         active
< ...output omitted... >
SW3#
```

5. 解决故障

此时的最佳解决方案是将所有的三台交换机都设置为 VTP 透明模式，然后再检查 PC1 和 PC2 是否拥有 IP 地址以及是否能够到达 Internet。例 10-15 给出了将这三台交换机更改为 VTP 透明模式的配置示例，从该例可以看出，PC1 已经获得了 IP 地址，并且能够 ping 通 Internet 可达性测试 IP 地址。PC2 的情况与此相同，为简化起见，本例没有显示 PC2 的相关信息。至此可以看出故障问题已解决。

例 10-15 解决故障

```
SW3# conf term
Enter configuration commands, one per line.  End with CNTL/Z.
SW3(config)# vtp mode transparent
Setting device to VTP Transparent mode for VLANS.
```

```
SW3(config)# end
SW3# wr
Building configuration...
[OK]
SW3#


SW2(config)# vtp mode transparent
Setting device to VTP Transparent mode for VLANS.
SW2(config)# end


SW1(config)# vtp mode transparent
Setting device to VTP Transparent mode for VLANS.
SW1(config)# end


PC1# show ip interface brief
Interface                  IP-Address      OK? Method Status                Protocol
Ethernet0/0                10.0.10.11      YES DHCP   up                    up

PC1# ping 209.165.201.133
Type escape sequence to abort.
Sending 5, 100-byte ICMP Echos to 209.165.201.133, timeout is 2 seconds:
!!!!!
Success rate is 100 percent (5/5), round-trip min/avg/max = 9/210/1014 ms
PC1#
```

此时还需要在网络文档中记录上述排障过程并告诉Marjorie故障问题已解决。

6. 检测与排除VTP故障

VTP是Cisco专有的LAN交换机协议，可以对VLAN进行管理并实施VLAN变更操作（如添加、删除、命名以及映射VLAN）。对于同一个VTP域中的交换机来说，只要它们的VTP密码相同，就可以根据VLAN.DAT文件的修订号（以前称为配置修订号）来复制彼此的VLAN.DAT文件。VTP域中的Cisco LAN交换机支持三种模式：服务器模式、客户端模式和透明模式。服务器模式是默认VTP模式，处于客户端模式的交换机不允许对VLAN进行任何变更，而服务器模式或透明模式的交换机则能够更改VLAN。由于处于客户端模式的交换机不在非易失性内存中保存VLAN信息，因而必须在每次系统启动或重新加载的时候学习VLAN信息。服务器模式与透明模式的区别在于透明模式下的交换机始终将其修订号保持为0，而且不生成或接受VTP宣告，其他交换机发送的VTP宣告能够穿越透明模式下的交换机。服务器模式下的交换机会在每次变更后都递增其VLAN文件的配置修订号，并将 VLAN 文件保存在非易失性内存（通常为闪存）中。除了发送变更操作触发的宣告消息之外，服务器模式下的交换机还会向外发送周期性的宣告消息。

VTP 允许一次性地在多台交换机上实施 VLAN 变更操作，而且总是优选配置修订号较高的宣告消息并替换本地 VLAN 文件，因而最佳实践是：或者将所有交换机都设置为透明模式，或者谨慎使用 VTP。谨慎使用 VTP 意味着最多只能将两台交换机设置为服务器模式，使用长且不常见的域名，而且应该使用长且不常见的 VTP 密码。此外，将交换机连接到网络之前，需要确保该交换机处于透明模式，这是因为如果交换机碰巧没有域名或者有一个相似的域名，而且拥有较高的配置修订号，那么就会将自己的 VLAN 文件强加给网络中的其他所有交换机，而不管其 VLAN 文件是否有效！需要注意的是，VTP 仅通过中继接口进行传播，而且 VTP 消息属于非加密消息。请记住，未配置域名的交换机将使用其收到的第一条 VTP 宣告消息中的域名。VTP 版本 3 增加了一种称为 OFF（关闭）模式的新 VTP 模式。处于 OFF 模式的交换机的运行方式与透明模式相似，但是不转发 VTP 消息。

检测与排除 VTP 故障时，需要考虑 VTP 修订号是否匹配、认证方式是否匹配以及中继连接是否正常。命令 **show vlan** 不但可以显示 VLAN 数据库，而且还可以检查接口是否分配给了正确的 VLAN。命令 **show vtp status** 可以检查 VTP 的状态及其设置信息，如配置修订号、支持和在用的 VTP 版本以及域名和运行模式等。

10.2.2 检测与排除分支路由器的 IPv6 故障

RADULKO 的分支路由器 BR 没有去往其他 RADULKO 网络的 IPv6 路由，也无法访问 IPv6 Internet，因而 Marjorie 请求我们协助解决该故障。

1. 验证故障

为了验证故障问题，我们以 SSH 方式访问分支机构路由器并利用 **show ipv6 route** 命令显示其 IPv6 列表（如例 10-16 所示）。可以看出路由器 BR 的 IPv6 路由表中只有三条直连/本地路由，因而验证了故障问题。接下来需要进一步检查该故障问题。

例 10-16 验证故障：显示路由器 BR 的 IPv6 路由表

```
BR# show ipv6 route
IPv6 Routing Table - default - 3 entries
< ...output omitted... >
C   2001:DB8:0:A210::/64 [0/0]
     via Ethernet0/0, directly connected
L   2001:DB8:0:A210::1/128 [0/0]
     via Ethernet0/0, receive
L   FF00::/8 [0/0]
     via Null0, receive
BR#
```

2. 收集信息

为了收集分支机构路由器的 IPv6 路由协议配置信息，可以使用 **show ipv6 protocols** 命令（如例 10-17 所示）。可以看出 BR 配置了 EIGRP 1 并在接口 Ethernet 0/0 和 Ethernet 0/1 上激活了 EIGRP 1。接下来需要检查路由器 BR 的对端设备（路由器 HQ1）的 IPv6 路由协议配置信息。

例 10-17　收集信息：检查路由器 BR 和 HQ1 的 IPv6 路由协议

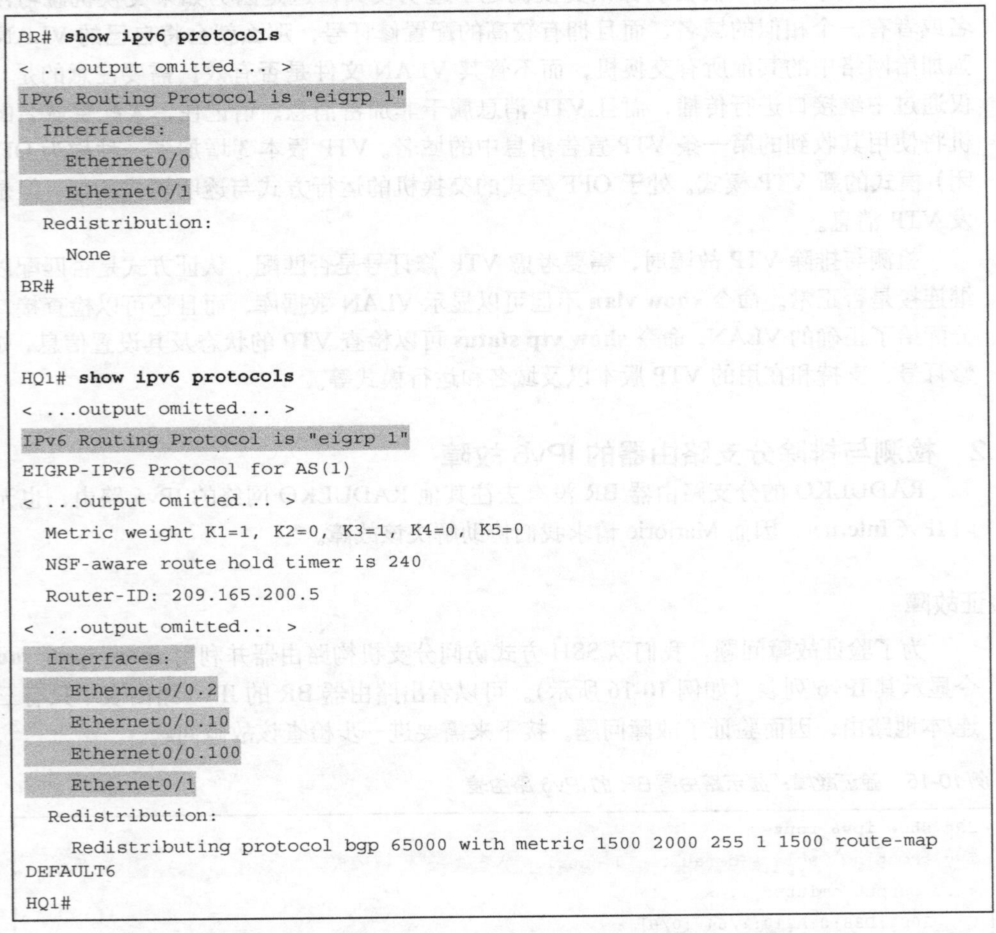

```
BR# show ipv6 protocols
< ...output omitted... >
IPv6 Routing Protocol is "eigrp 1"
  Interfaces:
    Ethernet0/0
    Ethernet0/1
  Redistribution:
    None
BR#


HQ1# show ipv6 protocols
< ...output omitted... >
IPv6 Routing Protocol is "eigrp 1"
EIGRP-IPv6 Protocol for AS(1)
< ...output omitted... >
  Metric weight K1=1, K2=0, K3=1, K4=0, K5=0
  NSF-aware route hold timer is 240
  Router-ID: 209.165.200.5
< ...output omitted... >
  Interfaces:
    Ethernet0/0.2
    Ethernet0/0.10
    Ethernet0/0.100
    Ethernet0/1
  Redistribution:
    Redistributing protocol bgp 65000 with metric 1500 2000 255 1 1500 route-map
DEFAULT6
HQ1#
```

从例 10-17 可以看出，虽然路由器 HQ1 运行了 IPv6 路由协议 EIGRP 1，但是没有在面向路由器 BR 的 Ethernet 0/2 接口上激活 EIGRP 1。

3. 提出并验证推断

根据收集到的上述信息，可以推断出应该在路由器 HQ1 的 Ethernet 0/2 接口上激活 IPv6

EIGRP 1。从例 10-18 可以看出，在 Ethernet 2/0 接口上激活了 IPv6 EIGRP 1 之后，HQ1 立即通过 Ethernet 2/0 接口与邻居 FE80::A8BB:CCFF:FE00:BB10 建立了 EIGRP 邻接关系。

例 10-18　提出推断：在 Ethernet 2/0 接口上激活 IPv6 EIGRP 1

```
HQ1# conf term
Enter configuration commands, one per line.  End with CNTL/Z.
HQ1(config)# interface ethernet 0/2
HQ1(config-if)# ipv6 eigrp 1
HQ1(config-if)#
*Oct 16 02:05:59.905: %DUAL-5-NBRCHANGE: EIGRP-IPv6 1: Neighbor
FE80::A8BB:CCFF:FE00:BB10 (Ethernet0/2) is up: new adjacency
HQ1(config-if)# end
HQ1# wr
Building configuration...
[OK]
HQ1#
*Oct 16 02:06:02.748: %SYS-5-CONFIG_I: Configured from console by console
HQ1#
```

4. 解决故障

在 HQ1 的 Ethernet 2/0 接口上激活了 IPv6 EIGRP 1 之后，检查路由器 BR 的 IPv6 路由表（如例 10-19 所示）。可以看出路由器 BR 已经通过 EIGRP 收到了 IPv6 路由，而且向 IPv6 Internet 可达性测试地址（2001:DB8:0:D::100）发起的 ping 测试也 100%成功，表明故障问题已解决。

例 10-19　解决故障：路由器 BR 收到了 RADULKO 的 IPv6 路由，而且能够到达 IPv6 Internet

```
BR# show ipv6 route
IPv6 Routing Table - default - 12 entries
< ...output omitted... >
EX  ::/0 [170/2244096]
     via FE80::A8BB:CCFF:FE00:A820, Ethernet0/1
D   2001:DB8:0:F::/64 [90/307200]
     via FE80::A8BB:CCFF:FE00:A820, Ethernet0/1
D   2001:DB8:0:11C::/64 [90/332800]
     via FE80::A8BB:CCFF:FE00:A820, Ethernet0/1
D   2001:DB8:0:A002::/64 [90/307200]
     via FE80::A8BB:CCFF:FE00:A820, Ethernet0/1
D   2001:DB8:0:A010::/64 [90/307200]
     via FE80::A8BB:CCFF:FE00:A820, Ethernet0/1
D   2001:DB8:0:A0A0::/64 [90/307200]
     via FE80::A8BB:CCFF:FE00:A820, Ethernet0/1
D   2001:DB8:0:A102::/64 [90/358400]
```

```
     via FE80::A8BB:CCFF:FE00:A820, Ethernet0/1
D   2001:DB8:0:A110::/64 [90/358400]
     via FE80::A8BB:CCFF:FE00:A820, Ethernet0/1
D   2001:DB8:0:A1A0::/64 [90/358400]
     via FE80::A8BB:CCFF:FE00:A820, Ethernet0/1
C   2001:DB8:0:A210::/64 [0/0]
     via Ethernet0/0, directly connected
L   2001:DB8:0:A210::1/128 [0/0]
     via Ethernet0/0, receive
L   FF00::/8 [0/0]
     via Null0, receive
BR#
BR# ping 2001:DB8:0:D::100
Type escape sequence to abort.
Sending 5, 100-byte ICMP Echos to 2001:DB8:0:D::100, timeout is 2 seconds:
!!!!!
Success rate is 100 percent (5/5), round-trip min/avg/max = 8/8/9 ms
BR#
```

此时还需要在网络文档中记录上述排障过程并告诉 Marjorie 故障问题已解决。

5. 检测与排除 IPv6 EIGRP 故障

IPv6 EIGRP 的配置与 IPv4 EIGRP 相似，主要区别在于需要使用 **ipv6 eigrp as-number** 命令在接口上启用 IPv6 EIGRP(因为不使用 **network** 语句)，因而 IPv6 EIGRP 与 IPv4 EIGRP 的故障检测与排除操作也相似。

IPv6 EIGRP 的常见故障检测与排除命令如下所示。

- **show ipv6 protocols**：该命令可以显示本地已激活的 IPv6 路由协议的相关信息。输出结果中的 EIGRP 段落显示了度量权重（参数 K）、路由器 ID、EIGRP 接口、重分发信息以及其他 EIGRP 信息。
- **show ipv6 eigrp neighbors**：该命令可以显示本地路由器的 EIGRP 邻居列表。除了列出所有 EIGRP 邻居之外，还可以显示一些有用信息，如用于连接邻居的接口以及定时器等。
- **show ipv6 eigrp interfaces**：该命令可以显示已经激活了 EIGRP 的接口的详细信息。
- **show ipv6 eigrp topology**：该命令可以显示 EIGRP 拓扑结构表。可以看到路由器收到的所有路由更新以及 AD（Administrative Distance，管理距离）、FD（Feasible Distance，可行距离）和下一跳等信息。
- **debug ipv6 eigrp**：该调试命令可以显示本地路由器实时观察/处理的 EIGRP 事件。

10.2.3 检测与排除 MP-BGP 会话故障

根据 Marjorie 的报告，路由器 HQ2 与 ISP2 的路由器之间无 IPv6 会话，因而请求我们协助解决该故障。

1．验证故障

为了验证路由器 HQ2 与其邻居之间的 MP-BGP 会话，可以使用 **show bgp all summary** 命令（如例 10-20 所示）。可以看出对于地址簇 IPv4 来说，HQ2 与其 iBGP（interior Border Gateway Protocol，内部边界网关协议）邻居（HQ1）以及 eBGP（external Border Gateway Protocol，外部边界网关协议）邻居（ISP2）之间都建立了会话，但是对于地址簇 IPv6 来说，HQ2 仅与 iBGP 邻居（HQ1）建立了会话。因而对于 IPv6 地址簇来说，HQ2 缺少了与路由器 ISP2 之间的 eBGP 会话，从而验证了 Marjorie 报告的故障问题。

例 10-20　验证故障：检查路由器 HQ2 的 MP-BGP 会话

```
HQ2# show bgp all summary
For address family: IPv4 Unicast
BGP router identifier 209.165.201.5, local AS number 65000
< ...output omitted... >
Neighbor        V    AS      MsgRcvd MsgSent   TblVer  InQ  OutQ  Up/Down  State/PfxRcd
10.255.0.17     4    65000        2        2        1    0     0  00:00:11        0
209.165.201.6   4    65002        6        2        1    0     0  00:00:18        4

For address family: IPv6 Unicast
BGP router identifier 209.165.201.5, local AS number 65000
< ...output omitted... >
Neighbor            V    AS      MsgRcvd  MsgSent   TblVer  InQ OutQ Up/Down  State/PfxRcd
2001:DB8:0:F::2     4    65000        2        2        1    0    0 00:00:17        0
HQ2#
```

2．收集信息

首先检查路由器 HQ2 运行配置中的 BGP 配置信息。例 10-21 显示了 HQ2 运行配置中的 BGP 段落，可以看出激活了 IPv4 地址簇下的邻居 10.255.0.17（HQ1-iBGP）和 209.165.201.6（ISP2-eBGP），而且激活了 IPv6 地址簇下的邻居 2001:DB8:0:F::2（HQ1-iBGP）。

3．分析信息并提出推断

根据收集到的上述信息，可以看出 HQ2 没有在 IPv6 地址簇下激活 eBGP 邻居 2001:DB8:0:11C::1（eBGP-ISP2），因而可以推断出应该在 IPv6 地址簇下激活该邻居。例 10-22 给出了修改路由器 HQ2 的 BGP 配置并在 IPv6 地址簇下激活邻居 2001:DB8:0:11C::1 的配置示例。

例10-21 收集信息：检查路由器HQ2的BGP配置信息

```
HQ2# show run | section router bgp
router bgp 65000
 bgp log-neighbor-changes
 neighbor 10.255.0.17 remote-as 65000
 neighbor 2001:DB8:0:F::2 remote-as 65000
 neighbor 2001:DB8:0:11C::1 remote-as 65002
 neighbor 209.165.201.6 remote-as 65002
 !
 address-family ipv4
  network 209.165.200.18 mask 255.255.255.255
  neighbor 10.255.0.17 activate
  no neighbor 2001:DB8:0:F::2 activate
  no neighbor 2001:DB8:0:11C::1 activate
  neighbor 209.165.201.6 activate
  neighbor 209.165.201.6 prefix-list ROUTE-OUT out
 exit-address-family
 !
 address-family ipv6
  network 2001:DB8:0:A002::/64
  network 2001:DB8:0:A010::/64
  network 2001:DB8:0:A0A0::/64
  network 2001:DB8:0:A102::/64
  network 2001:DB8:0:A110::/64
  network 2001:DB8:0:A1A0::/64
  network 2001:DB8:0:A210::/64
  neighbor 2001:DB8:0:F::2 activate
 exit-address-family
HQ2#
```

例10-22 提出推断：为IPv6地址簇激活eBGP邻居（ISP2）

```
HQ2# conf term
Enter configuration commands, one per line.  End with CNTL/Z.
HQ2(config)# router bgp 65000
HQ2(config-router)# address-family ipv6
HQ2(config-router-af)# neighbor 2001:DB8:0:11C::1 activate
HQ2(config-router-af)# end
HQ2# wr
*Oct 16 03:17:53.277: %SYS-5-CONFIG_I: Configured from console by console
HQ2# wr
Building configuration...
[OK]
HQ2#
*Oct 16 03:17:55.995: %BGP-5-ADJCHANGE: neighbor 2001:DB8:0:11C::1 Up
```

4. 解决故障

接下来检查路由器 HQ2 与其邻居在 IPv4 地址簇和 IPv6 地址簇下的 BGP 会话状态。从例 10-23 可以看出，HQ2 在 IPv4 地址簇下有两个已建立会话的邻居，在 IPv6 地址簇下也有两个已建立会话的邻居，表明故障问题已解决。

例 10-23　解决故障：验证 HQ2 已经与 ISP2 建立了 IPv6 地址簇的 eBGP 会话

```
HQ2# show bgp all summary
For address family: IPv4 Unicast
BGP router identifier 209.165.201.5, local AS number 65000
< ...output omitted... >
Neighbor        V    AS    MsgRcvd  MsgSent   TblVer  InQ OutQ Up/Down  State/PfxRcd
10.255.0.17     4   65000    39       38         8     0    0  00:28:30        4
209.165.201.6   4   65002    39       35         8     0    0  00:28:37        5

For address family: IPv6 Unicast
BGP router identifier 209.165.201.5, local AS number 65000
< ...output omitted... >
Neighbor           V  AS    MsgRcvd MsgSent   TblVer  InQ OutQ   Up/Down   State/
PfxRcd

2001:DB8:0:F::2    4  65000    41      38       17      0    0    00:28:36        11
2001:DB8:0:11C::1  4  65002    13      12       17      0    0    00:00:30         5
HQ2#
```

此时还需要在网络文档中记录上述排障过程并告诉 Marjorie 故障问题已解决。

5. 检测与排除 MP-BGP 故障

IPv6 的多协议 BGP 扩展支持与 IPv4 BGP 相同的特性和功能。IPv6 的多协议 BGP 扩展支持 IPv6 地址簇（NLRI[Network Layer Reachability Information，网络层可达性信息]和下一跳）。如果要配置与 IPv6 相关的任务，可以在路由器配置模式下引入 IPv6 地址簇。使用 **address-family ipv6** 命令可以进入单播 IPv6 地址簇。在路由器配置模式下使用 **neighbor remote-as** 命令定义的邻居默认仅交换 IPv4 单播地址前缀。如果要交换 IPv6 前缀，必须在地址簇配置模式下使用 **neighbor activate** 命令为 IPv6 前缀激活邻居。

在两台使用链路本地地址的 IPv6 路由器（对等体）之间配置 IPv6 多协议 BGP 时，需要使用 **update-source** 命令来标识面向邻居侧的出接口，同时还要通过路由映射（应用于邻居的出站方向）将下一跳属性设置为全局 IPv6 单播地址。命令 **debug bgp ipv6 unicast update** 可以显示路由更新的调试信息，能够帮助确定对等关系的状态。

如果要将网络注入到 IPv6 BGP 数据库，必须在地址簇配置模式下使用 **network** 命令来定义该网络。在路由器配置模式下使用 **neighbor route-map** 命令应用的路由映射默认仅应用于IPv4单播地址前缀。如果要为IPv6地址簇应用路由映射，那么就必须在IPv6地址簇配置模式下使用**neighbor route-map**命令，这样才能将路由映射（作为入站或出站路由策略）应用于IPv6地址簇下的邻居。

路由重分发是将前缀从一种路由协议（或静态路由和直连路由）重分发或注入到另一种路由协议的过程。如果前缀通过重分发（路由器配置模式）命令被重分发到IPv6多协议BGP中，那么就会被注入到IPv6单播数据库中。

常见的IPv6 BGP故障检测与排除命令如下所示。

- **clear bgp ipv6 unicast ***：该命令可以重置路由器上的所有IPv6 BGP会话。除了使用星号作为关键字之外，还可以使用邻居的IP地址以及自治系统号等关键字，从而实施更精确的清除操作。
- **show bgp ipv6 unicast**：该命令可以显示IPv6 BGP表。能够看到IPv6前缀以及下一跳地址、本地优先级、度量、自治系统路径以及其他参数。
- **show bgp ipv6 unicast summary**：该命令可以验证所有IPv6 BGP对等体以及其他信息，如对等关系状态以及收到了多少条前缀等。
- **debug bgp ipv6 unicast updates**：该命令可以对路由器收发的所有IPv6 BGP更新包进行调试。

10.3 RADULKO运输公司故障工单3

RADULKO运输公司更改了网络策略，不允许继续使用专有协议（如Cisco的EIGRP）。Marjorie领导的网络团队在周末对网络进行了重新配置，从EIGRP迁移到OSPF（Open Shortest Path First，开放最短路径优先）协议。虽然成功完成了迁移工作，但Marjorie仍然向我们（SECHNIK网络公司的员工）报告了如下故障。

- PC1无法访问IP地址为10.1.2.10的分发中心服务器（SRV）。PC1只能在总部的路由器HQ1出现故障后才能访问该服务器！HQ1和HQ2是总部PC的活动HSRP路由器和备份HSRP路由器。HQ1跟踪了其串行接口，如果该接口的线路协议出现了故障，那么HQ1将降低其优先级，从而允许HQ2抢占并成为活动HSRP路由器。
- 路由器HQ1与BR之间的OSPF认证机制有问题，邻接关系中断。必须恢复路由器HQ1与BR之间的OSPF邻居关系（邻接性）。

10.3.1 检测与排除PC1无法访问分发中心服务器SRV的故障

这是一个奇怪的问题。路由器HQ1和HQ2是RADULKO公司总部PC的冗余下一跳，HQ1是活动HSRP路由器，HQ2是备份HSRP路由器。当HQ1处于up且正常运行状态时，PC1无法访问位于分发中心的服务器SRV，而HQ1出现故障后，PC1则能成功访问服务器SRV。

1. 验证并定义故障

为了验证故障问题，可以在 HQ1 为活动 HSRP 路由器的时候向 IP 地址为 10.1.2.10 的服务器 SRV 发起 ping 测试（如例 10-24 所示）。可以看出 PC1 发起的 ping 测试失败，与 Marjorie 报告的故障问题一致。由于 HQ1 跟踪了其串行接口，在该接口出现故障后 HQ1 将降低其优先级，因而我们关闭了该串行接口，结果 HQ1 降低了其优先级，HQ2 抢占并成为活动 HSRP 路由器（如例 10-24 所示）。此时再次从 PC1 向服务器 SRV 发起 ping 测试，与 Marjorie 的报告信息一致，ping 测试 100%成功。

例 10-24　验证故障：HQ1 处于 up 状态时 PC1 无法访问 SRV

```
PC1# ping 10.1.2.10
Type escape sequence to abort.
Sending 5, 100-byte ICMP Echos to 10.1.2.10, timeout is 2 seconds:
...U.
Success rate is 0 percent (0/5)
PC1#


HQ1# conf term
Enter configuration commands, one per line.  End with CNTL/Z.
HQ1(config)# int serial 1/0
HQ1(config-if)# shut
HQ1(config-if)#


PC1# ping 10.1.2.10
Type escape sequence to abort.
Sending 5, 100-byte ICMP Echos to 10.1.2.10, timeout is 2 seconds:
!!!!!
Success rate is 100 percent (5/5), round-trip min/avg/max = 1/1/2 ms
PC1#
```

至此已经验证了 Marjorie 报告的故障问题。在验证故障期间，我们发现/验证了分布中心的服务器 SRV 处于 up 状态，而且确实能够从 PC1 通过 HQ2 到达该服务器。但是，如果 HQ1 是 PC 的活动网关，那么 SRV 将不可达。

2. 收集信息

由于服务器 SRV 处于 up 状态，并且总部与分发中心之间的连接处于正常运行状态，因而首先检查 HQ1 的路由表并采取不假思索法（如例 10-25 所示）。可以看出 HQ1 的路由表中没有去往 IP 地址为 10.1.2.10 的服务器 SRV 的路由，但是 HQ2 有相应的路由。该例还显示了路由器 HQ2 的 **show ospfv3 neighbor** 命令输出结果。可以看出 209.165.201.1（DST 路由器）是唯一的 OSPF 邻居，因而需要确定 HQ2 与 HQ1 未建立 OSPF 邻居关系的原因。

例10-25 收集信息：检查HQ1的路由表

```
HQ1# show ip route 10.1.2.10
% Subnet not in table
HQ1#


HQ2# show ip route 10.1.2.10
Routing entry for 10.1.2.0/24
  Known via "ospfv3 1", distance 110, metric 20, type intra area
  Last update from 10.255.0.10 on Ethernet0/3, 00:07:54 ago
  Routing Descriptor Blocks:
  * 10.255.0.10, from 209.165.201.1, 00:07:54 ago, via Ethernet0/3
      Route metric is 20, traffic share count is 1
HQ2# show ospfv3 neighbor

          OSPFv3 1 address-family ipv4 (router-id 209.165.201.5)


Neighbor ID     Pri   State           Dead Time   Interface ID    Interface
209.165.201.1     1   FULL/BDR        00:00:31    5               Ethernet0/3

< ...output omitted... >
HQ2#
```

为了确定HQ2与HQ1未建立OSPF邻居关系的原因，可以在路由器HQ2上运行**debug ospfv3 ipv4 hello**命令（如例10-26所示）。可以看出HQ2一直通过面向HQ1的接口Eth0/1和Eth0/2向外发送OSPFv3 Hello包，但是并没有在这些接口上收到路由器HQ1发送的任何Hello包。

*例10-26 收集信息：利用**debug**命令获取HQ2和HQ1的OSPF Hello包活动信息*

```
HQ2# debug ospfv3 ipv4 hello
HQ2#
*Oct 22 18:41:24.898: OSPFv3-1-IPv4 HELLO Et0/0.2: Send hello to FF02::5 area 0 from
  FE80::A8BB:CCFF:FE00:EE00 interface ID 11
*Oct 22 18:41:25.157: OSPFv3-1-IPv4 HELLO Et0/1: Send hello to FF02::5 area 0 from
  FE80::A8BB:CCFF:FE00:EE10 interface ID 4
*Oct 22 18:41:25.715: OSPFv3-1-IPv4 HELLO Et0/0.100: Send hello to FF02::5 area 0
  from FE80::A8BB:CCFF:FE00:EE00 interface ID 13
HQ2#
*Oct 22 18:41:25.941: OSPFv3-1-IPv4 HELLO Et0/3: Rcv hello from 209.165.201.1 area 0
  from FE80::A8BB:CCFF:FE00:F220 interface ID 5
HQ2#
< ...output omitted... >
HQ2# no debug all
All possible debugging has been turned off
HQ2#
```

此时最好使用对比分析法对比路由器 HQ1 与 HQ2 的 OSPFv3 配置。从例 10-27 的输出结果可以看出，HQ1 没有在接口 Eth0/0.2 和 Eth0/1 上为 IPv4 地址簇启用 OSPFv3，而仅在这些接口上为 IPv6 地址簇启用了 OSPFv3。

例 10-27　收集信息：对比路由器 HQ1 与 HQ2 的 OSPFv3 配置（对比分析法）

```
HQ1# show run | section interface
< ...output omitted... >
interface Ethernet0/0.2
 description HQ-SRV

 encapsulation dot1Q 2
 ip address 10.0.2.2 255.255.255.0
 ip nat inside
 ip virtual-reassembly in
 standby 2 ip 10.0.2.1
 standby 2 priority 110
 standby 2 preempt
 standby 2 track 1 decrement 20
 ipv6 address 2001:DB8:0:A002::2/64
 ipv6 enable
 ospfv3 1 ipv6 area 0
< ...output omitted... >
interface Ethernet0/1
 ip address 10.255.0.17 255.255.255.248
 ip nat inside
 ip virtual-reassembly in
 ipv6 address 2001:DB8:0:F::2/64
 ipv6 enable
 ospfv3 1 ipv6 area 0
< ...output omitted... >
HQ1#


HQ2# show run | section interface
< ...output omitted... >
interface Ethernet0/0
 no ip address
 ip nat inside
 ip virtual-reassembly in
interface Ethernet0/0.2
 description HQ-SRV
 encapsulation dot1Q 2
 ip address 10.0.2.3 255.255.255.0
 ip nat inside
```

```
 ip virtual-reassembly in
 standby 2 ip 10.0.2.1
 standby 2 priority 101
 standby 2 preempt
 ipv6 address 2001:DB8:0:A002::3/64
 ipv6 enable
 ospfv3 1 ipv6 area 0
 ospfv3 1 ipv4 area 0
< ...output omitted... >
interface Ethernet0/1
 ip address 10.255.0.18 255.255.255.248
 ip nat inside
 ip virtual-reassembly in
 ipv6 address 2001:DB8:0:F::1/64
 ipv6 enable
 ospfv3 1 ipv6 area 0
 ospfv3 1 ipv4 area 0
< ...output omitted... >
HQ2#
```

3. 分析信息

根据收集到的上述信息，可以看出由于 HQ1 没有在接口 Eth0/0.2 和 Eth0/1 上为 IPv4 地址簇启用 OSPFv3，因而 HQ1 与 HQ2 之间没有在这些链路上建立 IPv4 地址簇的邻接关系，导致 HQ1 没有去往分发中心网络（服务器 SRV 所在网络）的路由。

4. 提出并验证推断

据此可以推断出应该在路由器 HQ1 的接口 Eth0/0.2 和 Eth0/1 上为 IPv4 地址簇激活 OSPFv3。例 10-28 给出了路由器 HQ1 的相应配置示例。此外，我们还激活了串行接口（**no shutdown**），使得 HQ1 再次成为活动 HSRP 网关。从例 10-28 可以看出，HQ1 与 HQ2 已经建立了 IPv4 地址簇的 OSPFv3 邻接关系。

例 10-28　验证推断：在路由器 HQ1 的接口 Eth0/0.2 和 Eth0/1 上激活 IPv4 地址簇的 OSPFv3

```
HQ1# conf term
Enter configuration commands, one per line.  End with CNTL/Z.
HQ1(config)# int eth 0/0.2
HQ1(config-subif)# ospfv3 1 ipv4 area 0
*Oct 22 20:09:59.058: %OSPFv3-5-ADJCHG: Process 1, IPv4, Nbr 209.165.201.5 on
  Ethernet0/0.2 from LOADING to FULL, Loading Done
HQ1(config-subif)# exit
HQ1(config)# int eth 0/1
HQ1(config-if)# ospfv3 1 ipv4 area 0
```

```
*Oct 22 20:11:21.525: %OSPFv3-5-ADJCHG: Process 1, IPv4, Nbr 209.165.201.5 on
 Ethernet0/1 from LOADING to FULL, Loading Done
HQ1(config-if)# exit
HQ1(config)# int ser 1/0
HQ1(config-if)# no shut
HQ1(config-if)# end
HQ1# write
Building configuration...
[OK]
HQ1#
*Oct 22 20:11:38.340: %SYS-5-CONFIG_I: Configured from console by console
*Oct 22 20:11:38.427: %LINK-3-UPDOWN: Interface Serial1/0, changed state to up
*Oct 22 20:11:38.427: %TRACKING-5-STATE: 1 interface Se1/0 line-protocol Down->Up
*Oct 22 20:11:39.428: %LINEPROTO-5-UPDOWN: Line protocol on Interface Serial1/0,
changed state to up
*Oct 22 20:11:39.861: %HSRP-5-STATECHANGE: Ethernet0/0.100 Grp 100 state Standby ->
 Active
*Oct 22 20:11:40.391: %HSRP-5-STATECHANGE: Ethernet0/0.10 Grp 10 state Standby ->
 Active
*Oct 22 20:11:41.099: %HSRP-5-STATECHANGE: Ethernet0/0.2 Grp 2 state Standby ->
 Active
*Oct 22 20:11:53.210: %BGP-5-ADJCHANGE: neighbor 209.165.200.6 Up
HQ1# show ospfv3 neighbor

          OSPFv3 1 address-family ipv4 (router-id 209.165.200.5)

Neighbor ID     Pri   State           Dead Time   Interface ID    Interface
209.165.201.5     1   FULL/DR         00:00:38    4               Ethernet0/1
209.165.201.5     1   FULL/DR         00:00:35   11              Ethernet0/0.2
< ...output omitted... >
HQ1#
*Oct 22 20:12:01.419: %BGP-5-ADJCHANGE: neighbor 2001:DB8:0:11B::1 Up
HQ1#
```

5. 解决故障

接下来检查HQ1为活动HSRP网关的情况下，PC1能否到达分布中心网络中的服务器SRV。从例10-29可以看出，此时PC1向SRV发起的ping测试100%成功，表明故障问题已解决。

例10-29 解决故障：PC1已经能够ping通服务器SRV

```
PC1>ping 10.1.2.10
Type escape sequence to abort.
Sending 5, 100-byte ICMP Echos to 10.1.2.10, timeout is 2 seconds:
!!!!!
Success rate is 100 percent (5/5), round-trip min/avg/max = 1/1/2 ms
PC1>
```

此时还需要在网络文档中记录上述排障过程并告诉 Marjorie 故障问题已解决。

6. 检测与排除 OSPFv3 地址簇特性故障

OSPFv3 是一种链路状态路由协议，最初仅适用于 IPv6 路由，而 OSPFv2 只能处理 IPv4 单播路由。后来 OSPFv3 引入了地址簇的概念，因而开始支持 IPv4 单播地址簇路由。“地址簇”特性利用包头中的实例 ID（Instance ID）字段，将地址簇映射为一个独立的 OSPFv3 实例。每个 OSPFv3 实例都能维护自己的邻接关系、链路状态数据库以及最短路径计算。

OSPFv3 运行在 IPv6 之上，使用 IPv6 链路本地地址作为 Hello 包的源地址并进行下一跳计算。如果要在 OSPFv3 中使用 IPv4 单播地址簇，那么就必须在链路上启用 IPv6，不过该链路可以不参与 IPv6 单播路由的计算。由于 OSPFv3 使用 IPSec AH（Authentication Header，认证头），因而比 OSPFv2 支持更多的认证算法（包括 MD5[Message Digest 5，报文摘要 5]认证和 SHA[Secure Hash，安全哈希]）。此外，OSPFv3 还使用 IPSec ESP（Encapsulating Security Payload，封装安全净荷）进行加密操作。

常见的 OSPFv3 故障检测与排除命令如下所示。

- **show ip route ospfv3**：该命令可以列出 IPv4 路由表中的 OSPFv3 表项。
- **show ipv6 route ospf**：该命令可以列出 IPv6 路由表中的 OSPFv3 表项。
- **show running-config | section router ospfv3**：该命令可以查看运行配置中的 OSPFv3 配置段落。
- **show running-config | section interface**：该命令可以查看运行配置中的接口配置段落。
- **show ospfv3**：该命令可以显示 OSPFv3 路由进程的一般性信息。
- **show ospfv3 interface**：该命令可以收集激活了 OSPFv3 的接口的详细信息。
- **show ospfv3 neighbor**：该命令可以收集 OSPFv3 邻居的信息。
- **debug ospfv3 events**：该命令可以收集 OSPFv3 事件的实时信息。

10.3.2 检测与排除 OSPFv3 认证故障

Marjorie 报告称 RADULKO 网络中的路由器 HQ1 与 BR 之间存在 OSPF 认证故障，希望恢复路由器 HQ1 与 BR 之间的 OSPF 邻居关系（邻接性）。

1. 验证故障

为了验证故障问题，需要登录路由器 HQ1 并运行 **show ospfv3 neighbor** 命令，以检查路由器 HQ1 的 OSPFv3 邻居状态。HQ1 在 IPv4 和 IPv6 地址簇下必须将 HQ2 和 BR 视为 OSPFv3 邻居。从例 10-30 的输出结果可以看出，目前只有 HQ2（209.165.201.5）是 HQ1 的 OSPFv3 邻居。由于 BR 不在邻居列表中，因而可以肯定出现了某些故障导致路由器 HQ1 与 BR 之间无法建立 OSPFv3 邻接关系。不过我们还需要收集更多的信息，以确定该故障根源确实是 Marjorie 报告的 OSPFv3 认证故障。

例 10-30 验证故障：显示 HQ1 的 OSPFv3 邻居列表

```
*Oct 23 01:00:42.398: %CRYPTO-4-RECVD_PKT_MAC_ERR: decrypt: mac verify failed for
  connection id=1 spi=00000000 seqno=0000001F
HQ1# show ospfv3 neighbor


        OSPFv3 1 address-family ipv4 (router-id 209.165.200.5)

Neighbor ID      Pri   State           Dead Time   Interface ID    Interface
209.165.201.5     1    FULL/DR         00:00:34    4               Ethernet0/1
209.165.201.5     1    FULL/DR         00:00:33    11             Ethernet0/0.2
< ...output omitted... >
HQ1#
```

2. 收集信息

从 RADULKO 的网络结构图可以看出，路由器 HQ1 的 Ethernet 0/2 接口与路由器 BR 的 Ethernet 0/1 接口互连，因而可以采用对比分析法来分析 HQ1 的 Ethernet 0/2 接口与 BR 的 Ethernet 0/1 接口之间的 OSPFv3 配置差异。例 10-31 给出了这两台路由器的 **show running-config** 命令输出结果。

3. 分析信息

根据收集到的上述信息(如例 10-31 所示)，可以看出 HQ1 的 Ethernet 0/2 接口的 OSPFv3 认证方式使用 SHA1，而 BR 的 Ethernet 0/1 接口的 OSPFv3 认证方式使用 MD5，因而这两台路由器之间的认证过程失败，导致无法建立 OSPFv3 邻接关系。

例 10-31 收集信息：对比路由器 HQ1 与路由器 BR 的邻接接口的 OSPFv3 认证配置信息

```
HQ1# show running-config interface eth 0/2
Building configuration...
Current configuration : 265 bytes
!
interface Ethernet0/2
 ip address 10.255.0.1 255.255.255.248
 ip nat inside
 ip virtual-reassembly in
 ipv6 enable
 ipv6 eigrp 100
 ospfv3 authentication ipsec spi 500 sha1 123456789A123456789B123456789C123456789D
 ospfv3 1 ipv4 area 0
 ospfv3 1 ipv6 area 0
end
HQ1#
```

```
BR# show run interface eth 0/1
Building configuration...

Current configuration : 199 bytes
!
interface Ethernet0/1
 ip address 10.255.0.2 255.255.255.248
 ipv6 enable
 ospfv3 authentication ipsec spi 500 md5 123456789A123456789B123456789C12
 ospfv3 1 ipv4 area 0
 ospfv3 1 ipv6 area 0
end

BR#
```

4. 提出并验证推断

据此可以推断出应该将路由器 BR 的 Ethernet 0/1 接口的 OSPFv3 认证方式修改为与其邻居 HQ1 相同的 SHA1（相同的 SPI [Security Parameter Index，安全参数索引] 和预共享密钥）。例 10-32 给出了路由器 BR 的相应配置示例。从该例显示的控制台消息可以看出，新的 OSPFv3 邻居邻接性已经进入完全建立状态。

例 10-32　提出推断：配置 BR 使用 SHA1 进行 OSPFv3 认证

```
BR# conf term
Enter configuration commands, one per line.  End with CNTL/Z.
BR(config)# inter eth 0/1
BR(config-if)# $tion ipsec spi 500 md5 123456789A123456789B123456789C12
BR(config-if)# $n ipsec spi 500 sha1 123456789A123456789B123456789C123456789D
BR(config-if)# end
BR# wr
Building configuration...
[OK]
BR#
*Oct 23 01:09:07.421: %OSPFv3-5-ADJCHG: Process 1, IPv6, Nbr 10.255.0.2 on
  Ethernet0/2 from LOADING to FULL, Loading Done
BR#
```

5. 解决故障

为了确认路由器 HQ1 与 BR 之间的邻居关系是否已成功建立，可以在路由器 HQ1 上运行 **show ospfv3 neighbor** 命令（如例 10-33 所示）。可以看出 HQ1 目前已有两个处于完全建立状态的 OSPFv3 邻居：HQ2（209.165.201.5）和 BR（10.255.0.2），表明故障问题已解决。

例 10-33 解决故障：显示 HQ1 的 OSPFv3 邻居列表

```
HQ1# show ospfv3 neighbor

          OSPFv3 1 address-family ipv4 (router-id 209.165.200.5)

Neighbor ID     Pri   State           Dead Time   Interface ID    Interface
10.255.0.2        1   FULL/BDR        00:00:33    4               Ethernet0/2
209.165.201.5     1   FULL/DR         00:00:35    4               Ethernet0/1
209.165.201.5     1   FULL/DR         00:00:34    11              Ethernet0/0.2

          OSPFv3 1 address-family ipv6 (router-id 209.165.200.5)

Neighbor ID     Pri   State           Dead Time   Interface ID    Interface
10.255.0.2        1   FULL/BDR        00:00:34    4               Ethernet0/2
209.165.201.5     1   FULL/DR         00:00:36    4               Ethernet0/1
209.165.201.5     1   FULL/DR         00:00:32    13              Ethernet0/0.100
209.165.201.5     1   FULL/DR         00:00:31    12              Ethernet0/0.10
209.165.201.5     1   FULL/DR         00:00:37    11              Ethernet0/0.2
HQ1#
```

此时还需要在网络文档中记录上述排障过程并告诉 Marjorie 故障问题已解决。

10.4 RADULKO 运输公司故障工单 4

RADULKO 运输公司的工程师 Marjorie 报告了一些好消息，称已经顺利完成网络迁移工作。目前 RADULKO 网络处于运行良好状态，但还有两个故障问题需要解决。Marjorie 提供了以下故障描述信息，请求我们协助解决这两个故障并告知故障处理结果。

- Marjorie 最近发现路由器 DST 通过 OSPF 学到了一些外部路由。学到的这些前缀都是全局/公有地址，不属于 RADULKO 运输公司的地址空间。路由器 DST 的路由表中不应该存在这些路由。
- PC1 和 PC2 无法访问 IPv6 Internet。最近决定让这些 PC 通过 SLAAC（Stateless Address Auto Configuration，无状态地址自动配置）机制进行自动配置，但是这两台 PC 的 SLAAC 工作异常，怀疑该故障与 SLAAC、HSRP 或其他因素有关。

10.4.1 检测与排除 DST 路由表中出现非期望外部 OSPF 路由的故障

RADULKO 运输公司的工程师 Marjorie 报告称，最近发现 DST（Distribution center，分布中心）路由器通过 OSPF 学到了一些外部路由。这些前缀都是全局/公有地址，不属于 RADULKO 运输公司的地址空间。路由器 DST 的路由表中不应该存在这些路由。

1．验证并定义故障

为了验证故障问题，需要访问 DST 路由器并显示其 IP 路由表（如例 10-34 所示）。可以看出 DST 路由器的许多前缀的前面都带有 O E2。这些路由都是 Marjorie 所报告的非期望外部 OSPF 路由，因而证实了故障问题。接下来需要找出这些路由的泄露位置并修复该问题。

例 10-34 验证故障：DST 路由的路由表中存在大量非期望的外部 OSPF 路由

```
DST# show ip route
Codes: L - local, C - connected, S - static, R - RIP, M - mobile, B - BGP
       D - EIGRP, EX - EIGRP external, O - OSPF, IA - OSPF inter area
       N1 - OSPF NSSA external type 1, N2 - OSPF NSSA external type 2
       E1 - OSPF external type 1, E2 - OSPF external type 2
       i - IS-IS, su - IS-IS summary, L1 - IS-IS level-1, L2 - IS-IS level-2
       ia - IS-IS inter area, * - candidate default, U - per-user static route
       o - ODR, P - periodic downloaded static route, H - NHRP, l - LISP
       + - replicated route, % - next hop override

Gateway of last resort is 209.165.201.2 to network 0.0.0.0

S*    0.0.0.0/0 [1/0] via 209.165.201.2
      10.0.0.0/8 is variably subnetted, 14 subnets, 3 masks
O        10.0.2.0/24 [110/20] via 10.255.0.9, 00:01:18, Ethernet0/2
O        10.0.10.0/24 [110/20] via 10.255.0.9, 00:01:18, Ethernet0/2
O        10.0.100.0/24 [110/20] via 10.255.0.9, 00:01:18, Ethernet0/2
C        10.1.2.0/24 is directly connected, Ethernet0/0.2
L        10.1.2.1/32 is directly connected, Ethernet0/0.2
C        10.1.10.0/24 is directly connected, Ethernet0/0.10
L        10.1.10.1/32 is directly connected, Ethernet0/0.10
C        10.1.100.0/24 is directly connected, Ethernet0/0.100
L        10.1.100.1/32 is directly connected, Ethernet0/0.100
O        10.2.10.0/24 [110/40] via 10.255.0.9, 00:01:18, Ethernet0/2
O        10.255.0.0/29 [110/30] via 10.255.0.9, 00:01:18, Ethernet0/2
C        10.255.0.8/29 is directly connected, Ethernet0/2
L        10.255.0.10/32 is directly connected, Ethernet0/2
O        10.255.0.16/29 [110/20] via 10.255.0.9, 00:01:18, Ethernet0/2
      209.165.200.0/32 is subnetted, 3 subnets
O E2     209.165.200.17 [110/1] via 10.255.0.9, 00:01:13, Ethernet0/2
O E2     209.165.200.18 [110/1] via 10.255.0.9, 00:01:13, Ethernet0/2
O E2     209.165.200.101 [110/1] via 10.255.0.9, 00:00:57, Ethernet0/2
      209.165.201.0/24 is variably subnetted, 5 subnets, 2 masks
C        209.165.201.0/30 is directly connected, Ethernet0/1
L        209.165.201.1/32 is directly connected, Ethernet0/1
O        209.165.201.4/30 [110/20] via 10.255.0.9, 00:01:18, Ethernet0/2
O E2     209.165.201.102/32 [110/1] via 10.255.0.9, 00:00:52, Ethernet0/2
O E2     209.165.201.133/32 [110/1] via 10.255.0.9, 00:00:57, Ethernet0/2
DST#
```

2. 收集信息

从 RADULKO 的网络结构图可以看出，路由器 DST 应该只有一个 OSPF 邻居——路由器 HQ2。例 10-35 给出了路由器 DST 的 **show ospfv3 neighbor** 命令输出结果，可以看出 DST 只有一个 OSPF 邻居（209.165.201.5），即路由器 HQ2。

例 10-35　收集信息：验证 DST 的 OSPF 邻居列表

```
DST# show ospfv3 neighbor

          OSPFv3 1 address-family ipv4 (router-id 209.165.201.1)

Neighbor ID      Pri   State            Dead Time    Interface ID    Interface
209.165.201.5     1    FULL/DR          00:00:39     6               Ethernet0/2

          OSPFv3 1 address-family ipv6 (router-id 209.165.201.1)

Neighbor ID      Pri   State            Dead Time    Interface ID    Interface
209.165.201.5     1    FULL/DR          00:00:38     6               Ethernet0/2
DST#
```

此时可以检查路由器 DST 的 OSPFv3 数据库的内容，以找出宣告这些外部 OSPF（LSA Type 5）路由的宣告路由器的路由器 ID。例 10-36 给出了 **show ospfv3 database** 命令的输出结果。从“Type-5 AS External Link State”段落可以看出，有两个路由器 ID（209.165.200.5 和 209.165.201.5）被显示为这些外部路由的宣告路由器（ASBR[Autonomous System Border Router，自治系统边界路由器]），而这两个路由器 ID 分别属于路由器 HQ1 和 HQ2。

例 10-36　收集信息：显示路由器 DST 的 OSPFv3 数据库

```
DST# show ospfv3 database

          OSPFv3 1 address-family ipv4 (router-id 209.165.201.1)

                Router Link States (Area 0)

ADV Router      Age         Seq#         Fragment ID  Link count  Bits
 10.255.0.2     262         0x80000002   0            1           None
 209.165.200.5  225         0x80000003   0            2           E
 209.165.201.1  218         0x80000002   0            1           None
 209.165.201.5  219         0x80000003   0            2           E

< ...output omitted... >

                Type-5 AS External Link States
```

```
ADV Router        Age         Seq#        Prefix
 209.165.200.5    267         0x80000001  209.165.200.17/32
 209.165.200.5    195         0x80000001  0.0.0.0/0
 209.165.200.5    195         0x80000001  209.165.200.101/32
 209.165.200.5    195         0x80000001  209.165.201.133/32
 209.165.201.5    265         0x80000001  209.165.200.18/32
 209.165.201.5    194         0x80000001  0.0.0.0/0
 209.165.201.5    194         0x80000001  209.165.201.0/30
 209.165.201.5    194         0x80000001  209.165.201.102/32
 209.165.201.5    194         0x80000001  209.165.201.133/32

 < ...output omitted... >

DST#
```

3. 分析信息

此时可以检查路由器 HQ1 和 HQ2 的 OSPFv3 配置以确定这些外部 OSPF 路由的源端。例 10-37 显示了这些路由器运行配置中的 OSPFv3 段落，可以看出在 IPv4 地址簇单播配置段落中配置了一条 **redistribute bgp 65000** 命令。这是一个非常明显的错误。Internet 路由的 BGP 表大概有 400000 条以上的路由，将如此大量的路由重分发到 OSPF 中，对于 OSPF 来说是一个致命操作，除非利用前缀列表或路由映射对重分发路由进行控制和过滤。通常来说，不应该将 BGP 路由重分发到 IGP（自治系统内部）路由协议中。

例 10-37　分析信息：检查路由器 HQ1 和 HQ2 的 OSPFv3 配置

```
HQ1# show run | section router ospfv3
router ospfv3 1
 area 0 authentication ipsec spi 500 sha1 123456789A123456789B123456789C123456789D
 !
 address-family ipv4 unicast
  redistribute bgp 65000
  default-information originate
 exit-address-family
 !
 address-family ipv6 unicast
  default-information originate
 exit-address-family
HQ1#


HQ2# show run | section router ospfv3
router ospfv3 1
```

```
 area 0 authentication ipsec spi 500 sha1 123456789A123456789B123456789C123456789D
 !
 address-family ipv4 unicast
  redistribute bgp 65000
  default-information originate
 exit-address-family
 !
 address-family ipv6 unicast
  default-information originate
 exit-address-family
HQ2#
```

4. 提出并验证推断

据此可以推断出应该从路由器 HQ1 和 HQ2 运行配置中的 IPv4 地址簇单播配置段落删除 **redistribute bgp 65000** 命令，然后再检查路由器 HQ1 和 HQ2 的 OSPF 数据库以确定这些非期望的 OSPF 路由已经消失不见。从例 10-38 可以看出，删除了 **redistribute** 语句之后，HQ1 和 HQ2 的数据库已经不再将这些外部路由注入到 OSPF 数据库中，剩下的唯一一条外部 LSA（Link-State Advertisement，链路状态宣告）路由就是通过 **default-information originate** 命令正确注入到 OSPF 数据库中的默认路由（0.0.0.0/0）。

例 10-38　提出并验证推断：从路由器 HQ1 和 HQ2 的配置中删除 ***redistribute bgp 65000*** *命令*

```
HQ1# conf term
Enter configuration commands, one per line.  End with CNTL/Z.
HQ1(config)# router ospfv3 1
HQ1(config-router)# address-family ipv4 unicast
HQ1(config-router-af)# no redistribute bgp 65000
HQ1(config-router-af)# end
HQ1# wr
Building configuration...
[OK]
HQ1#


HQ2# conf term
Enter configuration commands, one per line.  End with CNTL/Z.
HQ2(config)# router ospfv3 1
HQ2(config-router)# address-family ipv4 unicast
HQ2(config-router-af)# no redistribute bgp 65000
HQ2(config-router-af)# end
HQ2# wr
Building configuration...
[OK]
```

```
HQ2#


HQ1# show ospfv3 database
          OSPFv3 1 address-family ipv4 (router-id 209.165.200.5)
< ...output omitted... >
                Type-5 AS External Link States
ADV Router      Age         Seq#         Prefix
 209.165.200.5   544         0x80000002   0.0.0.0/0
 209.165.201.5   570         0x80000002   0.0.0.0/0
< ...output omitted... >
HQ1#


HQ2# show ospfv3 database
          OSPFv3 1 address-family ipv4 (router-id 209.165.201.5)
< ...output omitted... >
                Type-5 AS External Link States
ADV Router      Age         Seq#         Prefix
 209.165.200.5   792         0x80000002   0.0.0.0/0
 209.165.201.5   816         0x80000002   0.0.0.0/0
< ...output omitted... >
HQ2#
```

5. 解决故障

此时可以检查路由器DST的路由表以确定是否还有这些非期望的外部OSPF路由。例10-39显示了路由器DST的 **show ip route** 命令输出结果。可以看出路由器DST的IP路由表中已经没有这些外部OSPF（O E2）路由了，表明故障问题已解决。

例10-39　解决故障：路由器DST不再从路由器HQ1和HQ2收到外部OSPF路由

```
DST# show ip route
Codes: L - local, C - connected, S - static, R - RIP, M - mobile, B - BGP
       D - EIGRP, EX - EIGRP external, O - OSPF, IA - OSPF inter area
       N1 - OSPF NSSA external type 1, N2 - OSPF NSSA external type 2
       E1 - OSPF external type 1, E2 - OSPF external type 2
       i - IS-IS, su - IS-IS summary, L1 - IS-IS level-1, L2 - IS-IS level-2
       ia - IS-IS inter area, * - candidate default, U - per-user static route
       o - ODR, P - periodic downloaded static route, H - NHRP, l - LISP
       + - replicated route, % - next hop override

Gateway of last resort is 209.165.201.2 to network 0.0.0.0

S*    0.0.0.0/0 [1/0] via 209.165.201.2
      10.0.0.0/8 is variably subnetted, 14 subnets, 3 masks
```

```
O        10.0.2.0/24 [110/20] via 10.255.0.9, 00:48:47, Ethernet0/2
O        10.0.10.0/24 [110/20] via 10.255.0.9, 00:48:47, Ethernet0/2
O        10.0.100.0/24 [110/20] via 10.255.0.9, 00:48:47, Ethernet0/2
C        10.1.2.0/24 is directly connected, Ethernet0/0.2
L        10.1.2.1/32 is directly connected, Ethernet0/0.2
C        10.1.10.0/24 is directly connected, Ethernet0/0.10
L        10.1.10.1/32 is directly connected, Ethernet0/0.10
C        10.1.100.0/24 is directly connected, Ethernet0/0.100
L        10.1.100.1/32 is directly connected, Ethernet0/0.100
O        10.2.10.0/24 [110/40] via 10.255.0.9, 00:48:47, Ethernet0/2
O        10.255.0.0/29 [110/30] via 10.255.0.9, 00:48:47, Ethernet0/2
C        10.255.0.8/29 is directly connected, Ethernet0/2
L        10.255.0.10/32 is directly connected, Ethernet0/2
O        10.255.0.16/29 [110/20] via 10.255.0.9, 00:48:47, Ethernet0/2
      209.165.201.0/24 is variably subnetted, 3 subnets, 2 masks
C        209.165.201.0/30 is directly connected, Ethernet0/1
L        209.165.201.1/32 is directly connected, Ethernet0/1
O        209.165.201.4/30 [110/20] via 10.255.0.9, 00:48:47, Ethernet0/2
DST#
```

此时还需要在网络文档中记录上述排障过程并告诉 Marjorie 故障问题已解决。

10.4.2 检测与排除 PC 的 IPv6 Internet 接入故障

根据 Marjorie 的报告，最近决定让 PC1 和 PC2 通过 SLAAC 获取其 IPv6 地址。但是 PC1 和 PC2 无法访问 IPv6 Internet，怀疑该故障与 SLAAC、HSRP 或其他因素有关。

1. 验证故障

为了验证故障，可以向 IPv6 Internet 测试地址（2001:DB8:0:D::100）发起 ping 测试。从例 10-40 可以看出，PC1 和 PC2 发起的 ping 测试均失败，从而验证了故障问题。

例 10-40 验证故障：PC1 和 PC2 无法到达 IPv6 Internet

```
PC1# ping 2001:DB8:0:D::100
Type escape sequence to abort.
Sending 5, 100-byte ICMP Echos to 2001:DB8:0:D::100, timeout is 2 seconds:
NNNNN
Success rate is 0 percent (0/5)
PC1#

PC2# ping 2001:DB8:0:D::100
Type escape sequence to abort.
Sending 5, 100-byte ICMP Echos to 2001:DB8:0:D::100, timeout is 2 seconds:
NNNNN
Success rate is 0 percent (0/5)
PC2#
```

2. 收集信息

可以采取自底而上故障检测与排除法，从检查 PC1 和 PC2 的以太网接口的状态入手收集信息（如例 10-41 所示）。可以看出这些以太网接口均处于 up 状态，但这些接口只有 IPv6 链路本地地址。

例 10-41　收集信息：检查 PC 的接口状态

```
PC1# show ipv6 interface brief
Ethernet0/0                [up/up]
    FE80::A8BB:CCFF:FE00:5700
< ...output omitted... >
PC1#


PC2# show ipv6 interface brief
Ethernet0/0                [up/up]
    FE80::A8BB:CCFF:FE00:5B00
< ...output omitted... >
PC2#
```

根据 Marjorie 告知的 RADULKO 策略，PC1 和 PC2 通过 SLAAC 获取 IPv6 地址，因而此时最好检查 PC1 和 PC2 的以太网接口配置信息。从例 10-42 可以看出，PC1 和 PC2 均正确配置了 **ipv6 address autoconfig** 命令，表明这些 PC 将接受本地路由器（HQ1 和 HQ2）宣告的前缀，并根据 EUI-64 格式自动生成它们的 IPv6 地址的主机部分。

例 10-42　收集信息：检查 PC 的接口配置信息

```
PC1# show running-config interface ethernet 0/0
Building configuration...
Current configuration : 103 bytes
!
interface Ethernet0/0
 no ip route-cache
 ipv6 address autoconfig
 ipv6 enable
end
PC1#


PC2# show running-config interface ethernet 0/0
Building configuration...
Current configuration : 103 bytes
!
interface Ethernet0/0
```

```
no ip route-cache
 ipv6 address autoconfig
 ipv6 enable
end
PC2#
```

由于这些 PC 的配置完全正确，因而接下来需要检查路由器 HQ1 和 HQ2 的子接口 Ethernet 0/0.10 的配置信息。从 RADULKO 的网络文档可以知道，这些路由器的子接口 Ethernet 0/0.10 均被配置为 VLAN 10（这些 PC 也位于该 VLAN 中）。例 10-43 显示了这些子接口的配置信息，可以看出这两台路由器的子接口 Ethernet 0/0.10 均配置了/69 子网掩码。

例 10-43　收集信息：检查路由器 HQ1 和 HQ2 的子接口 Ethernet 0/0.10 的配置信息

```
HQ1# show running-config interface ethernet 0/0.10
Building configuration...
Current configuration : 267 bytes
!
interface Ethernet0/0.10
 description HQ-PC
 encapsulation dot1Q 10
 ip address 10.0.10.2 255.255.255.0
 ip nat inside
 ip virtual-reassembly in
 ipv6 address 2001:DB8:0:A010::2/69
 ipv6 enable
 ospfv3 1 ipv6 area 0
 vrrp 10 ip 10.0.10.1
 vrrp 10 priority 110
end
HQ1#


HQ2# show running-config interface ethernet 0/0.10
Building configuration...
Current configuration : 289 bytes
!
interface Ethernet0/0.10
 description HQ-PC
 encapsulation dot1Q 10
 ip address 10.0.10.3 255.255.255.0
 ip nat inside
 ip virtual-reassembly in
 ipv6 address 2001:DB8:0:A010::3/69
 ipv6 enable
 ospfv3 1 ipv6 area 0
```

```
 ospfv3 1 ipv4 area 0
 vrrp 10 ip 10.0.10.1
 vrrp 10 priority 101
end
HQ2#
```

3. 分析信息

根据收集到的上述信息，路由器 HQ1 和 HQ2 的子接口 Ethernet 0/0.10 拥有/69 子网掩码的 IPv6 地址。这意味着这些路由器发送的邻居发现路由器宣告消息将通告/69 子网掩码的本地前缀。但是本地 PC 无法使用/69 子网掩码的本地前缀进行无状态地址自动配置，因为 SLAAC 要求必须使用/64 的子网掩码，即 PC 必须使用/64 的子网掩码，按照 EUI 格式自动生成其 IPv6 地址的主机部分。

4. 提出并验证推断

据此可以推断出应该修正路由器 HQ1 和 HQ2 的子接口 Ethernet 0/0.10 的子网掩码配置差错。例 10-44 给出了将子网掩码修正为/64 的配置示例。修改完成后，检查 PC1 和 PC2 的以太网接口的状态（如例 10-44 所示），可以看出这些 PC 的接口已经能够基于新的邻居发现路由器宣告消息（通告的是/64 子网掩码的本地网络 IPv6 前缀）执行 SLAAC 操作。

例 10-44 提出推断：将子网掩码修正为 SLAAC 要求的/64

```
HQ1# conf term
Enter configuration commands, one per line.  End with CNTL/Z.
HQ1(config)# interface Ethernet0/0.10
HQ1(config-subif)# no ipv6 address 2001:DB8:0:A010::2/69
HQ1(config-subif)# ipv6 address 2001:DB8:0:A010::2/64
HQ1(config-subif)# end
HQ1# wr
Building configuration...
[OK]
*Oct 24 01:56:53.365: %SYS-5-CONFIG_I: Configured from console by console
HQ1#



HQ2# conf term
Enter configuration commands, one per line.  End with CNTL/Z.
HQ2(config)# interface Ethernet0/0.10
HQ2(config-subif)# no ipv6 address 2001:DB8:0:A010::3/69
HQ2(config-subif)# ipv6 address 2001:DB8:0:A010::3/64
HQ2(config-subif)# end
HQ2# wr
```

```
Building configuration...
[OK]
HQ2#
*Oct 24 01:59:15.788: %SYS-5-CONFIG_I: Configured from console by console
HQ2#


PC1# show ipv6 interface brief
Ethernet0/0               [up/up]
    FE80::A8BB:CCFF:FE00:5700
    2001:DB8:0:A010:A8BB:CCFF:FE00:5700
PC1#


PC2# show ipv6 interface brief
Ethernet0/0               [up/up]
    FE80::A8BB:CCFF:FE00:5B00
    2001:DB8:0:A010:A8BB:CCFF:FE00:5B00
PC2#
```

5．解决故障

接下来从 PC1 和 PC2 测试 IPv6 Internet 的可达性（如例 10-45 所示）。可以看出目前 PC1 和 PC2 均能 ping 通 IPv6 Internet 可达性测试地址（2001:DB8:0:D::100），表明故障问题已解决。

例 10-45　解决故障：PC1 和 PC2 都能访问 IPv6 Internet

```
PC1# ping 2001:DB8:0:D::100
Type escape sequence to abort.
Sending 5, 100-byte ICMP Echos to 2001:DB8:0:D::100, timeout is 2 seconds:
!!!!!
Success rate is 100 percent (5/5), round-trip min/avg/max = 1/4/18 ms
PC1#


PC2# ping 2001:DB8:0:D::100
Type escape sequence to abort.
Sending 5, 100-byte ICMP Echos to 2001:DB8:0:D::100, timeout is 2 seconds:
!!!!!
Success rate is 100 percent (5/5), round-trip min/avg/max = 1/4/19 ms
PC2#
```

此时还需要在网络文档中记录上述排障过程并告诉 Marjorie 故障问题已解决。

10.5 本章小结

本章根据图 10-2 所示拓扑结构讨论了 RADULKO 运输公司（一家虚构公司）的 4 个故障工单。

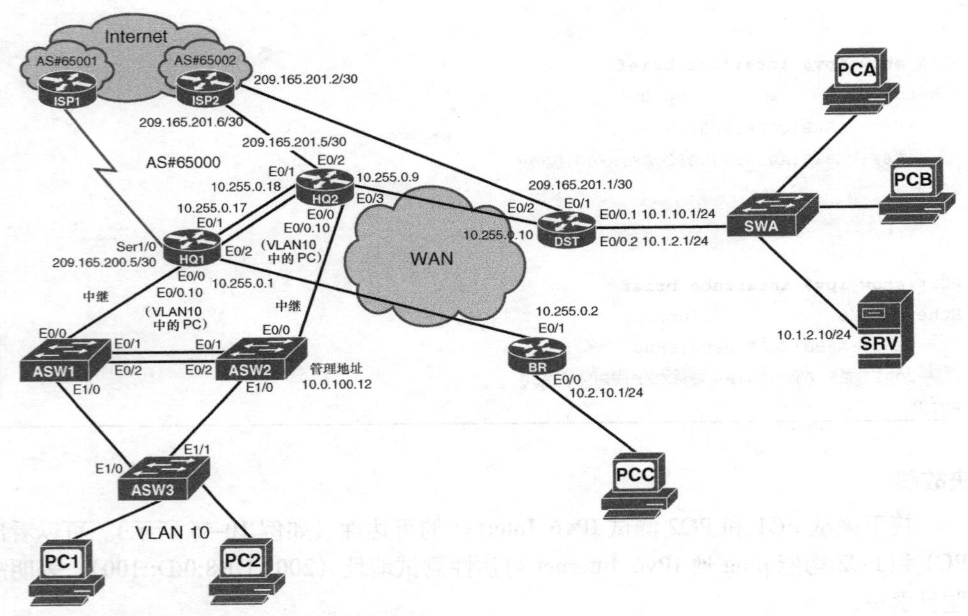

图 10-2 RADULKO 运输公司网络结构图

故障工单 1：RADULKO 运输公司的网络工程师 Marjorie 联系我们并提出了以下三个故障问题，请求我们协助解决这些故障问题。相应的故障问题及解决方案如下。

1. RADULKO 运输公司的网络存在二层环路问题。Marjorie 将故障隔离在总部的交换机 SW3 上并断开惹出麻烦的电缆。故障原因是某个员工希望自己的桌面拥有更多的端口，因而将一台小型交换机连接到交换机 SW3 上。Marjorie 希望我们提供解决方案以杜绝这类事件再次发生。

   解决方案：我们发现必须删除 SW3 接入端口 Ethernet 2/0~Ethernet 2/3 上配置的 **spanning-tree bpdufilter enable** 命令。因为该命令优于 BPDU 保护特性，而 BPDU 保护特性能够有效防止用户将未授权交换机连接到网络上。

2. RADULKO 运输公司的远程站点（分发中心）有一些特殊服务器需要通过 Internet 定期更新它们的数据库。公司购买并在总部安装了一台防火墙之后，其路由策略要求所有去往 Internet 的用户流量都必须通过总部站点，但是对于分发中心中的这些服务器来说，为了保证更新功能的正常运行，必须将这些服务器的流量直接发送给 Internet。因而 Marjorie 在 DST 路由器上配置了策略路由，使得所有去往 Internet

的 PC 流量都发送到总部站点，而所有去往 Internet 且由服务器生成的流量则直接发送给 Internet。Marjorie 报告称，虽然她的策略路由起作用了，但 PCA 无法访问本地服务器 SRV，因而希望我们在不破坏策略路由的基础上解决该故障问题。

解决方案：我们修改了 IP 访问列表 SRV_INET（PBR 的路由映射 SRV-INET-RM 使用的访问列表），不对服务器 SRV 发送给内部网络（10.0.0.0）的流量进行策略路由。做法是在 IP 访问列表 SRV-INET 的现有 **permit** 语句之前插入一条 **deny** 语句。该 **deny** 语句将匹配所有来自 IP 子网 10.1.2.0/24 且去往网络 10.0.0.0/8 的所有子网的流量。

3. Marjorie 发现虽然 SW2 连接了 SW3 且这两台交换机均启用了 CDP，但是这两台交换机无法将对方识别为 CDP 邻居，因而希望我们协助解决该故障问题。

   解决方案：我们发现交换机 SW2 与 SW3 如果要通过相应的连接将对方视为 CDP 邻居，就必须在 SW3 的 Ethernet 1/1 接口上启用 CDP。

故障工单 2：RADULKO 运输公司的网络工程师 Marjorie 联系我们，请求协助解决网络中最近出现的故障问题。相应的故障问题及解决方案如下。

1. RADULKO 网络中的交换机 SW2 在周末被盗了。Marjorie 在仓库中找到一台旧交换机，并将被盗交换机的配置文件复制到该交换机中。但是将该交换机连接到网络中后，PC1 和 PC2（位于 VLAN 10）无法访问网络，VLAN 100 也消失不见，而且创建了一些不认识的 VLAN（33、44、87、153）。

   解决方案：替代被盗交换机的交换机拥有较大的 VTP 文件配置修订号，因而删除了 VLAN 10 和 VLAN 100，并创建了无法识别的 VLAN 33、44、87 以及 153。为了解决该故障问题，必须添加 VLAN 10 和 VLAN 100，并删除 VLAN 33、44、87 以及 153。将交换机添加到网络中之前，应该将其设置为透明模式。

2. 分支机构路由器 BR 失去了去往其他网络的 IPv6 连接，也无法访问 IPv6 Internet。

   解决方案：为了解决该故障问题，需要在路由器 HQ1 的 Ethernet 0/2 接口上激活 IPv6 EIGRP 1。此后 HQ1 将立即与邻居 FE80::A8BB:CCFF:FE00:BB10 通过 Ethernet 0/2 接口建立 EIGRP 邻接关系。

3. 虽然路由器 HQ1 的 MP-BGP 工作正常，但路由器 HQ2 与 ISP2 的路由器之间无 IPv6 会话。

   解决方案：故障原因在于没有在 IPv6 地址簇下激活 eBGP 邻居 2001:DB8:0:11C::1（eBGP-ISP2），因而需要在 IPv6 地址簇下激活该邻居。

故障工单 3：RADULKO 运输公司更改了网络策略，不允许继续使用专有协议（如 Cisco 的 EIGRP）。Marjorie 领导的网络团队在周末对网络进行了重新配置，从 EIGRP 迁移到 OSPF。虽然成功完成了迁移工作，但 Marjorie 报告称还存在如下故障。

1. PC1 无法访问 IP 地址为 10.1.2.10 的分发中心服务器（SRV）。PC1 只能在总部的路由器 HQ1 出现故障后才能访问该服务器。HQ1 和 HQ2 是总部 PC 的活动 HSRP 路由器和备份 HSRP 路由器。HQ1 跟踪了其串行接口，如果该接口的线路协议出现故障，那么 HQ1 将降低其优先级，从而允许 HQ2 抢占并成为活动 HSRP 路由器。

解决方案：必须在路由器 HQ1 的 Eth0/0.2 和 Eth0/1 接口上为 IPv4 地址簇激活 OSPFv3。

2. 路由器 HQ1 与 BR 之间的 OSPF 认证机制有问题，邻接关系中断。必须恢复路由器 HQ1 与 BR 之间的 OSPF 邻居关系（邻接性）。

   解决方案：由于路由器 BR 和 HQ1 的 OSPF 认证方式不一致，因而将路由器 BR 的 Ethernet 0/1 接口的 OSPFv3 认证方式更改为使用与邻居 HQ1 相同的 SHA1（相同的 SPI 和预共享密钥）。

故障工单 4：RADULKO 运输公司的工程师 Marjorie 报告了一些好消息，称已经顺利完成网络迁移工作。目前 RADULKO 网络处于运行良好状态，但还有两个故障问题需要解决。Marjorie 提供了以下故障描述信息，相应的故障问题及解决方案如下。

1. 路由器 DST 通过 OSPF 学到了一些外部路由。学到的这些前缀都是全局/公有地址，不属于 RADULKO 运输公司的地址空间。必须从 DST 路由器的路由表中删除这些路由。

   解决方案：从路由器 HQ1 和 HQ2 运行配置中的 IPv4 地址簇单播配置段落删除 **redistribute bgp 65000** 命令。

2. PC1 和 PC2 无法访问 IPv6 Internet。最近决定让这些 PC 通过 SLAAC 机制进行自动配置，但是这两台 PC 的 SLAAC 工作异常。

   解决方案：将路由器 HQ1 和 HQ2 的子接口 Ethernet 0/0.10 的子网掩码从/69 修改为/64，这是因为 SLAAC 要求必须使用/64 的子网掩码。

10.6　复习题

1. 如果某接口利用以下路由映射配置 PBR，那么在转发源地址为 10.1.2.10 的 IP 流量时将使用哪个下一跳 IP 地址？

```
!
route-map CONTROL-POINT permit 10
  match ip address PRB1
  set ip next-hop 209.165.201.2
!
Extended IP access list PRB1
  10 deny ip 10.1.2.0 0.0.0.0 any
!
```

   a. IP 地址 209.165.201.2
   b. 下一跳将由路由表来确定，这是因为与编号为 **10** 的 **route map** 语句相匹配
   c. 数据包将被丢弃
   d. 下一跳将由路由表来确定，这是因为与该路由映射末尾的隐式 **deny route-map** 语句相匹配

2. 交换机 SW1 和 SW2 在全局范围内启用了 PortFast 特性。目前这些交换机的 Ethernet 0/1 接口被配置为接入端口，不久将会把这些接口更改为中继端口并互连这两台交换机。那么这两个接口的 PortFast 状态将会有何变化？

   a. 这两个接口互连并开始发送 BPDU 之后将失去 PortFast 状态

b．这两个接口被更改为中继端口之后将立即失去 PortFast 状态

c．这两个接口将保持它们的端口状态，直至配置了 BDPU 保护或 BPDUFilter 特性

d．以上均不正确

3．下面哪两种特性适用于 MSTP？

a．可以将一组实例组合成单个 VLAN

b．可以将一组 VLAN 组合成单个生成树实例

c．一个实例出现故障将会导致其他实例也出现故障

d．生成树实例的总数应该与冗余交换机的路径数相匹配

e．完全与其他 STP 版本后向兼容

4．必须使用下面哪种交换端口模式来传播 VTP 信息？

a．接入

b．中继

c．EtherChannel

d．以上均不正确

5．如何在 IPv6 环境下为指定接口配置 EIGRP？

a．在全局配置模式下进行配置

b．在 EIGRP 配置模式下利用 **network** 命令进行配置

c．在接口配置模式下进行配置

d．以上均不正确

6．下面哪条命令可以显示 IPv6 BGP 表？

a．**show ip bgp**

b．**show ipv6 bgp**

c．**show bgp ipv6 unicast**

d．**show bgp ipv6 summary**

7．如何将一个接口配置到 IPv4 地址簇的 OSPFv3 进程中？

a．使用全局 **network** 命令

b．首先在接口上启用 IPv6，然后在接口上使用 **ospfv3** *process-id* **ipv4 area** *area-id* 命令

c．首先在接口上禁用 IPv6，然后在接口上使用 **ospfv3** *process-id* **ipv4 area** *area-id* 命令

d．使用全局 OSPFv3 配置命令 **interface ipv4 area** *area-id*

8．从以下输出结果可以得出什么结论？

```
HQ1# show ospfv3 interface brief
Interface  PID  Area   AF    Cost   State
Et0/1       1    0    IPv4   10      BDR
Et0/2       1    0    IPv4   10       DR
```

```
Et0/2      1    0   IPv6   10      DR
Et0/3      1    0   IPv6   10      DR
```

a．接口 Ethernet 0/2 同时启用了 IPv4 和 IPv6

b．接口 Ethernet 0/1 禁用了 IPv6

c．对于两类地址簇来说，该路由器在 Ethernet 0/2 接口上都只有一个邻居

d．由于所有邻居都在同一个区域（area 0）中，因而每次邻接状态发生变化后都要重新进行两类地址簇的 SPF 计算

9．下面哪些 CLI 命令可以启用 OSPFv3 认证？（选择两项）

a．**ospfv3 message-digest-key 1 md5 c1sc0**

b．**ospfv3 authentication ipsec spi 500 sha1 123456789A123456789B1234567 89C123456789D**

c．**area 0 authentication ipsec spi 1000 md5 1234567890ABCDE F1234567890ABCDEF**

d．**ospfv3 ipv4 authentication ipsec spi 500 md5 123456789A123456789B123 456789C12**

e．**ospfv3 ipv6 authentication ipsec spi 501 md5 A123456789A123456789B12 3456789C1**

10．哪种类型的 LSA 可以宣告 OSPFv3 的外部路由？

a．Type 1

b．Type 2

c．Type 3

d．Type 4

e．Type 5

11．OSPFv3 在传递 IPv4 路由的时候，使用哪个 IP 地址作为 Hello 消息的目的 IP 地址？

a．224.0.0.5

b．224.0.0.6

c．FF02::5

d．FF02::56

12．下面哪条命令可以显示路由器的 IPv6-MAC 映射关系？

a．**show arp**

b．**show ip arp**

c．**show ipv6 neighbors**

d．**show ipv6 mac**

复习题答案

第 1 章

1．a, b, e　2．a, c, d　3．a, b, c　4．d

第 2 章

1．a, b, d　2．a, b　3．a, b, c, e　4．a, b, e

第 3 章

1．a, c, d　2．f　3．b, c

4．必须在变更请求所带来的风险、影响以及所需的资源与急迫性、必要性以及商业目标之间做出平衡

5．a, d, e　6．a　7．a, b, c, e, f　8．c　9．**archive config**

10．b　11．**logging 10.1.1.1**　12．c, d　13．c

第 4 章

1．a　2．b, c　3．a, b, d　4．**show interfaces switchport**　5．MAC 地址表

6．d　7．c　8．a　9．a　10．b　11．b　12．b, d

第 5 章

1．d　2．a, b　3．b　4．c　5．c　6．d　7．a　8．d　9．a

10．a, d　11．a　12．c　13．d　14．b

第 6 章

1．a, b　2．a　3．c　4．b　5．c　6．c　7．a　8．a

第 7 章

1．c　2．a: Active　b: Idle　c: Connect　d: OpenConfirm

3．a:无邻居　b: Exstart/Exchange 状态　c: Down 状态　d: Init 状态

4．c　5．a, d　6．b　7．a, c　8．c

第8章

1. c 2. a 3. b 4. c 5. c 6. b 7. d 8. b
9. b 10. b 11. a 12. c 13. d

第9章

1. b 2. a 3. a 4. d 5. a, e 6. b 7. b 8. b
9. a 10. b, d

第10章

1. d 2. b 3. b, d 4. b 5. c 6. c 7. b 8. a
9. b, c 10. e 11. c 12. c